学前教育专业系列教材

学前儿童发展

李燕 赵燕 许玭 主编

华东师范大学出版社
·上海·

图书在版编目(CIP)数据

学前儿童发展/李燕,赵燕,许玭主编. —上海:华东师
范大学出版社,2015.12
学前教育专业系列教材
ISBN 978-7-5675-4514-4

Ⅰ.①学… Ⅱ.①李…②赵…③许… Ⅲ.①学前教
育—教育理论—高等学校—教材 Ⅳ.①G610

中国版本图书馆 CIP 数据核字(2016)第 067440 号

学前儿童发展
(上一版书名为《学前儿童发展心理学》)

主　　编　李　燕　赵　燕　许　玭
项目编辑　邓华琼
特约审读　王叶梅
责任校对　赖芳斌
装帧设计　高　山

出版发行　华东师范大学出版社
社　　址　上海市中山北路 3663 号　邮编 200062
网　　址　www.ecnupress.com.cn
电　　话　021-60821666　行政传真 021-62572105
客服电话　021-62865537　门市(邮购)电话 021-62869887
地　　址　上海市中山北路 3663 号华东师范大学校内先锋路口
网　　店　http://hdsdcbs.tmall.com

印　刷　者　常熟高专印刷有限公司
开　　本　787毫米×1092毫米　1/16
印　　张　21
字　　数　448千字
版　　次　2016 年 4 月第 2 版
印　　次　2025 年 6 月第 8 次
书　　号　ISBN 978-7-5675-4514-4/G·8920
定　　价　43.00 元

出　版　人　王　焰

修订版前言

《学前儿童发展》(首版为《学前儿童发展心理学》)已出版近 10 年。其间,学前儿童发展研究领域得到迅速拓展,学前教育领域对儿童发展的关注度也越来越高,这使得我们有必要对该书进行修订。另一方面,非常幸运,本书出版 10 年来,我们得到不少同行的反馈,其中有很多意见和建议对本书的修订很有建设性。加之华东师范大学出版社的支持,使我们更有信心完成对这本书的修订工作。

在本书的修订中,我们主要做了以下几个方面的工作:

(1) 吸收了新近有关学前儿童发展的研究成果,新增了社会退缩儿童发展研究、儿童气质发展研究、儿童社会与情绪发展研究等内容;

(2) 加强了以支持儿童发展为目标的实践指导,如,支持儿童社会与情绪能力发展的教师行为和师幼互动、教室环境设计、家庭教养支持策略等;

(3) 对前版的内容进行了一定的调整和完善,如脑和神经系统发展这部分内容,从整体发展的角度重新进行了组织,把这部分内容集中在第三章。而在第七章幼儿认知发展部分,增加了幼儿创造力发展与教育等相关内容,使幼儿认知发展的内容更完整;

(4) 本书在修订过程中,也纠正了前版中出现的个别错别字和表述不够确切的语句等。

我们希望通过此次修订,本教材能更好地为广大读者所使用。

本书的修订工作主要由李燕、赵燕、许玭完成。朱晶晶、陈露、刘超、王英杰等在文献资料收集、书稿整理等方面做了大量的工作,教材使用者给了我们很多有益的建议和意见,以及华东师范大学出版社编辑邓华琼在本书修订中表现出的耐心、热情和敬业精神,这些都是本书修订工作得以完成的重要保障,在此一并表示感谢。

李 燕 赵 燕
2016 年 3 月
于田家炳书院

前　言

编者在高校主讲"儿童发展心理学"课程已历十余载。我们一直希望能编写一本适用于学前教育专业的儿童心理学教材,它应该既有比较扎实的心理学理论基础,又能将儿童发展的理论和研究与儿童的教育教养实践密切联系起来,使读者能真正理解儿童的发展,解决教养实践中的实际问题。华东师范大学出版社给了我们这样一个机会。

本书的编写以孩子的成长为主线,描述孩子的成长过程和年龄特征,解答我们在学前儿童教育教养实践中可能遇到的问题。本书有以下特点:一是在内容编排上,按照纵向发展的思路编写,在讨论了孩子出生前的发展及影响胎儿发育的因素后,分别阐述婴幼儿阶段(0—3 岁)、幼童阶段(3—6 岁)的生理发展、认知发展、情感和社会性发展。并且,我们还在本书最后两章讨论了生态学视角下的儿童发展:家庭和社会环境因素对儿童身心发展的影响。二是在体例上,各章按内容提要、关键词、正文、专栏、本章总结、视野拓展、请你思考等部分构成,力求既突出重点,又能引发读者的兴趣。三是注重应用性,在"专栏"中我们引用的材料大都反映了儿童心理学领域内的实践问题;在"请你思考"中,则旨在引导学员对所学的内容做进一步的思考,并尝试用所学理论解释实践中遇到的问题。

本书由李燕、赵燕担任主编,共同负责全书的策划、提纲编写、统稿等工作。各章节编写人员如下:第一章、第十章、第十一章由李燕负责编写;赵燕负责第二章、第三章的编写工作,并提供了大量的图片资料;赵燕、赵钰子负责第四章、第五章的编写工作;赵燕、刘文艳负责第七章、第八章的编写工作;许玭、李燕负责第六章、第九章的编写工作。在本书的规划和编写过程中,华东师范大学心理系的缪小春教授、上海师范大学教育学院的曹子芳教授等前辈自始至终给与我们极大的鼓励与支持。华东师范大学出版社的编审赵建军先生为本书的出版付出了辛勤的劳动。本教材的撰写得到上海师范大学教材建设基金项目和上海市教委精品课程建设项目,以及上海市教委教师教育高地建设项目和上海市重点学科建设项目(S30401)的资助,在此,我们一并表示衷心的感谢。本书也是上海师范大学儿童发展与家庭研究中心的成果之一。本书编写中参考了大量有价值的国内外研究报告和研究综述,在此谨向所有这些文献的作者表示感谢。

本书是学前教育专业的本科教材,也可作为儿童心理学工作者、儿童教育工作者的工作参考用书。它也应是广大家长在育儿实践领域的知心朋友。

由于编者的学识浅陋,本书存在不少疏漏与不足之处,恳请同行和读者不吝指正。

李　燕

2008 年 1 月

目　录

第一篇　导论

第二篇　0—3 岁婴儿的发展

第三篇　3—6 岁幼儿的发展

第四篇　幼儿发展的背景

第一篇

导　　论

　　学前儿童发展是研究婴幼儿心理和行为的发生和发展规律的科学。近几十年来，无论是在发展心理学界还是学前教育领域，人们对学龄前儿童发展的关注正日趋增强。

　　学习学前儿童发展，首先要概括性地了解个体发展的基本理论和基本观点，熟悉各种有效的研究方法和研究设计，并了解心理发展的生物学基础以及环境对儿童发展的影响。

　　这些知识的学习，能够使我们对学前儿童发展获得一个概括性的了解，有助于今后的学习，也有助于培养我们对学前儿童发展学科的兴趣，更有利于在幼儿保育、教育中，改变以往不符合科学规律的传统的习惯、看法和做法，以便更好地根据科学规律促进其发展。

第一章

绪　论

　　琼斯等人(Jones，Hendrick，& Epstein，1979)曾提出过一个有趣的假想实验:将刚出生的三个男婴和三个女婴共六个婴儿放入一个被称为"万能养育机"(universal parenting machine)的大型装置(见图1-1)中。万能养育机就像是一个封闭的建筑物，它的功能无比强大，足以提供各种条件满足这六个婴儿身体上的各种需要，一直到他们十八岁成熟为止。万能养育机具有非常完善的功能，无需外人进入，所以在婴儿成长的十八年中，他们不会见到其他任何人，甚至不知道还有其他人类的存在。

图1-1　万能养育机[①]

　　这个万能养育机不仅可以养育个体直到他们成熟，它简直可以说是一个现代化的伊甸园，里面有花草树木、鸟声，另外还有一个透明的圆屋顶，使孩子们能看到日月星辰的运转及天气的变化。它与真实世界很相似，只是缺少其他人类的存在。换言之，万能养育机只是缺少了社会文化背景。那么，如果真的把六个婴儿放到万能养育机内，他们会有怎样的发展呢？

　　这些孩子们会彼此互动，成为健康的、有一定社会能力的个体吗？这个养育环境是否能提供足够的刺激以促进他们智力的发展？他们会发展出语言吗？他们会在什么时候意识到自己的性别与异性不同？他们会发展出性别角色吗？他们会彼此喜爱、依赖对方并发展出稳定的友谊吗？他们会更多地发展亲社会行为而与人为善，还是会发展反社会行为而具有攻击倾向呢？他们会发展出判断是非、对错的道德标准吗？

---

① David R. Shaffer: *Social and Personality Development*，Wadsworth，2005.

对这些问题的思考涉及对个体发展概念的理解和对发展基本理论问题的看法。

第一节　什么是学前儿童发展

对发展领域的兴趣,不仅出自我们对这门学科的好奇,更源自教育、教养实践中的各种实际问题。处于不同的发展阶段,具有不同的家庭背景和不同的成长经历,使儿童的发展特征各不相同。学前儿童发展这门学科,就是要帮助理解学前儿童的发展规律和年龄特征,帮助我们认识孩子们之间的差异,让他们在社会环境下健康、顺利地成长。

一、学前儿童发展的概念

学前儿童发展是个体发展心理学的一个分支。个体发展探究的是人类个体从胚胎到死亡的全过程中,个体心理和行为如何从简单的低级水平向复杂的高级水平变化发展,它着重揭示各年龄段的心理特征,并探讨个体心理和行为从一个年龄阶段发展到另一个年龄阶段的规律。

所以,学前儿童发展,是以进入小学之前的儿童为研究对象,研究个体从受精卵形成到入学前这一成长过程中,生理、心理和行为的发生、发展规律的科学。

(一) 发展阶段

参照我国的学制对儿童发展阶段的划分,学前儿童是正式进入小学阶段学习前的儿童的统称。该阶段又可分为三个分阶段:出生前的发展阶段、婴儿阶段和幼儿阶段。

出生前的发展阶段:从受精卵形成到出生。前9个月是胚胎发展最快的阶段,在这个过程中,有机体从一个受精卵转变为一个能在一定程度上适应周围环境的婴儿。

婴儿阶段:身体和大脑都出现巨大的变化。能够独立行走,有较成熟的感知运动能力,基本掌握了母语的口语表达系统,与他人建立了最初的亲密关系。目前,学术界对婴儿概念的界定和婴儿阶段的划分有不同的认识。有人认为,婴儿应该是指 0—1 岁的儿童,在这个阶段,孩子们还没有口头语言交流能力,英文中 infant 来自拉丁语 infants,其原意就是"不会说话"。但也有人认为,将婴儿期定为 0—1 岁,其年龄范围过窄,不利于对他们的心理发展进行广泛深入的探讨,主张将婴儿期定位于 0—2 岁。近年来,脑科学领域的发现和心理学研究的进展都表明,儿童的脑与神经系统的发展、心理机能的发展,如思维、语言、情感和个性等,都以 36 个月为分水岭,婴儿应定位于 0—3 岁,这一观点在 20 世纪 80 年代后得到广泛认可,美国还成立了影响深远的"0—3 协会"(zero to three association)。本书采用第三种观点,将婴儿期定为 0—3 岁。

幼儿阶段：幼儿的身体变长、变瘦，运动技巧更精细，更具自我控制力和自信。游戏促进和支持心理发展的各个方面。思维和语言得到惊人的发展，道德感开始发展，并开始与同伴建立关系。本书将该阶段定为3—6岁。

（二）发展的领域

学前儿童的发展是一个整体系统，我们对其生理、心理和行为进行研究时会将其初步划分为生理发展、认知发展、情感和社会性发展三大领域：生理发展主要包括身体的发展、脑的发展、感知觉的发展和运动能力的发展；认知发展主要包括记忆、思维、问题解决、语言等；情感和社会性发展主要包括情绪的发展、气质和自我的发展、对他人的认知、同伴关系、品德心理的发展及性别角色的获得等。三个领域的发展并不是完全独立的，而是相互交叠、相互影响的。新的运动能力，如手的动作、坐立、爬行和走路（身体领域）等，有助于婴儿了解周围环境（认知领域）。当婴儿思考和行为能力更强时，成人就通过游戏、语言和愉快的表情来刺激婴儿实现新的成功（情绪和社会性领域）。

学前儿童发展要解决三个问题：what（是什么），描述心理发展过程的共同特征与模式；when（什么时间），揭示或描述这些特征与模式发展变化的时间表；why（什么原因），对儿童心理发展变化的过程进行解释，分析发展的影响因素，揭示发展的内在机制。学前儿童发展心理学的任务，就是描述、测量、解释、预测学前儿童的行为，以为教育教学实践提供理论基础。

第二节　学前儿童发展的基本理论

为了研究儿童的发展，以为他们提供更好的生存环境、促进他们更好地发展，研究者需要从不同的角度，来研究儿童发展过程中的现象和问题，而儿童本身就是复杂的个体，因此很难得出一个统一的结论。

下面，我们将首先讨论发展的基本理论问题，再简单地介绍几种重要的流派。

一、学前儿童发展的基本理论问题

发展的基本理论问题，是所有相关研究都必须回答的问题，对这些问题的回答反映了他们对儿童心理现象的理解、解释和预测。这些基本理论问题有：遗传和环境哪一个对儿童发展的影响更大？儿童发展是主动的还是被动的？发展是连续性的还是阶段性的？

（一）遗传与环境

遗传与环境，天性与教养，哪个对儿童发展的影响更大？这是一个古老的辩题，是整个发展心理学的基本理论问题。关于该辩题的争论始于洛克和卢梭的天性与教养之争。

主张遗传在学前儿童的发展中起重要作用的学者,把学前儿童的发展定义为受先天生物因素决定的过程。这些先天因素包括由遗传和基因突变所获得的生理结构、成熟水平、脑神经的反应特质和神经介质等。

强调后天环境教育的学者则认为后天的环境因素是促使学前儿童心理和行为的生成、发展和完善的重要因素,环境因素包括教育干预举措、社会和家庭文化价值、早期社会和物理刺激、早期开发、同伴促进等。

今天,研究者已经淡化了这两种观点的对立,而是更加关注两者以何种方式相互作用决定个体的发展等问题。

(二)发展的主动性与被动性问题

儿童发展是被动的还是主动的?是封闭的还是开放的?对这些问题的回答,形成了两种截然不同的观点:机械模型和机体模型。

机械模型:认为个体被动地接收外部经验,不能主动根据内部知识和技能的组织需要来选择外界资源,孩子只能被动地接受环境的影响,探索性行为和个人的尝试都很少。

机体模型:认为儿童是一个有机整体,不是一个对环境作被动反应的机器。该观点强调学前儿童具有很强的主动性和开放性,他们更愿意去探索和自我创造,原有的经验会被后天的经验取代或丰富,孩子们具有很强的变通性和可塑性,早期的行为属性不能作为预测孩子以后发展的依据。该观点主张父母应该给予孩子们更多的自由,让他们按照自己的意愿去发展。老师则应该使用发现法教学,让他们自己探索,淡化内容体系,尽量减少约束和成人的规则灌输,老师应起引领作用。

(三)发展的阶段性和连续性问题

学前儿童的发展是连续性的还是阶段性的?连续论者认为人类的发展是一个累加的过程,是一步步往前推移,而非突然的改变,发展是一条平滑的成长曲线(见图 1-2A);相反,非连续论者则认为发展是一连串的突变,每一次突变后,儿童都将进入一个新的、更高的层次,这些层次(或阶段)可用阶段性发展曲线来表示(见图 1-2B)。

连续与非连续之争的另一个焦点,在于发展的本质是量的还是质的。量的改变是指程度的改变,例如,儿童长高了,他们比过去一年跑得更快了,他们学到更多有关周围世界的知识。而质的改变是指本质的变化,这种改变使个体与以前的自己相比,在某方面出现本质的不同。蝌蚪变青蛙,就是一种质的改变;不会说话的婴儿与会说话的幼儿有质的差异,或是性成熟的青少年与正处于青春期的同学是不同的。连续论者通常认为发展是渐进的,是量的变化;而非连续论者则视这种改变是突变,而且是质的变化。

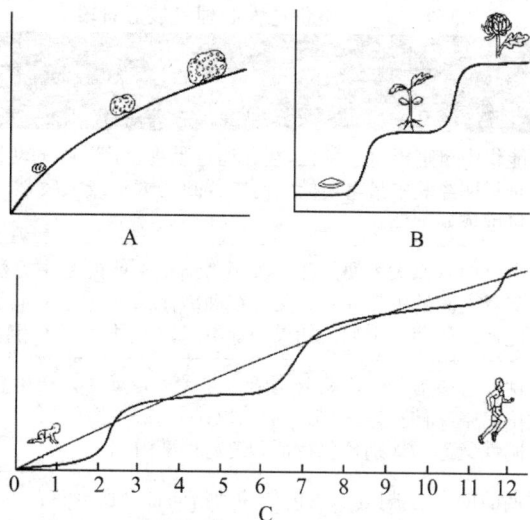

图 1-2　发展的连续性与阶段性

A 表示海面的升高是连续的量的不断增大；B 表示花的发展
是阶段性的变化过程；C 表示对人类而言，发展应该既有连续性
又有阶段性。

二、学前儿童发展主要学派的理论观点

理论或学说为我们解释学前儿童的心理行为提供了现成的系统平台。关于心理发生发展的理论很多，尤其是 20 世纪中期以来的几十年间，各种理论都试图从各个侧面来揭示学前儿童心理发展规律。这里我们主要介绍对学前儿童教育教养实践有重大影响的几个理论。

（一）精神分析理论

1. 弗洛伊德心理性欲理论

弗洛伊德在 20 世纪前期，从自己的临床经验出发，对儿童的人格结构和心理发展阶段进行了系统的阐述，并逐步发展为精神分析理论。

弗洛伊德认为人格有三个层次，分别是本我、自我和超我。本我是人格结构中比重最大的一个部分，有很强的生物性，是学前儿童基本需要的源泉。本我按快乐原则行事，处在潜意识层面。自我处在意识层面，按现实原则行事。超我则是意识层面中的道德成分，表现为根据情境对自我进行约束和决策选择。

同时，弗洛伊德根据不同阶段儿童的集中活动能力，把心理和行为发展划分为由高到低的五个渐次阶段，分别是口唇期、肛门期、性器期、潜伏期和生殖期，详见表 1-1。

图 1-3　弗洛伊德(Sigmund Freud，1856—1939)

表1-1 弗洛伊德性心理发展五阶段

性心理阶段名称	年龄	阶段特征描述
口唇期	0—1岁	性本能集中于嘴巴这一部位,婴儿通过吸吮、咀嚼、咬的动作获取快感。哺乳方式被认为是早期经验中最重要的经历。若断奶太早或太突然可能导致日后渴望亲密接触或过度依赖配偶
肛门期	1—3岁	按照自己的意愿大小便是此阶段用来满足本能的基本方法。大小便训练导致了孩子与父母之间的主要冲突。父母在训练孩子大小便时所营造的气氛很重要,对其人格可能产生长期的影响。如果处理不当,个体长大后可能会变得压抑、杂乱和浪费
性器期	3—6岁	刺激性器官成为此阶段获取快感的方式。儿童开始产生想和异性父母发生性关系的乱伦渴望(所谓男孩的恋母情结以及女孩的恋父情结)。由此产生的焦虑转使儿童将同性父母的性别角色特征和道德标准内化
潜伏期	6—11岁	性器期的创伤已被压抑,本能的冲动指向社会所允许的活动,如学习活动和有活力的游戏。儿童在学校里提高了解决问题的能力,也不断内化了社会价值观,因此自我和超我不断发展强大起来了
生殖期	11岁+	青春期的到来重新触发了性欲。青少年必须学会如何以能够被社会接受的方法表达这种性欲。如果发展健康,可通过结婚和生育来满足成熟性本能的需求

弗洛伊德的精神分析理论第一次强调了早期经验和家庭教养对学前儿童心理和行为发展的影响,但由于其关于人格结构和发展阶段的假设不能被证实,带有很强的假设性,在应用于学前儿童时仍有很大的局限。

2. 艾里克森的心理社会发展理论

艾里克森是新精神分析学派的代表人物。他在强调儿童所处的心理社会环境对个体发展的影响的同时,也非常注重儿童自我的功能,因此他的理论也被称为"自我心理学"。

艾里克森认为人生发展可分为八个阶段,每个阶段都面临一对危机或冲突。要想顺利进入下一个发展阶段,人就必须要先解决好当前所面临的危机。表1-2简明描述了艾里克森八个社会心理阶段,同时与弗洛伊德性心理发展阶段进行比较。

图1-4 艾里克森(Erik H. Erikson, 1902—1994)

表1-2 艾里克森与弗洛伊德的心理发展阶段

	年龄	艾里克森的心理发展阶段	面临的危机及社会化代理人	弗洛伊德的心理发展阶段
	0—1岁	基本信任对不信任	危机:学习信任别人,克服不信任 条件:儿童的需要能得到即时的满足;母亲能积极、敏感地回应孩子的需要 社会化代理人:母亲	口腔期

	年龄	艾里克森的心理发展阶段	面临的危机及社会化代理人	弗洛伊德的心理发展阶段
	1—3岁	自主对羞愧	危机：获得自主感，克服自我怀疑、羞耻感 条件：给孩子自我负责的机会，让他们自己的事情自己做 社会化代理人：父母亲	肛门期
	3—6岁	主动对内疚	危机：获得主动感，避免内疚感 条件：让儿童承担责任和社会义务，对孩子的失败给予保护性态度 社会化代理人：家人	性器期
	6—12岁	勤奋对自卑	危机：获得能胜任社会及学习任务的勤奋感，克服自卑感 条件：帮孩子积累"只要努力就能成功"的经验 社会化代理人：教师和同伴	潜伏期
	12—20岁	自我同一对角色混乱	这是儿童期与成熟期的交叉点，青少年常与"我是谁？"的疑问搏斗 危机：建立起基本的社会及职业的自我认同，克服角色混乱 条件：给青少年足够的试验机会，去探索自我 社会化代理人：社会中的同伴	两性初期（青少年）
	20—40岁	亲密对疏离	危机：建立亲密感，克服孤独感 条件：与他人建立健康的爱的关系 社会化代理人：情人、配偶及一些较亲近的朋友	两性期
	40—65岁	繁衍对停滞	危机：获得繁衍感，克服颓废迟滞或自我中心 条件：成人需致力于工作，并且抚养家人或照顾年轻人的需要 社会化代理人：配偶、孩子和职业生涯	两性期
	65岁以后	自我完善对绝望	危机：获得自我整合感，克服悲观失望的绝望感 条件：前几个阶段顺利度过，老年人觉得自己的一生是有意义的、丰富的、快乐的 社会化代理人：配偶，亲近的朋友	两性期

(二) 行为主义发展观

1. 传统行为主义

经典条件反射理论(classical conditioning theory):创始人华生受到生理学家巴甫洛夫的动物学习研究的影响,认为一切行为都是刺激(S)—反应(R)的学习过程。与洛克的白板说一致,华生认为环境是发展过程中影响最大的因素。他认为:成人能通过仔细地控制刺激与反应的联结,来塑造儿童的行为;发展是个连续的过程,随着儿童年龄的增长,刺激与反应的联结力度也逐渐增强。

操作性条件反射理论(operant conditioning theory):斯金纳继承了华生的行为主义理论的基本信条。根据斯金钠的理论,行为分为两类,一类是应答性行为,一类是操作性行为。前一类行为是经典条件反射中由刺激引发的行为;后一类行为是个体自发出现的行为,其发生频率会在紧随其后的强化物的作用下增强,这些强化物可以是食物、称赞、友好的微笑或是一个新玩具,同样也能通过惩罚,如不同意或取消特权等,来减少其发生的频率。

2. 社会学习理论(social learning theory)

班杜拉强调模仿,也就是观察学习(observational learning)。在他看来,儿童总是"张着眼睛和耳朵"观察和模仿周围人们的那些有意或无意的反应,观察和模仿带有选择性。通过对他人行为及其强化行为结果的观察,儿童获得某些新的反应,或现存的反应特点得到矫正。

由于观察到他人的行为受到表扬或惩罚,而使儿童也受到相应的强化,看到他的一位同伴推倒了另一个同伴,从而获得了自己想要的玩具,于是他也可能在以后尝试使用这个方法,这就是替代强化。除了观察学习过程中的替代强化外,个体还存在自我强化。当自身的行为达到自己设定的标准时,儿童就会用自我肯定或自我否定的方法来对自己的行为作出反应,所以完成拼板游戏的幼儿会为自己拍手叫好。

儿童通过对他人自我表扬和自我批评的观察,以及对自己行为价值的评价,逐渐发展出自我效能感(sense of self-efficacy)——认为自己的能力和个性能使自己获得成功的一种信念。

华生、斯金纳、班杜拉是行为主义发展观在不同阶段的代表人物。行为主义发展观的最基本要旨,便是认为心理发展是量的不断增加的过程,是由环境和教育塑造起来的。

图 1 - 5   皮亚杰(Jean Piaget,1896—1980)

皮亚杰在细致入微地观察儿童在生活中的言行,探索儿童是怎样认识世界和自身的。

(三) 皮亚杰认知发展观

皮亚杰是一位不平凡的人物,十岁时,他就发表了他的第一篇有关麻雀行为的论文。早期对动物如何适应环境的兴趣,促使他踏入动物学的领域,并于1918年获得博士学位。皮亚杰的另一个兴趣是认识论(epistemology,探讨知识的起源的一种哲学分支),他希望自己能够将两种学术兴趣整合为一,便开始研究儿童认知的发生、发展。他认为从儿童思维发展的过程中能找到人类认识发展的规律。他建立了自己的实验室,使用临床法,对儿童的智力成长进行了六十年的研究。

皮亚杰既是一个结构论者,又是一个建构论者。他认为,智力活动是一项基本生存功能,帮助儿童适应环境;儿童是积极主动、有创造力的探索者(即构建者),能不断构建图式来表达自己,并通过组织和适应这两个过程不断修正认知结构。所谓组织就是指儿童将现有的图式结合,形成新的复杂的智力结构的过程。所谓适应是指儿童成功应付周围环境的过程,适应通过同化和顺应这两个互补的活动来实现。

皮亚杰相信智力发展是由一系列不变的阶段组成的,概括如下:

1. 感知运动期(0—2 岁)

儿童通过感知和动作认识外界,并创造出行为图式(感知—运动图式)以适应周围环境,这些行为图式最终被内化为心理符号(或符号图式),使得儿童逐渐获得客体永久性,发展出延迟模仿,并使儿童不再依靠试误的方法而是能在心理水平解决简单的问题情境。

2. 前运算期(大约 2—7 岁)

随着这一阶段的儿童在游戏中创造性地使用语言和想象,符号推理在前运算期表现得逐渐明显起来。学前儿童是非常以自我为中心的:他们考虑任何事都是从自己的角度出发,很难站在别人的角度看待问题。他们的思维是"直观型"、单维度的,他们只关注事物明显的外部特征,所以他们无法解决守恒问题。

3. 具体运算期(大约 7—11 岁)

儿童能借助具体实物的支持进行运算,思维获得了可逆性、守恒性,但是还不能对假设性命题进行逻辑思考。

4. 形式运算期(11、12 岁以后)

儿童的思维摆脱了具体实物的束缚,能进行抽象的假设—演绎推理。

学前儿童的思维主要表现为前两个阶段,在本书有关婴幼儿认知发展的章节中,我们还会讨论相关内容。

(四) 社会文化理论

维果斯基同皮亚杰一样强调儿童是积极主动地探索世界的,但和皮亚杰不同的是,他认为儿童心理的发展并不完全取决于认知成熟,而是通过成人或年长伙伴来习得和掌握的,这就是他的社会文化理论。

维果斯基社会文化理论中的"文化"主要是指儿童所处组群的信仰、价值观、传统和惯常的行为习俗,儿童就是通过文化这个中介来完成与客体的对话并形成自己的能力的。不同文化下,儿童的发展水平是不一样的,从儿童发展这个角度上看,文化是有优劣之分的。近年来,跨文化的研究结果显示,在应对技能上,不同文化下儿童的发展水平是不同的。

图 1-6　维果斯基(Lev Semenovich Vygotsky, 1896—1934)

维果斯基的另一个贡献,是提出了"最近发展区"(zone of proximal development)的概念。他认为儿童"能为"与"可能为"之间存在一个发展区,这个发展区对儿童来说是"最近的",只要给予支持或通过孩子的个人努力就可以达到。

最近发展区是一个动态的概念,处于某一年龄阶段的儿童,他的最近发展区在一定条件下转变为下一个年龄阶段的现实发展水平,而下一个阶段又有自己的最近发展区。最近发展区概念在教育领域已受到了极为广泛的重视:"教学应走在发展的前面"——教学在发展中起主导作用,它决定着儿童的发展,决定着发展的内容、水平、速度及智力活动的特点,教学同时也创造着最近发展区。就学前教育而言,其组织形式应符合社会文化的特点,其表达则要考虑儿童的最近发展区。

(五) 信息加工理论

信息加工理论(information processing)——计算机使用详细的数学步骤来解决问题的方式使心理学家产生了人类大脑能被看作信息流动的符号操作系统的观点。从感觉登录到行为反应,信息被积极地编码、转换和控制。信息加工研究者常用流程图来表示个体解决问题和完成任务的精确步骤,很像程序员设计的使计算机运行的一系列"智力操作"的平面图。

和皮亚杰的理论一样,信息加工理论也认为儿童是能根据环境要求修改思想的、积极的、有意义的个体,但是没有分发展阶段,而且思考过程——感知、注意、记忆、信息分类、计划、问题解决及书写和交谈的综合能力——被认为在各个阶段都是相似的,只是程度不同。

信息加工理论是一种非常仔细、严格的理论。它对不同年龄儿童的认知过程和解决问题的过程进行了精确的解释。但该理论不能被还原成一个综合理论:信息加工研究是在实验条件下进行而不是在真实生活中进行的。

(六) 社会生态系统理论

图 1 - 7　布朗芬布伦纳
(Urie Bronfen-
nbrenner,
1917—2005)

美国学者布朗芬布伦纳把外界环境因素和个体的生物因素糅合起来,提出了包含不同嵌套层级的社会生态系统理论。他认为个体的发展处在直接环境(养育家庭)和间接环境(社会文化)之间的几个环境系统中,每个系统都和其他系统以及儿童个体本身发生交互作用,这种作用结果导致儿童不同的发展水平。

布朗芬布伦纳的社会生态系统由里到外依次为微观系统、中间系统、外层系统、宏观系统,此外还有动态变化系统(见图1-8)。

微观系统(microsystem)处于中心点,是指儿童在即时环境中的作用系统。在这个系统中儿童自己主动接受和探索外部信息,属于一种相对封闭的自为系统。其行为带有很强的个体色彩,这就是他们的生理能力、气质体系以及外部塑造的心理行为体系。

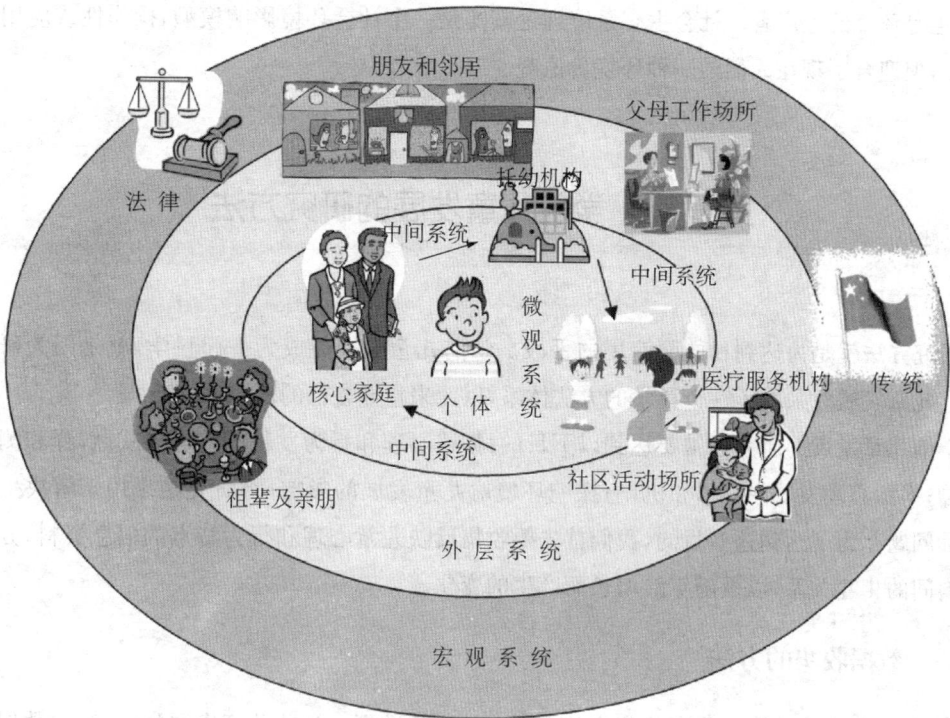

图 1-8 生态圈

中间系统(mesosystem)处于微观系统的外围,相对于微观系统,它的交互作用范围更大一些,包括伙伴、父母、居家邻居、托幼学校、诊所、社区活动场所等即时环境。儿童和这些环境要素相互影响,每种状态都是双方共同作用的结果,儿童和大人以及伙伴一样都是主动的,直到建立一种氛围和价值的平衡。中间系统保证了家庭氛围中社会因素的加入。

外层系统(exosystem)在中间系统的外围,是儿童所处环境中那些正式组织和非正式组织要素,是儿童非即时性的环境。正式组织有父母的工作室、宗教机构和社团的健康福利服务。非正式的组织有父母的社会网络——提供建议、友谊和经济帮助的朋友及家庭成员。这些系统提供了儿童发展的制约和支持。外层系统的衰弱会带来消极影响。由于个人或社团关系少,或受到失业影响而导致与社会隔离的家庭中出现冲突和虐待儿童的比例较高。包括父母单位、社区邻居、亲朋、各种媒体、机关、医疗机构等。

宏观系统(macrosystem)处在第四层,像是外层系统和中间系统"蒸发"出的文化氛围,包括养育价值、社会习俗及文化价值观、法律和资源等,是儿童成长的大的环境保证。宏观系统会间接影响儿童的微观系统,进而影响他们的发展。

动态系统(ever-changing system)是这四个系统的状态属性,它更强调四个子系统的即时变化和非静止性,它是不断变化的。重要的生活事件,如同胞的出生、上学、搬入新的社区或父母离婚,都会改变儿童和环境的关系,产生影响发展的新环境。

社会生态系统理论认为发展既不受环境控制也不受内在倾向驱使。相反,儿童既是环境的产物,也是环境的生产者。社会生态系统理论其实是一个社会环境影响模型,操作性或应用性都比较差,但迎合了现在人们的一种环境价值观。

第三节　学前儿童发展的研究方法

　　研究方法就是为达到目的而使用的手段。学前儿童发展能成为一门科学,就是因为研究者在研究儿童发展时采取了一个科学的方法体系,以此来指导自己的研究。

　　学前儿童发展的研究通常要达到以下目的:描述心理和行为发展的普遍模式;解释和测量个别差异;揭示心理发展的原因和机制;探究环境对儿童发展的影响;将研究结果用于解决生活中的实际问题。为了达到这些目的,我们首先要收集反映儿童心理和行为特点的信息资料,分析这些资料间的相互关系,以及随年龄增长而产生的变化。

一、数据收集的方法

　　为了开展研究,我们首先要收集有关心理和行为的数据。学前儿童发展的研究中,数据收集的方法主要有观察法、调查法、测验法、临床法、个案法和心理物理法等。

(一) 观察法

　　心理与行为通常表现为可观察到的活动。在研究儿童发展的过程中,研究者可借助自己的感官,也可借助于其他仪器设备,有目的、有计划地对被观察者的外部行为进行观察。观察可在自然环境中进行,即自然观察法(naturalistic observation),在一般、平常的(即自然的)环境下对儿童的行为进行观察、记录,从而获得心理和行为的发展变化规律;观察也可在预先控制的情境中进行,即结构性观察(structured observation)。

　　自然观察法是研究年幼儿童较好的方法,因为我们很难借助语言技巧研究婴幼儿的心理和行为。它的另一个优点是它的生态效度:它能更真实地向我们展示儿童的心理和行为特征。

　　然而,自然观察法也存在其自身的局限性。例如,在自然环境中通常有许多事件同时发生,其中任何一件事件(或几件事件的组合)都可能影响到人们的行为。这就造成了归因的困难,研究者很难确定到底是什么原因造成了参与者的某个行为,很难确定参与者的发展趋势到底受什么事件影响。又如,观察者在现场,有时也会成为影响被观察者正常反应的一个因素:儿童在"观众"面前往往会"表演过火";而父母成人则会在观察者面前只表现最好的一面。这些都会影响我们的研究结果。为减少这些观察者的影响因素,研究人员通常采取以下措施:(1)对参与者的行为进行隐蔽观察或拍摄,即在"单盲"的情况下进行观察,或者在收集数据前便与参与者一起出现在自然环境中,使参与者能习惯在观察者面前自然表现;(2)尽可能避免观察者的偏见,观察尽可能客观、真实,不受被观察者其他心理特征影响;(3)观察前准备好"观察单",给所要观察的心理特征一个操作性的定义,并作好记录。

在一项研究中(Haskett & Kistner, 1991),研究者用自然观察法,比较了同在一个幼儿园的两组儿童的社会行为,其中一组是未受过虐待的学龄前儿童,另一组则是遭受父母虐待后被有关儿童保护机构收留的孩子。研究者要观察的行为及其操作定义如下:社会期许行为(desirable behaviors)——如友好的社交问候和合作游戏行为;非社会期许行为(undesirable behaviors)——如攻击性行为和给别人起外号等(name calling)。然后,研究人员对两组儿童(每组各 14 名被试)进行观察,观察他们在操场与其他同伴一起游戏的行为,使用时间取样(time-sampling)的步骤进行研究:用 3 天时间,每天观察每个儿童 10 分钟游戏情况。为了在最大程度上减少观察者的影响,研究人员在观察时躲在被观察者看不到的地方。

此项研究的结果令人忧虑。受虐儿童相比正常儿童表现出较少的社会行为和更多的社会性退缩(socially withdrawn)。当受虐儿童与同伴发生交互作用的时候,他们比正常儿童表现出更多攻击性行为和其他一些消极行为。在观察中甚至发现,正常儿童经常明显不理睬受虐儿童做出的任何积极的社会行为,似乎并不想让他们参与进来一起玩。

总之,这项观察研究表明了受虐儿童在同伴中是不受欢迎的,经常遭到同伴的讨厌甚至拒绝。但由于观察法本身存在的弱点,研究者无法从中确切知道造成这一现象的真正原因。到底是受虐儿童所做出的消极行为引起了同伴的拒绝呢,还是同伴的拒绝造成了受虐儿童的消极行为? 这项研究很难对这些现象作出确切的解释。

如何研究那些在自然环境中发生不多的或不被社会所期许的行为呢? 在实验室里进行的结构性观察提供了一种较好的选择。在实验室设计一个可能会促进某种行为发生的情境,然后透过隐藏式的摄像机或单向玻璃观察儿童,看看儿童是否会表现出那种行为来。例如,研究者(Leon Kuczynski, 1983)曾要求儿童答应协助自己做一件无聊的工作,然后让儿童单独留在堆满有趣玩具的房间里工作。结果发现,没有他人在场时,儿童很容易中止工作。

结构性观察之所以是一个较好的观察方法,还在于它使所有的被观察者都面临相似的情境。其主要缺点是,其生态效度不如自然观察法。

(二) 调查法

调查法是指从某一总体中按照一定的规则抽取一定的样本,收集这些研究对象的相关资料,进而通过对样本的分析研究来推论总体情况。调查可采用两种不同的方式进行:访谈法及问卷法。采用调查法,研究者询问儿童(或父母)一系列问题,内容可涉及儿童的情感、信仰及其典型行为类型等。使用问卷法(questionnaire method)来收集资料,是将问题写在纸上,要求被试用书面方式来回答问题;而访谈法(interview method)则需要被试口头回答研究者的询问,研究者随时记录被调查者的回答或反应。调查问卷一般由两部分构成。一部分是有关个人资料的问题,即个人属性变量,包括性别、年龄、教育、职业等,为了避免由于署名而影响调查结果的真实性,多数调查采用匿名的形式。另一部分是所要回答的问题,方式通常有判断、选择、简答等,被调查者对各个问题的回答就是其反应变量。

在一项关于性别刻板印象的研究中(Williams, Bennett, & Best, 1975),研究者用访谈法进行了一个关于幼儿园、二年级、四年级儿童对男性与女性的社会刻板印象(social stereotype)的研究。该研究用 24 个问题来测量儿童对男性与女性的社会刻板印象的了解,每一个问题都由一个简短的故事引出,故事中的主角则分别以刻板的男性化形容词(如攻击、有力、坚强)及刻板的女性化形容词(如情绪化、易激化)来加以描述,儿童听完故事之后必须指出故事中的主角是男的还是女的。研究发现,即使是幼儿园的儿童也能说出那个故事的主角是男还是女。换言之,在幼儿园至四年级之间,儿童的性别观念就开始变得较刻板,5 岁的幼儿对性别刻板印象已有相当丰富的知识。这些结果表示性别的刻板化很早就开始了,即使儿童也循着刻板的模式思考。

访谈法和问卷法也都有一些缺点:第一,两种方法皆不适用于年龄太小、还不能阅读或不能清楚理解语言的儿童。第二,调查研究的结果容易受到主、客观因素的干扰。为了进行科学的调查,得到适当的解释,必须使用经过预先检验过的问卷,由受过训练的调查者施测,选择有代表性的样本,还要采用正确的数据分析方法,而且,与观察法相似,调查法只能有助于了解事实是什么,但很难解释为什么,因此还要运用其他方法来弥补其不足。

(三)临床法

临床法(clinical method)是由著名儿童心理学家皮亚杰所倡导的。它与访谈法极为相似,是自然主义的观察、测验和精神病学的临床诊断法的并用,包括对儿童的观察、谈话与儿童的实物操作三个部分。皮亚杰在研究儿童思维发展时采用了这种方法,他更注重儿童在回答问题时的错误回答。正是借助这种方法,皮亚杰发现了儿童思维发展的阶段性特点。

和访谈法一样,临床法也常被用来在相对较短的时间内收集大量数据。临床法的支持者们更将其灵活性视为一大优点:因为根据被试原先的答案追踪问题(如皮亚杰的做法),通常能获得有关心理或行为的质的特点。但是,临床法的灵活性也同样存在一个潜在缺陷:在测试过程中,被试会被询问不同的问题,答案自然千差万别,那么如何直接比较被试间不同的答案呢?另外,在非标准化的测试过程中,研究者自身已存的理论基础可能会影响他所问的问题或所提供的解释。由于临床法的结论常常受到研究者主观看法的影响,因此,其结论还需再由其他的研究方式来加以验证。

(四)个案研究法

个案研究法(case study)是通过各种数据收集的方法(访谈法、问卷法、临床法、观察法)建立起研究对象个体的成长档案。在准备个案记录的过程中,研究者必须收集许多有关个案的资料,如家庭背景、社会经济地位、教育及工作史、健康记录、生活中重要事件的自我陈述及在各种心理测验中的表现等。这些资料的收集来自研究者和个案面谈的结果,不过,这种面谈并非结构性的,因为所询问的问题会因个案不同而有差异。

在19世纪末20世纪初出现的婴儿传记便是个案研究法的典型。弗洛伊德也对许多病患作了神奇的个案研究,在对病患进行持续观察,倾听他们对各自生活的解释后,弗洛伊德得出了结论:病程的每一个转折点都与病患的早期经历有着密切的联系。

个案研究存在许多方法上的缺陷。例如,研究者并非使用标准化的问题来询问不同的研究对象;研究对象接受的心理测验也存在着差异;接受个案研究的环境也不同。因此,每个个案的资料是很难进行比较的。此外,个案研究法所得的结论缺乏普遍性。总之,个案研究法可以收集到许多有关社会与人格发展的资料,但是此法的限制也不少,因此,用个案研究法所得的结论是需要由其他方法来加以验证的。

(五) 心理物理法

心理物理法一般用于了解学前儿童的感知觉、思维操作、能力和情绪反应等可以量化测量的领域。其假设是,他们的反应和个人能力、成熟水平、神经发育状况等生理和心理发育有直接的关系。此方法可以有效地弥补自我报告法的不足。

心理物理法的实施需要具备把心理量转换为物理量的仪器和设备,包括常见的生理测量仪器、断层扫描和核磁共振设备,目的是把物理量和心理量或活动部位、活动模式联系起来,便于探测心理的发生机制和隐蔽的心理行为的启动和终止。

对人的心理发生、发展和操作过程的生理基础及其内部的相互作用的复杂性的研究受制于科技的发展,心理物理法的局限也正源于此。首先,它的解释含有一定的推测成分,且个体差异比较大,结果的普遍性不强;其次,人的心理变化受很多因素影响,难以控制变量;第三,导致同一反应的因素也很复杂,很难判定所侦测的指标到底是由哪些因素引发的。

(六) 跨文化研究

跨文化研究(cross-cultural study)是指,通过对不同社会文化背景的儿童进行研究,探讨儿童心理和行为发生、发展规律,并探讨不同的社会文化条件对儿童心理发展的影响。跨文化研究始于人类学,并逐渐成为行为和社会研究的重要方法之一。

跨文化研究的实质就是进行不同文化间的比较。从不同文化中收集到的数据资料及其处理方法具有文化等同性。研究者区分出三种文化等同性:机能等同性——不同文化背景下的个体对同一问题作出反应时产生的行为,表现出基本相同的心理机能;概念等值性——指不同文化背景下的个体对特定刺激物的意义有共同的理解;测量等值性——从不同文化中获取数据资料的心理测量方式具有可比性。

多年前,为了研究人类性别角色的共同性,人类学者米德(Mead, 1935)曾作了一个影响广泛的性别角色的跨文化比较研究。她对新几内亚岛上的三个原始部落的性别角色进行比较,观察结果出乎意料。在亚瑞帕契(Arapesh)部落里,男人和女人都被教导要扮演我们所认可的传统女性的角色:他们是合作的,不是攻击性,对他人的需求敏锐。相反,孟都古牡(Mundugumor)部落里,男人和女人则都被教养成具有敌意、攻击及对他人没有情感反应即传统男性的行为模式。而恰门姆利(Tchambuli)部落则表现出与传统性别模式正好相反的性别角色发展:男人是被动、情感依赖的,而女性正好相反。

米德的文化比较研究指出,文化规范对男女性别行为模式的影响,比生物性的差异更重要。

表1-3 收集数据的方法间的比较

方法	优点	缺点
自然观察法	用于研究发生于真实世界的行为;有较好的生态效应	研究对象的行为可能受到观察者在场的影响;在观察时,一些不平常或不合宜的行为可能不易被观察到
结构性观察法	创造一个标准化的、可控制的环境,以提供儿童表现目标行为的机会;用于观察不常发生或不被社会允许的行为	可能无法呈现儿童在自然环境中的行为
访谈法与问卷法	短时间内能收集到许多资料;标准化的格式允许研究者直接比较不同个体所提供的资料	所收集的资料可能并不正确、不够诚实,或只是反映了被试语言能力及了解问题能力的差异
临床法	将研究对象作为独特的个体;自由开放的访谈提高了研究的效度	由于被试所接受的处理方法不同,因此所得的结论可比性较差;弹性的询问更要求严格的专业训练;研究的信度可能会受影响
个案研究法	在对个案进行分析推论时可以更广泛地考虑许多资料	所收集的资料会因个案不同而不同,可比性差;从个别个案所得到的结论是主观的,可能并不适用于其他人
跨文化研究	能获得比观察法、访谈法或问卷调查法更全面、准确的信息	观察信息可能会受到研究者的价值观和理论偏爱的影响

二、心理现象的研究方法:相关研究与实验研究

确定了研究主题,获得了研究的数据,研究者就要对这些数据进行分析,探讨事件与行为的关系。这就要使用相关设计与实验设计。

(一) 相关设计

在相关设计(correlational design)中,研究者收集数据以确定两个或多个变量间是否具有某种有意义的关系。一般而言,相关设计的研究者并不试图改变被研究者的生活环境,而只是试图研究个人生活中的某些变量与行为或发展模式的关系。

例如,研究者认为,看暴力电视节目与儿童攻击行为间有关系。研究者测量了儿童收看暴力电视节目的情形和对同伴的攻击行为的量:使用访谈法或自然观察法去了解每个儿童看到了些

什么,并计算节目中的暴力或攻击行为的数量;在操场观察及记录每个儿童以敌意、攻击的方式对付玩伴的情形,以获得儿童自己对同伙的攻击行为的频率,求出二者的相关系数,即可评估研究者的假设了。

但是相关设计存在的最大问题是,我们无法通过相关关系来判断因果。如果暴力电视节目与攻击行为存在较高的相关,那么,是看暴力电视节目导致儿童攻击性高呢,还是高攻击性的孩子倾向于看暴力电视节目?或者,二者的关系是由第三个我们没有加以测量的变量(父母的暴力)所造成的:暴力的父母使孩子具有更高攻击性,更偏爱观看带有暴力镜头的电视节目?如果是这样,那么即使不知何者为因、何者为果,后两个变量仍有相关。

总之,相关设计具有多重用途,它可探讨两个或多个变量间系统的关系。其主要限制是无法清楚地指出因果关系。进一步的研究需借助实验法。

(二)实验设计

实验设计(experimental design)是在控制的条件下系统地操纵某种变量的变化,来研究这种变量的变化对其他变量所产生的影响。由实验者操纵的变量即实验的自变量(independent variable)。回到相关设计的那个例子上,如果研究者认为,暴力电视节目是儿童高攻击性的原因,那么,自变量就是被试所看的电视节目的类型。研究者让一半儿童(实验组1)看主角有暴力行为或对他人有攻击行为的节目,另一半儿童(实验组2)则看只有少数暴力行为出现的节目。

由自变量而引起的某种特定变化即因变量(dependent variable)。儿童对暴力电视节目的反应,即攻击行为的变化,就成为实验的因变量。此外,实验需要在严格控制的条件下进行,其目的在于排除自变量以外的一切无关变量的干扰。如果在这种情况下得到的结果表明,实验组1的被试的攻击性水平的确高于实验组2,那么我们就可以下这样一个结论:收看暴力电视节目会使儿童的行为更具有攻击性。

实验设计可分为现场实验法和实验室实验法两种:现场实验(field experiment)和实验室实验(laboratory experiment)。现场实验是在家庭、学校、工厂等实际生活情境中对实验条件作适当的控制所进行的实验。这种方法兼具了自然观察法的优点及严谨的实验控制;实验在自然情境中进行,儿童便不会因参与陌生的实验情境而出现一些不必要的焦虑,因为儿童所进行的都是每日例行性的活动,他们较不易察觉到有人在观察他们。

在一项有关同伴互动的研究中(Furman, Rahe, & Hartup, 1979),研究者在幼儿园环境中,对社会互动水平较低的学前儿童在4到6周的时间里进行了现场研究:对实验组幼儿,安排他们参加了10次与另一个同龄或小龄儿童组成的两人一组的游戏,成人不干涉儿童的行为,只是观察儿童的表现。结果,与控制组相比,参加游戏的实验组儿童社会互动水平提高了,且在与较小同伴的互动游戏中,儿童积极的社会互动,如对同伴积极的反馈等反应,明显高于控制组儿童。

现场研究的优点是生态效应好,实验在自然情境中进行,研究的问题也直接来自实践,对实践具有较好的指导意义。缺点是容易受无关变量的影响,不容易严密控制实验条件。

实验室实验是在严密控制的实验条件下借助仪器所进行的实验。其优点是对无关变量的严格控制，以及对自变量的精细操纵和对因变量的精确测量。其缺点是，实验的生态效应差，容易脱离实际情境，难以将结论推广。而且，基于道德的考虑，很多课题，如早期社会剥夺对婴儿社会化与情绪发展的影响的研究，就不能用实验室实验进行研究。

表1-4 相关设计与实验设计的比较

研究方法		实验步骤	优点	缺点
相关设计		在无研究人员干涉情况下收集关于两个或多个变量的信息	在自然环境中测定变量间相关关系及强度	无法确定变量之间的因果关系
实验设计	现场实验	控制自变量，在自然环境中测量因变量	提供变量之间的因果关系，结论具有普遍性，可推广到真实生活中	在自然环境中控制实验处理比较困难，不够有效
	实验室实验	操控某些环境因素（自变量），测量自变量影响下被试的行为（因变量）	提供变量之间的因果关系	在人工环境下获取的结论缺乏普遍性，无法完全推广到真实生活中

三、发展的研究设计：横向研究与纵向研究

为了探讨儿童心理和行为随年龄而发生的发展变化，以及出生于不同文化背景下的儿童心理发展的普遍规律，研究者还需要一些专门的研究设计。这些方法有：横向研究（cross-sectional study）、纵向研究（longitudinal study）、时序设计（sequential design）。

（一）横向研究

横向研究是指在同一时间内，对不同年龄组被试进行观察、测量或实验，以探究心理发展的规律或特点。例如，为了研究儿童随年龄增长追逐打闹游戏行为的变化，我们可以用横向研究的方法分别对3岁、5岁和7岁儿童进行追逐游戏的观察，通过不同年龄儿童的反应，探讨追逐游戏发展的年龄趋势。

横向研究最突出的优点，是研究者可以在很短的时间内收集到不同年龄的研究对象的资料，有助于描述心理发展的规律与趋势，此外，样本也容易选取与控制。因此，这种研究设计成本低，省时省力，见效快，使用非常广泛。

但横向研究也有其缺点。由于被试是不同个体，其结果不能确切地反映出个体心理发展的连续性和转折点。依据横向研究所得出的发展曲线可能受到"时代效应"（cohort effects，也称群体效应）的影响：不同时代群体由于所处社会文化、历史条件和遭遇历史事件的不同而表现出心理发展上有差异。在横向研究里，各个年龄的研究对象不是"同群"（cohort）的人。所谓"同群"是指同一年龄且经历过相似的文化环境及历史事件的人。不同群的人参与同一横向研究，研究结

果必然受到群体效应的影响。一个被广泛引用的例子，是用横向研究进行的智力发展曲线的研究。许多横向研究都指出，青年人智力测验的分数比中年人高，而中年人又比老年人高。那么，这种下降是年龄发展本身所引起的，还是由于教育的组群差异所造成的呢？这就需要进一步的研究。此外，横向研究也很难说明发展的因果联系，无法解释个体的早期经验对其后期心理发展的影响。

（二）纵向研究

纵向研究又称追踪研究，是指在较长一段时间内对同一群被试进行定期的观察、测量或实验，以探究心理发展的规律或特点。例如，为了考察儿童慷慨行为的发展规律，可以给一组 4 岁的幼儿对贫困儿童表现慈善的机会，并在这些儿童 6 岁、8 岁和 10 岁时再重复相同的实验来测量儿童的慷慨行为，以探讨该行为随年龄增长而发生的变化。

纵向研究的特点是，通过长期的追踪研究，可以获得心理发展连续性与阶段性的资料，从而系统详尽地了解个体量变与质变的规律。而通过研究多数个体在发展上的共同性，研究者也可以确认出发展的一般规律和发展趋势。另外，长期的追踪有助于研究者探讨个体的早期发展、早期经验与后期心理发展的联系，有利于了解发展的个别差异产生的原因和机制。

在一项关于假装游戏的追踪研究中（Howes & Matheson，1992），研究者对 1 岁组及两岁组幼童的假装性游戏活动进行了重复观察，总共持续三年，每次观察间隔半年。他们使用一种分类量表来评定游戏中认知的复杂性，以研究如下问题：（1）游戏的复杂性是否确实随着儿童年龄的增长而有所增加？（2）在游戏的复杂性方面儿童是否存在差异？（3）游戏的复杂性是否确实可预测儿童的社会能力？研究结果证实，在三年中，所有儿童的游戏复杂性都有所增加，当然其中也确实存在个体差异。此外，研究显示，游戏复杂性与儿童的游戏能力、社会能力之间存在相关。无论哪个年龄阶段，参与更复杂游戏的儿童都在半年后的下次追踪研究中被评定为更友好、更不具有攻击性的儿童。因此该研究表明，游戏的复杂性不但随着儿童年龄的增长而有所增加，而且它还是一个对儿童今后社会能力具有良好预测力的指标。

虽然纵向比较有许多优点，但是也有一些缺点。纵向研究周期长、成本高，被试量也受到限制，而且研究中可能会因搬家、生病、厌烦或父母不许子女继续参与研究等原因而产生样本的流失，从而影响取样的代表性。此外，纵向研究需要被试反复做一些测验或实验，不可避免地会使被试产生"练习效应"。还有，长时间的纵向研究也存在"时代变迁"的影响，即"时代—历史的混淆"（age-history confound）。横向研究和纵向研究有其各自的优缺点，将两种方法结合，研究者创造了第三种方法——时序设计。

（三）时序设计

时序设计将横向研究与纵向研究融合在一起，在横向研究的基础上，进行纵向研究，以更好地研究心理变化的特点与转折点。例如，要研究假装游戏的发展，我们可以分别对两组两岁、3

岁、4岁的幼儿进行以物代物的假装游戏的观察与测量,一年后再对这些被试进行第二次研究,两年后进行第三次研究,这样,经过三年的追踪,我们获得了2—6岁儿童假装游戏发展的资料,其中既有来自横向研究的结果,也有追踪研究中获得的资料,并区分出了三种效应:年龄效应、群体效应和测量时间效应。

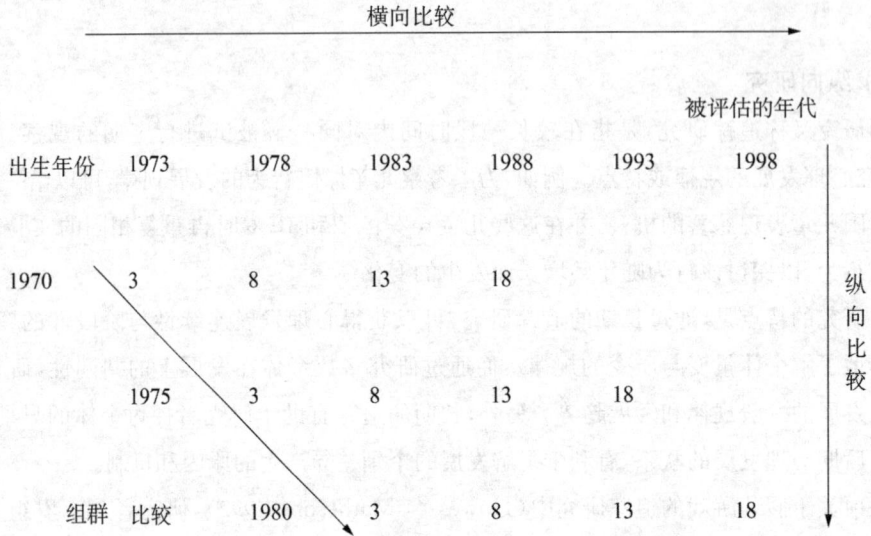

横向比较

被评估的年代

出生年份	1973	1978	1983	1988	1993	1998
1970	3	8	13	18		
1975	3	8	13	18		
组群 比较 1980	3	8	13	18		

纵向比较

图1-9 一个假定的设计,综合了横向研究与纵向研究的特点,以研究幼儿机构教育对日后发展的影响。如果从1973年开始,该研究要到1998年才结束。图中显示了每个族群样本的儿童在研究中每个测查年时的年龄

表1-5 三种发展研究设计之比较

研究设计	程序	获得的信息	优点	缺点
横向研究	在同一时间观察不同年龄的对象	描述年龄差异	可说明年龄差异、发展趋势的启示,较经济,也较省时	年龄趋势可能只反映群组间的差异,而不是真正的发展变化;不能提供有关个人发展的资料
纵向研究	在不同时间反复观察同一群体	描述个人发展的资料	能描绘随年龄的增长而产生的发展变化,提供早期经验与后面结果间的联结	时间长、费用高研究对象易流失易受反复测试的干扰容易受到时代变迁的影响
时序设计	融合横向研究与纵向研究,在不同时间重复观察不同的群组	既描述年龄差异,又描述个人成长资料	能对年龄、群组、测量时间等效应进行分离,从同群效应中鉴别真正的发展趋势,揭示某个组群所经历的发展是否与其他同群所经历的相似,比纵向研究经济	程序复杂,耗时尽管方法有效,但仍存在发展变化是否具有普遍意义的问题

本章总结

　　学前儿童发展是研究学龄前儿童心理和行为发生发展规律的科学。学前儿童的发展是一个系统的整体,在对其心理和行为进行研究时会初步将其划分为生理发展、认知发展以及情感和社会化发展三大领域。

　　学前儿童发展的基本理论问题,包括发展的连续性问题、遗传与环境的关系问题、儿童发展的主动性与被动性问题等。对这些问题的回答不同,研究者的理论观点也不同。对学前儿童发展领域影响深远的理论流派,主要有精神分析学派、行为主义学派、认知发展学派、社会文化学派和信息加工学派等。

　　学前儿童发展的研究中,数据的收集方法、变量间关系的分析方法以及发展的研究设计均有很多种,每种方法都各有其特点,使用时要根据具体的研究主题进行选择。

视野拓展

➢ 林崇德,朱智贤著:《儿童心理学史》,北京师范大学出版社,1988年版。

➢ 劳拉·E·贝克著,吴颖等译:《儿童发展》,江苏教育出版社,2002年版。

➢ 刘金花主编:《儿童发展心理学》,华东师范大学出版社,1997年版。

➢ David R. Shaffer 著,邹泓等译:《发展心理学——儿童与青少年》,中国轻工业出版社,2005年版。

请你思考

√ 儿童发展的基本理论问题包括哪些?

√ 举例说明什么是横向研究、纵向研究及时序设计。

√ 社会信息加工理论的主要观点有哪些?

√ 社会生态学理论是如何解释幼儿的发展的?

第二章

学前儿童发展的生物学基础

"你说我们的宝宝会是男孩还是女孩?"刚得知自己已经怀孕的文清一脸幸福地问道。

"我希望是个女孩,能像你一样漂亮。"身旁,体贴的丈夫说。

"不,还是男孩好!"

"为什么呀?"

"是男孩的话,就算长得像你也不用担心啦! 嘿嘿……能像你一样聪明就可以了!"

　　年轻的准爸爸准妈妈们总是对宝宝的一切满怀好奇。即将出生的宝宝是男孩还是女孩? 宝宝会长得更像谁? 宝宝是顽皮还是文静? ……一连串的问号凝聚成满心的期待和爱,等待宝宝呱呱落地的那一刻。在本章中,就让我们来一探究竟吧!

　　本章我们将先讨论生物学因素对个体发展的影响,讨论遗传因素在发展中所起的作用;接下来,我们将讨论精子和卵子结合成一个受精卵后发生的事情:受精卵经历胚种期、胚胎期和胎儿期,最后发育成熟并脱离母体来到这个世界。我们将会看到,哪些因素会影响未出生胎儿的发育,出生过程是否会导致某些先天发育不良,并将看到新生儿的特征和能力倾向。

第一节　遗传对学前儿童发展的影响

　　遗传因素是个体发展的基础,遗传因素在个体身上体现为遗传素质,主要包括机体的构造、形态、感官和神经系统的特征等通过基因获得的生物特性,而其中最主要的是大脑和神经系统的解剖特点。遗传素质在精子和卵子结合的一刹那就已经决定了,它是心理发展的生物前提和自然条件。人类的许多行为是由遗传构造、生理成熟和神经功能支配的。

一、研究遗传影响力的方法

　　选择性育种(selective breeding)及家谱研究(family study),是用来评价遗传对行为影响的两种主要策略。

　　选择性育种的研究:许多研究者通过选择性培育有特殊特质的动物,来研究遗传在多大程度上影响了这种特质的个体差异。一个著名的选择性育种实验是屈赖恩(Tryon,1940)所进行的,他试图证明老鼠走迷宫的能力是一种由遗传决定的特质。屈赖恩根据走迷宫的能力将老鼠分为"聪明组"和"愚笨组"。选择让最聪明的公鼠和最聪明的母鼠配对、繁殖,最愚笨的公、母老鼠配对、繁殖,再对子代走迷宫的能力进行考察。对于第 7 代,聪明组与愚笨组的表现差异极为明显:聪明组老鼠走迷宫的能力大大高于愚笨组。第 18 代时,聪明组中表现最差的老鼠比愚笨组中表现最好的老鼠还要好(见图 2-1)。因此,屈赖恩认为,老鼠走迷宫的能力具有明显的遗传效应。另外,有些学者也用相同的方法来说明,遗传对老鼠、鸡的活动水平、情绪、攻击性及性驱力

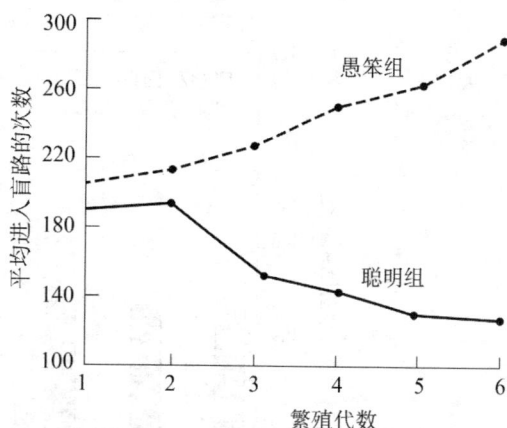

图 2-1 选择性繁殖与白鼠走迷宫错误次数间的关系

等特质都有非常大的影响(Plomin,DeFries,& McClearn,1989)。

家谱研究:对人类心理和行为的研究,行为遗传学者通常使用家谱研究的方法。典型的家谱研究是将同一家庭中的每个人加以比较,分析他们在一或多个行为特质上的相似程度。如果某一特征是由遗传决定的,则血缘关系(kinship)的近、疏会决定家庭成员在这一特征上的相似性。借助这种方法,英国遗传学家高尔顿(Galton)从英国的政治家、法官、军官、文学家、科学家和艺术家等名人中选出 977 人,调查他们的亲属中有多少名人,结果发现,名人的亲属中有 332 人也同样出名。而对照组的亲属中只有 1 个名人。高尔顿由此认为,两组群体出名人的比例如此悬殊,证明能力是由遗传决定的。

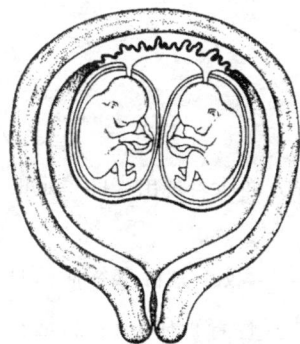

图 2-2 子宫中的同卵双生子,有各自的羊膜囊

家谱研究一般采用两种方法。一种是双胞胎研究(twin study)(见图 2-2):如果一起长大的同卵双胞胎在某一特质上的相似性高于一起长大的异卵双胞胎或兄弟姐妹(血缘关系 = .50),而异卵双胞胎又高于同父异母或同母异父的手足(血缘关系 = .25)或同住一起但毫无血缘关系的儿童(血缘关系 = .00),那么,这种特质就更多地受遗传因素影响(见图 2-3)。

另一种是收养研究(adoption study):被收养者与收养家庭的成员在遗传上毫无相关,如果被收养的儿童在某一特质(如性格)与同其有共同基因的亲生父母(血缘关系 = 0.50)更相似,而非与同其有共同生活环境的养父母更相似,则说明基因在决定这些特质中具有较大的影响力。

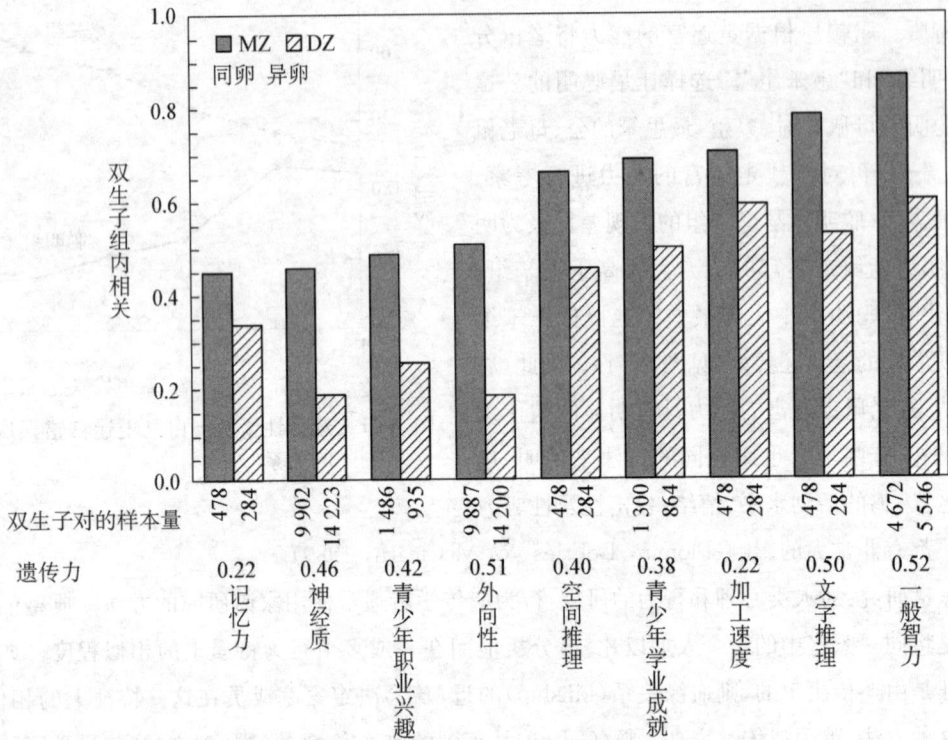

图2-3 双生子在几个心理特征上的组内相关研究

二、遗传对气质、人格的影响

（一）气质遗传的可能性

气质（temperament）是指在情绪反应、活动水平、注意和情绪控制等方面所表现出来的稳定的个体差异。

对许多人而言，气质这个词隐含着行为的个别差异有生物的基础——这个基础是会遗传且稳定的（Bates，1987；Buss & Plomin，1984）。以各种动物为对象的选择性育种研究指出，活动量、恐惧以及社交能力等气质特征，确实含有很强的遗传影响力。人类也是如此吗？

研究者研究了同卵双胞胎与异卵双胞胎间气质的相似性，得到了相当一致的发现：从幼儿期初期开始，活动量、注意的需求、易怒及社交能力等气质，同卵双胞胎的相似度都高于异卵双胞胎的相似度（Braungart et al.，1992）。因此，我们可以说，至少有一些气质成分是受到遗传基因的影响的。

另外，不同背景的婴儿从生命的最初几天开始，就已显露出不同的气质特征。福利德门（Freedman，1979）研究高加索人和华裔美国人新生儿的气质，发现了明显的民族差异，高加索人和华裔美国人母亲所接受的产前照顾是一样的，因此婴儿间的气质差异可能是由遗传决定的。

总之，我们所表现出来的、会影响我们的社会行为及情绪适应的气质特征，很明显受到遗传基因的影响。不过,早期的气质类型是可以改变的,而且这种气质的改变说明,这种受遗传影响较大的气质特征对环境变量也是很敏感的。

(二)人格遗传的可能性研究

一般认为,构成人格的一些稳定的特质和习惯,更多地受到环境因素的影响。我们的感觉、态度、价值和行为特征等,更多地受到生活环境中的文化以及我们所结交的朋友的影响。但是,行为遗传学的研究却让我们看到遗传对某些人格特征的影响力。

内向性/外向性(introversion/extraversion)就是一个受遗传影响较大的特质。内向者在人群中常保持安静、焦虑,有不舒坦感;外向者则很爱交际,很喜欢和他人聚在一起。同卵双胞胎在这项特质上有中等程度的相似性,其相似性比异卵双胞胎、一般的手足,或在相同家庭环境下成长但无血缘关系的儿童高(Martin & Jardine,1986;Nichols,1978;Scarr et al.,1981)。

另外一个可能受影响的有趣特质则为同理心(empathic concern)。一个人很有同理心,是指他能了解他人的情感、需要。婴儿看见其他婴儿哭,他也可能会哭。这似乎说明同理心是天生的。马特福斯等人(Matthews et al.,1981)测量了114对同卵双胞胎及116对异卵双胞胎的同理心,这些双胞胎的年龄在42至57岁之间,都为男性。结果发现,即使大部分的双胞胎已有很长一段时间不住在一起,但同卵双胞胎在同理心上的相似程度($r = 0.41$),仍旧比异卵双胞胎的相似程度高($r = 0.05$),所以,马特福斯认为,同理心是一个会遗传的特质。

为了进一步说明遗传对成人人格的影响力,有人(Loehlin,1985)研究了不同血缘关系的家庭成员之间多项人格特质的平均相关(见表2-1)。研究者由此认为,许多人格特质都有中等程度的遗传可能性。当然,这一中等强度的遗传系数也正反映了人格在很大程度上受环境因素的影响。

表 2-1 三种不同血缘关系的家庭成员人格特质的相似性[①]

关系类型	同卵双胞胎	异卵双胞胎	非双胞胎手足	收养儿童
血缘关系	(1.00)	(0.5)	(0.5)	(0.00)
人格特质相关	0.50	0.30	0.20	0.07

从表2-1中可以看出,尽管在同一个家庭中长大,同卵双胞胎在多重人格测量中的相似性也只有0.50。这是因为,即便生活在同一个家庭中,每个家庭成员各自遭遇的生活事件、情境及经验也都不同,即家庭中非共享的环境(nonshared environmental influence)是不同的。例如,父母对儿子和女儿、老大和老幺的反应可能就不同。从遗传的观点来看,同卵双胞胎完全一样,因此他们之间的不同,应该完全归因于他们之间非共享的环境。根据这个思路,罗等(Rowe & Plomin,1981)提出了估计非共享环境效应的公式:

---

① 此处的人格特质相关是指多项人格特质的平均相关。

$$非共享环境的效应 = 1 - r(同卵双胞胎的相关)$$

根据这个公式,表 2 - 1 所列的同卵双胞胎在各项人格特质上的平均相关为 0.50,那么,非共享环境的影响量则为 1 - 0.50 = 0.50,就是说,环境对人格发展的影响力也是非常大的。

三、遗传对心理健康的影响

遗传与心理健康、行为问题有关吗? 是的,任何一种基因缺陷,对神经、精神、病理性行为障碍等的发生都可能是危险因子。

关于遗传对变态行为影响的证据,主要来自家谱研究,研究者计算了各种疾病的"一致率"(concordance rate)。例如,在双胞胎研究中,一种疾病的一致率,是指双胞胎中的另一方也有此种疾病的概率。如果同卵双胞胎的一致率高于异卵双胞胎,就可以假设这种疾病有遗传倾向。

精神分裂症是一种颇为严重的精神疾病,患有此症的人在思维、情绪表达及日常行为上都有严重的问题。精神分裂症患者没有能力形成简单的概念,并将日常生活中的事件作逻辑的联结,他们常分不清幻想与事实的区别,结果他们常觉得困惑,或有明显的幻觉,这是造成其行为不合理不合宜的原因。针对一些患有精神分裂症的双胞胎所进行的研究发现,同卵双胞胎的平均一致率为 0.46,异卵双胞胎的平均一致率为 0.14(Gottesman & Shields,1982),表明精神分裂症是一种会遗传的疾病。对在收养家庭长大的成人所作的研究也显示,这些被收养者的精神分裂症(或其他失常行为)的发生概率,与同其有血缘关系的亲戚的精神分裂症发生率的相关,高于与收养家庭成员发生率的相关(Plomin,1990)。

近年来,许多证据都显示,一些变态行为,如酗酒、犯罪行为、抑郁、多动、躁郁症或精神分裂症等都有一定的遗传倾向,但一致率并不高。环境因素对一个人的变态行为或心理疾病是一个更重要的影响因素。也就是说,遗传可能是个体获得了有些心理和行为特征的遗传潜质或易感性,但只有在极大压力的生活事件(如有拒绝型的父母、遭受退学、破碎的婚姻)下才可能真正引发问题。

近期对神经系统的微观研究也证明了遗传因素与某些心理和行为异常的关系。例如,五羟色胺是一种重要的神经递质,与许多心理障碍有关(如焦虑症、情绪障碍、强迫症等)。对五羟色胺的研究发现,五羟色胺的水平受遗传因素影响,而低水平五羟色胺与心理障碍临床表现的严重程度相关,焦虑和情绪障碍的易感性、暴力行为等都受其影响(孙建英,2005)。

四、遗传与环境互动的特征

从以上的分析我们可以看出,遗传在很大程度上决定了心理和行为的发展潜质,但发展的结果却是遗传与环境互动、环境作用于遗传的结果。斯卡尔等(Scarr & McCartney,1983)提出了一种解释遗传与环境相互作用关系的理论。他们认为,遗传与环境的相互作用至少有三种方式:被动的互动(passive genotype/environment interactions)、唤起性的互动(evocative genotype/environment interactions)、主动的互动(active genotype/environment interaction)。

被动的互动：是指儿童的父母为他们提供成长的环境——为孩子提供遗传特质，建构儿童成长的社会、情绪以及认知环境。例如：爱运动的父母可能将此特征在遗传上提供给孩子，并为孩子提供崇尚运动的家庭环境。

唤起性的互动：是指由于个体的遗传特征而影响了作用于他的环境因素，具有不同遗传结构的个体，可能会唤起不同的环境。例如，爱笑、好动的婴儿所接受的注意以及社会刺激，比闷闷不乐、消极被动的婴儿多；老师可能较喜欢漂亮的婴儿，而较不喜欢不太漂亮的婴儿。他人对儿童的反应是一种环境，对儿童的发展具有重要的影响。所以，遗传影响了儿童发展的社会环境特征。

主动的互动：是指主体在其遗传特征的影响下，对环境因素进行有目的的选择、改变与创造。个体总是倾向于选择那些自己感到比较能适应的环境经验，结果，个体在发展的方向与程度上都会表现出差异。儿童所喜爱并追求的环境，是与儿童的遗传潜质相适应的。例如，具有社交倾向的儿童，喜欢邀请朋友到家里来或到朋友家去，热衷于参加各种活动。相反，回避型的幼儿会主动避免大型的社交活动，而选择自己单独进行的活动（如搭积木、看书）。所以，不同遗传型的个体都会主动地为自己选择不同的环境状态，这种环境状态对未来的社会行为、情绪以及智力的发展都有重要的影响作用。

斯卡尔认为，在发展过程中，这3种遗传与环境的互动模式是不断变化的。在出生后的最初两年，婴儿及幼儿无法随意到邻居家去走动、选择朋友和环境状态，他们大部分的时间都在家里，接受父母为他们所建构的环境，因此，在该阶段，遗传与环境的互动以第一种互动模式为主。但进入幼儿园后，孩子们获得了选择自己的兴趣、活动、朋友和住处的自由，唤起性的互动和主动的互动随着儿童的逐渐成熟而日趋重要。

总之，个体的生物因素规定了发展的潜在可能性，而个体的环境教育条件（无论是儿童被动接受的环境，还是由他们唤起的或者主动选择的环境）确定了儿童发展的现实水平。一般情况下，儿童的发展潜质是相当广阔的，从这个意义上来说，环境条件对个体发展的现实水平起到了更为重要的作用。

第二节　胎儿的发育

一个个体究竟是如何从受精卵开始发展的？在这一节中，我们将主要描述胎儿发展的历程。

一、胎儿的身体生长发育

从女性卵巢排出的卵子在通过输卵管到子宫的过程中遇到男性的精子而受精的那一刻起，新的个体就出现了。女性受孕最初的变化是保护性的，当精子穿透卵子的细胞膜后，卵子会释放出一种化学物质排斥其他精子(见图2-4)。几个小时内,这个精子开始分裂,释放出遗传密码,卵子也开始释放遗传密码,一个新的细胞核形成了,这就是受精卵,它只有大头针针头的1/20大。

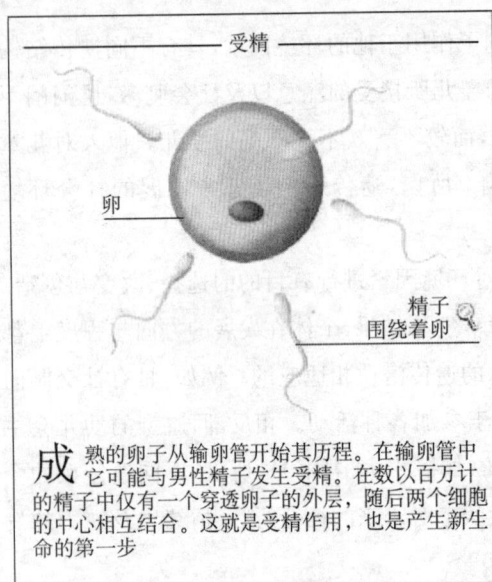

图2-4 受精卵的形成过程

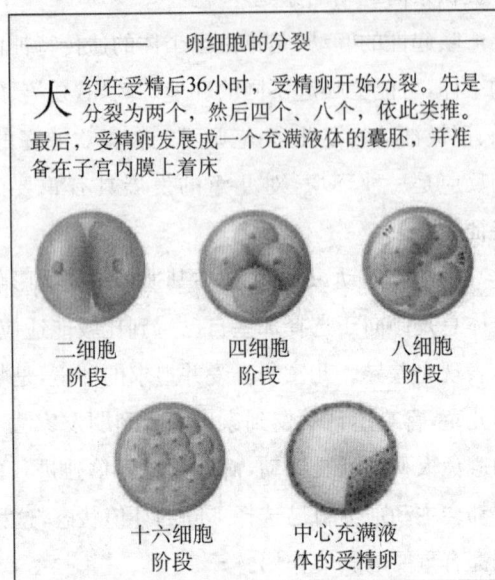

图2-5 卵细胞的分裂过程

从受精卵形成到出生,要经历270天左右,其间,受精卵经过不断地自我复制,经历了3个阶段的发展变化过程:胚种期、胚胎期、胎儿期。

1. 胚种期

胚种期也称为细胞或组织分化前期,大约持续两周。受精卵进行有丝分裂,到第四天,就形成了一个由60—70个细胞组成的球状中空的充满液体的球,即胚泡。胚泡形成后,就逐渐由输卵管移入子宫并植入子宫壁,即"着床"。胚泡内层结构上附着的细胞叫作胎盘,胎盘将发展成新的器官(见图2-6)。胚泡的外层结构为胎盘提供保护性的外膜,叫作滋养层,这种结构既有保护作用又能提供营养。

专栏2-1　胚种期的发育

在受精卵形成后的第7到第9天之间,胚种进入子宫,在胚泡的外层将出现一些绒毛,在胚泡到达子宫壁后,这些绒毛将埋入子宫壁,与母亲的血液供应系统相连接。着床成功后,胚泡外层迅速形成一层薄膜,叫羊膜。羊膜把正在发育中的器官包围在羊水中,羊水能使胎儿生长环境保持恒温,缓冲母亲运动对胎儿的影响。漂浮在羊水中的是卵黄囊,卵黄囊能提供血细胞,直到胎盘可以自己产生血细胞(见图2-6)。

着床本身也是一个发育过程。着床的过程不是一帆风顺的,有30%的受精卵不能通过这一阶段。有的是精子和卵子不能有效结合,有的则是不明原因地不能进行细胞分裂。这些情况阻碍了着床,自然就在胎儿发育的早期减少了大多数畸形儿的产生。

着床成功后,在第2周快结束的时候,胚泡外层结构中的细胞形成另一层包在羊膜外面的保护膜——胞衣。胞衣形成后,开始出现细小的绒毛或血管。当这些绒毛植入子宫壁,胎盘就可以开始发育了。胎盘从形成开始一直由母体和自身血管提供养料,而胎盘的细小绒毛就像一个过滤网,它让食物和氧气能够到达正在发育中的机体,并把产生的废物带出体外,同时又阻止母亲的血细胞进入胎盘,以免和母亲的血液直接相溶。因此,胎盘在孕期的作用是负责代谢交换,以维持胚胎的生存与发育。

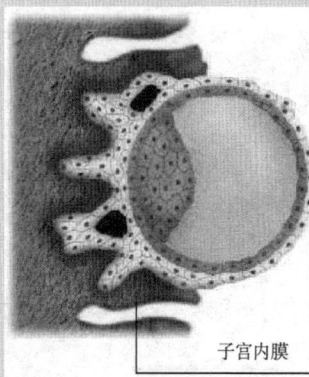

图2-6 受精卵着床大约在受精后6天,这时受精卵附着在子宫内膜上,并为其发育成胎儿而吸收所需的各种养分

胎盘通过脐带与发育中的组织相连。在胚种期,脐带是一条初级的营养管道,但到了胚胎期,它将长到30—90厘米长。脐带中包含一条载有营养的大静脉和两条移走废物的动脉。脐带中血液流动的力量使它保持稳固,当胚胎在羊水里自由游动时,脐带很少会缠结在一起。在胚种期快结束的时候,发育中的组织已经是一个非常复杂的生命体了。

2. 胚胎期

胚胎期也叫细胞和组织分化期,是从怀孕后的第3周开始,一直到怀孕后的第8周结束。这6周是胎儿发育最快的时期,身体的各个器官、系统都正在形成,成长中的胚胎特别容易受不健康因素的干扰。但是由于胚胎期非常短,这就减少了胚胎受严重伤害的机会。

专栏2-2 **胚胎期的发育**

在怀孕后的第3周,胎盘已形成3个细胞层:最外层为外胚层,它将发育成神经系统和皮肤、毛发;中间一层为中胚层,它将进一步分化成肌肉、骨骼、循环系统及其他内部器官;最里层为内胚层,它将产生消化系统、肺脏、尿道及各种腺体。

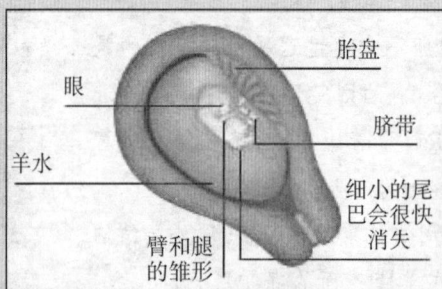

图 2-7 胚胎期图示

第 3 周,神经系统发育最快。第 4 周,心脏开始跳动以促使血液流动,肌肉、脊椎、肋骨以及消化道也出现了,眼睛、耳朵和嘴也已开始形成,胳膊、腿的雏形也突然出现。在第 1 个月末,只有 6.3 毫米长的卷曲的胚胎,已经是由几百万细胞组织组成的了。

在第 2 个月里,发育继续快速进行。颌和颈形成了,胳膊、腿的雏形变成了手臂、腿、手指、脚趾。内部器官的变化更加明显:肠继续发育,心脏已经分化出独立的心室,肝和脾开始接管卵黄囊,承担起制造血细胞的任务。比例的变化使胚胎的姿势更加直立,胎盘此时有 3.8—5 厘米长,重 2 克,与受精卵相比增加了 2 万倍。胚胎比以前更像个人了。它开始能感觉到周围世界的存在。它能对触觉有所反映,特别是被触碰到嘴部和脚底的时候。虽然移动的幅度很小,但它已经能移动了。

3. 胎儿期

胎儿期也叫器官和功能分化期,从怀孕第 3 个月到出生为止。在这个阶段早期,胎儿发育迅速,特别是从第 9 周到第 12 周之间,以后发育开始减缓。各种器官在这个时期逐步精细化。

专栏 2-3　胎儿期发育的 3 个分期

胎儿期被划分为 3 个分阶段。

第一分阶段:妊娠第 3 个月

在第 3 个月中,各种器官、肌肉及神经系统开始有组织地协调起来。当大脑开始发出信号时,胎儿会踢腿、握拳、张嘴等,但这些动作很轻,母亲还感觉不到。胎儿的肺开始收张,预演呼吸运动。到第 3 个月末,外生殖器已经形成,胎儿的性别可以通过超声波检测出来。

在怀孕 12 周后,胎儿的身长约 7.8 厘米,体重约 28 克,此时胎儿所有的细微发展都已出现。

第二分阶段:第二个三分期

在第二个三分期,即怀孕后的第 4、5、6 个月,胎儿继续以较快的速度生长。到第 4 个月末,胎儿长约 20—25 厘米,重约 170 克。

第 17 周到第 20 周,胎儿已经长得很大,母亲已经可以感觉到它的移动了。此时胎脂覆盖了胎儿的皮肤(胎脂是一种油脂状物质),它使胎儿在以后几个月的羊水浸泡中,皮肤不会皲裂。白色的柔软胎毛也出现了,胎毛可以帮助胎脂粘在皮肤上。

在第二个三分期快结束的时候,许多器官已经发育得非常好了:大多数脑神经细胞都已定位,在这之后只会产生少量的脑细胞。支持并供给脑神经细胞养料的神经胶质细胞会继续迅速增长,直到出生后。

在这个时期结束时,胎儿对声和光开始有反应,说明胎儿的听觉和视觉开始起作用,但此时出生的胎儿仍然不能活下来,这时它们的肺还没发育成熟,而且大脑还不能控制呼吸和调节体温。

怀孕 6 个月后,胎儿长约 35—38 厘米,体重约 900 克。

第三分阶段:第三个三分期

妊娠末期的 3 个月,是胎儿发育的最后阶段。在这个阶段,所有器官迅速发育成熟,为胎儿出生作好准备。在怀孕第 22 周到第 26 周出生的早产儿已经有了生存下来的机会。如果婴儿在第 7、8 个月就出生了,他们常常需要氧气瓶帮助呼吸。这时尽管脑的呼吸中枢已经成熟,但肺中的小气囊还不能发挥功能。

到第 7 个月末,胎儿身长约 40—43 厘米,体重约 1 800 克。到第 8 个月末,胎儿已长到 46 厘米,体重达到约 2 250—2 700 克。这是因为在第 8 个月,胎儿形成了一层脂肪层以协助出生后控制温度。到第 9 个月中时,胎儿将变得很大,填满子宫,胎儿活动变慢,睡眠增多。由于母亲子宫形状的限制,此时的胎儿头朝下,四肢蜷曲,呈胎儿姿势(见图 2-8)。

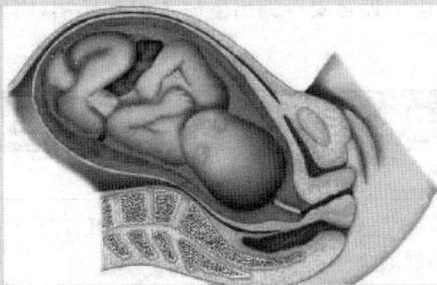

图 2-8 即将出生的胎儿

这时的胎儿还能从母亲的血液中获得抗体以抵御疾病,这种抗体的作用可以一直持续到出生几个月后,直到婴儿自己的免疫系统可以正常工作。

总之,在怀孕的最后 1 个月,胎儿为出生作好了准备。

二、胎儿正常发育的条件

尽管胎儿生长的环境与子宫外的世界相比是相对稳定的,但有很多因素会影响到胎儿的发育。让我们来看一些能影响胎儿生长环境的因素。

(一) 致畸因子

致畸因子指所有能对胎儿造成损害的因子。致畸因子造成的伤害有时是直接的,有时是间接的。它可能取决于致畸因子的剂量——长时间大剂量地服用某些药物会导致更多的负面影响,遗传特征——个体对某些药物的敏感性可能不同,暴露于致畸因子中的时间——受孕后在不同的时期,致畸因子的影响可能也不同,在某一个关键期(在一个很短的时间内身体的一部分或者一种行为正在迅速地发展的时期)内,胚胎对环境特别敏感,如果环境不利,就会造成伤害,而且这种伤害很难恢复,或者完全不可能恢复。

身体各个部分生长的关键期不尽相同,脑、眼睛的关键期很长,会贯串整个胎儿发育过程。其他如手、脚和颚的关键期就短一些。在受精卵形成到着床前的胚种期,致畸因子几乎不影响发育。胚胎期是最容易导致严重缺陷的时期,因为这时身体的各个部分正在发育中。在胎儿期,致畸因子的影响通常会很小,但脑、眼睛和生殖器等一些器官仍然会受到很大影响。

致畸因子的影响并不限于即刻的身体伤害。一些伤害是微妙的,延迟了的,可能会改变儿童对其他事物的反应,影响儿童适应环境的能力,如认知、情感及社会性发展。

一般来说,致畸剂,如药物,可能通过两种作用方式对胎儿造成影响:药物改变母体的生理环境,进而影响胎儿的生长;药物透过胎盘直接进入胎儿体内。

药物对胎儿可造成严重影响。成人的少量药剂对胎儿而言却是大量药剂;对分解药物有效的肝脏等器官要等到出生后才发挥作用,因此药物会存留于胎儿体内。

表 2-2 孕期致畸因子可能对发育中的胎儿造成的影响

致畸因子	可能产生的危害	备注
药物		
镇静剂	破坏神经系统如低智商 手臂和腿的畸形 影响耳朵、心脏、肾脏和生殖器	怀孕 4—6 周为关键期
乙烯雌酚 一种保胎药	子宫畸形及生育问题 男孩更容易患生殖器畸形	胚胎发育早期
四环素	牙齿和骨骼问题 不同程度的听觉障碍	胚胎发育早期
阿司匹林	婴儿早熟,产前死亡,发育迟缓 儿童早期的智商较低	胚胎发育早期

续　表

致畸因子	可能产生的危害	备注
过量的含咖啡因饮料（如咖啡、茶、可乐等），可卡因，海洛因等麻醉品	婴儿的早熟、早产 新生儿易怒、紧张、神经质 认知、动作发展的落后 "可卡因婴儿" 早产，身体缺陷，呼吸困难以及产前死亡 婴儿"瘾君子" 造成胎儿脑缺血，导致知觉、动作、注意、记忆等问题 情绪问题如易怒，难以入睡 身体缺陷如多器官、系统损伤，严重的发育迟缓	整个孕期
烟	使母体血压升高，脉搏加快，血液中含氧量降低，母亲血液中肾上腺素及浓度亦升高，使胎盘处血管变窄，给胎儿的供氧量下降；出生体重不足、智能不足与行为失调	整个孕期
酒精	高剂量导致心智发育迟缓与畸形 中等剂量导致认知发展延缓	整个孕期
辐射、X 光、核泄漏等	高剂量造成卵原细胞、精原细胞的变化 妨碍脑发育，智力发育迟缓，语言和情感混乱 诱发恶性肿瘤或血癌及生长迟缓等	怀孕 3 个月内
化学危险　粉尘、颜料、杀虫剂及汞、铅等	汞： 身体畸形，咀嚼和吞咽困难以及行动不协调 大面积的脑损伤如大脑迟钝、语言能力不正常 铅： 流产，婴儿出生体重较轻 脑损伤如智力和行动发展较差 身体缺陷	整个孕期

在怀孕时为避免发生问题，应定期接受合格的医疗检查，一旦得知怀孕，妇女要避免药物、辐射及其他可能对胎儿有害的物质。定期检查确保孕妇了解如何饮食及摄取充分的维他命。定期量血压、体重、尿液均可确保一旦发现任何有毒物质或其他病变发生，可迅速采取有效措施，以采取最妥善的处理方式。

(二) 母亲的其他因素

1. 母亲的疾病

母亲怀孕前后的健康状况对胎儿影响极大。疾病会改变母亲的生理状况，恶化胎儿生长的生理环境，而某些疾病的病毒也会透过胎盘直接进入胎儿体内——虽然胎盘的半透膜具有良好的屏障作用，但它仍然不能阻挡一些疾病的入侵。这些因素对缺乏免疫力的胎儿来说，都是导致流产和出生缺陷的主要原因，其作用途径和对胎儿造成的危害见表 2-3。

表 2-3 母亲患病对胎儿的影响

母亲的疾病		影响途径	危害	备注
糖尿病		高血糖恶化了母亲的生理环境 母亲为治疗而注射的胰岛素会透过胎盘直接进入胎儿体内	出生时体重过重,增加流产或死产的可能性 身体发展落后 神经系统问题,如注意力障碍等 智力落后	整个孕期都会受到影响
传染性疾病	风疹	病毒透过胎盘直接进入胎儿体内	造成盲、聋、瞎或心脏异常及智力落后	怀孕的前3个月为敏感期
	流感	病毒透过胎盘直接进入胎儿体内	唇裂	怀孕的前3个月为敏感期
	弓形体病	病毒透过胎盘直接进入胎儿体内	三个月内:眼睛和大脑的缺陷 怀孕后期:视力和认知的损伤;可能导致流产	与宠物接触容易患此病;整个孕期都会受到影响
	性传播疾病（如艾滋病）	怀孕时,通过胎盘进入胎儿体内 生产时,母婴分离时可能发生血液交换 出生后,通过乳汁将病毒传给婴儿	摧毁婴儿的免疫系统,导致孩子可能在3—6岁时死亡	整个孕期都可能受影响

生育年龄的妇女应于怀孕前接种相应疫苗,避免接触猫的粪便、未经烹熟的肉类和蛋,养成良好卫生习惯,勿与幼儿口水接触,减少患传染性疾病的机会。

2. 母亲的营养

胎儿期是人一生中发展最快的阶段。在这段时间里,胎儿完全靠母体提供的营养来支持发育。因此母亲营养的充足与否,将影响到胎儿的健康发育。

研究表明,营养良好的母亲在整个怀孕期内,健康状况比营养不良的母亲好。她们贫血、流产、早产等的机会也更小,胎儿发育更好,生出的孩子也更健康。

由于母亲营养不良而导致的胎儿发育障碍是有时间性的。如果在怀孕的头3个月发生,将使胎儿脊髓的发育中断,导致流产。如果在怀孕6个月以前发生,孩子出生后智力落后的可能性比较大。而如果在怀孕的最后3个月发生,很可能生出小头的低体重婴儿,这种婴儿可能在1岁左右就夭折。

胎儿期的营养不良会导致中枢神经系统的损伤。母亲的营养越差,胎儿的脑重就越轻,特别是在最后时期,由于大脑的迅速增长,母亲的饮食中必须有充足的营养。孕期营养不充分的饮食也会导致其他组织结构的扭曲,包括肝脏、肾脏以及胰腺,由此增加成年期患心脏病、突发性心脏病、糖尿病的危险性。胎儿期的营养不良也会阻碍免疫系统的发展,新生儿出生后易得呼吸系统的疾病。

正常情况下,孕期正常的饮食能为孕妇和胎儿提供足够的营养,但由于人的吸收机能的个别差异,有时她们还是不能获得足够的维生素和矿物质(如叶酸)使营养达到均衡。这时,可以摄入小剂量的维生素和矿物质来达到营养的均衡,促进胎儿的发展。

3. 母亲的情绪压力

尽管母亲和胎儿的神经系统之间没有直接的联系,但母亲的情绪状态还是会影响到胎儿的发育。这是因为,激烈的情绪状态会引起母体内某些化学物质的变化。一个处于愤怒、恐惧或焦虑中的母亲会使内分泌腺释放某些化学物质,使细胞代谢发生变化,血液的成分也发生变化。新的化学物质被送到胎盘,使胎盘的循环系统也发生变化,于是胎儿的发育会发生变化。另外,激烈的情绪也会导致母体内的血管收缩,对胎儿的供血量也相应减少,长此以往,必定影响胎儿的正常发育。

实际上,短暂的情绪压力对胎儿的发育几乎没有什么危害性影响,但严重的、长期的情绪压力可能阻碍胎儿的生长发育,导致早产、体重过低和其他并发症。另有研究发现,处于高压力下的母亲所生出的孩子往往过于活跃、易怒、偏执,饮食、睡眠、大小便无规律。长期处于情绪压力下的母亲自身免疫力也会变弱,易感染传染病,病毒会透过胎盘屏障对胎儿产生影响。

因此,如果母亲保持良好的情绪状态,就可以为胎儿的生长发育提供一个有利的环境。由此可想到胎教的问题。目前世界上都比较重视胎教,我国随着生活水平的提高,更多准备怀孕的和正处于孕期的家庭也开始重视胎教。那么胎教的本质是什么呢?其实就是创设一个让胎儿生长发育得更好的环境。母亲对胎儿的接受、心情的宁静和舒畅、充足的营养、家庭成员和朋友的支持,这些都是构建胎儿顺利生长环境的因素,如果一个正常的母亲拥有这样的因素,那么她的孩子就将是一个发育正常的、健康的孩子。

表 2-4 孕期母体的一些危险因素

不良状况	危害	建议对策
叶酸不足	神经管缺陷	从怀孕开始持续 3 个月,每天补充 400 毫克叶酸
营养不良	脑较小,认知能力不足	增加怀孕期理想体重的 20%,每天补充 10—12 克蛋白质
体温增高	神经管缺陷	使用退烧药须遵医嘱;避免洗桑拿浴和热盆浴;避免运动时体温过高,尤其是在怀孕后前 3 个月

专栏 2-4　　**胎儿期的发育与日后健康的关系**

越来越多的迹象表明,胎儿期的发育与出生若干年后个体的健康之间有密切联系。

体重过轻及心脏病、中风及糖尿病

严格控制下的动物实验表明,一个营养不良、体重不足的胎儿会改变身体结构和机能,这会导致成年后患心血管疾病。为了探究人类的情况,研究者收集了 15 000 名英国男人和女人出生时的体重以及他们中年后的健康状况。那些出生时不足 2.27 公斤的人在诸如 SES 等其他危害健康的因素得到控制的情况下,因心脏病和中风死亡的比例竟高达 50%。那些出生时体重和身长比例很低的人可能在胎儿期时发育受到了阻碍。另一个大型的研究发现,出生时体重过轻和心脏病、中风以及中年时患糖尿病有联系。

有一些推测认为,一个营养不良的胎儿会使大量的血液流向大脑,导致腹内诸如肝脏、肾脏等(与控制胆固醇和血压有关的)许多器官发育不成熟,结果会导致以后出现心脏病和中风的危险增多。糖尿病是由于胎儿期长期的营养不良损坏了胰的功能,导致葡萄糖随个人年龄的增长而无抑制地增多。然而另一项得到对动物和人的研究证实的假说是,一些孕妇由于胎盘的一些故障而使大量的荷尔蒙涌入胎儿体内,这些荷尔蒙会降低胎儿的生长速度,使胎儿血压升高,引发高血糖症(血糖过多),使正在发育中的个体以后易染疾病。

体重过重与乳腺癌

胎儿期发育的另一个极端——体重过重,与成年女性中最常见的疾病——乳腺癌有关。在一项研究中,要求患乳腺癌的护士的妈妈们(589 名)和没有患乳腺癌的护士的妈妈们(1 569 名)提供她们的女儿出生时的体重、孕期状况(如怀孕时吸烟)以及家族病史,这些护士则提供她们自己成人后的健康状况信息。在其他一些危险因素得到控制后发现,出生时体重过重——特别是超 3.95 公斤——是将来会患乳腺癌的一个强有力的预测指标。研究者认为,这种病的罪魁祸首可能是孕期母亲的雌激素过多,过多的激素会促使胎儿形状增大,改变乳腺组织的结构,从而致病。

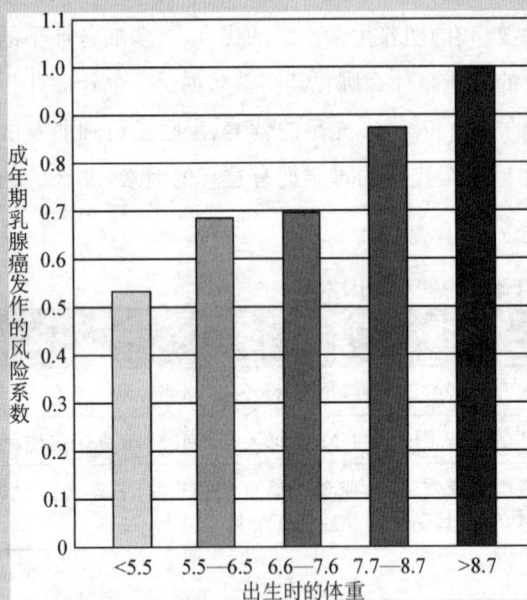

图 2-9 出生时体重超过 3.95 公斤,在成年期患乳腺癌的风险系数明显提高

预防

研究结果中的胎儿的发育与日后疾病之间存在联系并不意味着这些疾病是不可避免的。相反,孕期的环境状况影响成人的健康,而我们所采取的一些保护我们身体健康

的措施可以降低这些危险。研究者建议,对出生时的超轻儿进行定期的健康检查,要注意控制饮食、体重、健康和压力等会引起心脏病和糖尿病的因素。出生时超重的女性,应该注重自我检查和做乳房 X 光检查,这可使乳腺癌在早期就被检查出来,并得到治疗。

第三节 新生儿的发展

在临分娩时,胎儿的大脑活动会发生一些变化,肾上腺活动增加,这种越来越多的活动导致母亲大脑垂体后叶激素的产生,以及母亲与胎儿身体上其他化学物质的变化,从而引起分娩。本节我们将主要探讨与新生儿分娩有关的一些问题、新生儿的能力以及婴儿出生后家庭中发生的一些变化。

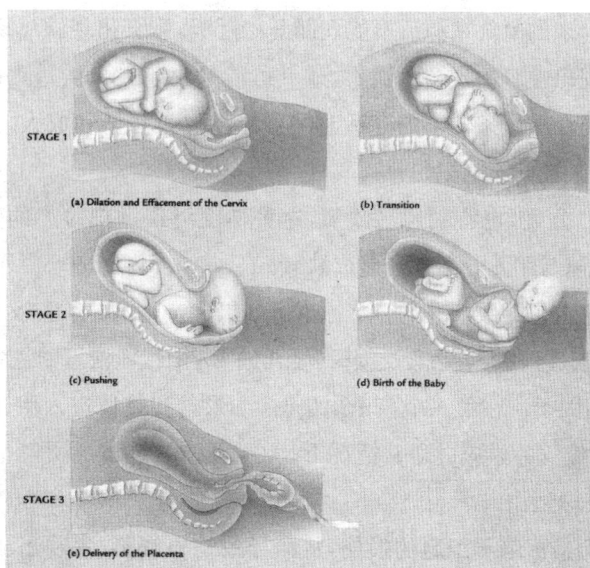

图 2-10 婴儿娩出的过程

一、分娩过程及可能的并发症

分娩是指胎儿、胎盘与其他器官从妇女身上分离并排出的过程,这可以说是女性有生以来最为艰苦的一项体力劳动。它通常要经过三个明显的阶段(见表 2-5)。

表2-5 分娩过程

阶段	所需时间	事件
第一阶段 宫颈扩张与收缩	第一胎约12—14个小时 以后4—6个小时	宫缩逐渐频繁而有力 宫颈和子宫张开 形成了产道 胎儿的头到达宫颈口处
第二阶段 胎儿娩出	第一胎约50分钟 以后约20分钟	通过宫缩将胎儿推入产道 胎儿会首先将头呈现出来 通常不需要医生的干预
第三阶段 胎盘娩出	5—15分钟	子宫进行最后几次收缩 将胎盘从母体中排出

分娩过程并不都是很顺利的,有些婴儿很容易发生分娩并发症,特别是那些母亲孕期身体健康状况很差、没有得到好的医疗护理或有孕期病史的婴儿。通常有三种常见的并发症会对婴儿产生不利影响,即缺氧、早产和低重。

(一) 缺氧

如果婴儿在脱离母亲的氧气来源后不能立即开始呼吸,则会出现缺氧现象。在分娩过程中,只有少量的婴儿会表现出缺氧的现象。通常,缺氧可能是由于在出生过程中脐带缠结在一起或受到挤压。虽然新生儿在缺氧条件下的存活时间可能超过大孩子和成人,然而一旦呼吸延迟三四分钟,将可能造成永久性的大脑损伤。

臀位(臀或足先露)分娩,也特别容易缺氧,这种情况可借助剖腹产的方式来避免缺氧。另外,胎盘前置或胎盘提前与胎儿分离也会造成缺氧。

此外,Rh溶血现象也是导致缺氧的一个原因。如果母亲是Rh阴性,父亲是Rh阳性,第一胎婴儿是Rh阳性,在生产过程中,当胎盘受损时,婴儿的Rh阳性血液可能进入母亲血液中,从而使母体内产生抗Rh阳性因子。在第二个孩子出生时,如果这些抗体进入胎儿的血管中,就会破坏胎儿的血红细胞,减少氧气的供应。通常情况下,为了预防这种情况所产生的不良作用,可在第一胎产后注射Rh免疫球蛋白。

新生儿缺氧可能会造成脑干细胞的损伤,从而导致动作缺陷,表现出腿或臂麻痹,脸或手指颤抖,或者发音困难。分娩过程中缺氧的婴儿在出生后的第一周似乎比正常婴儿激动。中度缺氧的婴儿在第一年中动作发展和注意的测验分数较低,容易分心。有研究表明,缺氧越严重,其儿童早期和中期的认知和语言能力越差,但是到了一定年龄,他们与正常儿童之间的差别几乎就不存在了。

（二）早产

通常把妊娠少于 38 周、出生时重量低于 2 500 克的婴儿称为早产儿。引起早产的因素有很多，如母亲吸烟、饮酒及服用毒品等，此外，双生子、三生子等也倾向于早产。早产儿虽然身体很小，但是他们的体重与他们在子宫中停留时间的长短是成正比的。因此，他们一般是健康的，但还不够成熟，而且对疾病也比较敏感，体重增加较慢。

近来有研究显示，与足月婴儿相比，早产儿在社会互动方面更加迟钝，对父母的逗弄往往置之不理、厌烦和拒绝。因此，他们更有可能与照料者形成不安全的情感纽带。而且，这些早产儿通常比足月的孩子更容易成为其他儿童欺负的对象。我国有研究者对暨南大学第一附属医院 1985 年 1 月—2004 年 5 月的早产儿病历进行了统计，结果显示，相关疾病发病率分别为：呼吸窘迫综合征 7.38%，缺血缺氧性脑病 36.1%，高胆红素血征 31.1%，硬肿征 6.77%，电解质紊乱 25.9%，畸形胎儿 4.9%。在 636 例早产儿中，67 名死亡。[①]

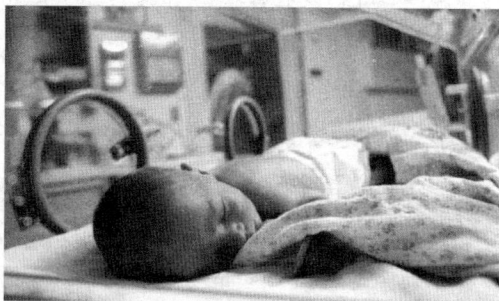

图 2-11 早产儿来到这个世界中，面临着很多生存威胁。然而，也有研究表明，很多早产儿只要有细致的、专门的照顾，便可以健康地存活下来，并且正常地发展

早产儿生长发育的好坏在很大程度上取决于父母与婴儿之间的关系，母亲和婴儿之间建立良好的关系可以防止早产的不良影响。很多医疗机构对早产儿实施细致的、高度专门的照顾。多数对早产儿的治疗计划都包含一个特点，即为婴儿提供感觉刺激，并鼓励父母在儿童出生后的住院期间参与对婴儿的照顾。例如，在细心的看护中，把婴儿放入保育箱中，或让婴儿躺在诸如水床之类的看护用品上摇摆，同时让他们听一些心跳声的录音、轻音乐或母亲的声音。许多研究表明，摇摆和温和的触觉刺激对早产儿有短期益处。它们可以使婴儿的体重增加得更快，使婴儿的睡眠更有规律，对提高刚出生不久婴儿的警觉性也较有好处。此外，抚触也是一个十分有效的方法，有研究显示，抚触可促进新生儿生长发育加快，促进他们神经系统的发展，有助于亲子关系的建立。[②]

如果这些有效刺激促进了婴儿的生长发育，父母们就会为他们的快速健康生长发育感到高兴，而且能更有效地与婴儿进行交互影响。父母定期看望他们的婴儿，尽可能和婴儿接触，照顾他们，可增进亲子间的依恋关系。父母的干预不仅有利于早产儿的认知发展，也有利于降低他们出现各种行为障碍的可能性。

---

① 廖百花，肖小敏：《636 例早产儿预后及其影响因素的分析》，中国优生与遗传杂志，2006 年，第 14 卷，第 8 期。
② 任英霞，董秀华，刘素青，寻俭敏：《对 80 例新生儿抚触的临床观察》，蛇志，2005 年，第 17 卷，第 1 期。

专栏2-5　　早产儿护理

　　早产儿由于过早离开母体,不仅离开了赖以生存的营养和温度环境,而且他们自身的器官发育还不成熟,功能不完善,因此面临着合并症、致残甚至死亡的威胁。所以了解早产儿的发育特点,有效地防止早产儿并发症的发生,是降低婴儿致残率及死亡率的关键。

　　1. 体温:早产儿体温调节中枢不成熟,皮下脂肪少,极易散热,而且基础代谢也很低,肌肉运动较少,不能有效地产生热量,因此早产儿的体温常处于低温状态,容易引起硬肿征。同时,早产儿的汗腺发育不良,当外界温度过高、穿戴过多时,就容易导致散热困难,常会引起发热。所以,早产儿的体温容易受环境温度的影响,可以因外界温度升高而升高,也会随着外界温度降低而降低,只有给予早产儿一个适当、恒定的外界温度,才能使早产儿有一个正常的体温。

　　2. 呼吸:早产儿呼吸中枢尚未发育成熟,呼吸不规则,往往浅而快,常有间歇或呼吸暂停。早产儿的哭声较为低弱,肺的扩张受限制,常易出现青紫,在喂奶后更为明显。早产儿的咳嗽反射也较弱,在气管内的黏液不容易咳出,容易引起呼吸道梗阻及吸入性肺炎。早产儿的肺发育不成熟,肺泡表面活性物质生成少,易出现呼吸困难,妊娠小于35周的早产儿更容易发生。

　　3. 消化:早产儿的吸吮能力差,吞咽反射不健全,贲门括约肌松弛,幽门括约肌相对紧张;胃容量也较小,胃排空时间长,故容易呛咳和吐奶,引起吸入性肺炎;早产儿的胃肠分泌、消化能力较弱,容易导致喂养不耐受、消化功能紊乱及营养不良。

　　4. 肝脏:早产儿的肝脏功能不完善,肝脏合成有助于代谢的酶类及蛋白质的能力较差,容易引起低蛋白血症,导致水肿;胆红素结合、排泄能力差,生理性黄疸出现时间较早,黄疸较重、持续时间亦较长、消退较慢,易引起严重黄疸或核黄疸;肝脏贮存维生素K较少,产生凝血因子少,所以早产儿常容易出血;维生素D代谢差,易出现低血钙;肝糖原储存少,易出现低血糖。

　　6. 肾脏功能:早产儿的肾发育不成熟,肾功能低下,滤过率低,尿浓缩能力较差,故生理性体重下降显著,加上腹泻、液体补充不足,容易出现脱水,而一旦补液过多,又容易出现水肿;早产儿的肾小管功能差,容易出现电解质紊乱和酸碱平衡失调,肾功能不成熟,也会使早产儿的药物代谢减弱,容易导致药物残留和中毒。

　　7. 血液:早产儿的血液成分与正常新生儿也有不同,如血小板数比正常新生儿少,红细胞少,而且出生体重愈轻,其血液中的红细胞、血红蛋白就越少,所以早产儿容易出现贫血;早产儿的毛细血管脆弱,容易发生出血。

8. 神经系统:早产儿的神经系统发育不成熟,常伴有脑发育不全,可因为缺氧、出血、感染、惊厥等因素,造成不同程度的脑细胞损害,引起脑发育障碍,导致智力低下;早产儿的低血糖、呼吸暂停、低血钙容易引起惊厥;早产儿血脑屏障不健全,容易出现胆红素脑病、中枢系统感染。

(三) 低重

我们这里所提到的低重儿不包括早产儿,而仅仅指足月出生体重在 2 500 克以下的婴儿。妊高症及胎盘功能异常是导致足月低重儿的主要原因。高龄妊娠、母亲身体矮小、曾分娩过小样儿、孕期营养不良、贫血及羊水过少等均与足月低重儿的产生有关。足月低重儿往往比早产儿的问题更为严重,在出生后的第一年中,他们易死亡、患传染病或脑损坏。到儿童中期,他们的智力测验分数偏低,注意力不集中。在学校里,他们更有可能出现学习困难和问题行为。[①]

与早产儿一样,足月低重儿日后发展的情况也在很大程度上取决于他们的养育环境。如果母亲知道如何促进婴儿健康发展——特别关心孩子,为他创造一个刺激丰富的家庭环境来促进孩子认知和情感发展——孩子就可能发展得很好。但那些来自不稳定或经济困难家庭的低重儿在体形上可能会一直比正常孩子瘦小,并可能遇到更多的情绪问题,在智力和学业成就上表现出一些长期的缺陷。

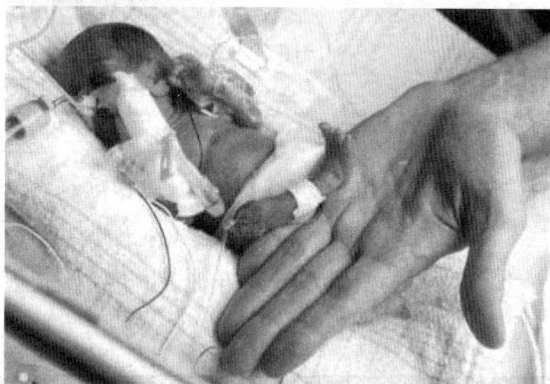

图 2-12 世界上最轻的婴儿,出生时还不及一个空易拉罐的重量

二、新生儿

新生儿已经为生活做了很好的准备,他们的视觉和听觉足以观察到周围发生的事情,并且对这些感觉信息作出适应性的反应。出生不久的婴儿就已经能够学习,甚至可以记住一些经历,特别是一些生动的经历。此外,新生儿天生的反射技能和一些可预期的行为模式或日常生活模式也能帮助他们很好地适应生活。

---

① 于艳:《足月低体重儿成因分析》,内蒙古科技与经济,2002 年,第 1 期。

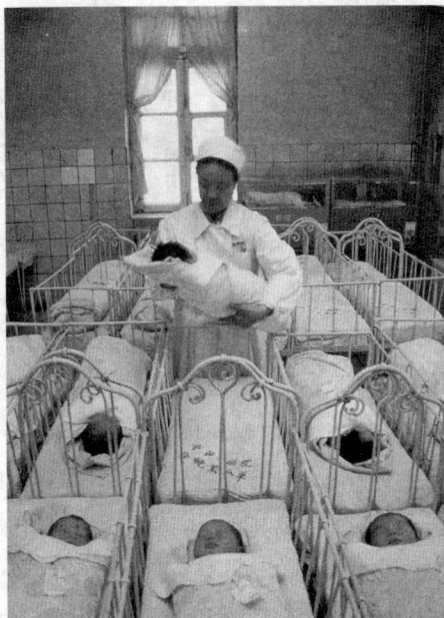

图 2 - 13 一个孩子一个样。这些看上去差不多的孩
子会给父母们带来完全不一样的经历

（一）新生儿的反射

反射是天生的对特定刺激形式作出的自动反应。反射作用是新生儿最明显的有组织的行为
方式。表 2 - 6 描述了健康新生儿具有的先天反射。

表 2 - 6 足月产新生儿所表现出来的主要反射[①]

	名称	反应	发展和出现的时间	作用
生存反射	呼吸反射	反复地吸气和呼气	终生	供应氧气,排出二氧化碳
	眨眼反射	闭眼或眨眼	终生	保护眼睛免受强光和外界刺激的伤害
	瞳孔反射	遇强光瞳孔收缩	终生	保护眼睛免受强光刺激,适应低亮度的环境
	觅食反射	把头转向刺激的方向	几个星期后消失,后被自主性的头部转动所取代	帮助婴儿寻找乳房或奶瓶
	吮吸反射	吮吸放入口中的物体	终生	摄取营养物质
	吞咽反射	吞咽	终生	摄取营养物质

---

① D. R. Shaffer 著,邹泓等译:《发展心理学——儿童与青少年》,中国轻工业出版社 2005 版,第 142 页。有改动。

续　表

	名称	反应	发展和出现的时间	作用
原始反射	巴宾斯基反射	当足底被抚摸时,会张开并弯曲脚趾	一般在 8 个月到 1 岁时消失	在出生时存在,后来消失,是神经系统正常发展的指标
	手掌抓握反射	弯曲手指去抓握物体	在三四个月之内消失,后被自主性的抓握所取代	
	摩罗反射	巨大的声响或头部位置的突然变化导致婴儿向外甩胳膊,背呈弓形,两只胳膊并拢,好像要去抓什么东西	胳膊动作和背部弓形变化在 4 到 6 个月时消失,以后被惊吓反射取代	
	游泳反射	浸入水中的婴儿四肢会主动划动,下意识地屏住呼吸	在 4 到 6 个月时消失	
	行走反射	婴儿身体直立,脚触到平面,像走路一样向前移步	在出生后 8 周消失	

　　就像呼吸和吞咽一样,新生儿的一些反射作用对生存极具价值。例如,眨眼反射能在强光下保护婴儿的眼睛;吸吮反射可以使婴儿摄取营养物质等。原始反射看起来并不具有适应价值。许多原始反射是在进化过程中遗留下来的,在人类进化进程中可能曾经有适应外界环境的作用,但是这些反射在现在人类生活中已失去意义,所以会很快消失。尽管这些反射很早就消失了,但是运动功能似乎会在后来的发育中得到更新。在最近的一项研究中,给一些几个月大的婴儿施加日常的踏步刺激,而另一些则进行坐着练习或不作任何运动练习,结果表明,踏步组的婴儿比那些不练习踏步的婴儿表现出更多的自发踏步运动。

　　许多反射对婴儿好像没有什么用处,但是对发展学家而言,它们是重要的诊断指标。如果婴儿在出生时缺少这些反射,或者这些反射持续的时间过长,可能意味着婴儿的神经系统出现了某些病变。当然,反射活动存在着个体差异,对新生儿的反射的评价应该和其他一些对婴儿的观察指标结合起来,以便对发展进行诊断。

　　专栏 2-6　　新生儿学游泳

　　给出生几个小时至几个月的新生儿套上特制的游泳圈,让其摆动小脚在水中畅游,这种活动在欧美一些国家早就盛行。

　　婴儿游泳实际上是胎儿在母体内活动的一个延续,水的静水压、浮力、水底冲击和水温可以引起新生儿全身包括神经、内分泌系统等一系列的良性反应,从而促进婴儿的身心健康发展。这不仅有利于正常婴儿的智力发育和潜能开发,而且对脑损伤婴儿有良好的疗效。游泳还可以锻炼孩子的心肌,增强肺活量,增强新生儿的运动协调能力,促进生长发育。

但需要注意的是,新生儿游泳不是简单的体育活动,必须经过正确的操作。参加游泳的新生儿必须是正常足月的孩子,出生后健康综合评分不得低于8分,否则不宜游泳;出生后至少6个小时,最好是1天后,才开始游泳;水温控制在38—40℃,房间温度则保持在28℃左右;水内应该加入专业配制的溶质,使其性状接近于母体内的羊水,减少对孩子皮肤的刺激,并让孩子找到熟悉的感觉,消除恐惧;游泳前必须检查泳圈的密闭性,诊听孩子心脏的跳动状况;进水前孩子的脐带要贴上专门的防水护脐贴以防感染;游泳时间控制在10—20分钟内。

图 2 - 14　新生儿颈部套着游泳圈,浮在恒温水中挥舞着小手小脚,游得好不得意

(二) 新生儿的状态

新生儿表现出一些可预知的、有规律的、组织化的日常行为模式,这些模式有利于他们的健康发展。从早到晚,新生儿要经历6种不同的觉醒状态(或者说是睡眠与清醒的不同程度),有关描述参见表2-7。一般来说,新生儿每天的睡眠时间要在16—18个小时,只有2—3个小时处于警觉、安静状态,这时他们最有可能对外界刺激作出反应。但是,也有研究表明,新生儿的状态有明显的个体差异。例如,研究中一个新生儿每天的觉醒时间平均只有15分钟,而另外一个每天的觉醒时间超过8小时。

表2-7　新生儿的觉醒状态[1]

状态	描　述	每天持续时间(小时)
有规律的睡眠	婴儿是安静的,合眼一动不动,呼吸慢而均匀	8—9
不规律的睡眠	快速眼动睡眠,婴儿对外界的刺激会惊厥或作痛苦状。呼吸可能不均匀	8—9

---

[1] D. R. Shaffer 著,邹泓等译:《发展心理学——儿童与青少年》,中国轻工业出版社 2005 版,第 185 页。

续表

状态	描述	每天持续时间(小时)
瞌睡	婴儿时睡时醒,眼睛时睁时闭	0.5—3
警觉性安静	婴儿的眼睁得很大,很机灵,主动搜索周围环境,呼吸平稳,身体相对不活跃	2—3
警觉性活跃	婴儿眼睛睁开着,呼吸不均匀,可能变得烦躁,表现出爆发性活动和弥散性活动	1—3
啼哭	哭得很急,可能很难制止,伴随着高水平的动作活动	1—3

婴儿的睡眠和啼哭模式呈现出有规律的变化,这些变化提供了关于婴儿发展的重要信息。

1. 睡眠

睡眠至少由两种状态组成:快速眼动睡眠(REM)和非快速眼动睡眠(NREM)。在快速眼动睡眠中,大脑和身体各部位都处于高度兴奋的状态。通过脑电图(EEG)测出的脑电活动和觉醒状态很相似,眼睛在眼睑下快速转动,心率、血压和呼吸并不平稳,并且有轻微的身体运动。相比之下,在非快速眼动睡眠时,身体状态很平静,并且心率、呼吸和脑电活动缓慢而且有规律。

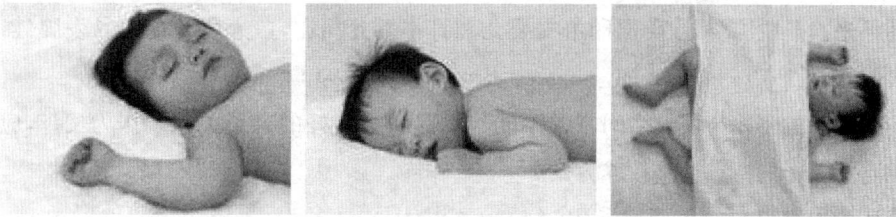

图 2-15 自由式、淑女式、艺术家式……各式宝宝的睡姿

婴儿出生后第 2 周到第 1 个月或第 2 个月,睡眠时间中至少有一半是处于快速眼动睡眠中,但是,快速眼动睡眠的时间在出生后稳步减少,对一个 6 个月大的婴儿来说,它只占总睡眠时间的25%—30%。

为什么婴儿耗费大量的时间在快速眼动睡眠上呢? 睡眠研究人员认为,快速眼动睡眠对于中枢神经系统的发展至关重要,快速眼动睡眠可以向胎儿和出生后不久的婴儿提供足够的内部刺激来发展和完善其神经系统。幼小的婴儿对于这种刺激有特殊的需要,因为他们处于觉醒状态的时间很少。有研究发现,如果婴儿在觉醒状态时接受了较多的视觉刺激,那么,他的眼快动睡眠时间就少于那些没有那么多视觉刺激的婴儿。

因为新生儿的正常睡眠行为是有组织的并且是模式化的,所以对睡眠状态进行观察有助于辨别出中枢神经系统疾病。

2. 啼哭

啼哭是婴儿沟通的第一种方式,可以让父母知道他们需要食物、安慰或刺激。在出生后几周里,

图 2-16 在出生后的头几周，婴儿哭泣的独特的声音"信号"可以帮助父母在较远的地方辨认宝宝的位置

所有的婴儿似乎都会感到不快乐。婴儿的啼哭是一种复杂的刺激，这种刺激在强度上是多变的，可以是啜泣，也可以是号啕大哭。

世界上所有的婴儿，都在出生后的前 3 个月内哭得最频繁。在出生后前几周，哭泣显著增加，在大约 6 个月时达到顶峰，然后下降。婴儿早期啼哭和快速眼动睡眠时间的减少与婴儿的大脑和中枢神经系统的成熟紧密相联。安斯沃斯（Mary Ainsworth）和他的同事（1972）发现那些对婴儿的哭声反应迅速的母亲所照看的孩子后来哭得非常少。

虽然婴儿在清醒和注意力集中时可能是一个令人愉快的玩伴，但是当他们烦躁不安、啼哭和难以抚慰时，也会使大多数看护者失去耐心。父母开始可能无法有效应对婴儿的啼哭，但经验会很快增加他们反应的准确度。不久，当喂养和换尿布不能有效安慰正在哭泣的孩子时，父母就会用很多方式来抚慰正在啼哭的婴儿——父母们首先使用的方法可能是将婴儿放到他们的肩膀上，同时摇动或慢走，这种技巧非常有效；另一种安慰方法是用舒适温暖的襁褓包裹婴儿。婴儿的可抚慰性是有个人差异和文化差异的。在出生后的最初几天，一些婴儿就很容易烦躁不安，难以抚慰，而另外一些则很少发脾气，即使接受了过多的刺激，也很容易平静下来。与中国婴儿、美国印第安婴儿和日本婴儿相比，白人婴儿更容易发脾气，更难以抚慰（Freedman，1979；Nugent，Lester，& Brazelton，1989）。

不容易抚慰的婴儿与父母之间常常不能建立起一种良好的亲子关系。作为父母，应该学习如何根据自己孩子的特点调整教养方式。

（三）新生儿行为评估

美国医生阿普加（Apgar）设计了一种快速测定新生儿机体是否正常的量表。该量表由不同等级组成，测量的内容包括心律、呼吸、肌肉弹性、肤色和应激反射，每项得分为 0—2 分，满分为 10 分，如果新生儿出生后几分钟内就进行测试，大多数新生儿能得 9 分或 10 分。如果新生儿的得分在 7 分以下，就需要采取特别护理。

表 2-8 阿普加量表

分数	0	1	2
心律	无	少于 100 次/分	多于 100 次/分
呼吸	无	慢，不均匀	好，正在哭
肌肉弹性	无力软弱	软弱，无活力	强，积极活动
肤色	身体苍白或蓝	身体粉红末端发蓝	全身粉红
应激反射	无反射	抽搐，表示痛苦	大哭，咳和喷嚏

另一个广泛使用的评估新生儿的工具是 T·贝瑞·布拉赞滕(T. Berry Brazelton)的新生儿行为评价量表(neonatal behavioral assessment，NBAS)。测试者可以通过此量表评价婴儿的反射作用、状态变化、对生理和社会刺激的反应及其他方面的反应。

对新生儿进行评价是很有用的。一旦将对新生儿进行评价所得的分数和身体检查的情况结合起来考虑，就可以使严重的中枢神经系统问题能在出生后的几周中得到处理，降低遗漏率。NBAS 和其他类似的工具已经为调研们在描述孕期分娩并发症对婴儿行为所产生的影响方面提供了较大的帮助。

NBAS 已经在世界范围内被广泛应用。研究人员已经了解了新生儿的个体差异和文化差异以及如何通过教养方法来保持或改变婴儿的一些反应。例如，亚洲和美洲本土婴儿的 NBAS 分数揭示，与高加索婴儿相比，他们不易烦躁。这些文化中的母亲往往通过摇摆、身体接触以及积极、敏感的照顾等手段来安慰婴儿。相比之下，用新生儿评分量表对出生在赞比亚、非洲等地的营养不良的婴儿施测所得的分值，会因其父母看护方式的不同而有着很大的变化。赞比亚的母亲将他们的孩子整天背在肩上，给婴儿提供了大量的刺激。结果，大部分孩子的得分都很高。

第1、2周内 NBAS 分数的改变能更好地评估婴儿恢复出生压力的能力。NBAS 的"恢复曲线"可以对学前时期儿童的智力状况作出较好的预测。NBAS 也可以帮助父母了解他们的孩子。在国外一些医院中，健康专业人员通过 NBAS 讨论或证明新生儿的能力，这可以帮助父母更好地了解自己的新生儿，他们与婴儿的互动就会更加有效。当然，仅仅靠 NBAS 所测得的分数并不能对婴儿以后的生长发育作出很好的预测。因为新生儿的行为和抚养方式也会对发育状况产生影响。

三、亲子关系的过渡

婴儿进入家庭后，家庭发生了意义深远的变化。母亲需要进行产后恢复并且调节身体中的激素。如果母亲对婴儿进行母乳喂养，那么母亲的能量可能基本上都消耗在这上面了。在母亲的恢复期内，父亲所要做的事就是支持母亲。这时的新生儿有着很多需求，这也使他们更多地受到母亲的关注，在这种情况下，父亲似乎成了被忽视的人，这让他们感到很不适应。

婴儿在任何时候都会毫不犹豫地向父母表达自己的需求，渴了、饿了、身体不舒服了等都会及时地"告诉"父母。而且，婴儿的作息时间并不像成人那样规律，这就使整个家庭的作息时间变得不

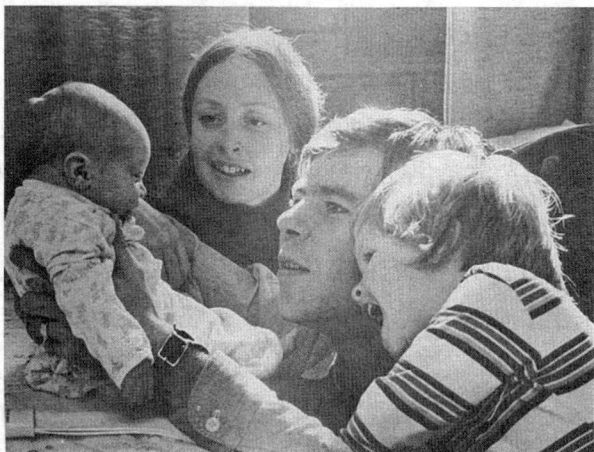
图 2-17 初为人父母的快乐

确定。

（一）家庭体系的改变

家庭中这个小生命的出现，使家里又多了额外的经济负担，父母要对其进行持续的照顾，而夫妻间的性生活也变得更保守了。

然而，对于许多第一次生育的父母而言，孩子降生并没有使婚姻产生多大的变化，令人满意的婚姻会继续保持这种快乐的状态。相反，本来就不圆满的婚姻常常在孩子降生后变得更加不幸。

如果父亲和母亲在照顾婴儿的分工上有显著的不同，分娩之后婚姻满意度就会极度下降，这对亲子关系具有极大的负面影响。相反，如果父母亲能共同承担起照顾婴儿的责任，他们的婚姻就会变得更加快乐，对婴儿也会更加敏感。

20世纪80年代的学者们大多把注意力集中在孩子诞生对母亲的影响上，很少有学者研究孩子诞生对于父亲的影响。事实上，男性成为父亲，意味着对自己的内心世界和外在行为进行重新构造，在这一过程中很容易出现失衡现象。研究（Belsky & Pensky, 1988）发现，由于孩子的出生，丈夫对婚姻的满意度呈现出下降的趋势。分析其原因，研究者认为主要有：由于对新生儿的养育、护理而造成的身体的紧张；丈夫经济责任的增大；对于新的家庭情绪上的要求；成为父亲后的各种限制；丈夫角色作用的重新定位。[1]

怎样才能缓解或者消除孩子对于父亲的消极影响呢？研究显示，如果推迟做父母的年龄，等到将近30或30岁以上时再要孩子，可以使这种亲子关系的过渡变得更容易些。在这之前，夫妻可以追求他们的职业目标、获得一定的生活经验，并在心理上准备好要为人父母。如果能做到这些，男性对做父亲就会有更大的热情，并且因此更愿意与母亲一起照顾孩子，这也给孩子及母亲带来安全感。

在贯彻了二十几年的独生子女政策后，我国的生育政策有所改变，今后，双子女家庭可能会越来越多，在第二个孩子出生后，要求父亲在养育方面起更加积极的作用。当母亲刚刚分娩出第二个孩子，正处于恢复期时，父亲既要照顾第一个孩子，同时又要承担照顾新生儿的责任。这时，夫妻之间的分工就不再如从前了。对生育两个孩子的家庭进行的追踪研究表明，在将孩子抚养得很好的家庭中，父亲起着与日俱增的重要作用。就像一个父亲所说的："拥有一个孩子使我的妻子变为母亲，而拥有两个孩子使我成为一个父亲。"

对于母亲来说，由于有了经验，照顾第二个孩子要比照顾第一个孩子容易得多，这样，她们就有更多的时间和精力协调与丈夫和与孩子之间的关系，正是由于她们的调节，使父亲更重视为人父的角色了。而且，家庭、朋友、配偶的支持与鼓励对于减少父亲的压力也是至关重要的。夫妻双方除了要进行自我调整外，还要帮助他们的第一个子女进行调整适应。在学前时期，这个孩子

---

① 郑持军、高雪梅：《国外对父性发展的研究概况》，四川心理科学，1999年。

可能会感到被取代,并且表现出嫉妒与生气。

专栏2-7　产后抑郁症及亲子关系

研究显示,50%—75%的女性都将随着孩子的出生有一段消沉的经历,对于多数女性而言,这种征兆不明显或转瞬即逝。在这段时间中,她们会表现出情绪不稳定,如莫名地哭泣或心绪欠佳。这与母亲在分娩后激素的变化有关,经过一段时间的调整后,她们会获得养育婴儿的自信心,并且会得到丈夫、家庭其他成员和朋友的安慰。然而,大约有10%的妇女不能轻松地恢复。10%—15%的新妈妈在这种情况下,反应会很强烈,她们的情绪也会变得十分狂躁,无法控制日常的生活和行为。医学界把这种情况定义为产后抑郁症。下面几种危险因素,容易引发产后抑郁症:婚姻问题;怀孕期间的抑郁、焦虑;缺乏福利保障;怀孕期间的生活压力或负面事件的发生,如家属死亡、亲戚远离、搬到新地方、曾经历产后抑郁症或心绪混乱;分娩时的创伤经历;出院较早;有产前综合征的病史。

患有产后抑郁症的母亲对婴儿有很大的消极影响,在分娩之后的几个星期,这些母亲的孩子睡眠很差,注意力不集中,对他们周围环境反应较差,并且压力激素水平也会升高。母亲的症状表现得越严重,在母亲生活中的紧张性刺激越多(例如,婚姻混乱,少或没有社会支持,亲子感情矛盾丛生,贫穷),亲子关系遭遇的问题也就越多。(Goodman et al.,1993;Simpson et al.,2003)

如果母亲持续情绪沮丧,亲子关系就会更差。因为沮丧的双亲对待孩子的方式非常消极。经历这些不适合的教养方式的孩子,常常具有很严重的整合问题。为了避免他们的双亲感觉烦恼,孩子有时会将自己退缩到自己的沮丧情绪之中,或者他们也可能模仿他们的父母生气,并且会变得很冲动和反社会。(Conger, Patterson & Ge, 1996; Murray et al., 1999)

随着时间的流逝,沮丧父母的教养行为会导致孩子发展出一种消极的世界观——他们缺乏自信并将父母和他人视为一种对自己的威胁。持续处在威胁中的婴儿在压力环境中可能变得过度警觉,面对认知和社会挑战易失去控制。(Cumming & Davies, 1994)

母亲产后抑郁症的早期治疗,对于避免这种紊乱的状况、避免对孩子的伤害是非常重要的。以下方法对于改善、治疗母亲的产后抑郁症可能是有效的:

(1)接受别人的帮助,或主动寻求他人帮助;

(2)在婴儿睡觉的时候,母亲尽量休息或小睡一会儿;

（3）时而同家人和朋友休闲娱乐，尽量使自己心情放松；

（4）不要给自己提过高的要求，降低对自己的期望值；

（5）把自己的感觉或感受向丈夫、家人以及朋友倾诉；

（6）与其他新妈妈聊天，谈各自感受；

（7）锻炼身体（如果医生允许的话）；

（8）坚持健康而有规律的饮食。

有些症状严重的产妇是不能自行恢复的，需要专家的帮助。一些产妇甚至会很快发展到产后精神病，所以如果发现某个产妇有严重的产后抑郁症状，一定要建议她去找心理专家进行咨询和治疗。

（二）对父母角色干预

虽然近来国内也开始越来越重视亲子关系，但并没有采取很多有效的措施来改善或增强这种关系，而且这种关注可能更多地只停留在学者中，还没有一套切实可行的方法贯彻到对家庭教养行为的干预中。

表 2-9 中列举了一些可以帮助促进亲子关系的策略。其实，除了这些策略，还有一些特殊的干预对于帮助父母调整也非常有效。在一项计划中，第一次生育的父母们进行每周 1 次、为期 6 个月的聚会，以讨论他们的家庭愿景及婴儿降生后给他们的关系带来的变化。在该计划结束 18 个月后，参与该计划的父亲觉得他们比起没参与的父亲更能潜心于对孩子的抚养中。可能由于父亲的协助，参与该计划的母亲更能够保持她们在生产前的舒适感和工作角色。产后 3 年，所有参与者的婚姻依然完整无缺并且如同他们在做父母之前一样快乐。相反，未受干预的夫妇中，15% 已经离婚。（Cowan & Cowan，1997，2000）

表 2-9　亲子关系的过渡与父母角色的调节[1]

策略	描述
做出一个分担家庭任务的计划	尽可能讨论家庭责任的分工。分配某人做某种家务时，要看他是否具备做这种家务所需要的时间和技巧，而不是按性别分配
在孩子刚刚降生之后便开始共同照看孩子	父亲在婴儿早期要花费同样的时间照顾孩子，母亲不要用自己的标准影响父亲。父母要通过讨论抚养的观念和关注点来共同发挥"儿童养育专家"的作用
讨论双方在作出某些决定和承担责任中的矛盾之处	要在交流中正视矛盾。弄清你的需要和感觉，并向你的另一半表达这些感受。倾听并努力去理解另一半的观点，愿意去磋商及妥协

---

① Laura E. Berk：*Infants，Children and Adolescents*，Pearson Education Inc.，2005，p160.

续　表

策略	描　述
建立工作与养育之间的平衡	生第一胎的父母们要有所取舍地衡量自己用于工作的时间,如果用于工作的时间太长了,就要试着减少一些
迫切要求工作单位和公共政策帮助父母们育儿	生第一胎的父母们所面对的困难可能多半来自缺乏工作单位和社会的支持。工作单位要通过一些对员工有益的措施鼓励他们进行合作并建立家庭角色。如有偿假期,弹性工作时间,高质量的工作,有照管儿童的地方。与立法者和其他公民交流如何为孩子和家庭的改善制定政策,包括用以支持亲子关系过渡的有偿、有工作保障的假期

对于因为贫穷或残疾孩子的出生而起冲突的高危夫妇,这种干预工作更为重要。在国外的另一项计划中,由一个受过培训的干预者去拜访一个家庭,着重强化家庭的社会支持和亲子关系,结果在干预计划实施5年之后,这一家庭的亲子交流增多了,儿童的认知和社会性发展受益匪浅。(Meiseld, Dichtelmiller, & Liaw, 1993)

如果夫妻能够互相体谅并支持对方的需求,那么由婴儿出生导致的压力还是可以控制的。如果孩子一直很依赖于他们的父母,这些父母的大部分时间和精力可能会投入到对孩子的照顾中,但是,父母们不应该因此放弃享受生活的其他方面,他们仍可以像以前一样生活。

本章总结

从怀孕到分娩,整个孕期发展可以划分为三个阶段:胚种期、胚胎期和胎儿期。很多环境因素会影响孕期发展。一些致畸因子在整个孕期都会发生作用,尤其在怀孕的前8周,因为这是胎儿主要器官和身体部位雏形形成的时期。母亲的一些特征也会影响胎儿的发展,如营养不良、孕期的情绪压力等因素都会对胎儿的发展产生不良影响。

新生儿具有许多与生俱来的能力,这使他们为今后的生活做好相应的准备。新生儿的反射有两种,一种是生存反射,另一种是原始反射,生存反射具有更大的适应价值。

婴儿的出生给家庭带来了额外的经济负担。婴儿的到来不仅给母亲的生活带来了影响,也使父亲的生活发生了改变,父母双方要互相体谅,合理分工,以使家庭一如既往地温馨、和睦。

视野拓展

➢ David R. Shaffer 著,邹泓等译:《发展心理学——儿童与青少年》,中国轻工业出版社,2005年版。

➢ 劳拉·E·贝克著,吴颖等译:《儿童发展》,江苏教育出版社,2002年版。

请你思考

　　√ 你如何看待遗传与环境的相互作用？

　　√ 有哪几种常见的分娩并发症？

　　√ 了解新生儿的能力有何重要性？

　　√ 如果要求你对一个怀孕的妇女提出促进胎儿生长的建议，你将侧重于哪些角度提出建议？为什么？

第二篇

0—3 岁婴儿的发展

0—3岁是一生中发展最为迅速的阶段,也是许多心理和行为发生、发展的阶段。该阶段的发展对孩子的一生都将产生深远的影响。本篇将分别从生理发展、认知发展、早期情绪和社会性发展三个领域,阐述婴儿心理的发生、发展规律。

第三章

婴儿的生理发展

今天珍妮带着两岁的女儿天天来看阿姨文清的宝宝小土豆。小土豆出生已经满一个月了,还在婴儿床里甜甜地睡着,也许还在做着美梦呢!

"天天又长大了啊!"文清看着跌跌撞撞满屋跑的小侄女说。

"是啊!她就像男孩子一刻不停,现在是幼儿园里最高的了。"珍妮答道。

"哈哈,我的小土豆也快快长大吧!你什么时候能走路、能跑步呢?到时候啊,妈妈带你去公园和小姐姐一起玩!"文清转头抚摸着婴儿床里的宝宝,无限向往地自言自语道。

早期儿童生理的发展是快速而多变的,本章主要从以下三个方面对儿童早期生理的发展进行描述:第一节主要描述神经细胞的分化、突触的产生、经验对突触联结形成的影响、神经元的髓鞘化过程、大脑功能的偏侧化、大脑发展的敏感期以及大脑的发育对孩子睡眠状态的影响。第二节主要对儿童早期身体大小和比例的变化、骨骼和肌肉的生长进行描述,并从遗传、营养、情绪压力与爱的缺失这些角度分析影响儿童早期身体发展的因素。第三节主要描述儿童动作发展的基本趋势、精细动作(主要是伸手和抓握)的发展,以及用动力系统论的观点解释儿童新动作的产生,并就儿童身体动作的发展对其认知与社会性发展的影响进行分析。

第一节　脑和神经系统的发育

人脑作为世界上最精密的活体结构,在生命早期以一种惊人的速度生长。新生儿出生时,大脑已占成人脑重量的25%;两岁时,儿童脑重量占成人脑重量的75%;六岁时,脑重量已接近成人水平。脑重量的发展在一定程度上也暗示了大脑结构的变化,包括神经系统的发展和大脑的分化、发展等。

一、神经元的发展及其可塑性

人脑大约由1万亿个细胞组成。从目前来看,人脑至少由两种脑细胞构成:神经细胞和神经胶质细胞。神经细胞也叫神经元,约占脑细胞总数的十分之一,人脑约有1千亿个神经元。神经元是大脑和神经系统的基本单位。其基本作用是负责接收和传递信息(见图3-1)。

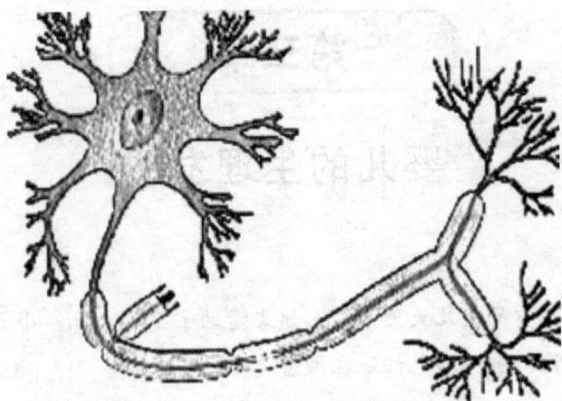

图 3 - 1　神经元示意图

一个神经元和另一个神经元之间的信息传递靠的是突触结
构,髓鞘的形成使神经元之间的信息传递更加迅捷。

　　神经元由胚胎的神经管发育而成。在妊娠 3 个月,即大脑发育加速期开始之前,个体所拥有的绝大多数神经元就已经形成了。在神经元与神经元之间存在大量的胶质细胞,其数量远远大于神经元的数量,约是神经元数量的 10 倍,而且神经胶质细胞在人的一生中都会不断形成。神经胶质细胞为神经元提供养料,最终把神经元用一种蜡质的髓鞘与外界隔开,使得神经冲动能快速传递。

　　受神经元迁移到具体位置的影响,神经元承担了特定的功能,例如,成为大脑视觉区的细胞或听觉区的细胞。如果一个应该迁移到听觉区的细胞迁移到了视觉区,那么这个神经元将分化成一个视觉细胞。因此,决定一个神经元功能的因素是看它最终被固定到大脑皮层的哪一个功能区。

　　在神经元分化的同时,它们通过扩展纤维的方式来和周围其他的细胞形成突触联系(见图 3 - 1)。突触产生过程在大脑发育加速期内进展迅速。由于发育中的神经元需要为突触联系提供空间,所以很多周围的神经元在突触形成时就死去了(Huttenlocher, 1994)。不过,大脑在胚胎发育期就产生了大大超过大脑自身需要的神经元。

　　神经细胞分化和突触联系的形成,反映了婴儿大脑的可塑性。可以说,大脑生成了大量额外的神经元和突触联结来接受人类从出生开始将经历的各种刺激,但现实中我们不可能经历那么多刺激,于是,经常被刺激的神经元和突触,其功能和联结将逐渐固定下来,而不经常被刺激的神经元将失去其突触(突触修剪),以备将来弥补大脑损伤和支持大脑新的技能(Huttenlocher, 1994)。在儿童期和青少年期将有 40% 的神经元会被删减(Webb, Monk & Nelson, 2001)。所以在生命早期,大脑的发展并不仅仅是成熟程序的展开,而是生物因素和早期经验共同作用的结果。

　　对于早期经验在大脑和神经系统发展中的重要作用的研究,来自一些研究者对动物的实验。奥斯汀·瑞森(Austin Riesen, 1951)和其同事对在黑暗中成长到 16 个月的黑猩猩进行了研究,发现这些黑猩猩的视网膜和组成视神经的神经元已经萎缩。如果动物的视觉剥夺不超过 7 个月,那么这种萎缩是可以逆转的,但是如果视觉剥夺超过 1 年,则视神经的萎缩将不可逆转。可见,神经细胞严格遵循着"用进废退"的规则。那么如果在神经系统发育尚不成熟时加以丰富的刺激,是否会促进大脑的发展呢?答案是肯定的。有研究证实,与标准实验室养育的动物相比,多胎同窝出生的动物有更多玩伴与刺激,它们的大脑更重,神经元之间联结更为广泛(Greenough & Black, 1992)。而把在丰富刺激环境中生活的动物放到缺乏刺激的环境中时,它们的神经元联结则会减少(Thmopson, 1993)。因此,生物基因提供了在正常情况下大脑发育的基本趋向,而早期经验在很大程度上决定了大脑的具体结构。

二、大脑的分化与发展

大脑各部位的发展速度是有差异的。脑的低级中枢是发育最早的区域,是人类的生命中枢,控制着新生儿的反射、觉醒、呼吸、消化、排泄等功能。大脑最先发育成熟的部位是控制婴儿挥动手臂、踢腿等动作的初级运动中枢和控制婴儿视觉、听觉、嗅觉等的初级感觉中枢。到 6 个月时,抓握反射、行走反射等新生儿反射的消失,预示着更高级的大脑皮层中枢开始控制初级的皮层下区域中枢。大脑皮层中最晚停止生长的是额叶,它主要负责人类高级心理活动,如解决问题、对意识的控制等。随着髓鞘化和偏侧化的发展,大脑的分化更为明显,这也预示着大脑的发展。

(一)大脑皮层

大脑,包括两个由胼胝体联结在一起的脑半球,每一个半球都覆盖着大脑皮层。大脑皮层是一种由灰色物质构成的外层结构,其作用是控制感觉、动作、知觉和智力。在儿童早期,儿童大脑皮层神经元的数量比之前增加一倍,突触和髓鞘化也继续增加。5—6 岁是儿童大脑发展的一个显著的加速时期。大脑皮层可以分成不同的脑叶,每一个脑叶都包含具有特定功能的区。儿童大脑的发展是逐渐的、连续的,脑各区的成熟是按枕叶到两侧颞叶到顶叶最后到达额叶的顺序从后往前进行的。枕叶位于头部后方,负责视觉,到 9 岁时已基本成熟。在颞叶位于头部侧下方,负责听觉,到 11 岁时基本成熟。在颞叶深部存在威尔尼克区,负责理解口语。顶叶负责身体的感觉,到 13 岁时基本成熟。颞叶、顶叶和枕叶相邻的部位,称为联络区皮层,躯体感觉、听觉和视觉的高级整合就源于这一皮层。额叶位于大脑的前区,成熟最晚,7 岁以后才开始有显著发展,一直到青春期还未完全髓鞘化。额叶是脑的指挥者,其功能是决策控制,它被称为意志和创造的中枢,它的缓慢成熟影响着儿童的高级认知能力的发展。在额叶的下部存在着布洛卡区,它控制着言语的产生,若遭到损坏,会导致失语症或交流混乱症。

(二)髓鞘化

随着大脑细胞的分裂与生长,一些神经胶质细胞开始产生髓磷脂。这是一种蜡状物质,把单个神经元包裹起来,形成一层髓鞘。髓鞘的作用类似于电线中包裹在铜线外的绝缘体,它为神经元建立了一条专有通道,以此提高神经元传递信息的速度,使大脑和身体其他部位的信息沟通更加有效率。

神经元髓鞘化的过程遵循一定的时间顺序。出生后不久,感觉器官和大脑之间的神经通路已经髓鞘化,这使新生儿的感觉系统处于良好的工作状态。髓鞘化在第一年内发展迅速,随着婴儿运动组织(肌肉、骨骼)与大脑间神经通路髓鞘化的完成,婴儿能进行更复杂的动作,如抬头、坐、抓握、站立、行走等。但大脑的另一些区域(如前额皮层、网状结构)的髓鞘化进程则要延续到十五六岁。这可能是婴儿和学龄前期、学龄早期儿童的注意持续不如青少年和成人时间长的原因之一。

(三) 大脑偏侧化

大脑是由两半球组成的,两半球间由胼胝体相联结,大脑两半球都有皮层覆盖。大脑两半球看起来很对称,但是两半球的功能差异很大(Fox et al., 1995)。大脑两半球的功能存在一种分工现象:大脑左半球控制着来自身体右侧的信息,包括言语中枢、听觉中枢、动作记忆中枢、言语加工中枢、积极情感表达中枢(见图3-2)。大脑右半球控制着来自身体的左侧信息,包括空间视觉中枢、非言语声音中枢、触觉中枢和消极情感表达中枢。大脑两半球功能分工的这种专业化叫作偏侧化。

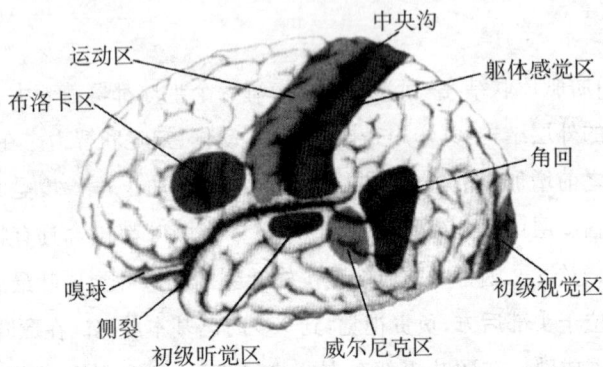

图3-2 大脑功能偏侧化示意图

这是大脑皮层左侧功能定位,威尔尼克区和布洛卡区都是语言区。[1]

大脑皮层偏侧化在婴儿出生时就开始了。例如,大多数新生儿背朝下躺着时向右翻而不是向左翻,而且这些婴儿日后也倾向于用右手去够物体。但是,这种偏侧化并未就此完成。在整个儿童期,儿童逐渐变得依赖某一特定半球执行某种功能。儿童的用手偏好可以很好地证明这一点。

强烈的用手偏好反映了大脑某一半球具有更强的功能(见图3-3),这一脑半球即个体的优

---

[1] 袁军等著:《心理学概论》,广西教育出版社,2001年版。

势脑半球。大约有90％的人用右手执行高度技巧性的动作。对他们而言,语言和手的优势脑半球都是左半球。[①]而对左利手的人而言,其语言优势为两半球所共享而并不仅仅是在右半球。这表明,左利手的人的大脑偏侧化程度不及右利手的人强,许多左利手的人可以左右开弓就有力地证明了这一点。也就是说,尽管他们更喜欢用他们的左手,但是他们有时候也可以非常熟练地动用他们的右手。

图 3-3 强烈的用手偏好反映了大脑某一半球具有更强的功能,这一脑半球即个体的优势脑半球。这两个孩子的用手偏好反映了他们先天的一些差异[①]

用手偏好产生的原因至今仍不能确定。左利手的父母生出左利手的子女的几率比右利手的父母高,可见遗传是有一定影响的。如果父母只有一人是左利手,那么母亲为左利手生出左利手子女的几率比父亲为左利手的高。这些都不能用简单的基因模式来解释。有一种遗传理论假设大多数的儿童都遗传到了某一种用手偏好,然而这种偏好不能强大到克服经验的作用(Annett,2002)。这也就是说,用手偏好虽然有遗传,却是可以改变的。

经验对用手偏好有很深的影响。研究发现,1岁的幼儿会开始学习各种与利手相关的动作,如吃饭、指人或指物、扔东西、用笔、操作物体等。他们会左右手换来换去,然后再愈来愈偏好用某一只手,大约半数的幼儿在1岁半时会确定用手偏好,5岁时已经有90％的儿童形成了用手偏好(Ozturk et al.,1999)。无论儿童确定用手偏好的时间早晚,他们都不会像成人那样固定不变,他们会持续两手实验,时而两手并用,时而偏用一手,直到童年后期为止。

同时,文化差异也限制了用左手的偏好。在我国,当孩子出现左手执笔或拿筷子的情况时,就会遭到教师或父母的纠正。有研究表明,中国正常人的右利手占到91％,而左利手仅为0.23％(李心天,1983),而英美两国的左利手人口的比率在20世纪之中一直稳定增长,这可能是因为父母和教师不去纠正之故。

此外,左利手儿童的偏侧特征很可能会在某些领域具有一定的优势。惯用左手的儿童和双手均用的儿童比那些惯用右手的同龄人更易发展出优秀的表达才能和数学才能(Flannery & Liederman,1995)。许多左利手的人都能同时灵活地运用双手,这更多的是由于环境原因,因为他们必须得适应偏好右手的社会。

我们已经了解到大脑两半球分工不同,那么这种分化是怎样发展的呢? 有人认为是从儿童出生后开始的,在整个儿童期,大脑偏侧化逐渐形成,但到青春期还尚未结束。不过,最近的研究表明,大脑偏侧化在胎儿期就开始了(Kinsbourne,1989)。例如,子宫内的胎儿,约有2/3右耳向

---

① Alison Clarke-Stewart & Janne Barbara Koch: *Children Developoment Through Adolesce*, John Wiley & Sons, 1983.

外,说明他们具有右耳优势。大部分的新生儿的头部位置和反应表明了孩子身体的右部优势(Ronnqvist & Hopking,1998)。当孩子听声音和显示积极表情时,大部分的左半球会显示出脑电波;相反,右半球对没有对话的声音和刺激反应更强烈。

这些表现似乎表明大脑先天具有偏侧化程序,但研究又表明,出生时大脑偏侧化并未完成,随着年龄的增长,偏侧化倾向越来越明显,功能也越来越固定。在一项实验中,要求学前儿童和青少年捡一支蜡笔,踢球,观察一个不透明的小瓶子,把耳朵贴在盒子上听一种声音。结果表明,青少年有半数以上的人表现出稳定的偏侧化倾向,依赖身体的某一侧完成这些动作,而学前儿童只有32%表现出这种倾向。(Coren,Porac,& Duncan,1981)

专栏3-1　　脑损伤儿童和成人的研究结果[①]

在生命的前几年中,大脑具有高度的可塑性。在婴儿期和儿童早期遭受大脑损伤的人相对于在成年期遭受大脑损伤的人而言,认知方面的问题较少。当然,可塑性的程度除了依赖于年龄因素外,还受制于其他的一些因素,包括大脑受损时的年龄、损伤部位和技能区域。

1. 婴儿期和儿童早期的大脑可塑性

在出生时和出生后6个月的婴儿遭受大脑创伤的早期研究(Stiles et al.,1998)中,对语言和空间技能在学校期间再次评价,结果显示:不管损伤是发生在右脑还是左脑中,儿童的语言发展直到3.5岁都会显示出滞后。大脑两个半球的损伤对儿童早期语言能力的影响说明,语言功能广泛存在于大脑中。但是到5岁时,孩子的词汇和语法技能就会赶上,在左半球或是右半球的无损伤区域就会接受这些语言功能。

和语言相比,早期大脑遭受损伤对空间技能的影响更大。当5—6岁的孩子要求去模仿设计时,早期右脑受损的儿童在整个过程中有困难,即无法准确地再现整体形状。相对而言,左脑损伤的儿童会抓住基本细节,但会漏掉精确的细节。然而,在孩子们的学龄期可看到他们在绘画中的进步,但这却不会发生在大脑受损的成人中。

以上结果表明,早期大脑受损后语言的恢复比空间技能的恢复要好。为什么会这样呢?研究者推理认为,空间技能在两种能力中是比较原始的,所以,在出生时有更多的单侧化,但是对两种能力的影响中,早期的大脑损伤没有晚期的损伤影响大。总之,年轻的大脑具有更大的可塑性。

[①] Laura E. Berk:*Infants,Children and Adolescents*,Pearson Education Inc.,2005.

2. 儿童早期大脑高可塑性的代价

虽然早期大脑在语言和空间技能上有明显的可塑性,但是在学龄期复杂的心理能力上,脑损伤孩子表现出一系列的问题。例如,他们的阅读和数学上的进步是很慢的,当要求他们讲故事时,他们的描述相对于正常的孩子较简单。另外,在婴儿期和童年早期大脑的损伤越严重,在智力测验中孩子的分数就越低。

研究者认为,大脑的高度可塑性也是要付出代价的。当健康的大脑区域代替被损伤部分的功能后,"拥挤现象"就发生了:混合任务需要在相对较小的区域中发生,相应地,大脑信息处理进程就会较慢,欠准确,因为复杂的心理能力需要大脑皮层中较大的空间来完成。

3. 较大年龄时可塑性

可塑性不只体现在儿童早期,较大年龄时虽然会有很大的局限,但大脑中的再组织还是会发生,甚至在成年期。例如,成人创伤也会表现出很多恢复,尤其是在语言和动作技能刺激的反应上。大脑图像技术表明,永久性大脑损伤部位的相邻区域或是相应半球位置会出现再组织,来弥补这种损伤能力。

大脑突触联结的形成是形成人类相关技能的前提。动物研究表明,当大脑正在形成很多突触时,其可塑性是最强的,在突触削减时,可塑性下降。在较大的年龄时,大脑结构已经出现了专门化,但是在损伤之后,某种程度上仍会表现出再组织性。最近的研究表明,大脑会制造一些新的神经细胞。个体在练习相关任务时,大脑会强化已存在的突触并产生新的突触。可塑性看上去是神经系统的基本特征,因此,研究者希望通过发现人们生活中的经验和大脑可塑性是如何相互作用的,从而帮助所有年龄的大脑损伤或是无损伤的人们发展得更好。

(四)大脑发展的敏感期

突触联结形成的高峰时期,是大脑可塑性较强的时候,也是大脑发育的敏感期,此时对大脑进行刺激是非常必要的。研究表明,大脑发育确实存在敏感期。早期的研究来自对动物的极端感觉剥夺实验,例如,前面所提到的奥斯汀·瑞森(Austin Riesen)和其同事(Riesen,1947;Riesen 等,1951)对黑猩猩的视觉剥夺研究,说明了动物视神经发育的敏感期。当然,不能对婴儿做这样的实验,因此一些研究者依靠脑重量和颅骨大小的增加以及 EEG 测得的脑皮层中脑电波活动的变化等,对在婴儿期到青春期这段时间内发生的间断性的脑快速生长期进行了界定(Epstain,1980;Hudspeth & Pribram,1992;Thatcher,1991,1994)。这些快速生长期是与儿童智力测验的最好表现和认知能力的重大变化同期发生的。例如,在瑞典的一项研究①中,对 1 岁

---

① 劳拉·E·贝克著,吴颖等译:《儿童发展》,江苏教育出版社,2002 年版。

到 21 岁年龄不等的个体在安静而警醒的状态下进行 EEG 测量。结果表明,第一次 EEG 能量快速增长发生在 1.5—2 岁间,这时语言和表象发展处于高峰期。在 7.5—9 岁、12 岁、15 岁这三个发展高峰期,抽象思维开始出现,并得到了进一步的加强和完善,另一个发展高峰期出现在 18—20 岁,可能说明抽象思维的成熟(见图 3-4)。

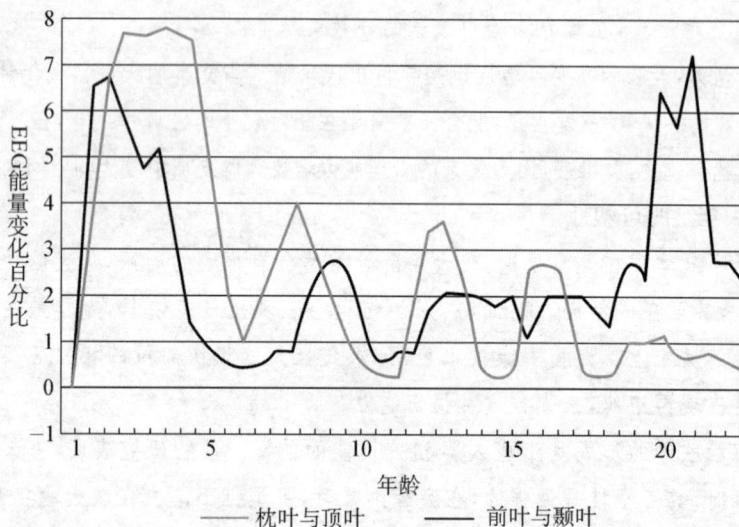

图 3-4 大脑快速生长图,以对瑞典的跨地区性的研究所获得的结果为基础

这项研究对 1—21 岁个体的 EEG 能量进行了测量。EEG 能量达到峰值表示是最快生长期,而凹点的最小值表示缓慢生长期或毫无变化。

神经中枢的日益复杂化和有效化是受突触裁剪、髓鞘化、额叶和其他脑叶之间的长距离连接影响的。研究者认为,个人的经验对大脑快速增长的每一个时期都会产生影响,但究竟是如何影响的,还有待于进一步研究。

(五) 脑的其他发展

脑的其他部分与大脑一起工作,从而提高中枢神经系统的协调性(见图 3-5)。

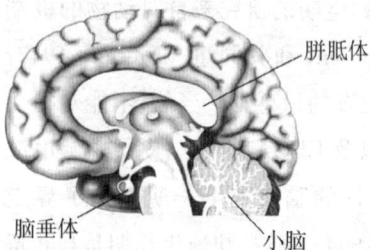

图 3-5 脑的其他部位示意图[1]

脑垂体位于脑的底部,它是像豌豆一样大小的腺体,对各种腺体具有支配作用,能促进所有其他腺体的激素分泌。此外,脑垂体自身还分泌生长激素,刺激体细胞的快速生长和发育。在婴儿期和儿童期,生理发育是由脑垂体和甲状腺共同调节的。

---

[1] 劳拉·E·贝克著,吴颖等译:《儿童发展》,江苏教育出版社,2002 年版。

　　小脑位于脑的后部和底部，它是有助于平衡和控制身体运动的结构。出生后，连接小脑和大脑皮层的纤维就开始髓鞘化了，这一过程一直持续到 4 岁（Tanner，1990）。因此，到学龄前期末，儿童已经可以玩跳房子、荡秋千了，并且可以进行有规则的投球运动。

　　网状结构是脑干中维持警觉和意识的地方，它的成熟对保持和提高控制注意的能力起作用。网状结构在整个儿童早期就开始髓鞘化，一直持续到青春期。网状结构的神经元伸出的纤维与脑的其他区域相连，有许多长进了前额皮层。该区域是一个能够使我们长时间地集中注意力的区域，这可能是婴儿、学前儿童和学龄儿童的注意持续时间短于青少年和成人的原因之一。

　　大脑的两半球通过一束被称为胼胝体的纤维连接在一起。胼胝体的功能是把信息从一个半球传递到另一个半球。胼胝体的髓鞘化直到 1 岁末才开始发生，3—6 岁达到顶峰，此后，在整个儿童中期和青春期以缓慢的速度生长。连接两半球的胼胝体在整合两半球的功能方面发挥着重要的作用，如认知、注意、记忆、语言和问题解决。活动越复杂，大脑两半球的合作就越是重要。

（六）觉醒状态的改变

　　从出生到两岁，大脑的快速发展也决定了睡眠和觉醒状态的改变。新生儿每天要睡 16 个小时，两岁时平均睡眠时间是 12—13 个小时。前两年中，孩子睡觉时间的减少并不是很多。最大的变化是睡眠和觉醒的次数变少，但时间变长，并且越来越符合昼夜规律：大多数 6 到 9 个月的孩子白天需要两次小睡，到 1 岁半时，孩子需要一次小睡，一般在 1 岁末时，婴儿的睡眠—觉醒规律才会趋向于成人化。（Ficca et al.，1999）

　　觉醒模式的变化与大脑的发育成熟有很大关系，但也与社会环境有关。在大多数的西方国家，父母在孩子 4 个月时，除了在睡前给孩子喂奶之外，其余时间就把婴儿放在独立的、安静的房间里让其入睡。在非西方社会，婴儿通常与照料者日夜接触，并随意睡觉。

　　婴儿觉醒状态虽然有着普遍性的规律，但也显示出个别差异，这会影响到父母对他们的态度及采取何种教养方式。那些长时间清醒的婴儿更易接受社会性刺激，也为婴儿探索环境提供了机会，这对婴儿的认知发展是有利的（Moss et al.，1988）。而早期睡眠时间较长的婴儿，则增加了自己休息的时间，减少了父母的看护时间和精力。哭闹厉害的婴儿需要父母付出更多的照料时间、更多的耐心和努力。

第二节　身体的生长发育

一、身体的生长

　　出生后的两年里，婴儿经历了一生中身体生长的第一个高峰期，明显的变化来自身体大小、身体比例和骨骼。

（一）身体大小和肌肉组成的变化

1. 身体大小的变化

在婴儿期，孩子身体发育最明显的迹象就是身体大小发生了变化。首先，在出生后头几个月里，他们的体重几乎每天增加 28 克，到 4—6 个月时，体重已是出生时的两倍，到第一年末已是三倍（约 9.5—10 千克）；到第二年时，体重是出生时的四倍。其次，婴儿在出生后头几个月里，身高每个月增加 2.5 厘米左右，到第一年末，婴儿的身高比出生时高出了 50%，到第二年时，就高出了 75%。而且，婴儿期的生长速度很不均匀。婴儿可能数天或数星期保持同样的身高，然后在某一天内突然长高 1 厘米之多。儿童身体大小的变化速度在两岁后开始减缓。

2. 肌肉组成的变化

虽然在整个婴儿期，肌肉的发展速度很慢，但是所有的人在出生时就已拥有了其将来所拥有的全部肌肉纤维。出生时，35% 的肌肉组织由水构成，而且肌肉组织占婴儿体重的比例为 18%—24%。但是，随着蛋白质和盐分进入肌肉组织的细胞液，肌肉纤维会很快开始生长。

肌肉组织的发展遵循头尾原则和远近原则。所谓的头尾原则，是指身体的发育是从头部延伸到身体的下半部。也就是说，头部和颈部肌肉的发展早于躯干和四肢的肌肉。而近远原则是指，身体的发育是从身体的中部开始，再扩展到外周边缘部分，即躯干部位大肌肉的发展早于四肢等部位小肌肉的发展。肌肉组织在青春早期迅速发展，男性肌肉的数量和力量的增加都大于女性，这使男性从十几岁开始运动能力就比女性强。但是身体大小和力量并不说明在许多运动技能上男性就一定具有优势。

（二）身体比例和骨骼生长的变化

1. 身体比例的变化

新生儿的外形是比较特别的，头看起来很大，是成人大小的 70%，占整个身体的 1/4，接近腿长占体长的比例。随着整个身体的生长，儿童的身体比例也发生着不同的变化。儿童身体的生长发育遵循头尾原则。在婴儿期，头部和胸部一直都保持着发育优势，躯干和腿的发育也逐渐赶上，躯干在第一年里生长最为迅速。从 1 岁到青春发育加速期内，腿的生长最为迅速。从以下这组腿长与整个身高的比例图中（见图 3-6），可以发现这样的规律：产前期腿长与整个身高的比例是 1∶4，出生时为 1∶3，到成年时已是 1∶2。躯干将在青春发育期再次成为发展最快的身体部位。

儿童在向上生长的同时，也按照远近原则向外生长：先是胸腔和内部器官，然后是胳膊和腿，最后是手和脚。在整个婴儿期和儿童期，胳膊和腿的生长快于手和脚的生长速度。但到了青春发育期，身体的发育却以反方向进行，先是手和脚及腿，然后是躯干。这就是为什么青春早期的人看起来总是笨手笨脚的原因——他们的手脚看上去比身体的其他部位大得多。

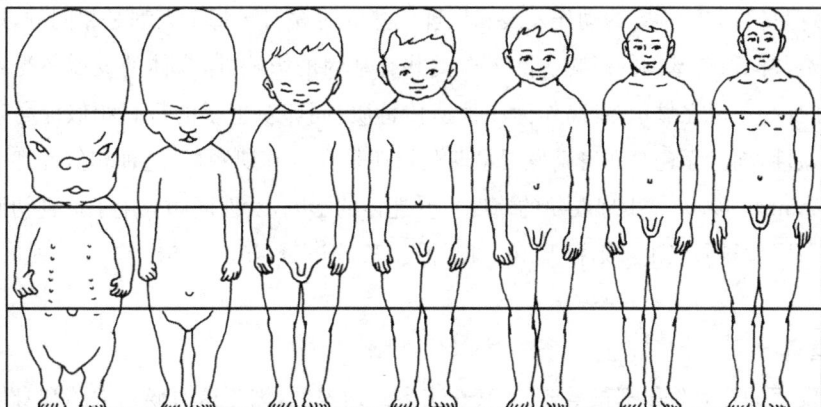

图 3-6　从出生到成人，人体各部分比例不断变化[①]

2. 骨骼生长的变化

在胎儿期，最初形成的骨骼结构是由柔软的软骨构成的，从孕期的第六周开始硬化成骨质材料，这一过程将持续整个儿童期和青春期。

新生儿的骨骼很小，很柔软，不易站立，也不易保持平衡，但是此时的骨骼很有韧性，因此不易骨折。新生儿的头骨被六个囟门分裂开来，出生后囟门逐渐被一些矿物质填充，到两岁时形成一整块头盖骨。同时，在头盖骨连接处留有一些柔韧的接缝，这些接缝可以使头盖骨随着大脑的生长而不断地扩展。身体的其他部位如脚踝和脚、手腕和手，随着儿童的成熟发育出更多的骨骼（见图3-7）。身体各部位的骨骼以不同的速度生长和硬化着。头骨和手部骨骼先成熟，腿骨则会一直持续生长到十五六岁。一般来说，骨骼生长在 18 岁宣告结束。（Tanner, 1990）

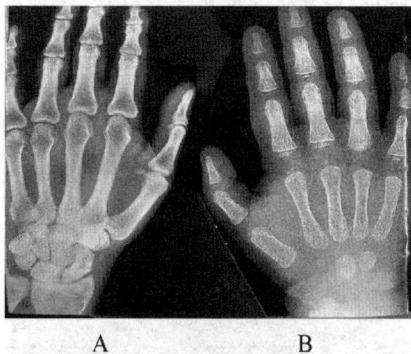

图 3-7　X 光显示的成人与婴儿的手部骨骼。成人的手骨（**A** 图）多而且紧密，婴儿的手骨则少，连接也不紧密[②]

二、影响早期身体发育的因素

身体的发展是遗传和环境两因素复杂的、[③]持续不断的相互作用的结果，其中遗传、营养、情绪等因素在儿童早期身体发展中起着重要作用。

（一）遗传

人类的遗传基因在身体发展中所承担的作用是不可低估的。虽然我们每个人生理发展的速

---

① 劳拉·E·贝克著，吴颖等译：《儿童发展》，江苏教育出版社，2002 年版。
② David R. Shaffer 著，邹泓等译：《发展心理学——儿童与青少年》，中国轻工业出版社，2005 年版。

度不尽相同,但是目前已确定的动作发展和生理成熟的时序对于每个人都是相同的,这说明身体发育受到人类共同遗传基因的影响。除了人类共有基因的影响外,身体的发展还受家族遗传基因的影响,如身高。研究显示,身高作为一种遗传特质,同卵双生子的身高相似性高于异卵双生子身高的相似性,而且无论是在身高发展早期测量还是在青春期测量,这种相似性都表现出一定的稳定性(Tanner,1990)。生理成熟的速度也受遗传的影响,女性同卵双生子达到初潮的时间仅相差2—3个月,而异卵双生子则相差10—12个月(Kaprio et al.,1995)。

(二)营养

营养在发育的任何阶段都很重要,尤其在出生到两岁间,因为这时候是大脑和身体发育的一个高峰期。婴儿所需的能量是成人的两倍,而婴儿四分之一的能量用于生长(Pipes,1996)。人类营养的主要来源是食物,饮食不足与饮食过量都可能导致营养不良,但其表现是完全不同的。

1. 饮食不足

由饮食不足而导致的营养不良,如果持续时间不长,且情况并不严重,只要儿童获得充足的饮食,营养就会被快速吸收,身体会加速发育来达到正常的发展水平。但是,如果营养不良持续时间过长,将会严重地损害婴儿的身体发育。

营养不良会引起两种营养疾病:消瘦(marasmus)和夸休可尔症(Kwashiorkor)。消瘦是由身体所需营养的低水平造成的,经常出现在出生后第一年。当孩子的母亲严重营养不良,不能产生足够乳汁,也不能提供富含营养的母乳替代品时,这个孩子的生长就会停止,身体会变得瘦小,身体虚弱,身体表面布满皱纹,甚至有死亡的危险。即使这个孩子有幸生存下来,其身材依旧是矮小的,智力和社会性发展也通常会受到损害。

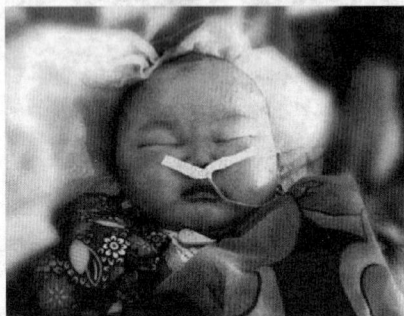

图3-8 夸休可尔症孩子的表现

由于营养极其不良,孩子脸部呈现出极度的浮肿,甚至连眼睛也无法睁开。[1]

夸休可尔症是因为蛋白质含量低的不均衡饮食造成的。由于孩子不能从含淀粉的食物中得到充分的热量,就会通过破坏自身的蛋白质储存来作出反应,从而导致婴儿头发变得稀疏,脸、腿和腹部出现水肿等症状。夸休可尔症通常在断奶后发生,年龄大致在1—3岁。不过由于各种原因,有些孩子一出生就会得夸休可尔症。例如,母乳不足或母亲为生计要外出工作等,让孩子吃母乳替代品,主要是婴儿奶粉,尤其是一些劣质婴儿奶粉蛋白质含量严重不足,如果孩子一直吃这样的奶粉,就容易得夸休可尔症。2003—2004年间发生在中国一些农村的"大头娃娃"事件就是夸休可尔症的典型表现。那些孩子吃的奶粉中每100克奶粉蛋白质含量最高的为7克,最低的仅为1克,而国家标准是每100克奶粉蛋白质含量为18克。吃这种劣质

---

① 吴学军:《阜阳假奶粉调查:谁谋杀了这些婴儿?》,http://www.people.com.cn。

奶粉而营养严重不良的孩子会浑身浮肿(见图 3-8),造血功能产生障碍,内脏功能衰竭,免疫力极度低下,甚至有些孩子因此而死亡。

一项对消瘦儿童的长期研究(Stoch et al.,1982)表明,改善饮食有助于长高,但头围不会再增大,因为营养不良可能会妨碍神经元的髓鞘化,引起大脑的永久损伤。这些儿童在智力测验中得分低,运动协调性差,注意力集中难,面对危险情景会产生很大的压力,这可能是由长期的饥饿痛苦所引起的。

如何帮助营养不良的儿童尽量接近正常的发展轨道?目前可提供的策略是:为营养不良的儿童提供营养补充;让他们接受充分的社会性和智力方面的刺激。这样才有可能使这些儿童的身体发育、社会性及智力的发展得到全面的照顾,从而使他们逐渐向正常方向发展。

2. 饮食过量

营养不良的另一种表现是饮食过量。无论在发达国家还是在经济快速发展的发展中国家,因为饮食过量而导致营养过剩的儿童数量正在日益扩大。营养过剩的最直接影响就是儿童变得肥胖,并增加了患糖尿病、高血压、心脏病、肝病和肾病的危险。

研究表明,婴儿期的肥胖与人生其他阶段的肥胖只有轻微的相关,而学龄期和青春期肥胖的个体在青春后期和成人期更容易肥胖(Cowley,2001)。

导致肥胖的因素可能有以下几种。遗传基因可能是因素之一,因为即使是分开抚养的同卵双生子,其体重的相似性也高于一起抚养的异卵双生子(Stunkard et al.,1990)。不良的饮食习惯也是很重要的影响因素。一些婴儿的父母每当看到婴儿情绪急躁时就给他吃食物,还有些父母则总是把食物作为强化婴儿某些行为的手段。长此以往,儿童不再把食物作为降低饥饿的手段,而是把它作为一种奖赏,从而赋予食物以特别的意义。当他们摄入大量高脂肪食物时,肥胖就变得不可避免。运动量少也是导致儿童肥胖的一个因素。肥胖儿童比正常体重的儿童运动量更少。运动量少会导致肥胖的有力证据是:儿童坐着看电视所花的时间是预测儿童未来肥胖与否的一个最好指标(Anderson,2001;Cowley,2001)。对肥胖儿童最有效的治疗方法是行为治疗法,这种疗法要求肥胖儿童和他们的父母共同参与对肥胖儿童饮食结构的调整和活动习惯的改变,鼓励家庭成员多吃健康食品,多进行运动。而一旦儿童的体重有所下降,父母就要予以奖励。这样逐渐使肥胖儿童的体重下降,并坚持下去,防止反弹。

(三) 情绪压力与爱的缺失

营养不足将导致儿童发育滞后,而过多的压力和过少的关爱也足以使儿童早期身体发育和动作发展滞后于正常的同龄儿童,导致严重的生长紊乱。非气质性发育不良和剥夺性矮小症(diprivation dwarfism)就源自情绪压力与爱的缺失。

非气质性发育不良一般出现在婴儿 18 个月之前。有这种症状的婴儿会表现出生长停止、日渐消瘦,类似于因为营养不良而导致消瘦的婴儿,但他们的身体并没有明显的疾病,也没有其他明显的生理方面的原因。导致非气质性发育不良的可能原因之一,是这些婴儿通常较难喂养,易造成营养不良（Brockington，1996；Lozoff，1989）。可能原因之二，是抚养者对待婴儿的情感倾向。这些婴儿表情冷淡、行为退缩，他们注视周围的大人时，紧张地观望大人们的每一个动作，母亲走近时，他们很少露出笑容，被带走时，也很少亲密地拥抱（Black et al.，1994；Leonard，Rhymes & Solnit，1986）。婴儿会如此表现，是由于抚养者对待孩子的态度通常是冷淡、疏远的，有时会很不耐烦，甚至于虐待孩子。因此，虽然他们为孩子提供了足够的食物，但他们对待婴儿的不良态度使得婴儿得不到关爱，并产生心理紧张，表现出退缩、冷漠、饮食不调，导致营养不全、发育不良。

剥夺性矮小症，也是和生长相关的障碍，一般出现在2—15岁之间，其典型特征是身体矮小和生长速度急剧变慢，无营养不良的表现，体重与年龄相适应。这种生长障碍源于抚养者因经济困难、婚姻不幸福或其他一些原因而对孩子缺乏爱，在抚养过程中很少对孩子倾注积极的情感。研究者认为，严重的情感剥夺影响到这些儿童的内分泌系统，抑制了生长激素的分泌，从而导致生长障碍。一旦这些儿童脱离他们情绪不适宜的生活环境，在新环境中得到爱和关怀，他们的生长激素的分泌就会恢复到正常水平，身体也会迅速生长起来。但是，如果在身体发展晚期才得到治疗，那么这种症状可能会是永久性的。

第三节　运动技能的发展

人类新生儿和其他动物的幼体相比，总是显得更无助，因为他们不能在出生后立即独立地移动身体。不过随着身体的发展及适当的训练，儿童的动作也会迅速地发展（见图3-9）。

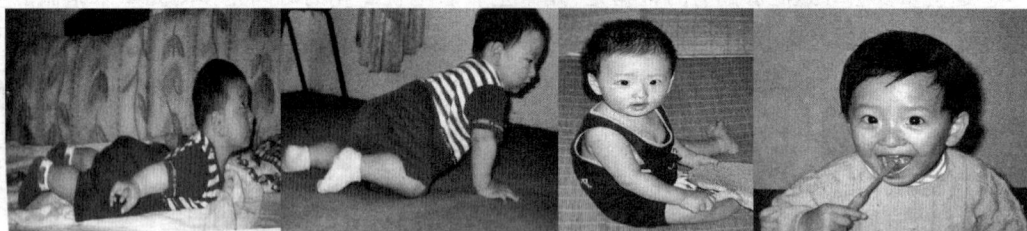

图3-9　动作发展中的儿童
儿童从躯干大动作到手部精细动作的发展。

一、动作技能发展的基本趋势

儿童出生后，动作技能随之开始发展。儿童出生头几年动作发展的进程和身体及神经系统发展一样遵循头尾原则，即头、颈、上肢的动作发展先于腿和下肢的发展。到第1个月结束时，随着大脑和颈部肌肉的发展相对成熟，大多数婴儿能在腹部着地平躺时抬起下巴；约1个半月时，在有人搀扶下能直立,头平稳地竖起;7个月左右,能独立坐着;11个月左右,能独立站着;接近12个月时,有的儿童开始独立行走。儿童早期动作的发展也同样遵循远近原则,即头、躯干、手臂的动作发展先于双手和手指的发展(见表3-1)。

表3-1　出生头两年中孩子大动作和小动作的发展①

动作技能	获得的平均年龄(月)	百分之九十婴儿获得的年龄范围(月)
搀扶着直立,头平稳地竖着	1.5	0.7—4
前倾时,用手臂撑起自己	2	0.7—4
从侧面滚到后背	2	0.7—5
抓住方块	3.7	2—7
从后背滚到侧面	4.5	2—7
独立坐着	7	5—9
爬行	7	5—11
拉着直立	8	5—12
玩拍手游戏	9.7	7—15
独立站着	11	9—16
独立行走	11.7	9—17
将两个方块叠在一起	11.7	10—19
乱写	14	10—21
在帮助下走楼梯	16	12—23
原地跳	23.5	17—30
用脚尖走	25	16—30

专栏3-2　训练宝宝爬行的意义

　　爬行(见图3-8)是所有粗大动作发展的基础,在孩子成长过程中是不可缺少的。有的父母担心爬行会使宝宝受伤的概率增加,因而不愿意让宝宝学爬或忽略了让宝宝学爬的过程,这显然是不了解爬行对孩子身心发育的好处。

① Laura E. Berk: *Infants, Children, and Adolescents*, Pearson Education Inc., 2005.

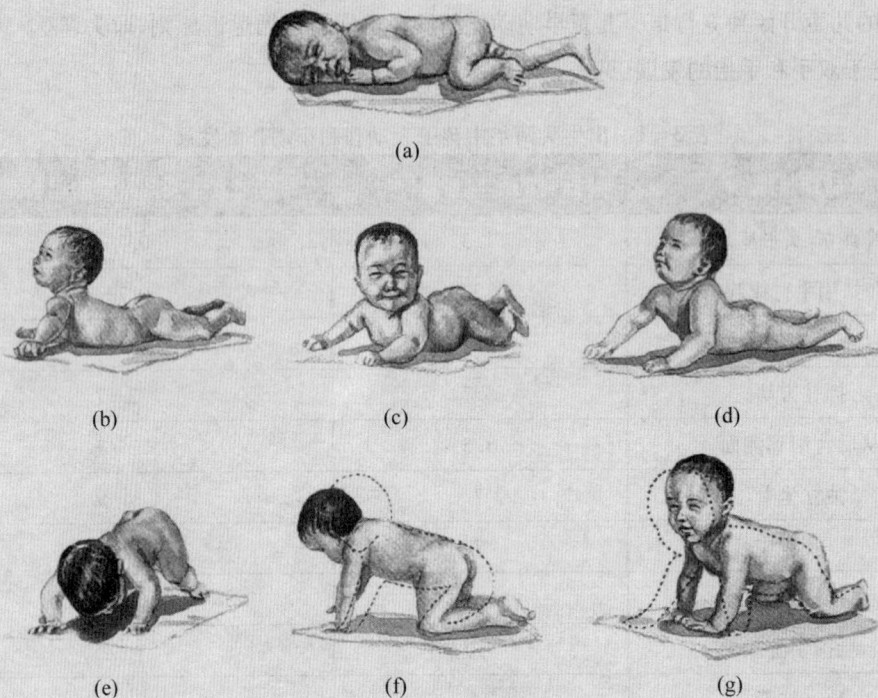

图 3-10　爬的发展

(a)新生儿用脚趾和膝盖匍匐;(b)头能抬起,但腿的运动很有限;(c)对头和肩的控制能力提高;(d)能用手臂支撑上身;(e)婴儿很难协调头和上身,上身抬起来,头就撑不住了;(f)婴儿开始能移动上身,但他们不能协调手臂和腿来运动;(g)能协调手臂和腿的运动而爬行了。①

　　其实,婴儿学会爬行之后,扩大了他们的视野和接触范围,通过视觉、听觉和触觉等感官刺激大脑,能够促进各方面的协调,对大脑的发育、智力的开发有非常重要的意义。此外,通过爬行运动还能提高婴儿的新陈代谢水平,有助于身体的生长发育。爬行对婴儿来说可谓是一项剧烈的运动,能量消耗较大,这种活动比坐着消耗能量多一倍。简单总结以下三点爬行的好处:

　　(1)训练肌肉,促进粗细动作发展。爬行时,婴儿必须头颈抬起,胸腹离地,用四肢支撑身体的重量,这就使手、脚及胸腹背及四肢的肌肉得到锻炼。爬行可以强化躯干及相关肌肉,并且运用手眼协调促进粗细动作技巧,有助于将来书写、阅读和运动技能的发展。

　　(2)增强手眼协调,培养平衡感。爬行时,必须统合感官信息和手、眼、脚的配合,才能了解周遭环境并前进。这些刺激可发展幼儿的空间概念及距离感。幼儿通过爬行知

① Alison Clarke Stewart & Joanne Barbara Koch: *Children: Development Through Adolescence*, John Wiley & Sons, 1983.

道自己身处何处,以及如何避开障碍物,这有助于抽象概念的形成。爬行可刺激内耳和前庭系统,有助于维持平衡感,而手眼协调也有相同作用。除此之外,爬行会刺激左右脑均衡发展。

(3) 累积生活经验,学习成长。经过爬的过程,幼儿学习探索周遭环境,并学习避开障碍物。这些学习经验将化为好奇,使幼儿勇于探险,而且能培养未来独立解决问题的能力及自信。

培养婴儿爬行,应在7—8个月时进行。婴儿7个月以后,应经常让其俯卧,在其面前放个玩具逗引他,使婴儿有一个向前爬的意识。开始时婴儿不会爬,家长可顶住其脚,促使他向后用力蹬,这样就能向前挪动一点。在学习爬行的最初,首先要求婴儿借助双臂和肩膀调换重心,在向前爬时,身体的重心能从一侧上肢移到另一侧。其次,要求婴儿的腿缩到腹部下面,这时我们看到的婴儿是手和膝盖着床,家长可用双手轻轻地托起孩子的胸脯和肚子,帮助其手和膝盖着床,然后再向前稍微送一下,让其有一个爬的感觉。不断地练习俯卧,反复锻炼双腿的力量及重心移动,婴儿很快就能学会爬。爬行训练应循序渐进,每天训练4次,每次10—20分钟左右,可以一边训练一边游戏。父母还可将地毯铺在地上,或者让婴儿穿厚一点的裤子在地板上随便爬,在婴儿前面摆放各种色彩鲜艳的玩具、图片、软垫等,诱导其向前爬行。当婴儿努力爬到"终点"时,父母也别忘了适时给予鼓励。

二、动力系统中的动作技能

儿童动作发展呈现出一定的时序性,这是一种客观存在的现象,但是对于为什么有这样的时序性,不同的儿童发展研究者有不同的视角。

动作发展的基本趋势使得成熟论者认为动作发展是先天程序逐渐展开的过程,在每个人身上总是遵循由上到下、由粗到细、由躯干到四肢的规律发展着,而跨文化研究也证明了这些规律在人类动作发展中的普遍性。

经验论者则认为,成熟是促使动作发展的原因,但是动作技能的训练也很重要。有研究发现,在两岁以内都是躺在婴儿床上的孤儿院孤儿,由于得不到站、立、走的训练,1—2岁的婴儿没有一个会走路,3—4岁的幼儿中,只有15%可以很好地独立行走(WayneDannis,1960)。可见,如果缺乏训练,那么即使到了成熟时序的动作也不能达到动作技能的水平。

成熟和训练是使动作达到熟练和流畅的全部条件吗?儿童动作发展的动力系统理论并不这么看。动力系统理论者不否认成熟和训练在动作发展中的作用,但是他们并不认为动作技能是先天的程序反应在成熟和训练支配下的逐步展开。他们把动作技能看作婴儿在探索欲望和新目标的支配下对先前已掌握的能力的重新建构。婴儿主动把已有的动作技能重组成新的、更复杂的动作系统,这就是建构。开始时,婴儿的动作结构是笨拙的、尝试性的。例如,一个刚开始站立的婴儿,他时不时地会坐到地上,或恢复四肢爬行。但经过一段时间不断地尝试后,他的站立会越来越稳当。最终这些动作将协调一致,建构成流畅、和谐的动作整体:坐、站、走、跑、跳。

专栏 3-3　　不同文化中的动作发展

　　跨文化的研究进一步揭示了动作机会和环境刺激对动作发展的影响。几十年之前,维恩·丹尼斯(Wayne Dennis)观察了伊朗的被剥夺动作技能发展环境的孤儿。伊朗小孩躺在婴儿床上,没有玩具玩,所以大部分儿童直到两岁时还不会走,用背躺着的经验使得他们从坐的地方滑动,而不是用手和膝盖爬动。

　　在儿童抚养中,文化不同也会影响其动作发展。如果问父母这些问题:坐、爬和走是否要刻意地鼓励? 不同的文化会产生不同的答案。例如,日本母亲会认为这是不必要的,在墨西哥的印第安人中也不鼓励快速移动,认为在孩子还不太了解火和织布机之前学会走路是危险的。而在肯尼亚和牙买加,孩子学会抬头、独自坐和走路的时间要比北美的孩子早,因为这两个国家的母亲会教给孩子这些技能。刚开始的几个月中,孩子坐在地上挖的小洞里,裹上毯子来保持身体竖直。不断地锻炼孩子用脚蹦跳可以促进孩子学走路,这说明了锻炼可以让孩子长得更强壮、更健康,身体更有吸引力。(Hopkin & Westre,1988)①

三、精细动作的发展:伸手和抓握

　　在儿童所有动作技能的发展中,伸手够物和抓握在婴儿认知发展中起着最重要的作用。他们通过伸手抓握物体,来感知物体的物理特征如形状、软硬、声音等,获得关于物体的空间特征如方位、距离等。总之,婴儿通过伸手和抓握,为自己探索环境发展开辟了新途径。

(一) 伸手够物技能的发展

　　在第一年里,婴儿伸手够物能力和抓握并操控物体的能力的发展非常迅速。新生儿生来就有抓握反射,并有伸手够物的倾向。婴儿最先出现的是前够物,但是动作的协调性很差。到两个月时,由于抓握反射消失,前够物能力甚至出现了退化,而这恰恰是婴儿自主够物的开始。到 3 至

---

① Laura E. Berk:*Infants,Children,and Adolescents*,Pearson Education Inc.,2005.

4个月时,婴儿展现出自主够物的新能力:他们在不断操控手臂的过程中,够物精确度提高了,可以准确地伸手抓住物体(见图3-11)。而且有研究表明(Clifton et al.,1993),这时的婴儿够黑暗中发光的物体和够光亮中的物体一样有效率,这表明,早期伸手够物动作并不完全受视觉指引,也受本体感受信息即来自肌肉、肌腱和关节的感觉信息的指引。到5个月时,伸手够物已是非常熟练的动作,在物体离开了他的够物范围时,婴儿会减少够物的行为。到9个月大时,婴儿已经能够够到方向变化着的移动物体。

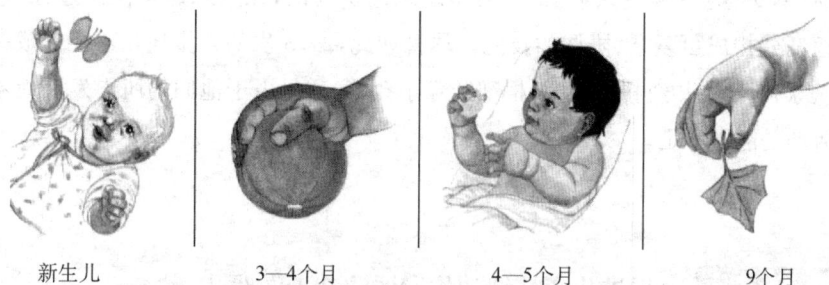

| 新生儿 | 3—4个月 | 4—5个月 | 9个月 |

图3-11 一些自主够物技能发展中里程碑式的动作[①]

婴儿开始伸手够物的动作存在个体差异。一些安静且动作轻柔的婴儿在尝试伸手够物时,很快就知道他必须使用更大的肌力去抓握物体;而一些开始时手臂在空中摇摆不定的婴儿,则会知道要控制摇摆不定的手并降低身子才能够到物体(Thelen et al.,1993)。[②]可见,婴儿总是将当前动作和目标要求的动作联系和协调起来的途径建构属于自己特色的够物动作,这也是动力系统理论在婴儿动作发展中的体现。

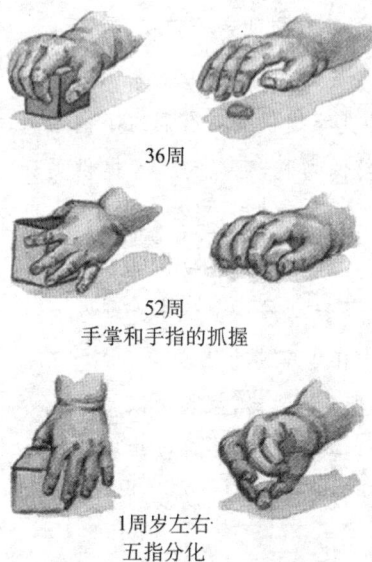

36周

52周
手掌和手指的抓握

1周岁左右
五指分化

图3-12 手的动作的发展[②]

(二)抓握技能的发展

当伸手够物变得容易时,婴儿开始锻炼他们抓握物体的技巧。在3—4个月,抓握反射消失后,婴儿开始用尺骨抓握,这是一种十分笨拙的爪状抓握(见图3-12)。到4—5个月,此时婴儿已会坐立,原来用于保持身体平衡的手臂被解放出来,双手也就自由了,它们被用来抓握婴儿有兴趣的物体,并把物体从一只手转向另一只手,或一只手抓住物体,另一只手拨弄物体(Rochat et al.,1995)。手指活动可能是4—6个月大的婴儿获得关于物体信息的重要手段。到第一年的下半年,婴儿手指的活动技能有了更大的提高,

---

① 劳拉·E·贝克著,吴颖等译:《儿童发展》,江苏教育出版社,2002年版。
② 苏建文等著:《发展心理学》,心理出版社(中国台北),1991年版。

他们已能根据物体的不同性质有针对性地用手进行操控:小玩具车可以推着玩,布绒玩具可以用手挤压着玩。到第一年末,婴儿能用大拇指和食指非常协调地对物体进行钳形抓握(Halverson,1931)。这种钳形抓握使婴儿从一个摸索者变成了一个技能的熟练操控者。1岁大的婴儿能拾起樱桃、拨电话号码、转动旋钮等,并试图用变得灵巧的双手来操控所有他想操控的物体。

在第二年间,婴儿的双手变得更加灵巧。16个月时,婴儿可以手握蜡笔进行涂鸦。到第二年结束时,他们可以画出简单的竖直线或水平线,可以搭5层以上的积木等。婴儿随着抓握技能的提高,动作由简单变得越来越复杂,正如动力系统理论认为的,儿童总是在探索过程中将已拥有的简单技能逐渐建构成更复杂、协调的技能。尽管如此,2—3岁的儿童还是不能完成一些动作,例如很好地抓球和扔球、扣纽扣、捏住一根细针穿小孔等,这是由于他们的肌肉发展尚不成熟,视觉信息协调活动的能力不足。

专栏3-4　　促进儿童精细动作发展的亲子游戏[①]

　　儿童精细动作的发展不仅可以促进其运动机能的发展,而且与认知能力的发展有着密切的联系。精细动作能力不仅是早期发展的重要方面,也是个体其他方面发展的重要基础。

　　有研究者设计了一系列的针对1—3岁幼儿手部动作的亲子游戏,通过经常动手来促进幼儿的发展。辽宁师范大学的陈颖提出了7项动作训练及相应的亲子游戏,具体如下:

　　(1)塞物的游戏。对于9—12个月的儿童,家长可以为儿童提供一个有洞的小桶和一些核桃,然后指导儿童将核桃放入小桶内。随着儿童年龄的增长,可以为儿童提供更小的东西,如豆子、牙签,逐步增加对儿童的挑战。

　　(2)舀(使用勺子)。这主要是训练儿童的手指灵活性,为拿筷子、书写作准备。在儿童1—2岁时,家长可以指导儿童用勺子将一个碗中的豆子舀到另一个碗中。到两岁时,可以为儿童提供不同颜色的铃铛。家长也可以指导儿童在水中捞小球。

　　(3)穿和缝。这主要是训练儿童的手眼协调能力。在儿童两岁时,家长可以指导儿童玩穿大珠子的游戏,在儿童经过联系后能成功把珠子穿在一起后,家长可以鼓励儿童将同一颜色或不同颜色的珠子穿在一起。随着儿童动作的成熟,家长可以鼓励儿童穿小珠子或是穿线板。

　　(4)卷。主要是训练儿童手腕的灵活性和双手的配合能力。在儿童20—22个月的

[①] 陈颖:《"手"巧"心"更灵—发展宝宝手部动作的亲子游戏》,当代学前教育,2009(3):31—33。

时候,家长可以指导儿童卷小毯子,23—26个月的时候可以为儿童提供小毛巾,而27个月以上的时候,则可以提供彩纸。

(5)按。训练手指灵活性。家长可以为儿童提供图钉或是纽扣及带抓手的嵌板。

(6)套。锻炼儿童手眼协调性和手的灵活性。在儿童11—14个月时,家长可以拿着小棒,让儿童拿着彩色的塑料套环套到小棒上,边套家长边说颜色。在儿童15个月以后,家长可以为儿童提供大小不一样的杯子,并指导其按从大到小的顺序依次套好。家长可以为儿童准备一套套娃,让儿童进行一个头、一个身子的配对练习。

(7)贴。训练儿童的手眼协调能力和空间感知能力。在儿童两岁时,家长先在各种颜色的纸(除了白色的纸)上画出各种图形,再剪出这些图形,一只手拿着沾了胶水的棉签,把胶水抹在图形的一面,让图形和画好的图形对准然后贴上。之后,让儿童学着做。

当儿童在做上述游戏时,家长一定要在旁边陪伴。在儿童有困难时,家长要适时适量地给予帮助,这样既能满足儿童的心理需要,也能促进亲子关系。

四、早期动作技能发展的心理学意义

儿童早期动作技能的发展是个体整体发展的一部分,动作技能的发展必然为其他方面的发展带来显著的影响,可以从对婴儿的社会性发展影响和认知发展影响两方面来认识。

当婴儿能够爬行或行走以后,其探索周围环境的热情变得日益高涨。父母此时会发现家里似乎成了一个战场:杂乱的书籍,衣橱周围满地的衣服。父母需要做一些防护措施,需要给予婴儿一些约束,这时婴儿与父母之间会产生一些冲突和意志较量。但总的来说,婴儿动作的发展是父母乐于见到的,因此父母和婴儿之间由于动作技能的进步而出现良好的社会互动将成为可能。动作的熟练也使婴儿更有自信地离开照料者去尝试新刺激,而一旦感觉不安全时,又能迅速回到照料者身边。

各种主要动作的获得也能促进儿童感知觉的发展。研究表明,与不动的同龄婴儿相比,爬行或在人帮助下移动的婴儿更能发现藏起来的物品(Kermoian & Campos,1988)。爬行和行走还能促进婴儿空间定向能力的发展和深度知觉的发展,使他们的爬行和行走更有效、更安全。

因此,动作发展对婴儿其他领域的发展有促进作用,这也再次说明儿童的发展是整体的发展。

本章总结

在生命早期,大脑以一种惊人的速度生长。神经元的发展体现了"用进废退"的特点。大脑在青春期以前有很强的可塑性。大脑在出生时可能就具备了功能偏侧化倾向。从出生到两岁,

大脑的快速发展决定了睡眠和觉醒时间的改变,当然儿童觉醒状态的变化也和社会文化及儿童的个别差异有关。

从出生到整个婴儿期是儿童身体发育最快的时期之一。身体的发育遵循远近原则和头尾原则。影响身体发育的因素既有遗传因素,也有诸如营养的合理与否、环境的压力等环境因素。

和身体发展一样,动作发展也遵循头尾原则与远近原则。儿童早期动作的发展不仅对动作本身的发展具有意义,同时对儿童认知能力和社会性的发展也具有重要意义。

请你思考

1. 如何从遗传和经验的角度理解大脑神经元"用进废退"的特点?
2. 本章内容是如何体现动力系统观点的?谈谈你对这个观点的认识。

第四章

婴儿的认知发展

　　文清从小土豆出生起就观察和记录着这个小家伙成长中所取得的点滴进步。比如，她发现小土豆很爱听音乐，即使他在哭闹，只要听到了妈妈唱出的催眠曲和儿歌，就会安静下来。他还很喜欢自己床上挂着的摇动玩具，鲜艳的颜色往往能吸引小土豆的注意。现在，文清最期待的就是听到小土豆哪天清晨醒来会突然叫她一声"妈妈"了。那该是多么令人激动的时刻啊！文清与其他无数的母亲一样期待着这一天能早早到来。当然还不需要太着急，毕竟小土豆只有6个月大呢！

　　如果你和文清一样对儿童早期认知和语言的发展充满兴趣，那么本章的内容将很适合你阅读。本章第一节介绍婴儿感知觉的发展特点。第二节探讨婴儿思维的发展，主要介绍皮亚杰思维发展阶段中的感知运动阶段，并对皮亚杰理论所面临的挑战进行探讨，本节也对影响儿童早期认知发展的因素进行分析。第三节主要探讨婴儿的学习能力的发展，介绍婴儿学习的几种常见方法。第四节剖析早期认知发展中的环境因素。第五节介绍几种智力测验及早期环境与婴儿智力发展的关系。最后一节向大家介绍早期语言的发展，包括语言发展的基本理论，语言的理解、产生，以及环境对语言发展的影响等。

第一节　婴儿感知觉的发展

　　感觉和知觉是婴儿认识的开端。感觉是眼、耳、鼻、舌、皮肤、肌肉、关节等感觉器官的神经组织接受外部世界或有机体内部的刺激，并通过内导神经将刺激信息传入神经中枢的过程。而知觉则是对这些刺激的解释。概括来说，感觉主要依赖于感官的生理过程（光波对视网膜的影响），知觉是感觉的效果（认识到那是红灯）。

一、婴儿感知觉研究的方法

　　婴儿不能用语言向成人描述自己的感觉或知觉，也不能以熟练的行为作出反应。这就为我们研究婴儿的感知觉带来了很多困难。不过，我们的研究者发明了一些创造性的方法，让不会说话的婴儿能够"告诉"研究者他们所感觉和知觉到的东西。下面介绍几种主要的研究方法。

（一）反射法

新生儿出生的时候已经具备了一套完整的无条件反射装置，包括吸吮反射、抓握反射、觅食反射、瞳孔反射等。只要给予适宜的刺激，就能引出相应的无条件反射行为，这仿佛是在告诉我们成人："我已经感觉到了！"如果某个刺激未能引出新生儿相应的反射，我们就很难断定新生儿是否察觉到了该刺激，或者是否受到了其他刺激的干扰从而抑制了反射行为。

（二）习惯化与去习惯化

当一个新异刺激出现时，婴儿会产生许多身体变化或反应，比如，头部或眼部运动、呼吸或心跳频率的变化。但如果同样的刺激反复出现，婴儿的反应就会越来越弱，直到完全消失。这样一个过程，就是习惯化的过程。此时，如果再出现一个新的刺激，婴儿的身体可能又会发生新的变化，这个过程被称为去习惯化。

如果婴儿产生了去习惯化现象，说明他们能够区分前后两种不同的刺激，如果婴儿对后一个刺激没有任何反应，则说明两个刺激物的差异过于细微，婴儿察觉不到。婴儿能对各种各样的刺激物表现出习惯化和去习惯化，因此，这种方法是测量婴儿感觉和知觉能力的有效方法。

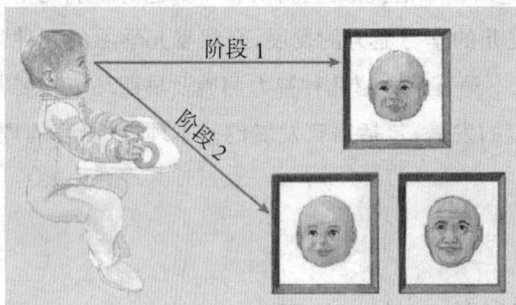

图 4-1 在实验的第一阶段呈现给婴儿一幅儿童的脸部图片，使之产生习惯化后，在第二阶段加入另一幅老人的脸部图片。观察婴儿此时的反应，判定婴儿是否对新刺激表现出去习惯化

图 4-2 习惯化这一概念能够帮助我们理解：为何在如此嘈杂的环境中这个婴儿依然睡得很香？

最近有一些研究者利用习惯化和去习惯化的方法发现，婴儿若能长时间地注意与前一刺激类似的对象，他们在后几年的智商测定中得分也较高。这一发现吸引了许多人的注意，研究人员试图利用这种方法增加智商的可预测性。

（三）视觉偏好法

所谓视觉偏好法是指研究者同时给婴儿呈现至少两种刺激，观察婴儿是否对其中的一个更感兴趣（见图 4-3）。范茨（R. L. Fantz）在研究婴儿形状知觉与视觉偏爱方面作出了不少贡献。

在他的实验中,同时给婴儿出示两个图案,测量婴儿注视每个图案的时间。如果婴儿看两个图案的时间不一样长,说明他们可以区分两种不同的刺激。

随着现代技术的发展,例如,眼动技术的出现,实验不仅能测量婴儿注视哪一个刺激,而且能精确测量婴儿正在注视哪个地方及怎样从刺激的一个部分扫描到另一部分。眼动记录不仅有助于确定婴儿在辨别刺激时利用了什么信息,也能够表明刺激的哪些方面引起婴儿注意或在哪些方面婴儿能够维持注意。[1]

(四)诱发电位测量法

这种方法是给婴儿呈现一种刺激,然后测量记录婴儿脑电波的变化,确定他们感知觉能力的发展情况。测量时,需要在婴儿头上插上数个微电极。例如,要测量由视觉引起的脑电波的变化,就将微电极插在枕叶区;要测量由听觉引起的脑电波的变化,就将微电极插在颞叶区。如果婴儿能觉察到刺激,其脑电波的形状将会发生变化,也就是表现出诱发电位。

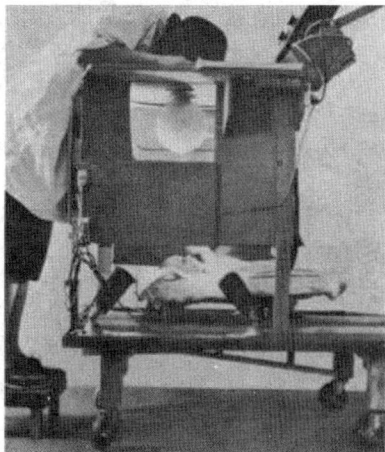

图 4-3 范茨为了测定婴儿早期是否能够辨别物体形状,专门设计了一间观察小屋。让婴儿躺在小床上,可以看到挂在头部上方的物体。观察者则通过小屋顶部的窥测孔观察、记录婴儿注视物体的时间

(五)高振幅吮吸

所谓高振幅吮吸法,就是研究者让婴儿吮吸一个里面镶有电路的特殊奶嘴,通过婴儿的吮吸动作,观察他们对被感知环境的反应。在实验开始前,研究者首先要记录下婴儿吮吸频率的基本值。每当婴儿吮吸频率高于基本值,吮吸强度增加时,就会通过奶嘴里的电路引发一种刺激。如果婴儿能够觉察到这种刺激并对它感兴趣,便会一直保持吮吸增幅状态。而一旦婴儿对刺激的兴趣减弱,吮吸频率和强度恢复到基本值状态,那么刺激便会自动消失。此时,研究者给婴儿呈现第二个刺激,如果婴儿的吮吸增加,就说明婴儿能够将两个刺激区分开来。其实这个方法也运用了习惯化与去习惯化法的原理。如果对这个实验程序加以修改,我们甚至可以研究在两个刺激中婴儿更喜欢哪一个。对于测量婴儿的感知觉能力发展水平来说,高振幅吮吸法无疑是更加巧妙且应用范围更广的一种方法。

二、婴儿感觉能力的发展

婴儿的感觉能力一直是人们感兴趣的问题,这里我们分别介绍一下婴儿的听觉、视觉、温度

---

[1] 桑标主编:《当代儿童发展心理学》,上海教育出版社,2003 年版,第 98 页。

觉、触觉和痛觉等重要感觉能力。

(一) 听觉

在新生儿出生之前,他们的听力就已经在发育了。许多实验研究已经证实,新生儿具备了辨别音量、长短、方向以及频率不同的声音的能力,这表明他们的听觉已经有了相当好的发展。

婴儿对频率(音调的高或者低)反应性的研究显示,他们好像更喜欢更高频率的声波、高度悦耳的音调、更加动情的声音。虽然很多成人不知道这一点,但在现实生活中,当你留心观察大人们与婴儿的对话时不难发现,几乎所有人采用的都是这种高频声波。因为事实表明,婴儿的确对这种声音更感兴趣。

婴儿能对声音进行辨别。关于新生儿的听觉,有研究表明,他们在第一周内就可以辨别在600—900赫兹之间的声音。3天大的婴儿能够分辨不同的声音,并且更喜欢母亲的声音。安东尼·凯斯皮尔及其同事的研究(DeCasper & Fifer, 1980;DeCasper & Spence, 1986,1991)证明,与其他女性的声音相比,当听到录音机里传出妈妈的声音时,新生儿吮吸奶嘴的频率会显著加快。

婴儿对语言的识别是非常敏感的。研究发现,刚出生12小时的新生儿就会对成人的语言产生明显的同步动作反应。小小的婴儿就可以辨别大量的言语声音之间的细小差别,如"ba"和"ga"、"ma"和"na",以及短元音"a"和"i"等。2个月的婴儿可以辨别同一个人带有不同情感的语调。婴儿还能够很快地学会辨认他们经常听到的词语。例如,到4个半月的时候,听到有人叫他们的名字时,婴儿就会准确地将头转向声音传来的方向。到6个月的时候,婴儿不仅学会分辨范围广阔的人类声音,而且已经开始为很多声音赋予意义。

有研究表明,婴儿对乐音的感受能力也发生得比较早。米歇尔(Michel, 1973)对婴儿音乐感知能力进行了追踪研究,他发现音乐感知从婴儿出生时即已开始,两个月时已能安静地躺着听音乐,2—3个月的婴儿能区分出音高,3—3.5个月能区分音色,6—7个月能区分简单的曲调。穆格在后来进行的研究中指出,婴儿只有到4个月大时才有可能倾听音乐,6个月大的婴儿已开始在倾听音乐时产生剧烈的身体运动。1岁半到两岁的婴儿能表现出符合音乐节拍的身体动作。

(二) 视觉

曾有日本学者做实验,用强光照射孕妇的腹部,发现胎儿会闭上眼睛。我国的一些研究者也做过类似的实验,证明婴儿出生前便能感觉到光的存在。新生儿时期,婴儿视觉能力的发展水平在各种感觉能力中是最低的。婴儿看与自己距离6米远的物体的视力,与成人看与自己相距120甚至180米远物体的视力不相上下(Held, 1993;Slater & Johnson, 1998)。在出生后的最初两个月里,新生儿的视觉能力稳定地提高。

研究人员对婴儿视敏度(即区分对象形状和大小等微小细节的能力)的估计有较大不同,这些差别常常是由在评估视力时采用了不同的方法造成的(见图4-4)。通常认为,3个月大时,婴儿才能像成人那样对物体实现聚焦,到6个月大的时候,视敏度出现4—5倍的改善,大约为成人的20/100。两岁时婴儿的视敏度能接近成人水平(Courage & Adams,1990)。

研究者曾认为,新生儿是看不见颜色的。但近年来有研究者使用习惯化方法研究婴儿的视觉能力,发现新生儿看到的世界是彩色的,只是他们在区分蓝色、绿色、黄色以及白色上存在困难(Adams & Courage,1998)。婴儿对色彩的感觉能力发展得很快。从两个月开始,婴儿就能从整个光谱中对颜色进行辨别。三四个月起就能分辨彩色与非彩色,并产生对某种颜色的偏好。我国学者李忠忱(1990)以自己的女儿为被试,从她11个月大开始进行追踪研究。结果表明:11个月的婴儿能准确分辨红、绿、蓝、黄四色;13个月时能认识和准确指出红、绿、蓝、黄、白等6种颜色,能听懂六色的名称;16个月时开始能说出六色的名称;18个月时开始认识紫、棕、橙、粉红、浅绿、浅黄、灰色;24个月时能说出15种颜色。①

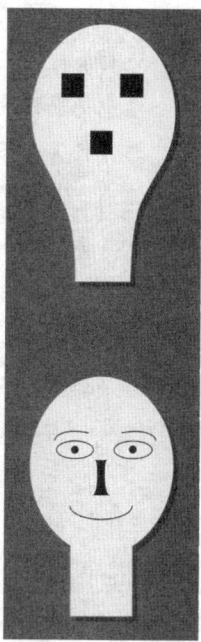

图4-4 婴儿眼中的图像

专栏4-1　　视觉严重损伤影响儿童的发展②

有关那些视力微弱或者毫无视力的婴儿的研究戏剧性地阐释了视力、社会性交互实践、运动探索以及理解周围环境等之间的相互依赖关系。在最近的一项纵向研究中,研究人员对一些视敏度为20/800甚至更弱(他们只有微弱的光感,或者就是失明)的学前儿童进行了跟踪研究。和那些没有视力障碍的同龄人相比,这些孩子在许多方面显得发育迟滞,如运动、认知、语言以及个人/社会性等方面。他们在运动和认知功能上遇到的痛苦最多,随着年龄的增长,这些孩子在这两个方面的表现与其他正常孩子之间的差距越来越大(Hatton, et al.,1997)。

什么可以用来解释这些显著的发展迟滞呢?看来,微弱的视力或者视力缺失至少在具有决定性的、互相关联的两个方面改变了孩子们的经历。这两个方面是:

1. 对婴儿和照看者之间关系的影响。与看得见的孩子相比,视力微弱的孩子们不太可能会对照看者的刺激作出积极的交互性刺激回应。他们不能进行目光交流,不能

---

① 孟昭兰著:《婴儿心理学》,北京大学出版社,1997年版,第154页。
② 劳拉·E·贝克著,吴颖等译:《儿童发展》,江苏教育出版社,2002年版,第222页。

进行模仿,不能和父母进行相应的交流,也不能捕捉到非言语性社会性暗示。他们的表情也是沉默的,比如说,他们的笑容往往是一闪而过的,而且不可预测。结果造成这些婴儿只得到了很少的来自成人的关注、玩耍机会以及其他的各种刺激,而这些刺激对婴儿的全面发展是十分重要的(Troster & Brambring, 1992)。

要是一个有视力缺陷的孩子在幼年没有能够学会如何加入与别人的谈话的话,那么在童年期他与教师或者同伴交往的能力就会受到影响。在一项对一些与视力正常的儿童入园在一起的学前盲童进行的观察中发现,盲童们很少主动要求与他们的老师或者伙伴进行交往。当他们真的与别人进行交往的时候,他们在理解对方的反应以及恰当地作出回应等方面有困难(Preisler, 1991, 1993)。

2. 对运动探索和空间理解的影响。患有严重视力缺陷的婴儿比同龄的孩子在做出一些粗线条动作或者精细性动作的时间点上要晚几个月(Fraiberge, 1997; Troster & Brambring, 1993)。比如说,一般而言,盲童直到 12 个月时才会够物和关注在大范围内操纵物体,直到 13 个月时才会爬行,直到 19 个月时才会走路。为什么会这样呢?

因为有视力缺陷的孩子必须完全依靠声音去辨别物体的方位,但是听觉大约要到第一年的年中才会超过视觉在物体定位方面发挥的作用,从而成为对物体进行定位的一条线索。而且看不见的婴儿和其照看者之间有交流上的困难,所以成人也不大可能会过早过多地让孩子与发声的物体接触。因此,这些婴儿理解周围世界的时间相对就要来得晚些。

直到婴儿能够"够到声音"的时候,他们自己才会主动移动(Fraiberg, 1977; Troster & Brambring, 1993)。即使他们真的移动起来了,他们的体姿控制也因长达数月之久的缺乏运动以及缺少有助于保持平衡的视觉线索等原因而显得不太成功。而且,由于他们存在行动不稳、父母害怕他们受到伤害以及一些相关性的限制等诸多方面的原因,他们在运动中就更是小心翼翼,而这些因素也更加延缓了他们的运动发展。

(三) 温度觉

调节体温的能力是新生儿维持生命的关键,婴儿对冷热温度变化非常敏感,出生才一天的婴儿就能辨别冷和热。新生儿对低于体温的刺激比对高于体温的刺激更敏感(Humphrey, 1978)。当周围的温度突然下降时,他们就会哭叫或增加活动强度以保持身体的热量。6 个月大的婴儿能根据温度差异,分辨两件一模一样的东西:握过一根摸起来温暖的圆筒之后,婴儿会厌烦,宁愿改握另一个摸起来凉凉的圆筒。表面看来,温度觉似乎是基本的能力,甚至是人的本能,人类生来就知道东西有冷有热。但是,从两名儿童的真实经历可以看出,辨别冷热应该是后天学习的结果。这两名儿童本来都是弃婴,一个是法国的男孩维多,一个是美国女孩吉妮,他们自小就在几乎完全不与人接触的环境下生活,两个人最严重的问题是语言方面的永久缺陷。刚被人发现的时候,这两个孩子都有一个怪异的行为特征:浑然不知冷与热。例如,维多会直接用手取出放在火上烤的马铃薯,吉妮穿衣服的厚薄完全与天气冷暖无关。[①] 这无疑说明,人类对冷热的体会,含有很强的认知成分,辨别冷热的能力并不是先天具有的,而是出生后通过自己的体验与他人的教导学习而来的。

(三) 触觉

触觉是皮肤受到机械刺激时所产生的感觉。母体中的胎儿在4—5个月就已经初步建立了触觉反应。婴儿刚出生时触觉的敏感性就已经发展得很好了,而触觉的敏感性有助于推动婴儿对环境作出回应。如果抚养者在照顾婴儿的过程中动作是温柔的,婴儿就会越来越多地关注这个抚养者。新生儿的口腔触觉十分灵敏,当物体接触嘴唇时,他们就会立刻作出吸吮的反应。

婴儿早期触觉发展迅速,3个月时增长了通过触觉探索获得环境信息的倾向,5个月时,婴儿的视觉和触觉会参与口部探索活动。拉夫检测了相同条件下,6、9和12个月大的婴儿对物体的不同类别的操作,记录了观看行为和观看与口部探索交替行为。她发现,婴儿半岁后口部探索减少,手指和手的操作增加,对不同的物体会采取不同的操纵方式。当婴儿接触到改变了的物体时,他们对新物体探究得更仔细,以获得更多的信息。当婴儿对一个新的物体改变把弄方式,更多地用手去旋转它,或更多地用手指去触摸时,就不会像对原来把弄熟悉了的东西那样扔掉或推开。[②]

总之,触觉是婴儿最初获得外部环境知识的一种方式,这对于婴儿早期的认知发展具有关键作用。

(四) 痛觉

早期研究者认为,新生儿对成人与儿童感到非常痛苦的大部分刺激非常不敏感。但事实上,很多研究已经证实,新生儿是有痛觉的。即使在分娩时,婴儿对疼痛也很敏感。刚出生一天的婴儿,在做血液检查时被针刺到手指头也会拼命大哭。

由于止痛药品会对婴儿有害,所以在对男婴儿进行包皮环切手术时往往不使用麻醉剂。因而在做这个手术的时候,婴儿会拼命地大哭大叫,此外还会伴有一些其他的身体反应,如心率加快、血压升高等,手术后等离子皮质醇——生理学的一种应激指标——会比手术前显著增加。所有这些都表明,婴儿是有痛觉的,我们不应该忽视婴儿的这种感觉,早期强烈的疼痛刺激很可能对他们以后的生活造成影响。因此,在对婴儿进行包皮手术或其他侵入性医检时,应有更好的镇痛措施。

① Lise Eliot 著,薛绚译:《小脑袋里的秘密》,汕头大学出版社,2003年版,第169页。
② 孟昭兰著:《婴儿心理学》,北京大学出版社,1997年版,第169—170页。

婴儿的痛觉不是一成不变的经验,而是会随着行为状态改变的。婴儿在警觉、饥饿、疲劳之类的状态下,对痛觉的反应会比较强烈。

三、婴儿视知觉的发展

婴儿在视知觉方面经历了一系列发展并取得长足的进步。这里具体介绍图形知觉与深度知觉等的发展。

（一）图案和形状知觉

范茨用视觉偏爱法在这方面做了大量的实验。在实验中,他给1—15周的婴儿呈现几对模式图,每对模式图在形状和复杂性上都有不同。结果表明,婴儿看复杂图形的时间超过了看简单图形的时间(见图4-5)。

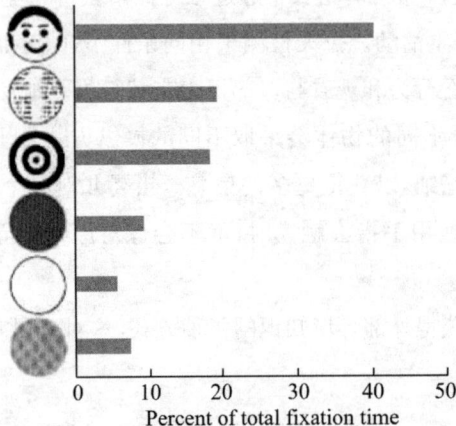

图4-5 婴儿对不同复杂程度图形的注视时间

婴儿还喜欢看清晰的图像。马丁·班克斯(Martin Banks)及其同事曾总结说,婴儿更喜欢看那些他们能够看清楚的东西,运动着的中等复杂、高对比的图案更容易吸引他们的注意力。

1—2个月大的婴儿视觉水平相当低,还不能把视觉刺激(如形状)作为一个整体来知觉。在两个月—1岁之间,他们的视觉系统迅速发展。出生3—4个月后,有些婴儿已经能够在一些吸引他们注意的静止的情境中知觉到形状,9个月的婴儿能够将一些近似于人的轮廓的光点的组合看成是一个人的形状(Bertenthal et al.,1987)。12个月大的婴儿甚至能够根据有限的信息建构图形。

（二）深度知觉

深度知觉是判定物体与物体之间以及物体与我们之间距离的一种能力。婴儿的深度知觉究竟是先天的还是后天的,一直有争议,为了解决这个问题,埃利诺·吉布森和理查·沃克(E. J.

Gibson & R. R. Walk，1960，1961）精心设计了一种设备——视觉悬崖（见图4-6）。它是在一块较大的玻璃板中央放一块略高于玻璃的中央活动板。这样，玻璃板被隔成两部分，在其中一侧玻璃板上直接铺上一块格子图案的布，而在另一侧玻璃下面1米的地方铺上同样图案的布，这样就会产生陡峭的悬崖的感觉。实验中，被试（6.5—14个月大的婴儿）被放在中央活动板上，然后让他们的母亲分别从"悬崖"的两侧召唤婴儿，想办法让他们爬过两侧的玻璃板。

坎坡斯和兰格（J. J. Campos & A. Langer，1970）将2—3个月甚至更小的婴儿作为被试进行这个实验。由于这么小的婴儿无法爬行，便采用测量心率的方法，即测定婴儿被脸朝下放在两侧玻璃板上时，心率有无变化。结果表明，两个月的婴儿已能够观察到两侧深浅的差异，但他们还没有学会惧怕陡峭的悬崖。

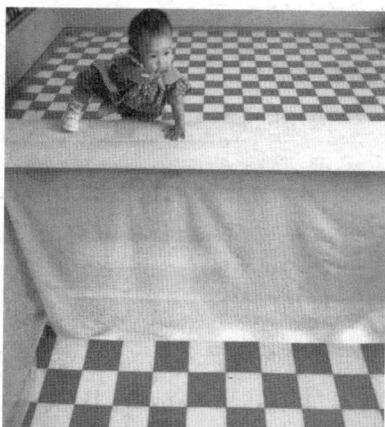

图4-6 研究结果显示，绝大部分婴儿只爬过看起来比较浅的那部分玻璃板，并对另一侧（看起来更陡峭的一侧）表现出惧怕，这说明，他们已经能知觉到深度

（三）视觉恒常性的发展

视觉恒常性是指，客体的映像在视网膜上的大小变化并不导致对客体本身知觉的变化。例如，一个从远处走来的人，他在远处和走到你面前时，在视网膜上所呈现的图像的大小是不一样的，但观察者却把他认知为大小高矮不变的同一个人。这就是视觉的恒常性。

研究表明，婴儿已具有物体形状和大小知觉的恒常性，但他们这种能力的水平还很低。人们常用习惯化与去习惯化的方法研究婴儿是否具有视觉恒常性。例如，鲍厄（T. G.. R. Bower）把6—8周的婴儿作为实验对象（图4-7），让他们形成看到某个客体就转头的条件反射，然后分别

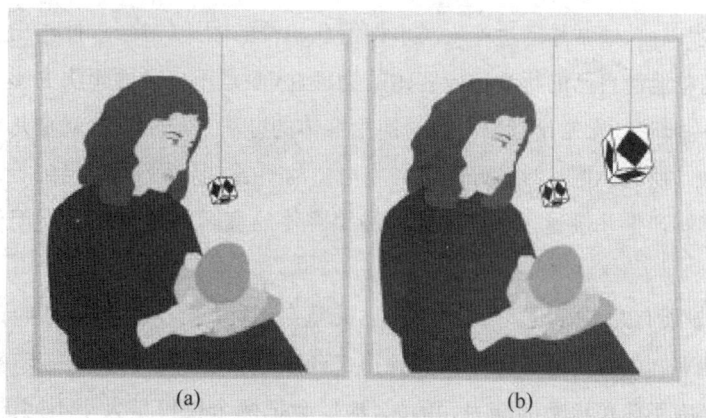

图4-7 研究人员将大小不同的立方体分别放在远近不同的位置上，使他们在婴儿视网膜上的投影大小相同，结果在看第二个立方体时，婴儿反应的频率明显减少了。这说明，6周大的婴儿显示出大小知觉的恒常性

把这个物体放在距离婴儿远近不同的地方,结果婴儿转头的频率并没有发生太大的变化,这说明,婴儿把不同位置上的客体仍然知觉为同一个物体。

大小恒常性在婴儿出生后一年内稳步发展,但这种能力要到10—11岁的时候才会完全成熟。

四、婴儿知觉整合能力的发展

知觉整合能力是指能够根据一种感觉特征确认另一感觉通道所熟悉的刺激物或形式的能力。例如,当你听到某个朋友说话的声音时,能够猜出他是谁。

知觉整合能力实质上涉及的是各种感觉的整合。在一项有关视觉触觉一致性的研究中,巴沃尔和他的同事(Bower, Broughton & Moore, 1970)为婴儿戴上一种特殊的眼镜,婴儿透过这种眼镜会看到很多肥皂泡(其实是一种幻觉),而当他们伸手去抓的时候却感觉不到任何东西。这一研究发现,当抓不到自己看到的物体时,婴儿会很沮丧,甚至哭泣。这说明,视觉和触觉是相通的,视觉和触觉的不一致会让他们感觉不舒服。

目前还没有实验证明新生儿具有知觉整合能力,不少研究者(如皮亚杰)认为,婴儿出生时各主要感觉通道是完全不协调的,但吉布森等(Gibson et al., 1984)的研究表明,1个月大的婴儿几乎已经能够用视觉辨认一些他们吮吸过的物体。在视觉与听觉的联系方面,3—4个月大的婴儿已能将声音与各种景象联系起来,他们甚至能利用景象和声音的共同特征,如时间同步性,来推测景象和声音具有相同来源。7个月的孩子通过一些形式来整合情感表达,例如,将高兴或愤怒的声音与说话者的适当表情对应起来(Pickens et al., 1994; Soken & Pick, 1992)。

总体来讲,研究者们多认为婴儿的知觉整合能力水平比较低,但这与婴儿各种感觉发展水平不一致有很大关系,当婴儿的某两种感觉(如视觉和听觉)都发展到一定程度时,这种知觉整合将表现得更明显。

五、象征功能的发生

婴儿在一周岁以前,通常是通过产生与事件特征相符的图式,对新事件作出反应。但一周岁之后,他们不再简单地使自己的行动适应客体的物理性,而是用自己的想法去影响客体。两周岁时,儿童产生了一些新的、常常是别出心裁的使用客体的办法。最常见的就是儿童玩的"过家家"的游戏。在游戏中,他们会把一"切"好的草当成可口的早餐,把一个木头当剑等。这说明儿童有了象征的能力,能够产生并接受一个客体和一种跟客体的实际物理特性并不相似的观念之间的任意的联系。

象征能力的发展有几个阶段。12个月左右,儿童会把玩具杯子当作真的杯子一样,用它来喝水,这种活动歪曲客体的程度是十分小的。到第二年中期,儿童又前进了一步,对客体施以新的作用,他们似乎都有了简单比喻的能力。例如,他们会把两个仅仅是大小不同的木制球,看成是父母与孩子。

图4-8　一旦儿童有了赋予事件及其特征以象征意义的能力,经验的
　　　　表象就变得广阔了。这种变化的产生,并不仅仅是由于新的
　　　　经验,也有可能是由于中枢神经系统发生了特殊的变化

第二节　婴儿思维的发展

一、婴儿思维的发展观

从出生开始,婴儿的思维随着年龄的增长而日趋发展。研究者希望通过研究,揭示婴儿思维发展的特点及其影响因素。

(一)皮亚杰的认知发展理论

瑞士心理学家皮亚杰认为,儿童认知的发展要经历四个阶段:感知运动阶段、前运算阶段、具体运算阶段、形式运算阶段。这些阶段是由浅入深发展的,后一阶段总是建立在前一阶段发展完成的基础上,各阶段不能逾越或颠倒。不同认知阶段的儿童拥有不同的认知水平。通过这四个阶段,婴儿的试探行动就转化为青少年和成人具体的、符合逻辑的智力行为。

皮亚杰的认知发展理论可以帮助我们理解婴儿的经验是如何与成熟变化相结合以促进其认知能力发展的。

1. 感知运动图式

皮亚杰用图式这一术语来描述儿童表征、组织和解释经验的模式或心理结构。图式是指动作的结构或组织,这些动作在相同或类似的环境中由于不断重复而得到迁移或概括。

感知运动图式是皮亚杰提出的三种智力结构之一。它是用来达到目标的活动的表征。这是最先出现的智力结构,通常在生命的头两年中出现。重要的感知运动图式包括抓握、抛掷、吸吮、敲击和踢。拉动系在玩具上的绳子而把远处的玩具拉到自己身边就是感知运动图式的一个例子。

皮亚杰认为,儿童通过针对物体的活动而获得关于物体的知识。对于认知系统与外界之间的关系,皮亚杰持一种相互作用的观点,这很好地体现于他的适应概念中。他认为适应是通过两个互为补充的活动实现的,即同化与顺应。同化是儿童利用已有图式解释新经验的过程,这一过程并未改变已有的知识结构。例如,八九个月大的儿童拿到什么东西都喜欢把它放在嘴里,这是因为他们把这些东西同化到了吸吮格式中。顺应则是指通过改变已有图式来理解新刺激的过程,例如,当儿童看多了成人玩不倒翁,认识到这个玩具是用来推的,那么下次再见到不倒翁时,他可能会试图去推它,而不是把它放在嘴里。皮亚杰认为,同化和顺应包括在所有的认知功能之中。当同化和顺应处于平衡状态时,认知就提高了一步。

2. 感知运动阶段的各个分阶段

皮亚杰认为婴儿期儿童的认知发展处于感知运动阶段。在这一阶段中,婴儿通过外显的行为影响世界,以此来认识世界。这一阶段是智力的萌芽期,也是以后发展的基础。这个阶段可分为六个小阶段。

（1）反射练习阶段（0—1 个月）

在第一个月中,婴儿主要以先天的无条件反射来适应外界环境（如吸吮、哭叫、活动四肢、跟踪活动的物体和朝向声音）。在这个时候,婴儿还不能协调不同的行为以完成一个单一的任务。要把个别的动作联结起来,比如,寻找声源、用眼睛追随运动的物体等复杂的动作要在 3—5 个月之后才能明显地表现出来。

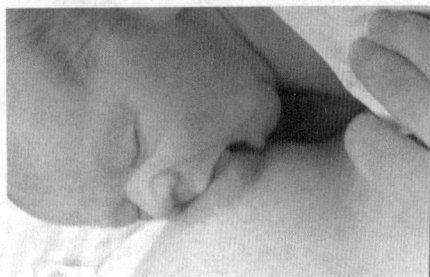

图 4-9 反射练习阶段的婴儿主要以吸吮等无条件反射适应外界环境

（2）初级循环反应阶段（1—4 个月）

在这个阶段中,婴儿会不断地重复某些动作,形成一些简单的习惯。尽管这时婴儿已经具有获得新行为的能力,但这些新的行为是偶然产生的,并且总是涉及婴儿的身体,行动还没有目的。

（3）次级循环反应阶段（4—8 个月）

这时的婴儿也会重复地去做某些动作,但与初级循环反应阶段不同的是,婴儿的动作不仅仅涉及自己的身体,还涉及对外界环境中物体的影响。在这一时期,他们偶然做一些有趣的或者使人高兴的事情,然后不断地加以重复。

把特殊的可动装置放在 2—6 个月大的婴儿的童床上,用一根长绳把婴儿的脚与这个装置连在一起,每当婴儿腿动,这个装置就发出叮当响声并旋转起来。结果,仅过了几分钟婴儿就开始用力地踢腿了。这说明婴儿已经学习到了这个动作（Carolyn Rovee-Collier, 1987, 1992）。

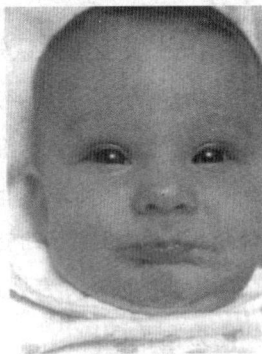

图 4-10 初级循环反应阶段的婴儿会形成一些简单的习惯

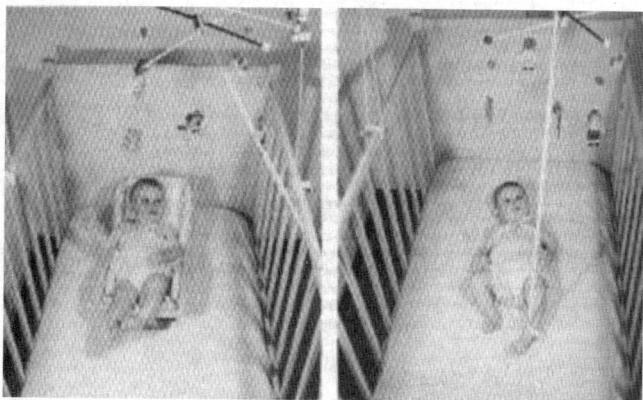

图4-11 智慧动作开始萌芽,但动作的目的与手段还未分化

（4）有目的协调阶段（8—12个月）

在这个分阶段中,有目的的行为变得更加明显。这一时期的婴儿能用已知的方法来对付新的环境。但这时还没有新手段的形成与创造,儿童所使用的手段,仅仅是从已知的同化图式中产生的,只是运用已有的手段去对付那些未曾见过的新情境而已。此外,这一时期的婴儿还初步地理解了事物之间的因果关系,但这种理解并不总是合乎逻辑的,他们常常进行错误的归因,比如,他们认为爸爸出门的原因是他穿上了外衣。

图4-12 处于此阶段的婴儿对外部世界充满了兴趣,同时他们也愈加熟练地作用于外部事物,以求出现有趣的结果

（5）三级循环反应阶段（12—18个月）

这个阶段的婴儿能发展新的手段,用不同的动作来对付新的事物。此阶段中,婴儿不再只重复以往的动作,而是有意识地进行一些调整,通过尝试错误,第一次有目的地通过调节来解决问题。15个月的婴儿,看见一个诱人的玩具滚到沙发底下,就想拿到它,但由于知道自己手臂不够长,他可能会用一根棒去推这个玩具,即为达到目的而创造一个新的感知运动图式。

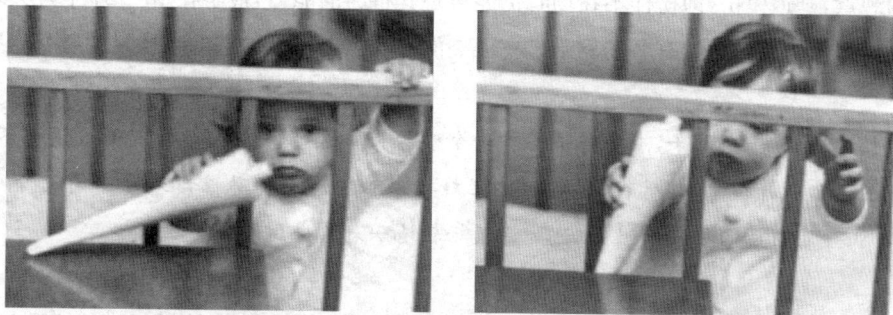

图4-13 这个婴儿虽然拿到了栏杆外的玩具,但她仍然是在用尝试错误的方式解决问题,故处于三级循环反应阶段

(6) 心理呈现阶段(18个月—2岁)

这是从感知运动期向前动作时期过渡的阶段,这时的婴儿已形成了对不在眼前的物体和过去事件的内部印象。儿童不必再通过一次次的尝试错误来解决问题,而可以在头脑中进行"思考"。他们可以想出某个动作的结果,而不用真正地去做这个动作。例如,有一个微微张口的小盒子,里面装着一个可以看见的小玩具,儿童先是把盒子翻来覆去地看,或用小手指伸进缝道去拿,但拿不到。后来儿童完全停止了动作,眼睛看着盒子,嘴巴一张一合。做了好几次这样的动作后,他突然用手拉开盒子,取得了玩具。

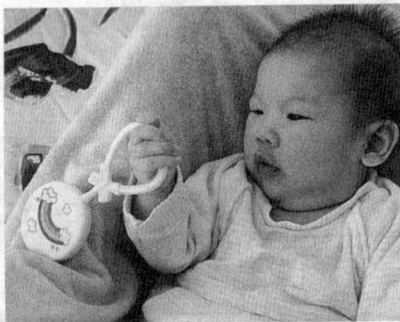

图4-14 这种一张一合的嘴的动作实际上是儿童在头脑里用内化了的动作模仿盒子张开的情形。只是当时他的表象能力还很差,仍需借助外部动作表示

3. 感知运动阶段的成就

按照皮亚杰的理论,感知动作阶段的儿童在认知上有两大成就:模仿能力和客体永久性的形成。

(1) 模仿

皮亚杰认识到了模仿的适应意义,并对模仿的发展很感兴趣。通过观察他发现,直到8—12个月大时,婴儿才能模仿榜样的新颖动作。这时儿童会表现出一些行为意向。然而,婴儿的模仿图式是相当不准确的。如果你做出弯曲和伸直手指的动作,儿童模仿的结果可能是伸开或攥拢整个手掌。实际上,即使是让婴儿准确地模仿最简单的动作,他们也可能需要进行几天或者数周的练习。此外,皮亚杰通过注意观察他自己的三个孩子在每天的日常生活中表现出的模仿行为来研究婴儿的模仿,对婴儿每天大量的生活行为进行研究,证实了婴儿的延迟模仿的存在。根据皮亚杰的观点,延迟模仿(即榜样不在场时仍能再现其行为的能力)最早在18—24个月大时出现。关于婴儿延迟模仿的一个最有名的例子是皮亚杰的女儿杰奎琳模仿别的小孩发脾气:

> 按计划,在一个下午,杰奎琳去拜访一个小男孩。这个小男孩整个下午心情都不好。当他试图走出栏杆车时,尖叫着,踩着脚把栏杆推来推去。杰奎琳惊讶地站看看这个小男孩。第二天,她在自己的栏杆车里尖叫着,连续轻轻地踩着脚也试图移走栏杆。

皮亚杰认为,较大的儿童能进行延迟模仿,是因为这时他们能建构榜样行为的心理符号或表象,这些符号和表象被储存在记忆中,并且能够在以后提取出来,从而指导婴儿对榜样行为进行再现。

（2）客体永久性

最初的婴儿分不清自我与客体，客体对儿童来说只是忽隐忽现的不稳定的知觉图像，儿童不了解客体可以独立于自我而客观地存在。而且，儿童只认为自己看得见的东西才是存在的，而看不见时也就不存在了。4—8个月大的婴儿能找到一些没有被完全隐藏起来的物体。婴儿在8—12个月时形成了更清晰的客体永久性概念，但还没有完全形成。比如，把一个玩具从婴儿眼前慢慢移动到地点A藏起来，然后让婴儿去寻找，8—12个月大的婴儿很快能找到它，但当成人再次从孩子手中取过玩具藏到地点B时，他们却还是到地点A去寻找，而不会去地点B寻找。同样的情境下，12—18个月大的婴儿则能到地点B去寻找。皮亚杰认为，18—24个月大的婴儿已经充分认识到，当物体不在眼前或不能通过其他感官察觉时，它们仍然是存在着的，即客体永久性形成。

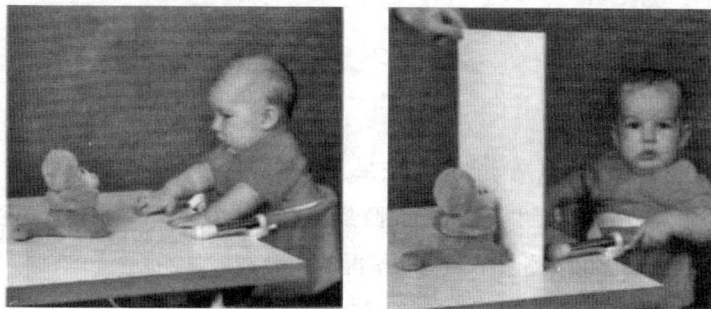

图4-15　在测试婴儿是否具备客体永久性的实验中，实验者用屏风将婴儿的玩具遮住，此时婴儿不是去屏风后寻找玩具，而是表现出迷茫不知所措。据此，皮亚杰认为8个月以下的婴儿不具备客体永久性

（二）婴儿认知发展的新进展

现在许多研究者试图证实皮亚杰关于感知运动发展的研究。但是，他们的发现表明，皮亚杰低估了儿童的认知能力。

1. 对客体永久性的认识

皮亚杰认为，不足8个月大的婴儿是无法理解外部自然世界的重要规律的，也不具有客体永久性的知识。但伦尼·巴亚尔容（Renee Bailargeon）（1987，Baillargeon & DeVos，1991）在研究中发现，早在3个半月大时婴儿就对客体永久性有所了解，这种知识是婴儿遗传基因的一部分，不必像皮亚杰所说的那样进行"建构"。

有研究者对婴儿进行了藏找实验，在实验过程中，研究者们将寻找任务减少到一个动作，即在物体摆放的位置发出声音信号，儿童在听到声音后，可以直接伸手拿黑暗中的物体。结果表明，甚至6个半月大的婴儿也很容易找回物体（Goubet & Clifton，1998）。

2. 心理表征

皮亚杰认为,18个月以前婴儿纯粹以感觉运动方式生活,不能用心理表征描述经历。但安德鲁·梅尔特泽夫(Andrw Meltxoff et al.,1990)等人提出:"从真正意义上讲,在正常的婴儿发展过程中并不存在一个纯粹的'感知运动阶段'。"他们(Andrw Meltxoff et al.,1994)将一个6周大的婴儿带入实验室,试图培养其对面部表情的延迟模仿能力。在实验中婴儿被动地、不断地观察成人张开嘴和伸出舌头这一面部表情,24小时后,他们发现婴儿开始模仿所观察到的成人的面部表情了。这些发现表明:延迟模仿在婴儿生命的第2个月就开始产生了。也许婴儿已经用这种方式与大人进行了交流和辨别,只不过大人们没有觉察到而已。

可见,心理表征并不是感觉运动阶段发展的顶点,而是与感觉运动同时发展起来的。

尽管目前很多理论家认为儿童先天具有的知识比皮亚杰设想的多,但他们也认为,除了感知运动发展的早期阶段,皮亚杰的建构主义思想基本上还是符合实际的。如果将皮亚杰的发现和他的理论所激起的大量新的证据结合起来,我们可以对婴儿认知发展过程有更深刻、更精确的了解。

二、婴儿智力的发展

智力测验的编制者们关注认知的产物和结果。科学的智力测验出现在1905年,由法国心理学家比纳(Binet)和西蒙(Simon)制定的比纳—西蒙量表,用以预测学绩成就。这激发了更多新的智力测验出现,其中就包括用以测量早期智力情况的测验。

(一) 婴儿智力测验

精确地测量婴儿的智力是一项特别有挑战性的工作。婴儿还没有掌握语言,无法回答问题或遵循指导。为了进行测量,我们要给他们提供刺激,诱使他们反应,并观察他们的行为。但是,婴儿的行为范围非常有限,而且,主试也无法控制他们的行为动机。因此,某些测试非常依赖于父母提供的信息以弥补测验的不准确性。迄今为止,较有影响的婴儿智力量表有两个:一个是格塞尔发展顺序量表,另一个是贝利婴儿发展量表。

1. 格塞尔发展顺序量表

格塞尔和他的同事们于1947年发表了格塞尔发展顺序量表,这个量表用来测量4周至6岁的婴幼儿发展情况。该量表主要测量婴幼儿的以下四方面行为:

(1)动作:既包括身体的姿态,头的平衡,坐、立、爬、走、跑、跳等粗大动作的能力,也包括使用手指这种精细动作的能力,这些运动能力构成了对小儿成熟程度估计的起始点。

(2)顺应:指小儿对外界事物进行分析和综合以顺应新情境的能力,包括对物体和环境的精细感觉,解决问题时各种感知觉器官的协调能力等。例如,能够把圆形和方形的东西分别放到圆洞和方洞里,以及探索新事物和新环境等。

(3)言语:通过观察小儿对别人的讲话看起来能听懂多少,怎样通过面部表情、姿势、身体动作、牙牙语以及最后以讲话来作反应,获知他们听、理解和语言表达的能力。

(4) 个人以及与人们的交往:考察小儿生活能力和与人交往的能力。例如,他们能否自己吃饭,什么时候会笑,看见谁会笑等。

与一般心理测验相比,这种方法的标准化程度不够高,但如果能由受过专门训练的人员使用,其信度仍然是很高的。这个量表可以帮助小儿科医生深入地了解儿童行为的发展,从而检验小儿是否有行为异常或神经系统障碍。

2. 贝利婴儿发展量表

该量表是贝利(Bayley)及其同事编制的,适用于 2—30 个月的婴儿,该量表主要包括三部分:

(1) 动作量表:用以测量婴儿的一些动作技能,例如,抓木块、扔球、拿杯子喝水等。

(2) 心理量表:用于测量婴儿的适应性行为,例如,对视觉和听觉刺激的注意,物品归类,寻找被藏起来的玩具,照令行事及模仿等。

(3) 婴儿行为记录:评定婴儿的恐惧感、指向性、社会行为、注意广度等反应的等级,偏重于评鉴人格发展的问题。

根据前两项分数,婴儿会得到一个发展商数(DQ),而不是智商分数 IQ。DQ 反映的是与同龄婴儿相比,该婴儿的发展状况好还是不好。该量表已制定了常模,使用起来比较方便,有助于了解婴儿的情绪、感觉和神经系统是否有缺陷。

(二) 早期环境与智力发展

早期经验会影响日后的智力潜能。没有人际接触或缺乏刺激都可能妨碍孩子的感觉、肌肉运动、情绪和语言的发展。放在没有装饰的、光秃秃的婴儿床中无人理会的孤儿院婴儿,他们的认知发展很差,如果这种孤立状态持续到 2 岁,会使孩子落入智能缺陷。

以下两方面的研究有力地证明了环境会影响智力的发展。

1. 弗林效应

在整个 20 世纪,人们变得越来越聪明了。从 1940 年开始,每过 10 年,各个国家公民的智商会平均增长 3 分。这种智商的持续稳定升高被称为"弗林效应"。[1] 这个名称来自新西兰心理学家弗林(James Flynn),他是当时记录智商发展最完备的人。心理学家们认为,在如此短的时间内,这么大的增长不可能是进化的结果,因此,起关键作用的应该是环境。

教育的进步可能在三个方面对提高智商起了作用:(1)教育使人们更会应对测验;(2)教育使人们的知识更加丰富;(3)教育使人们具备了更有效的问题解决能力(Flieller, 1999;Flynn, 1996)。有充分的证据显示,饮食、健康,甚至亲子沟通技巧的进步,都有利于促进工业化国家中人们智商的提高。此外,还有研究表明,智商的进步在视觉空间技能方面比在语言技能方面显著得多,其中的原因也许是 20 世纪视觉媒体急剧的蓬勃发展。

---

[1] David R. Shaffer 著,邹泓等译:《发展心理学——儿童与青少年》,中国轻工业出版,2005 年版,第 228 页。

专栏 4-2   早期干预

在 20 世纪 60 年代的整个 10 年中,美国启动了针对经济上处于不利地位的学龄前儿童的一系列早期干预计划。它们都基于一个假设:学习问题最好尽早对待,在开始正规上学以前,希望早期的强化可以弥补来自低收入和少数族裔背景家庭的儿童在智力和成绩上的普遍劣势。

研究表明,母亲是未成年女性的处境不利于儿童的发展,早期存在认知发展落后的危险,他们在儿童和青少年期也不能很好地完成学业。最近,维多利亚·塞茨(Vicatoria Seitz)和南希·阿佩尔(Nancy Apfel, 1994b; Seitz et al., 1985)介绍了一种两代人家庭干预项目,从干预的效果来看,是很有前景的。

塞茨和阿佩尔的干预对象是受贫穷威胁的刚出生的第一胎健康婴儿和母亲。给婴儿提供儿科保健和发展性评价。每个月还有心理学家、护士或者社会工作者为这些母亲提供社会支持,提供育儿知识和其他家务方面的信息,还对她们进行教育和职业培训,使其能够去工作,或者换一份收入更高的工作。为了给孩子提供有丰富刺激的高质量日托照料,有专人经常跟母亲见面,与母亲们讨论孩子的发展进步,并帮助她们建设性地解决在抚养孩子过程中遇到的任何问题。来自同样社会背景的其他一些母亲和第一胎儿童被作为控制组,没有接受任何干预。

10 年之后,塞茨及其同事(1985)对这些家庭的第一个孩子进行了追踪研究,也对他们的学业成绩进行了考察。结果发现,接受了干预的儿童学业良好。与对照组相比,他们更按时去上学,学业也不断进步,留级和需要参加费用昂贵的特殊教育的人也极少。很显然,早期干预对儿童起到了有利的作用。[1] 在父母(或者照看人)与孩子之间,专家与孩子之间,专家和家长之间建立积极的联系是早期干预的基本目标。在大量的文献中已提到了儿童及照看人之间依恋关系的形成对于孩子日后发展的重要性。然而特殊儿童与父母之间可能难以形成依恋关系,有些早期干预程序采用建立关系的干预方式,其目的在于建立儿童早期生活中的积极关系。美国佛蒙特专家成员组对于低重婴儿的干预程序,便是帮助母亲识别婴儿的行为线索,并把重视儿童的气质作为强化母婴关系及相互影响的一种方式,这一计划获得了长期的效果。对于年龄大一些的特殊儿童,设计的干预程序会促进母亲与儿童之间的积极交往,这也会促进儿童与母亲之间的互动以及母亲对待儿童方式的改变,从而间接地影响儿童的发育。同样地,布罗米奇(Bromwich)也表明了她经过 20 年早期干预计划所取得的积极成果。她在早期干预中

---

[1] David R. Shaffer 著,邹泓等译:《发展心理学——儿童与青少年》,中国轻工业出版社,2005 年版,第 346 页。

首先关注的是促进父母与孩子之间通过互动形成依恋关系,然后才是促进儿童技能发展。[①]

2. 收养儿童研究

一些研究者对那些离开了不良家庭环境、由受过良好教育背景的父母领养的孩子进行了智力发展方面的研究。结果,与按照他们生父母的智商水平来估计的值相比,这些儿童的绝对智商高出很多(10—20分),而且到青少年期,他们的学业成绩水平也始终稍高于国家常模(Waldman,Weinberg,& Scarr,1994;Weinberg,Scarr,& Waldman,1992)。在这个研究中,这些养父母都受过良好的教育,他们的智商本身就高于平均水平。所以,这些儿童智商增高,可能是由于他们的抚养者为他们创造了有丰富刺激的家庭环境,从而促进了儿童认知的发展。因此,如果父母有热情,喜欢跟儿童进行语言交流,并渴望跟孩子一起活动,会促进儿童智力的发展。

图 4 - 16　充满丰富刺激和亲情的家庭环境大大促进了被收养儿童认知的发展

由此可见,环境对智力的发展有很大影响,它既可以促进也可以阻碍智力的发展。无论家庭的社会经济地位和种族怎样,家庭中充满刺激的物理环境,父母的鼓励、参与和爱,都会改善早期的智商情况(Espy,Molfese,& DeLalla,2001;Kelbanov et al.,1998;Roberts,Burchinal,& Durham,1999)。

(三) 社会文化环境与早期认知发展

儿童生活在各种各样的社会和文化环境中,这会影响他们建构世界的方式,维果斯基的社会文化观是这种观点的代表。他认为,社会交往对认知发展起着重要的促进作用,提出:(1)认知发

---

① 张炼:《早期干预实践的原则探析》,中国特殊教育,2005 年,第 8 期。

展发生于社会文化环境中,社会文化影响着认知发展的形式;(2)儿童的许多重要认知功能是在与父母、老师以及更有能力的同伴的社会交往中发展起来的。

1. 早期认知能力的社会起源

维果斯基认为,儿童所作的许多真正重要的"发现"都来自与社会的相互接触。通过参与更成熟的社会成员的共同活动,儿童逐渐掌握了这些活动,并以在其文化中有意义的方式思维。维果斯基提出了"最近发展区"的概念,以此来解释合作对话是如何促进认知发展的。

最近发展区指的是一个学习者能独立达到的水平与在成人指导和鼓励下能达到的水平之间的差距。父母如果在儿童的最近发展区内进行操作,新的认知发展就有可能发生。下面让我们看这样一个例子,这是 19 个月大的布瑞坦妮和她的妈妈间的交流:

> 妈妈:布瑞坦妮,这个公园里有什么呀?
>
> 布瑞坦妮:宝宝秋千。
>
> 妈妈:对了,有秋千,还有什么?
>
> 布瑞坦妮:(耸了耸肩)
>
> 妈妈:有滑梯吗?
>
> 布瑞坦妮:(微笑并点头)
>
> 妈妈:那公园里还有什么?
>
> 布瑞坦妮:(耸肩)
>
> 妈妈:跷……
>
> 布瑞坦妮:跷跷板!
>
> 妈妈:很好,跷跷板。[1]

这种谈话是非常典型的美国母亲和孩子间的交谈,是说明维果斯基最近发展区的一个很好的例子。我们可以看到,在这个例子中,布瑞坦妮在妈妈的帮助下回忆了很多事物(例子中妈妈和女儿坐在室内,与公园有一定距离),她学会了根据要求陈述已经知道的事实,也学会了在自己想不出来的时候依靠妈妈提示一些答案。

研究表明,早在最初的几个月里,护理者和婴儿主要致力于协调情感交流和一起盯视物体等内部主观性的各种形式,而在第二年中则以提高游戏、语言和问题解决技能为主(Bornstein et al., 1992b; Frankel, & Bates, 1990; Tamis-Lemonda, & Borstein, 1989)。在儿童早期,如果父母根据儿童在学习情境中的行为作出相应的指导,在教育孩子解决具有挑战性的问题时,使儿童使用更多的私人语言,那么在儿童自己做相同的任务时,他们就能更成功地完成任务(Behrend, Rosengren, & Perlmutter, 1992; Berk & Spuhl, 1995; Conner, Knight, & Cross, 1997)。

---

[1] David R. Shaffer 著,邹泓等译:《发展心理学——儿童与青少年》,中国轻工业出版社,2005 年版,第 228 页。

2. 不同文化对儿童认知发展的影响

婴儿除了睡眠和吃喝,其他时间基本在游戏中度过。研究者发现,与婴幼儿独自玩相比,与他人一起玩时,他们会更多地从事象征性游戏,尤其是和妈妈在一起,能激起年幼儿童高水平的象征性游戏。而不同文化中,父母所采取的指导形式存在文化差异。例如,中国儿童更多的是与他的看护人而不是与其他儿童一起玩,而爱尔兰裔美国儿童正好与此相反(Haight et al.,1999)。阿根廷的母亲比美国母亲更多地参与到20个月大儿童的象征性游戏中,但她们却不如美国母亲开展的探索性游戏多(Bornstein et al.,1999)。而在印度尼西亚和墨西哥,弟弟妹妹们常由哥哥姐姐来照顾,成人并不花费大量时间与小孩子一起玩。尽管在游戏风格方面影响儿童发展的文化因素还很多,但协助儿童游戏是很重要的。人们常把全世界儿童的认知发展看作是按相同的方式进行的,但智力也扎根于环境尤其是文化中。了解文化信念和科技工具在儿童养育实践中如何影响认知发展,能帮助我们更好地理解发展的过程和指导者所扮演的角色。

因此,只有把认知发展放在个体发展的文化和社会背景中,才能更好地理解它。

第三节 婴儿学习与记忆的发展

婴儿生来就具有一些能力:他们能看、能听、能闻、能尝。这很令人惊讶,尽管拥有这些能力,婴儿在刚出生的一段时间内,还只是了解极少的内容,但是,到两岁时,他们似乎知道了很多内容。在如此短的时间内,他们学习了哪些内容?是如何学习的?又是如何记忆这些内容的?

一、习惯化:学习和记忆的早期证明

前面已经对习惯化有所介绍,简单地说,习惯化就是个体因不断地或重复地受到某种刺激而对该刺激的反应减少或不作出反应的一种现象。这是一种最简单的学习过程,但却经常被人们忽略。习惯化甚至在婴儿出生以前就出现了,在出生后的第一年里迅速发展。但婴儿习惯化的水平是有差异的。有些婴儿能很快地适应一个新出现的刺激并且遗忘得很慢,而有些婴儿则相反,适应得很慢,遗忘得却很快。习惯化和去习惯化反应表明婴儿已习得了这个刺激。之所以认为习惯化和去习惯化是婴儿的学习与记忆,是因为:婴儿对重复出现的刺激不再感兴趣,说明他们已经在头脑中形成了对这一刺激的表象,当出现的刺激与已有的表象相匹配时,无需再去注意。而当新刺激出现时,婴儿会将新刺激与已有表象进行比较,如果与已有表象不匹配,注意则会再度出现。

习惯化与去习惯化顺序使研究者能够更好地了解儿童早期记忆。因为婴儿在习惯了一个刺激的基础上,又对新的刺激作出反应,说明他们已经"记住"了先前的刺激,并能感知新的刺激。在一项研究中,研究者向五六个月大的婴儿展示了两幅图片,一幅是个婴儿,另一幅是个秃顶男

人,观察婴儿是否能对两张图片进行区分。刚开始向婴儿呈现的是那幅婴儿图片(习惯化),然后向婴儿同时出示两幅图片(去习惯化),结果,婴儿们用于注视秃头男人的照片所花的时间更长。

图 4-17 　婴儿对飞机产生习惯化后对形状类似的鸟产生了去习惯化

婴儿通过习惯化与去习惯化认识越来越多的事物。根据这个学习过程的特点,我们应该注意到,在对婴儿进行早期教育时,刺激物切忌单调和不断重复,这样不但会使婴儿产生厌烦的情绪,还会影响婴儿对外界刺激在选择和接受上的灵活性。适当地运用习惯化与去习惯化的方法,会有效地促进婴儿的学习。

二、经典条件反射

在本书第二章中,我们已经讨论过不少新生儿的反射作用,这些反射作用能使新生儿产生经典条件反射。俄国生理学家巴甫洛夫在其著名的对狗进行的研究中首次宣布了经典条件反射。新生儿已经具有经典条件反射,但他们的经典条件反射有很大的局限性。比如,这种反应只能在关系到婴儿生存的生理反射上发生作用,而且婴儿信息加工速度也很慢,他们需要很长的时间才能在条件刺激与非条件刺激之间建立联系。尽管这样,婴儿还是能通过这种经典条件反射学习到很多重要的知识,例如,辨别不同人的认知能力,辨别数量,等等。

下面,我们举一个婴儿通过经典条件反射来进行学习的例子(见图 4-18):母亲在给婴儿喂奶时如果经常按摩婴儿头部,时间久了以后,每当母亲按摩婴儿头部时,婴儿就会有明显的吮吸动作。由此,我们可以总结出经典条件反射的步骤:

(1) 在学习前,要有一个非条件刺激,这个非条件刺激必定引起自然反射或非条件反应。正如在我们的事例中,母亲乳头的刺激会引起吮吸。

(2) 为了学习,将一个不引起自然反射的中性刺激与非条件刺激同时加以呈现。母亲在每次开始喂奶时都按摩婴儿头部,也就是说,非条件刺激与条件刺激要成对出现。

(3) 如果学习产生了,那么中性刺激自身会产生反射反应。这时,中性刺激就被称作为条件刺激,由此产生的反应也就叫经典条件反射。

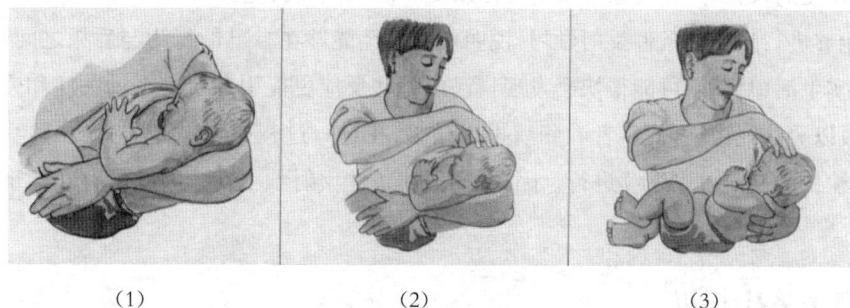

(1)   (2)   (3)

图 4-18　经典条件反射的产生步骤

成人在帮助婴儿通过经典条件反射学习时,应注意以下几点:

(1) 条件刺激与非条件刺激必须是配对出现的,单独出现则不会有任何效果。

(2) 条件刺激与非条件刺激的配对出现必须是多次重复的,而且每次出现要持续一段时间。

(3) 条件刺激与非条件刺激之间的联系必须有存在的价值。毫无疑问,喂奶时是新生儿产生条件反射的最佳时刻。

(4) 条件刺激要具备一定的强度,要比其他刺激更为突出,更加引人注目。

三、操作性条件反射

经典条件反射是由刺激引发儿童一定的反应,操作性条件反射则不同,在这种反射中,儿童首先出现某种反应,紧接着出现一个愉快的刺激或减少一项不愉快的刺激,使这种反应出现的频率增加。

(一) 正强化与负强化

如果某一刺激的出现能增加某一行为以后再发生的可能性,这种刺激称为正强化。例如,为了让婴儿学会转头的动作,可在每次婴儿转头时,给他们提供糖水或奶水作为强化,这样,过不了多久他们就能学会转头这一动作。如果某一刺激的消失或终止能够增加某一行为以后再发生的可能性,这种刺激称为负强化。例如,当父母离开婴儿身边时,婴儿就会大哭大叫把父母吸引回来,使自己不安的情绪消失。婴儿为了消除不安情绪而学会了在父母离开时哭叫。有些人误把负强化与惩罚等同,其实两者有着截然不同的区别。惩罚往往是在某种不良行为出现后,给予一个不愉快的刺激,使这种行为减少或消失,它不起强化作用。惩罚只是一种制止和警告,它可能会让婴儿停止错误的行为方式,但无法让孩子学会正确的行为方式。

(二) 婴儿的操作性条件反射学习

很多研究已经证实,新生儿已出现了操作性条件反射。但这种反射多局限于一些有重要意义的生理行为,如转头和吸吮等。刚出生的婴儿学习的速度很慢,大一些的婴儿学习速度则会快很多,随着婴儿的长大,操作性条件反射可涉及更多的刺激和反应。

婴儿能够进行操作性条件反射学习,说明他们已经能够在自己的行为与后果之间建立联系,因此,在现实生活中,他们可能很快会发现自己的哪些反应更能引起抚养者的关注和爱抚。婴儿对抚养者投以关注或微笑,抚养者看到后报以微笑,在这一过程中,抚养者与婴儿其实在互相强化,使这种愉快的交流可以继续进行。因此,操作性条件反射学习对于婴儿具有非常重要的社会意义。

四、观察学习:模仿

模仿是婴儿学习的一种特殊方式,越来越多的研究表明,新生儿具有与生俱来的模仿能力。出生不到7天的新生儿就已经能够模仿成人的许多面部表情,如吐舌头、张嘴闭嘴等。但目前,对于婴儿究竟从什么时候开始能模仿,模仿什么以及对这些反应的理解等还是有争议的。玛尔左夫和穆尔(Meltzoff & Moore,1977)拍录了出生12—21天的新生儿模仿成人伸舌、张口和噘嘴的照片。婴儿不能看见他们本身的模仿动作,但他们十分喜欢重复这些动作,而在其他动作方面则不出现类似的模仿行为。并且,这些模仿动作会随着年龄的增长而减少,因此有些研究者认为,这更像是一种反射行为。但是安德鲁·玛尔左夫(Andrew Meltzoff,1990)在其后来的研究中又指出,新生儿能对各种各样的面部表情进行模仿,还可以进行短暂的延迟模仿,并且,模仿能力并不像反射作用那样会消退。

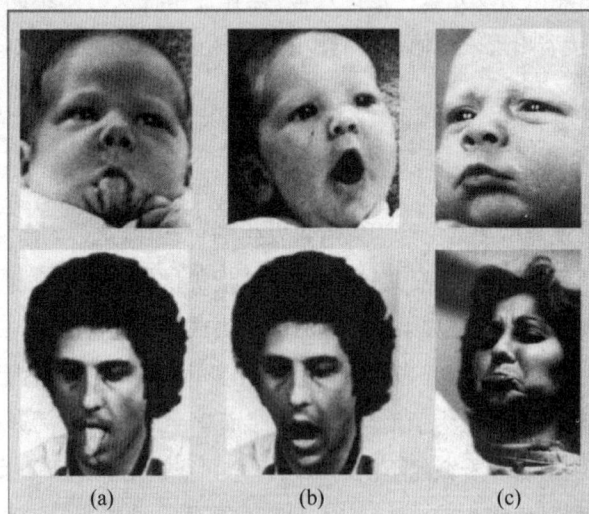

图 4-19 新生儿仿佛是天生的模仿艺术家,瞧他模仿得
与成人表情多么相似

列昂·库克泽尼斯基和他的同事(1987)让16—29个月大婴儿的母亲记录孩子对父母和同伴行为的即时和延迟模仿反应。这项研究得出了一个很有意思的结果。所有的儿童在模仿时间的百分比上几乎相同,但在模仿内容上存在年龄差异。16个月大的婴儿更喜欢模仿情感反应如笑

和欢呼等,以及高强度的滑稽动作如跳跃、摇头、用拳头砸桌子等。而年龄大一些的婴儿更经常模仿工具性行为,例如,做家务和照顾自己,他们的模仿更具有自我指导性,就好像他们已经懂得做出某种行为以达到以下目的:(1)获得被模仿对象表现出的能力;(2)理解自己观察的事物。比如,当被要求模仿训斥行为时,16个月大的婴儿只会简单地重复管教者的言语或拍手等身体动作,而且这些行为大多指向自己,然而年龄大一些的婴儿则更倾向于再现整个情境,而且他们会将这些反应指向他人、动物或者玩偶。因此,年龄更大的婴儿不仅会使用模仿能力,还会利用观察来进行学习,他们也因此获得了基本的个人和社会技能。[①]

第四节 语言的发展

语言究竟是先天具有的还是后天习得的,对于这一问题,一直以来都有很大的争议。影响最大的有三派理论,即先天论、环境论和相互作用论。

一、语言发展的理论

关于语言发展的理论在历史上比较著名的有以下几种,对这些理论的学习可以帮助我们从各个方面理解不同学派有关儿童语言发展的观点和倾向。

(一)先天论

先天论者认为,人类习得语言是生理上预先设定好的。语言学家乔姆斯基是这一理论派别的代表。他认为,全人类共有一种基本语言形式,即语法结构。基于语言的这种普遍性,乔姆斯基假定,人类天生就有一种语言获得装置(LAD),外界输入给婴儿的原始语言材料,通过LAD进行复杂加工,构成语法规则,再转换成婴儿的内在语法系统。儿童获得的是深层结构,即一套支配语言行为的特定的规则系统,而不是他们直接感知到的句子。

有些先天论者认为,从婴儿出生到青春期的这一段时间,大脑对语言获得特别"敏捷",是获得语言的敏感期。在这一时期内,语言获得会更迅速一些,而在其他时候,语言获得是很难的,甚至是不可能的。

(二)环境论

这种理论以巴甫洛夫条件反射学说为基础,认为语言的发展是一系列刺激反应的连锁反应和结合。儿童会模仿听到的语言,当他们使用正确语法的时候会被强化,当他们说错的时候就会

被纠正。

模仿理论由阿尔波特(F. Allport，1924)首先提出。他认为儿童的语言只是对成人语言的模仿。近年来，很多研究者不赞成这种简单、机械的模仿说，怀特赫斯特(Whitehurst，1975)等，提出了"选择性模仿"的概念，认为儿童学习语言并非对成人语言的机械模仿，而是有选择性的。

1957年，斯金纳在其《言语行为》一书中用"强化"一词来解释各种言语行为。每当婴儿发出某个语音(如 ma)时，会受到母亲的称赞或抚摸，或者，当婴儿发出模糊而不准确，但却接近某个词语的声音时，也会受到强化。通过这种渐近的强化方法，婴儿逐渐掌握了某种语言。

(三) 相互作用论

近年来，人们不再片面地强调语言是先天形成或是后天形成的，而是支持一种更为折中的相互作用的观点。持相互作用论观点的学者认为，语言发展来源于生理成熟、认知发展和不断变化的语言环境之间复杂的相互作用。生理成熟为儿童提供了掌握语言的可能性，认知发展是语言发展的基础，而语言环境对语言的发展又起到一个支持性的作用。生物、认知和社会经验在语言的每个方面都发挥着各自的作用。

目前，尽管相互作用论的观点受到许多发展心理学家的青睐，但这种理论仍然存在许多尚待解决的问题。例如，认识发展与语言发展的关系是否是单向的？环境在语言发展的过程中究竟怎样发挥作用？多数研究只是告诉我们儿童在学习一门语言时获得了什么，而对于儿童究竟怎样习得语言这一问题，还没有一个明确的解释。

二、语言的理解

严格地说，语言发展是从儿童1岁左右开始的，在这之前，尽管婴儿还不能说出真正能被理解的词，但他们已经具备了理解成人语言的能力。婴儿在能够说出词之前，经常对"妈妈在哪里"或"亲一个"这样的句子用手势或动作作出反应。

最近的研究发现，婴儿对言语刺激是非常敏感的。出生不到10天的新生儿就能区别语音和其他声音，并对之作出不同的反应。1个月大的婴儿能够和成人一样辨认辅音，如 ba、da 和 ta，两个月大的婴儿甚至可以识别出不同人用不同的音调或强度说出的发音相同的特定音素(Jusczyk，1995；Marean，Werner，& Kuhl，1992)。

3个月左右，婴儿能辨别母亲的声音与其他女性的声音。

五六个月大的婴儿能辨别出具有高度相似性的声音。莫菲特(Moffitt，1971)在5—6个月大的婴儿听录音磁带(其中的声音像"bah"与"gah"一样相似)的时候，监测了他们的心率，结果发现，声音无论何时发生改变，他们心率都会随之发生变化，这表明，这些婴儿能够分辨出这些声音之间的不同。

八九个月时，婴儿已经开始表现出能听懂成人的一些话，并能作出相应的反应，但这时，他们还不能把词从复合情境中区分出来。如果在相同的情境中用相同的音调说一些不同的词，婴儿也会始终不变地作出同样的反应。

通常到婴儿 11 个月左右,语词才逐渐从复合情境中分解出来,作为信号而引起相应的反应。这时的婴儿对词义能理解,但还不能说出词。这种不能主动说出的语言也叫被动性语言,被动性语言不能和成人进行符号交流。

三、语言的产生

语言的产生并不是一蹴而就的,在语言产生之前,婴儿为这一历史性时刻作了大量准备。

新生儿出生的第一个行为表现就是哭,但这时的哭声还未分化。一个月后,婴儿渐渐出现分化的哭叫声,父母有时能准确地辨认自己的孩子在饥饿、痛苦或厌烦时的哭声。

婴儿在两个月大的时候开始发出一些非哭叫的咕咕声,这些声音都是反射性的、零乱的,对于儿童来说不具备信号意义。

大约从 5 个月左右起,婴儿开始牙牙学语,他们会重复像"mama"(妈妈)或者"baba"(爸爸)这样的元音/辅音组合,听起来像单词,但不传递意义。这个时候,全世界婴儿(甚至是耳聋儿童)的发声听起来都非常相似。

约从第 9 个月起,牙牙语的出现率达到高峰。他们已经能重复不同音节的发音,还能发出同一音节的不同音调。沃科与特斯(Werker & Tees, 1999)认为,9—10 个月大的婴儿发出的声音反映了他们的语言背景。10—12 个月大的婴儿常会在特定的情境下发出特定的声音。例如,婴儿会在有要求的时候使用"mmmm"的声音,在摆弄物体的时候发出元音"aaaach"(Blade & Boysson-Bardies, 1992)。

在第一年末的时候,婴儿开始说出第一个真正意义上的词,最初的词常常是一个或两个音节,而且经常是重复的两个相同音节,如 p、b、v、d、t、m 和 n,以及元音 o(如 drop 中的 o)和 e(如 week 中的 e)。第一个单词出现之后,儿童开始不断地说出一些新的单词。大部分说英语的儿童最初发出的单词是名词——简单事物的简单名字,通常是属于此时此地的物体或者人,如狗、妈妈或者猫。此后,儿童会依次逐渐掌握动词、形容词、副词与介词,对于代词的学习最困难,特别是代词"我"的使用(Boyd, 1976)。

四、环境对语言发展的影响

言语获得需要有正常的语言环境。为研究环境对语言发展的影响,有些研究者调查了父母如何与年幼儿童谈话,如何对他们作出反应,以及各社会阶层和文化集团之间的差别。

(一) 语言环境与语言学习

婴儿出生后,最初与他交流最多的人通常是母亲。许多学者假设,母亲在很大程度上形成了儿童早期的语言环境。母亲在与婴儿"谈话"时,往往会把音调提高,将语调夸大,句子短、简单、语法正确,这就形成了一种特殊的"妈妈语"。

许多研究表明,"妈妈语"能促进儿童早期语言的发展。在一个研究中,有人两次记录了母子在家中的言语。第一次在该孩子18个月大时(单词阶段),第二次是过了9个月以后他们开始用句子谈话时。如果母亲与18个月大的孩子说话时用比较简化的语言(许多是非问句以及名词比例高于代词的句子),那么孩子在27个月时似乎表现出较高的言语能力,能使用较长的句子和较多的名词、名词短语和助动词。反之,如果母亲使用较长、复杂的句子,那么孩子语言发展就会较慢。这些研究者作出结论说明,"妈妈语"可能是对幼小儿童有效的教学语言。

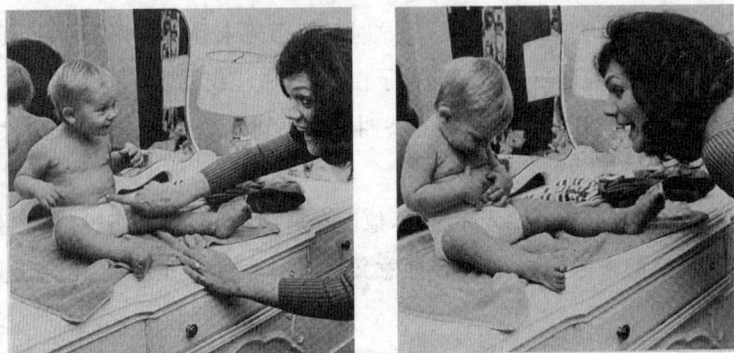

图4-20　语言的获得是在日常生活活动中完成的。这个妈妈一边给孩子穿衣服,一边和孩子讲话:"小肚肚在哪里?"

有研究表明,经过特殊训练的儿童是可以获得复杂的语法形式的。在实验中,所有接触附加疑问句和否定疑问句的儿童,都获得了构造和产生这种疑问句的能力,与此类似,所有动词训练组的儿童都产生了新的动词结构。

由此可见,环境输入在语言发展中是很重要的。但是,这些研究仅涉及儿童在获得某些基本的言语技能后的状况,环境可对其语言的发展起促进作用,并不表明特殊环境输入对语言获得是必需的。

(二) 家庭经济状况对儿童语言发展的影响

在语言能力的标准测量中(包括词、句子结构、语音辨别、发音),家庭经济状况较好的儿童,得分一般高于经济收入较低家庭的儿童。对这一现象目前还没有比较合适的解释。

曾有一位英国教育社会学家在他的报告中指出,出现这种现象可能是由于较低阶层的母亲一般使用一种有限的语言代码,以短而简单易懂的、基本上指称当前事件的句子与儿童交谈。中等阶层的母亲则训练儿童,教以道德标准,与儿童交流感受与情绪时,使用一种复杂的代码。因此,低阶层家庭的儿童可能用比较具体和较少概念化的词语进行思维,这就可能使他们在学校功课和认知能力测验中遇到困难。

这种观点并没有得到研究者们的一致认同。首先,有人认为,这种观点没有区分言语行为与言语能力(使用语言所必需的知识),仅仅评价了言语行为。低阶层家庭的儿童可能具有使用这种复杂代码的基本能力,但没有使用,当要求他们与中等阶层家庭的儿童同时使用复杂代码做某件事时,事实上,两组儿童之间没有什么差别。

其次,由于种族歧视或某些不平等观念,与标准的中等阶层言语不同的说话方式和土语常被误解为缺乏复杂性和丰富性。从语言学的观点看,所谓黑人英语与标准英语之间的区别仅仅是表面的,它们是同一英语的不同形式。两者都能使说话者传递各种各样的信息、思想、情绪和概念。

关于社会经济地位与儿童语言发展关系的研究多数来自西方社会,目前我国的相关研究并不多见。但是,社会经济地位会通过家庭影响亲子互动,从而可能成为影响儿童语言发展的一大因素。

图 4 - 21　黑人孩子对家庭及朋友使用的语言是丰富而流畅的,不比标准英语的区别性或复杂程度低

此外,随着社会日新月异的变化,各种媒介特别是电视,也在不知不觉中影响着儿童的语言。电视文化具有形象性、多样性、通俗性的特点,电视所传播的语言信息不仅数量大,而且容易为幼儿所接受,所以,电视文化对于幼儿词汇量的丰富起到了极其重要的作用。

本章总结

婴儿感知觉的发展

● 研究婴儿感知觉的方法主要有四种:视觉偏好法、习惯化与去习惯化、诱发电位测量法及高振幅吮吸法。婴儿刚出生时,各种感觉便是相通的。

婴儿思维的发展

● 皮亚杰认为智力发展有四个阶段,婴儿处于第一阶段,即感知运动阶段。此阶段儿童在认知上有两大成就:模仿能力和客体永久性的形成。

● 较有影响的婴儿智力量表有两个:一个是格塞尔发展顺序量表,另一个是贝利婴儿发展量表。

● 维果斯基的社会文化理论强调了社会和文化对智力发展的影响。认知发展发生于社会文化环境中,社会文化影响着认知发展的形式。

婴儿学习与记忆的发展

● 婴儿主要有四种基本的学习与记忆方式:习惯化、经典条件反射、操作性条件反射以及观察学习。

语言的发展

● 关于语言如何习得的理论主要有三种,即先天论、环境论和相互作用论。婴儿对于语言的

理解先于语言的产生,大约在 1 岁左右,婴儿说出了第一个真正意义上的词。

视野拓展

➢ David R. Shaffer 著,邹泓等译:《发展心理学——儿童与青少年》,中国轻工业出版社,
2005 年版。

➢ 劳拉·E·贝克著,吴颖等译:《儿童发展》,江苏教育出版社,2002 年版。

➢ 孟昭兰著:《婴儿心理学》,北京大学出版社,1997 年版。

➢ 刘金花主编:《儿童发展心理学》,华东师范大学出版社,1997 年版。

➢ 桑标主编:《当代儿童发展心理学》,上海教育出版社,2003 年版。

➢ Lise Eliot, Ph. D. 著,薛绚译:《小脑袋里的秘密》,汕头大学出版社,2003 年版。

➢ 朱智贤著:《儿童心理学》,人民教育出版社,1979 年版。

请你思考

√ 婴儿期认知发展的研究有哪些主要方法? 这些方法有何特点?

√ 比较各种语言习得理论之间的异同。

√ 环境对儿童认知发展有何影响?

√ 婴儿会很快注意到父母中的一方吗? 如果是,那他先注意到的是爸爸还是妈妈? 为什么?

第五章

早期情绪与社会性的发展

> 当小土豆两岁的时候,文清发现他变得异常黏人。每次文清准备出门的时候,小土豆总是不依不饶的,让她心里很矛盾。小土豆好像也不像从前那么勇敢了,不但怕黑,不敢一个人独自睡觉,而且还怕生。小土豆怎么了?文清非常疑惑。其实,她不知道,这些变化正是小土豆长大了的标志!

前面几章我们已经讨论了儿童早期身体、动作以及认知方面的发展,本章将探讨儿童早期在情绪和社会性方面的发展。通过本章的学习,你将进一步了解人类由生物人发展成社会人的早期过程。

根据艾里克森的观点,0—3岁的婴幼儿应该处于第一、二发展阶段,在这两个阶段,婴幼儿的发展任务是建立对人基本的信任感,克服对他人的不信任感,体验希望的实现,获得自主感和独立感,克服羞怯和疑虑,体验意志的实现。

在这一时期,婴幼儿的情绪和各种社会性特征开始发展。婴儿情绪的发展使他们逐渐成为自己情绪的主人。他们逐渐与照顾他们的人建立起将影响他们终生的依恋关系,而他们与生俱来的某些特征如气质也在出生不久即得以表现并在与环境的互动中成为个性发展的基础。社会性的其他领域在这一时期也开始发展:自我意识开始形成,道德萌芽也会出现。以下将从这几个方面入手,讨论婴幼儿早期的情感与社会性发展。

第一节　气质及其发展

心理学中的气质是指一个人所特有的、主要由生物因素决定的、相对稳定的心理活动的动力特征。气质使人的活动带有色彩,形成个人的风格。

一、气质结构

托马斯、切斯等人(Thomas, Chess, & Birch, 1970)曾对141名儿童进行长达10年之久的追踪研究,从孩子出生后第一年开始每3个月观察一次,1—5岁期间每半年观察一次,5岁后每年观察一次。研究者根据9个独立的三级量表概括出儿童的行为轮廓(见表5-1)。研究发现,这些被试在出生后的几周就在气质上表现出了明显的个体差异。这些差异似乎与教养方式无关,且这些差异在儿童以后的发展中表现出一定的稳定性。实验者通过观察和对母亲的访谈,获得了儿童在九个维度上的信息,再用聚类分析的方法,发现了三类儿童(见表5-2):"容易型"的儿童(easy child),40%的孩子属于此类;"困难型"的儿童(difficult child),10%的孩子属于此类;"缓慢适应型"的儿童(slow-to-warm-up child),在所有的孩子中约占15%。另有35%的孩子不属于其中的任何一类,他们表现出独特的混合型气质特征。

在三种气质类型中,困难型的孩子引起了研究者最大的兴趣,因为这些孩子容易出现更多的适应问题。有研究表明,有70%的这类幼儿在学龄期出现了适应问题。

除托马斯等人的研究外,罗斯巴特等人(Rothbart & Bates, 1998)也对气质进行了影响广泛的研究。他们将气质定义为情绪、运动性及情绪反应和自我调节方面"本质性"的个体差异,并将气质的结构分为六个维度(见表5-1)。他们认为,在托马斯等人的分类中,有些气质特征是重叠的,如"注意广度和持久性"与"分心"同属于注意力特征。他们还增加了"易怒性"来强调情绪的自我调节。

表5-1 气质的两种模型

托马斯和切斯等人的研究	特征描述	罗斯巴特等人的研究	特征描述
活动水平(activity level)	活动的时间与不活动的时间之比	活动水平(activity level)	神经系统的活跃程度
节律性(rhythmicity)	身体功能的规律性	节律性(rhythmicity)	身体功能的规律性
探究和退缩(approach/withdrawal)	对新事物和陌生人的反应	害怕性(fearful distress)	对紧张事件和新刺激的谨慎和压力水平
注意广度和持久性(attention span and persistence)	专心于一项活动的时间	注意广度和持久性(attention span and persistence)	注意集中的时间和兴趣
分心(distractibility)	外部刺激改变行为的程度		
心境的性质(quality of mood)	积极、愉快、友好与消极、不友好行为的比值	积极情绪(positive affect)	愉快情绪表现的频率
适应性(adaptability)	儿童适应环境变化的难易程度	易怒性(irritable distress)	当欲望的满足受挫时表现出来的不安、哭闹、焦虑和烦恼情绪
反应的强度(intensity of reaction)	反应的能量水平或剧烈程度		
反应阈限(threshold of responsiveness)	唤起一个反应所需要的刺激强度		

有些气质维度的变化是随着儿童的成长而表现出来的,这无疑受到生物成熟和个人经验的影响(Rothbart et al.,2001)。例如,害怕要在6—7个月时才出现,而注意范围的变化要到婴儿1岁末,额叶发育成熟后才会表现出显著差异。

确认组成气质的精确成分一直是很困难的。表5-2详细列出了三种分类标准,供读者比较学习。

表5-2 气质分类的三种方案

托马斯和切斯(1977)	容易型	高度的适应、积极和缓和的情绪状态;接受挫折时很少有大吵大闹
	困难型	缺少适应性,情绪强烈,通常是消极的
	缓慢适应型	在新环境中不安、害羞,但逐渐变得越来越积极和适应
巴斯等(1984)	情绪性	指对刺激反应的数量,无论表现的是不安、恐惧还是愤怒
	活动性	指运动的强度和速度,即使很小的婴儿在这方面也已经显示出稳定的差异
	社会偏好	儿童喜欢群居还是喜欢独处的程度。婴儿在寻求他人注意和引发与他人的接触上也有差异
罗斯巴特等(2001)	消极情绪性	包括伤心、恐惧、缺乏抚慰和经历挫折
	控制性	个体施加限制、抑制和意识的程度
	外倾性	包括不害羞、冲动和强烈的快乐

二、气质的测量

对婴儿气质的测量方法有许多,其中最常用的是让孩子的照顾者(如母亲)回答相关问题,进而评定孩子气质的某些属性。以罗斯巴特等人(Rothbart & Bates,1998)的婴儿行为调查问卷(Infant Behavior Questionnaire,IBQ)为例,父母会被问及孩子对吸尘器噪音作出的哭闹反应(恐惧性),等待吃奶时是否易怒(易怒性),微笑和大笑(社交性)、蠕动或踢(活动水平)等动作的频

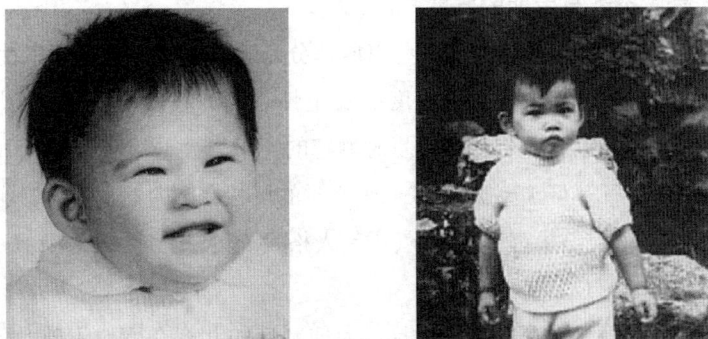

图5-1 孩子所表现出的先天的气质差异是他们以后个性发展的基础,不同气质类型的儿童所招致的社会心理环境也不同

率。问卷用7级评分制对孩子的特征频率进行描述(1分代表某一特征从来没有出现,7分代表经常出现)。

此外,罗斯巴特的另一份儿童行为调查问卷(Child Behavior Questionnaire,CBQ)则适合更多不同年龄孩子的需要。它的项目与IBQ相似,通常由父母、老师及幼托机构的保育员完成,适用于学步期至小学低年级阶段的儿童。例如,CBQ中询问父母孩子害怕巨大噪音或大型动物的频率(恐惧性),生气发怒的频率(易怒性),在房间里奔跑而不是步行的频率(活动水平),等等。

类似IBQ和CBQ的测量工具,其主要优点在于完成调查问卷的成人通常已经对孩子在各种情境中的行为和情绪反应有了较为广泛的理解(Rothbart & Bates,1998)。但是这类方法也同样潜藏着缺陷,即父母的报告并非完全客观。

因此,一些研究人员偏好在实验室环境下观察并测试儿童的气质类型(或其中的某一维度)。例如,对"害怕"这一维度的研究,实验一般采取如下步骤:将儿童放在有陌生人或新奇玩具的环境中,玩具可能会移动、会发出声响或包含其他一些不确定因素,然后注意观察儿童在这些情境中的反应。支持实验室方法的研究人员(Chen et al.,1998;Kagan,1992)认为如此测得的气质结果更客观,少偏差,虽然其中也是存在不足的:首先,实验室观察法很大程度上受到被试在实验过程中短期情绪的影响;其次,这种方法提供的信息仅仅涉及气质属性中的一种或两种,未能反映更广泛的气质差异。

三、气质的稳定性

以上介绍的各种气质类型能对儿童适应日后生活产生影响。例如,困难型气质的儿童在适应和调节学校活动方面会比其他儿童更为困难,他们通常在与同胞或同龄人的互动中表现出易怒和好斗。相反,大约有一半的缓慢适应型气质的儿童,可能会在面临新活动、新挑战时显得犹豫、踟躇而遭到同伴们的忽视,这同样会造成其他的各种适应问题。随着时间的推移,早期儿童表现出的气质是否具有稳定性呢?

(一)早期的气质类型与后期的发展

对气质发展的纵向研究发现,气质的一些组成部分,如活动水平、易怒性和社交性,在整个婴儿期、童年期甚至成年早期,都具有中等程度的稳定性。例如,一项在新西兰进行的纵向研究(Newman et al.,1997)发现,一些在被试3岁时测定的气质属性,不仅仅在3—18岁间具有中等稳定性,而且这些气质特征还可预测被试18—21岁时的反社会倾向性,以及被试与家庭关系质量的个体差异。以上这些研究结果都证明了,气质是人格发展的基石,但并非所有个体的气质都具有这样的稳定性。

另一项关于行为抑制的纵向研究也表明:行为抑制型的儿童在面对不熟悉的人或情境表现出退缩的倾向,这种倾向在发展中具有一定的稳定性(Kagan,1992;Snidman et al.,1995)。在4个月大时,行为抑制型的婴儿已经会表现出惊慌,面对新奇物体(如色彩鲜艳的移动物体)时,他们的动作幅度会增大,对于某些具有不确定性的情境通常会产生强烈的生理唤起(如心率加快),而这些情境也许不能引起非行为抑制型婴儿的忧虑。到了21个月大的时候,再次进行测试,早期被划分为行为抑制型的幼儿,在遇到陌生人、新异玩具或情境时,表现得非常害羞,有时甚至是恐惧。而绝大多数非行为抑制型的儿童却对同样的刺激具有良好的适应性反应。到儿童4岁、5岁半及7岁半时再次进行测试,行为抑制型的儿童仍然对陌生的成人和同龄人缺乏主动的交往行为,并对参与含有一定冒险性的活动采取更为谨慎的态度(如走平衡木)。此外,行为抑制型的婴幼儿在小学期间还可能会产生夸大的恐惧感(如害怕被绑架),到了青春期,则可能会变成害羞的少男少女,并可能产生社交焦虑。

以上研究可见,行为抑制是一种具有生物基础的、较为稳定的气质特征。研究人员发现(Calkins, Fox, & Marshall, 1996),面对新奇刺激容易不安的婴儿,其大脑右半球(消极情绪的中心)的活动比左半球更为活跃。而那些对新异刺激反应不敏感的儿童,大脑左右半球的活动没有显著差异。此外,家族研究(Robinson et al., 1992)表明,行为抑制是一种具有遗传性的特征。研究人员发现,只有在整体中处于两极的儿童,即最为抑制的儿童和最不抑制的儿童,才会保持长久的稳定性,其余多数儿童的抑制水平会因时间变化而发生相当大的改变,这并不等于说最为抑制和最不抑制是一成不变的。玛茜等人(Marcie Pfeifer et al., 2002)发现,一个在学期被划为极端抑制的儿童,在儿童中期会表现出较轻的抑制性,转而被划入抑制—非抑制的中间区域。但被划分为该特性的某一极端的儿童,以后不会走向另一极端(Kagan, 1998)。这一结果暗示了受遗传影响的气质也会受到环境因素的影响。

(二) 气质与儿童抚养

有研究发现,早期气质特征具有跨时间的稳定性,但并不尽然。有时,气质可以发生改变。确定其是否改变的一个因素,就是儿童的气质类型与父母养育方式的拟合度(goodness of fit)。例如,一个困难型气质的婴幼儿,容易焦虑、紧张,对新的日常生活规律的适应能力较差。如果他的父母在要求他遵守规则的过程中,能保持镇定、平静,抑制住自己的情绪,并允许困难型的孩子用更为放松的节奏适应新的日常规则,经过一段时间的配合,孩子就不再会那么暴躁和适应不良了。许多困难型气质的婴儿在接受了耐心而敏感的照料之后,当他们进入童年期或青春期时,就已经不再是困难型气质了。但是对父母而言,面对一个过度活跃、情绪多变又不听话的儿童,要真正保持镇定、耐心和敏感确实不容易做到。许多父母在教养困难型气质儿童时也变得易怒、不耐烦、要求苛刻、采取惩罚措施等。可惜的是,这样的教养态度和教养方式与困难型儿童的气质类型并不拟合,孩子会变得更焦虑紧张,对父母的武力及惩罚措施更抵抗。事实表明,如果父母在教养时总是不耐烦、生气、要求苛刻、采取武力手段的话,困难型气质的儿童在日后往往会继续保持困难型气质的特点,并出现行为问题。

文化价值会影响父母的教养行为和儿童气质的拟合。在西方国家,害羞、退缩的儿童被认为缺乏社会性,但是中国家长却积极评价这类孩子——他们可能被认为是提前进入社会性成熟阶段的。一项加拿大和中国儿童的比较研究(Chen，Rubin，& Li，1995)证实了上述观点：中国儿童在抑制气质维度上得分较高。加拿大害羞儿童的母亲，对他们的孩子更多的是保护和惩罚，较少接受和鼓励孩子的成就；而中国害羞儿童的母亲则相反，较少惩罚，较多接受和鼓励。但随着中国社会向市场经济的变革，有研究(Chen et al.，2005；Chen，Wang，& Wang，2009)发现，在中国的大城市里，害羞儿童意味着遭遇更多的同伴拒绝，缺乏领导力以及伴随抑郁症状。这更加说明了文化价值观对儿童气质的影响(见专栏5-1)。

专栏5-1　　害羞是一种社会劣势吗——文化对气质的影响[①]

在美国，如果一个儿童容易害羞和沉默，那么他将处于不利的社会地位。这样的儿童可能会遭到同伴的忽视甚至拒绝，导致儿童自尊降低、情绪沮丧，还可能会造成一系列适应问题。此外，即使害羞的青少年或青年人没有这些适应问题，他们也可能会在遇到机会时无法果断行事，比其他同伴晚婚、晚育、晚立业(Caspi，Elder，& Bem，1988)。

但是许多亚洲文化对于美国人所谓的害羞及一些抑制行为却给予了肯定。中国的孩子如果表现得害羞或沉默，则会被老师看作具有一定社会成熟度(Chen，Rubin，& Li，1995)，而且这类儿童通常在同龄人中更受欢迎——正好与美国及加拿大的情况相反(Chen，Rubin，& Sun，1992)。此外，西方国家的儿童时常使课堂变得很喧闹(美国老师对此习以为常)，但要是在泰国，这种情况就会被老师看作是扰乱课堂秩序。泰国的老师希望学生们沉默、尊师、服从。

不仅仅东西方文化对于害羞的评价不同，即使同在西方，各国文化之间对此也存在着差异。例如，瑞典人对害羞特征的看法就比美国人更积极一些，他们认为，相对那些大胆、过分自信或哗众取宠的行为而言，害羞的表现更可取。因此，在瑞典社会，害羞并不会使人处于社会的不利地位。

无论是在美国还是在瑞典、中国，害羞的人往往都比其他人群晚婚晚育，但是在事业方面，害羞的瑞典人却并不像害羞的美国人一样受到抑制(Kerr，Lambert，& Bem，1996)。事实上，害羞并未对瑞典女性建立亲密关系造成什么影响，害羞与非害羞的瑞典女性结婚、生育的年龄都大致相同。但是在美国，情况不然，美国害羞的女性总体上都接受过良好的教育，结婚对象也多是成功人士。而瑞典的害羞女性则不然，她们受教育程度不及其他非害羞同龄女性，婚姻状况也不比其他非害羞同龄女性更好。这暗示着在瑞典，害羞有可能会使女性处于不利的状况中。是什么原因造成了害羞的瑞典女

---

① Laura E. Berk：*Infants，Children，and Adolescents*，Pearson Education Inc.，2005.

性受教育程度不如其他非害羞的同龄女性呢？马格丽特等人（Margaret Kerr，1996）推测，在瑞典，教师往往只倾向于鼓励害羞的男学生继续其学业。所以，在缺乏主动接近老师寻求老师指导的情况下，害羞的女学生就会比同龄非害羞的女生或比害羞的男生获得更少的受教育机会。

所以，与害羞有关的发展存在着巨大的文化差异（即使在同一文化下也存在性别差异）。某些气质特征会在某些文化价值观和传统中受益良多，而若换一种文化背景，其生存状况则全然不同。

以上研究告诉我们，孩子带着独特的气质来到这个世界，成人必须接受它，适应它。父母既不能总是表扬孩子的优点，也不能一味指责孩子的过错。但是父母需要针对孩子的问题设置一个与其气质拟合的环境，以帮助孩子发展他们的长处。

四、遗传和环境对气质的影响

气质这一个体差异具有生物学基础，它在很大程度上受遗传影响并具有跨时间的稳定性。行为遗传学家（Braungart et al.，1992）用双生子研究范式，找到气质受遗传影响的证据。在 1 岁中期，同卵双生子在某些气质特征（如活动水平、易怒性和社交性等）上，已经显示出比异卵双生子更多的相似性。尽管多数气质特征的遗传系数在整个婴儿期和学龄前期都只是处于中等水平，但仍有许多重要的气质特征在一定程度上受遗传影响。

气质的遗传程度只是中等，这一事实告诉我们，环境也同时影响着儿童的气质。那么环境中哪些方面对气质的影响作用最大呢？有研究（Kerr et al.，1994）显示，与兄弟姐妹共享的家庭环境对气质的积极特征（如微笑、社交性）影响最为显著，而这些共享环境对儿童的活动水平和气质的某些消极特征影响非常小。原因在于，共同生活在一起的兄弟姐妹，在这些气质方面不具有相似性。真正对气质的消极成分产生影响的，其实正是非共享的环境因素，这些因素结合起来最终造成了个体间气质的差异。如果父母在早期注意到孩子们之间行为有差异，并调整对他们的养育方式的话，非共享环境因素便很容易形成。

气质并不是决定孩子日后人格的唯一因素。心理学家早就说过，神经科学研究者如今也证实，气质特征也会受个人生活经验的影响，尤其会受照顾者的价值观和个性的影响。不过，早期人际关系的特征同样受到孩子独特气质的影响。也就是说，父母会因为孩子先天的不同气质特征而用不同的方式照顾和对待孩子。由此可见，即便父母有心要对每个孩子完全公平，但还是会在不一样的情绪环境中养育每个孩子，因为孩子各自的气质已经使亲子关系各不相同了。

第二节　早期情绪的发展

一般而言,对婴幼儿情绪发展的讨论,主要从婴幼儿情绪的表达、情绪的体验、情绪的理解以及情绪的自我调控几个方面来阐述。在进入具体的讨论之前,将先探讨婴幼儿情绪的功能和情绪的发生。

一、情绪的功能与发生

很多理论家对情绪发展及其适应性作过论述,其中有两种理论的影响最大。第一种取向是分化情绪理论(discrete emotions theory)。达尔文(1965)提出人类的大部分基本情绪是具有适应价值的进化产物,每种"分化"的情绪都伴随着一系列特定的表情和身体反应,例如,婴儿在尝到苦的东西时会表现出厌恶,厌恶是一种先天反射,使得婴儿拒绝或吐出不喜欢的食物。新生儿在饥饿或者不舒服时会啼哭,这样会给养育者传达信息,使婴儿得到照料,增进婴儿的幸福感(Saami, Murnme, & Campos, 1998)。

第二种取向是机能主义理论(functionalist approach to emotions),该理论认为,新生儿和婴儿不能表现出分化情绪,他们的情绪生活主要是由泛化的积极(高兴)或消极体验(伤心)组成的(Campos et al., 1994; Sroufe, 1995)。例如,新生儿接受疫苗时,可能会因体验到疼痛而哭泣,但是在与他人交往2—3个月后,婴儿才能理解是别人造成了自己的疼痛,这时候他会转向那个人,通过踢打或者其他行为来表达自己的愤怒(而不是哭泣),以消除引发自己疼痛的原因。如果他成功,那么,他的这种愤怒表达就是"功能性"的了(Sammi, Mumme, & Campos, 1998)。

无论是分化情绪理论,还是机能主义理论,都强调情绪对个体适应的重要功能。我国学者孟昭兰(1997)把婴儿的情绪功能归纳为以下四点:(1)适应功能,婴儿天生的情绪表达能力控制了照顾者的行为,使婴儿得到必要的照顾;(2)驱动功能,情绪是婴儿心理活动和行为的驱动力,当婴儿的生理需要不能得到满足时,婴儿消极情绪的唤醒有助于他们获得食物;(3)行为组织功能,在面对新异刺激时,如果婴幼儿积极的情绪(如好奇)被激发,就会导致探索和趋近行为,反之,则促成回避行为;(4)交流功能,情绪是婴儿进行人际交流最重要的手段,婴儿通过面部表情和声调(或哭闹)传递他们对照料者的爱、对照料者离去的恐惧等。

人类的基本情绪在婴幼儿的生存、发展中起着非常重要的作用。婴幼儿基本情绪的发生可以分为以下几个阶段(Bornste Stein, 1999):

第一阶段(出生—1个月内):新生儿具有的一系列基本情绪是感兴趣、痛苦、厌恶和快乐的面部表情。婴儿对生理的满足和温柔的抚摸产生了一种广泛的松弛反应,这就是快乐。

第二阶段(出生1—7个月):其他的基本情绪如愤怒、悲伤、欢乐、惊讶和害怕等在2—7个月期间陆续显现(Izard et al.，1995)。痛的感觉成为引起婴儿愤怒和悲伤的主要刺激源。而如果他们的预期未能实现，就会引起 2—4 个月的婴儿的愤怒，引起 4—6 个月的婴儿的伤心难过。当 2—8 个月大的婴儿感到自己能控制自身以外的事物时，就会产生强烈的惊奇和欢乐的情绪(Lewis et al.，1990)。这些所谓的基本情绪具有很深的生物根源，因为这些基本情绪出现的时间具有普遍性，而对这些情绪的解释具有跨文化性。

第三阶段(出生 6 个月以后)：出现的情绪是惊奇、害羞和嫉妒。物体的新异性会诱导惊奇的情绪，而陌生人可能导致害羞，看见别人深情的拥抱或妈妈抱别的孩子，就会使婴幼儿产生嫉妒的情绪。

二、婴儿的情绪表达

"哭"和"笑"是婴儿表达情绪最直接的手段，是实现情绪交流功能最重要的手段。对婴儿情绪表达的研究，主要通过"哭"和"笑"来进行。

(一) 婴儿的笑

笑是婴儿出生时就具有的一种能力，也是婴儿的第一个社会性行为。笑是积极、愉快等正性情绪的表现，婴儿通过笑引起其他人对其作出积极的反应。许多心理学家如鲍尔比(Bowlby，1969)等对婴儿的笑进行了研究，概括了婴儿的"笑"相继发展所显示的生物性和社会性交流的发展过程。

第一阶段：自发微笑(0—5 周)，又称内源性微笑。这个阶段婴儿的微笑主要是用嘴作怪相，这与中枢神经系统活动不稳定有关。婴儿在笑的时候，眼睛周围的肌肉并未收缩，脸的其余部分仍保持松弛状态。这种微笑曾被普莱尔(Preyer，1882)称为"嘴的微笑"，以区别于后来的社会性微笑。这种早期的微笑可以在没有外部刺激的情况下发生，是自发的笑或反射性的笑，发生在婴儿吃饱或受到宜人刺激时，有时也发生于快速眼动睡眠(REM)时。抚摩婴儿面颊、腹部或发出声音，也能引起婴儿的微笑，但生物状态的改变要比社会性刺激或社会互动更能引起这种反应(Sroufe & Waters，1976)。由于这种早期的微笑可以由各种广泛的刺激所引起，因而还称不上是真正的"社会性"微笑。

第二阶段：无选择的社会性微笑(3—4 周起)，又称外源性微笑。这种微笑是由外源性刺激引起的，如运动、发声物体或人脸。虽然此时婴儿还不会区分那些对他有特殊意义的个体，如母亲，但是人的声音和人的面孔特别容易引起他们的微笑。婴儿在与照料者的互动中表现出社会性微笑，照料者对婴儿的积极反应会很高兴，可能会同样回以微笑，并继续做着能让婴儿觉得高兴的行为(Malatesta & Haviland，1982)。在婴儿 3 个月大之前，对真人的微笑的次数多于他们对着有趣的、逼真的木偶微笑的次数(Ellsworth，Muir，& Hains，1993)。在 3—6 个月期间，当婴儿注意到一个微笑着的照料者或者正在和后者互动时，逐渐能咧开嘴微笑了。这种社会性微笑在维持婴儿与成人之间的互动过程中起着重要作用，同时也说明婴儿已经开始懂得与同伴分享积极的情感了(Legerstee & Varghese，2001；Messinger，Fogel，& Dickson，2001)。但是，此时婴儿对陌生人的微笑与对熟悉的照顾者的微笑并没有多大的区别，只是对熟人的微笑比对陌生人的微笑多一些，这种情况将持续到6个月左右。

第三阶段：有选择的社会性微笑(5—6个月起)。随着婴儿处理视觉刺激的能力增强，其逐渐能认出熟悉的人的脸和不熟悉的人的脸，并对此作出不同的反应。面对熟悉的照料者，婴儿展开最开心的微笑，而对陌生人则表情严肃、警惕而不是快乐。到6—7个月时，婴儿会对家人表露最开心的微笑，面对来访的陌生人则表现出焦虑而不是快乐，与此同时，婴儿为了与照料者分享愉快的情绪，或者为了延长与照料者之间积极的社会互动，会主动地微笑或者大笑来吸引照料者(Saarni，Mumme，& Campos，1998；Weinberg & Tronick，1994)。这时的微笑才是真正的、有选择性的社会性微笑。这种笑增加了婴儿与父母、照料者之间的依恋关系(我们将在本章第三节详细论述)。

(二) 婴儿的哭

哭泣是婴儿表达情绪的另一种常见的方式。和笑一样，哭也可以加强婴儿与照料者之间的联系。沃尔夫(Wolff，1969)将婴儿的哭泣分为三种模式：基本的哭泣、愤怒的哭泣和痛苦的哭泣。沃尔夫将婴儿因饥饿、痛、生气而发出的哭声录下来，放给不知情的母亲听。当这些母亲听到自己的孩子因痛而发出的哭声时，都会冲进房间去看看自己的孩子是否发生了意外，而听到另外两种哭声时则反应不明显。这说明，婴儿已经能用不同的哭声传达自己的情绪了。婴儿的哭泣大致分为三个发展阶段(Shaffer，2005)：

第一阶段：生理—心理激活(出生—1个月)。新生儿的哭泣通常由于饥饿、腹痛或一般身体不适所致。出生3—4周新生儿啼哭的原因还增加了中断喂奶、烦躁、食物的变换等，母亲通常都会对新生儿的哭泣作出迅速的反应，首先看孩子是否有生理需求，然后安抚孩子，例如，抱起孩子或轻拍孩子等。

第二阶段：心理激活(1个月)。这阶段表现为一种低频、无节奏的没有眼泪的"假哭"。这种哭泣通常意味着婴儿需要得到注意或照看。在第6周时，母婴对视可减少婴儿的这种哭泣。而到了3个月时，婴儿可以通过吸吮自己的拇指来减少这种哭泣。照料者面对这个阶段的婴儿哭泣，要有更多的耐心，并且与婴儿进行更多的身体接触，这是减少婴儿哭泣最有效的方法。

第三阶段：有区别的哭泣(2—22个月)。在这一阶段，不同的人可以激活或终止婴儿的哭泣。母亲往往是最能激活或中止婴儿哭泣的人。当母亲离开时，往往会引起婴儿的哭泣。对哭泣的婴儿来说，母亲也是最具有安慰性的。这种哭泣是一种社会性的行为，反映出婴儿的某种心理需要。这种有区别的哭泣表明，婴儿已依恋某一个特定的人了。面对这个阶段婴儿的哭泣，照料者应尽量分散孩子的注意力，并给与适当的安抚，不可大惊小怪，以免夸大孩子的哭泣行为。

（三）婴儿的情绪表达能力与早期社会性的发展

虽然婴儿的情绪表达能力还很幼稚，但很明显，婴儿所展现出的情绪表达能力能在其与照料者之间起到沟通交流的作用，并影响照料者对婴儿的反应。例如：婴儿的哭声就召唤来了照料者；早期的微笑和感兴趣的表情能使照料者相信，婴儿很想与自己建立社会联系；而后来出现的害怕或伤心的表情，则能传达婴儿情绪低落、需要照顾和安抚的信息；生气的表情可能是婴儿想告诉照料者停止手头正在做的动作，因为这使婴儿感到不安；而快乐的表情则鼓励照料者继续手头的动作，或是表明婴儿愿意接受新的挑战。总之，婴儿的情绪具有适应性，提高了婴儿与他人的社会联结，帮助照料者调整自己的行为以满足婴儿的需要和目的。换言之，婴儿的情绪表达帮助婴儿与他们的亲密同伴"逐渐了解对方"、"亲近对方"（Tronick，1989）。

三、婴儿的情绪体验

（一）积极情绪的发展

如前所述，婴儿最初的快乐信号是一种初级阶段的微笑，即"内源性的微笑"，是由生理的最佳状态而引发的（Sroufe & Waters，1976），比如，吃饱后的反应或者对照顾者提供的轻摇、轻拍这类抚慰刺激的反应。6—10周后，婴儿在与照顾者的互动过程中表现出愉快的情绪体验：他们以微笑回应照顾者，并保持与照顾者的目光接触（Legerstee & Varghese，2001；Messinger，Fogel，& Dickson，2001）。6—7个月之后，婴儿开始只对熟悉的人微笑，并伴有积极的情感体验，而且，此时他们还学会了用社会性微笑引发、维持与照顾者的互动（Saarni，Mumme，& Campos，1998；Weinberg & Tronick，1994）。

随着年龄增长，婴儿的微笑变得越来越"社会化"，即使是很小的婴儿也可能对他们操纵和控制玩具表现出微笑甚至大笑。在一项研究（Lewis，Alessandri，& Sullivan，1990）中，研究者将一根细绳绑到两个月大的婴儿的手臂上。实验组的婴儿每当手臂舞动时音乐声就会响起；而控制组的婴儿也会不时地听到音乐，但手臂舞动与音乐之间没有联系。结果发现：实验组婴儿微笑的次数要多于控制组婴儿。使实验组婴儿如此愉快的原因，并不是音乐本身，而是因为婴儿觉得自己能够控制音乐的播放。

（二）消极情绪的发展

虽然新生儿对饥饿、疼痛以及一系列不适宜刺激都会以"哭泣"来反应，但是其他一些消极情绪要到2个月以后才会陆续出现。例如，两个月时，婴儿会在接种疫苗或未能得到玩具时表现出愤怒并涨红脸，在以后的半年时间里，这种具体的愤怒反应会逐渐加剧（Sullivan & Lewis，2003；Izard et al.，1995）。

伤心的情绪也有类似的发展趋势。2—6个月大的婴儿在引起愤怒的情境下同样会表现出闷闷不乐的情绪（Izard et al.，1995）。当婴儿不能引起照顾者的积极反应时特别容易出现伤心的情绪（Sullivan & Lewis，2003）。在一项调查研究中要求母亲在与婴儿的互动中表现出静止的闷闷不乐的表情,结果婴儿也变得伤心起来(偶尔也出现愤怒)。研究还表明,如果照顾者长期表现出情绪低落,那么2—3个月大的婴儿通常会出现伤心的表情,在一段时间内变得闷闷不乐,社会性反应降低(Campbell, Cohn, & Meyers, 1995;Field, 1995)。

害怕是早期的基本情绪中出现最晚的情绪之一(Witherington et al., 2001)。6个月之前婴儿可能会对巨大的、突然的响声,身体从高处降落等感到震惊,但是婴儿要到6—7个月大的时候才会明确意识到某人、某物或某种情景威胁到了自己。在7—8个月期间,多数婴儿会表现出两种特殊的害怕情绪:怯生和分离焦虑。

怯生是婴儿对不熟悉的人所表现出的害怕反应,也被称为陌生人焦虑(stranger anxiety)。这种对陌生人的警觉反应,与婴儿对熟悉的人的微笑、发出咿呀声和其他的积极反应形成了鲜明的对比。多数婴儿只有在与陌生人熟悉并建立起积极的情感关系后,才能对他们作出积极的反应。婴儿的怯生中还夹杂着他们对陌生人的兴趣,婴儿通常在8—10个月大的时候对陌生人的兴趣达到高峰,而在两岁以后逐渐减弱(Sroufe, 1977)。8—10个月大的婴儿并不是对每个陌生人都害怕,有时候他们还会对陌生人作出积极的反应。在专栏5-2中,将介绍如何在医院中帮助婴儿克服对医务人员的怯生情绪。

专栏5-2　战胜陌生人焦虑:给医生和保育员的一些有用建议[①]

婴幼儿到医院通常会哭闹,缠住父母,不配合医生的检查,以下策略可能会帮助医务人员、保育员减少孩子的害怕情绪:

(1)让孩子熟悉的成员待在旁边陪同。因为当婴儿遇到陌生人而身旁又没有自己熟悉的成员时就会作出更多消极的反应。多数6—12个月大的婴儿如果是坐在母亲腿上接触陌生人就不会那么害怕;但是如果他们离开母亲哪怕只有几步的距离,有陌生人靠近,他们就会咕噜着,对着母亲哭闹了(Bohlin & Hagekull, 1993)。所以,如果婴儿在接受检查或治疗时和父母不分离,那么医务人员的工作将会顺利许多。

(2)陪同孩子的照顾者要与陌生人积极地互动。如果照顾者对陌生人非常友好,照顾者在对婴儿谈论陌生人时语调积极的话,可以减少婴儿怯生反应的发生(Feinman, 1992)。这样的做法可以使婴儿参与到社会互动中来,也使他们感到:这个陌生人受到父母的喜爱,所以应该不用害怕。所以说,医务人员可以在为孩子作检查之前,先与孩子的父母作一次愉快的交谈,这样有助于减少婴儿对医务人员的怯生反应。

(3)尽量将陌生环境布置得更"熟悉"。怯生反应通常在陌生的环境下发生得更多,

① Laura E. Berk: Infants, Children, and Adolescents, Pearson Education Inc., 2005.

而在熟悉的环境下发生率减少。例如,10个月大的婴儿很少在自己家中出现怯生反应,但是在一个陌生的实验室环境里,很多婴儿就会对陌生人作出消极的反应(Sroufe, Waters, & Matas, 1974)。虽然目前的医务人员不太可能都作上门的家庭治疗,但是至少可以把医院里的某一间房间布置成家的样子,让孩子更容易接近。比如,可以在房间的一角放一个可移动的对孩子有吸引力的物体,在墙上贴一些孩子们喜欢的卡通造型,再放几个填充式玩具好让几个孩子一起玩。婴儿对环境的熟悉度也会影响他们的反应:绝大多数(90%)10个月大的婴儿在进入一个陌生环境时,如果在不到1分钟的时间里就有陌生人靠近,婴儿就会变得非常不安,但是当他们在陌生环境里待了10分钟以后,只有半数的婴儿会对陌生人表现出消极的反应(Sroufe, Waters, & Matas, 1974)。所以,医生就诊前应该先让孩子们对就诊环境有所熟悉,然后进行工作就会变得顺利多了。

(4) 做一个敏感而客气的陌生人。陌生人的行为会对婴儿的反应产生影响(Sroufe et al., 1974)。陌生人最好先和婴儿保持距离,然后面带微笑地靠近,和婴儿说说话,手里带一个婴儿熟悉的玩具,或提议一起玩一些婴儿熟悉的活动等。如果陌生人能像婴儿的照顾者一样敏感,懂得他们的暗示和需要,那么陌生人与婴儿的相处就会变得更顺畅(Mangelsdorf, 1992)。婴儿总是喜欢自己能掌控的陌生人!突如其来的陌生人(例如,还没等婴儿准备好就急着抱起婴儿)或者强迫婴儿的陌生人总是不受欢迎的。

(5) 尽量让自己看起来不那么陌生。陌生人焦虑产生的一部分原因是陌生人的外表。婴儿对日常接触的人的脸部特征形成了心理表征或图式,而陌生人的脸很难立刻符合婴儿已有的图式,因此引起了婴儿的害怕和焦虑。所以身穿白大褂、脖子上挂着陌生的听诊器的医生和护士们容易引起孩子的害怕情绪也就不足为奇了。虽然小儿科大夫们无法改变自己的容貌,但是如果能在衣着、装备上作一些改变,比如,摆脱那些奇怪的仪器和那身令人恐怖的白大褂,这样就会让孩子们感觉医生是正常人了。此外,其他照料孩子的工作人员也应该由此受到启发,注意自己的发型和外部装饰品,以更好地与孩子们建立起良好的关系,减少孩子们的恐惧和焦虑。

另一种害怕情绪是婴儿害怕与母亲分离,称为"分离焦虑"。许多已经建立起依恋的婴儿在与母亲或其他依恋对象分离时,会表现出明显的焦虑反应。例如,当孩子看到母亲穿上外套,带上手表,准备出门购物时,就会哭闹。这些行为反映了婴儿的分离焦虑。分离焦虑通常出现在6—8个月,在14—18个月时达到高峰,然后频率和强度在整个婴儿期和学龄前期逐渐降低(Kagan, Kearsley, & Zelazo, 1978)。然而,小学生甚至青春期的青少年在与所爱的人长期分离时,也会变得焦虑和沮丧(Thurber, 1995)。

（三）自我意识情绪的发展

从两岁末到整个 3 岁期间,幼儿开始表现出一系列中等水平的、复杂的情绪,如窘迫感、羞耻感、内疚感、嫉妒和自豪感等。这些情绪被称为自我意识情绪,因为这些情绪会对幼儿的自我感觉产生积极的或消极的影响。路易斯(Lewis, 1998)认为,婴儿最初的自我意识情绪是婴儿认出镜子中或照片中的自己时产生的窘迫感,而其他的自我意识情绪如羞耻感、内疚感和自豪感等的出现,则与婴儿的认知发展水平有关:婴儿认识了自己(自我的产生),并且能理解评价他人行为的规则和标准。知道有镜头对着自己时,两岁大的宝宝已经出现害羞情绪了。

当学步儿受到过度表扬,或被要求在陌生人面前炫耀自己的才能时,会有明显的窘迫感,这就是自我意识的一个显著标志(Lewis et al., 1989)。在大约 3 岁左右,儿童逐渐对自己行为的优劣有了更好的评判,他们在完成一件困难任务后开始表现出明显的自豪感(微笑,鼓掌,欢呼"我做到了!")。而当他们在某些简单任务面前失败后,就会表现出羞愧感,例如,沮丧地向下看,常伴有类似语句如"我做不好这个"(Lewis et al., 1992)。有研究者对羞愧和内疚进行了明确的区分,感到内疚的儿童可能会关心自己的错误所造成的人际后果,并尽力接近他人,以弥补自己的伤害行为(Higgins, 1987; Hoffman, 2000),而感到羞愧会使儿童(消极)关注自己,并且可能会促使他们隐藏自己,回避他人(Tangey & Dearing, 2002)。

四、婴儿的情绪识别

情绪识别能力是指个体通过他人的面部表情、动作、语音语调等信息对他人情绪状态加以理解和判断的能力。婴儿已表现出一定的情绪识别能力,在与父母的互动中,在对父母情绪的社会性参照中,这种能力日渐成熟。早期情绪识别能力的发展丰富了婴儿的社会与情感生活,为婴儿的社会性发展创造了一个非常好的微观社会环境,也促进了婴儿的情绪社会化。

（一）婴儿的情绪识别能力

婴儿很早就注意到情绪的某些声音信号,并会给予回应,例如,新生儿听到其他婴儿啼哭时,自己也会开始哭闹。在出生的第一年里,几乎全世界的父母都用高音调和婴儿说话,这种高音调的说话方式与积极的情绪有联系,即使是出生才两天的婴儿也会更注意这种说话的音调。相比之下,成人之间过于平缓的说话音调很少引起婴儿的注意(Cooper & Aslin, 1990; Kaplan et al., 1996)。

婴儿对他人面部表情的识别和解释发展略晚。虽然 3 个月大的婴儿更偏爱看到照片里高兴的脸,而不喜欢看到照片里中立、悲伤或愤怒的脸(Kuchuk et al., 1986),但是他们的视觉偏好只能表明他们能区别不同的视觉刺激,并不能表明 3 个月大的婴儿已经能识别高兴、生气和悲伤的表情(Nelson, 1987)。但是有证据显示,婴儿确实能够对母亲的情绪作出适当的反应。例如,当母亲用符合真实情绪的语调对 3 个月大的婴儿说话时,婴儿不仅能区分出母亲快乐、悲伤和生气的表情,还会因母亲快乐而快乐,随母亲悲伤而难过(Montague & Walker-Andrews, 2001)。

（二）最初的情感交流

如前所述,1岁以内的婴儿就逐渐产生了一些基本的情绪。在一项研究中,研究者让一名女演员把新生儿抱起来正对着自己,做出高兴、悲伤、惊讶的表情,新生儿就会照着模仿。虽然新生儿不是模仿他们看到的所有表情,但往往会看到对方高兴时咧嘴笑,看到对方作惊讶状时把嘴张大。这种模仿能力对于视力很差的新生儿而言是很不容易的。由这项事实我们也可以看出,情绪沟通对婴儿是双向的,即便这些反应是无意识的,但这却是日后发展共鸣和同理心、移情能力的基础。虽说真正的移情能力要等到1岁左右才可能产生,但新生儿听到别的婴儿哭就会跟着哭,这一事实说明婴儿已经具备了产生共鸣的基本能力。

当婴儿到了18—24个月时,能够谈论情绪后,关于情绪体验的家庭交流将有助于婴儿更好地理解自己和他人的感受。研究发现,父母与孩子谈论情绪,有助于孩子情绪理解能力的发展(Gottman,1997)。在情感上与父母交流更多的儿童,在小学阶段能更好地理解他人情绪,更好地解决与朋友的争执。

（三）婴儿的社会性参照

婴儿识别和解释他人情绪表情的能力在7—10个月期间开始变得明显。在此阶段,婴儿开始监控父母对于不确定情境的情绪反应,并利用得到的信息调整自己的行为(Feinman,1992),这就是社会性参照(Social referencing)。社会性参照的能力随婴儿年龄的增长逐渐增强,参照的对象也从父母发展到其他人身上。例如,在1岁左右,当婴儿面对一件陌生的玩具时,如果在一旁的陌生人微笑着,婴儿更可能去靠近玩具并拿玩具来玩,但是,如果陌生人面带惊恐的表情,那么婴儿很可能不会靠近陌生玩具。12个月大的婴儿甚至会参考电视片段,对于引起电视中成人害怕情绪的物体或场面予以消极地回避或反抗(Mumme & Fernald,2003)。说话的音调所包含的信息似乎也不少于面部表情所传达的信息,例如,母亲的一些命令可能没有被婴儿理解成命令(例如,"别碰它"),而是成了婴儿的情绪信息(Mumme,Fernald,& Herrera,1996)。但到了两岁时,婴儿在自己评价完某个新物体或新情境后通常会转头看看自己的同伴,这表明婴儿已经能将他人的情绪反应作为信息来评价自己判断的准确性了(Hornik & Gunnar,1998)。社会性参照是指婴儿将自己与他人对事件的评估进行比较,帮助婴儿更好地理解他人的感受、想法。在一项研究(Repacholi & Gopnic,1997)中,研究者给14—18个月的婴儿看椰菜和饼干。在一个情境中,研究者做出椰菜很好吃、饼干不好吃的表情。当研究者要求孩子和他分享食物时,14个月大的婴儿只是把他们自己喜欢的食物——通常是饼干给他;18个月的婴儿则能根据研究者先前表现出的喜好,给他椰菜,而不是自己喜欢的饼干。

（四）情绪理解能力与早期社会性发展

尽管婴儿对他人情绪的理解是非常有限的,但是这对其早期社会性发展的作用很大。它能使婴儿知道自己在特定的情境下应有哪种情绪和行为反应。"社会性参照"的价值就在于儿童能用这种方法获得情绪方面的知识。例如,如果兄弟姐妹对家中的小狗都很友好,那么婴儿就会觉得"这个长毛的球"是友好的,并不是一个不会说话的怪物。如果面对一把小刀,母亲做出很痛苦的表情并伴有孩子半懂不懂的语言,那么婴儿就会知道,这把刀是一种应该回避的工具。如果一个富有表情的照料者经常引导孩子注意环境中的重要方面,或者就婴儿对物体和事件的评价给予情绪反应,那么这些情绪中所蕴含的信息将很好地帮助儿童理解自己所生活的这个世界(Rosen,Adamson,& Bakeman,1992)。

五、婴儿的情绪自我调节

(一) 婴儿的情绪自我调节

从婴儿期开始,调节自身情绪的能力就是一项非常重要的技能,这一技能不仅对实现个人目标非常关键,而且还影响人的社会交往特征,包括同伴关系、恋爱关系、婚姻关系的类型。情绪自我调节(emotional self-regulation)即将情绪唤醒调节到适宜的强度水平来达到个人目标的能力。对情绪的适宜调节包括掌控自己的感受、伴随感受的生理反应、情绪相关的认知以及情绪相关的行为。但这种调节对于婴儿来说,是很难做到的。所以,情绪自我调节的出现是一个长期且受多种因素综合影响的过程,受家庭内外积累的经验的影响。

(二) 情绪调节与早期社会性发展

每个社会都有一系列的情绪表达规则,规定着在各种社会场合下哪些情绪可以表达而哪些又是不可以表达的。比如,美国的儿童在收到别人送来的礼物时,懂得应当表现出高兴和感激的情绪,哪怕这些礼物并不是真的合他们的心意,他们也必须掩饰自己的失望情绪。情绪表达的规则有点类似于语言的应用规则,儿童必须学习并运用这些社会生活规则,从而保障他们能够顺利地与人相处并获得他人的认同。在婴儿早期,父母与婴儿的互动过程是婴儿学习情绪表达规则的第一课堂。此外,父母或照顾者也会对婴儿的情绪作出选择性反应,于是婴儿通过这样的基本学习过程学会了更多情感表达规则。

在出生的头几个月里,是照料者调节着婴儿情绪的觉醒状态,他们通过控制婴儿有节制地接触一些事件以避免造成刺激过度,或是通过摇动、抚摸、怀抱和唱歌等方式让情绪觉醒过高的婴儿平静下来(Rock,Trainor,& Addison,1999)。到了6个月左右,婴儿在调节自己的消极情绪方面取得了一些进步。例如,6个月大的婴儿为了降低消极的情绪体验,会转身避开引起消极情绪的刺激,或是转而寻找可以吸吮的对象,比如,自己的拇指或从照顾者处寻求安慰。6个月大的女孩比6个月大的男孩更善于调节不愉快的情绪觉醒状态,男孩比女孩更倾向于发出消极情绪的信号(如哭)以引起照顾者的安抚与支持(Weinberg et al.,1999)。

照顾者(如母亲)也参与了婴儿情绪自我调节能力的发展中。母亲与她7个月大的宝宝玩耍时,所展现出来的情绪多半是快乐、感兴趣和惊奇。这些情绪是宝宝获得积极情绪体验的源泉和榜样。母亲还会对孩子的情绪作出有选择性的反应,在宝宝出生后的头几个月里,母亲们开始逐渐关注婴儿表现出的感兴趣和惊奇的情绪(Malatesta et al.，1986)。通过基本的学习过程，婴儿学会了表达更多的能引起父母反应的一些情绪，例如，更多地表现愉快的面部表情，更少地表现不高兴的表情。

然而，有些情绪的社会接受性存在很大的文化差异，在不同社会文化背景下成长的婴儿便学习了各自不同的情绪表达规则。例如，美国父母总是喜欢逗弄他们的孩子到达快乐的顶峰，因此美国的婴儿学会了尽情表达自己的积极情绪；而非洲中部某些部落的习俗则是尽可能地满足婴儿，让其保持安静，因此那里的婴儿便学会了压抑自己的情绪，无论是积极的还是消极的。

要遵循这些情绪表达规则，婴儿就必须对他们的情绪加以调节和控制，其中包括对情绪唤起的抑制、维持甚至增强。这对于婴儿来说无疑是比较困难的，他们只能通过将身体从引起不愉快的物体旁移开，或是通过不断吸吮的方式，减少某些不愉快的情绪。接近1岁时，婴儿开始使用其他一些策略来减少不愉快的情绪，例如，摇晃自己的身体，用嘴咬东西，避开引起他们不愉快的人或事物。18—24个月大的婴儿开始有意控制那些让他们感到不舒服的人和物，而且，此时他们开始能处理一些挫折事件，例如，在等待食物、索要礼物、等待游戏的时候，他们能让自己把视线转移开(Grolnick，Bridges，& Connell，1996)。这个年龄的婴儿已经能用皱眉和抿嘴唇的行为来抑制自己生气或伤心的情绪了(Malatesta et al.，1989)。但是该年龄段婴儿还无法掩饰他们的恐惧情绪，因此，他们学会了一些可以有效引发照顾者注意和安抚恐惧的表达方式。

在婴幼儿阶段，孩子们掩饰情绪的能力也有发展。在3岁以前，婴幼儿就开始表现出一些有限的隐藏自己真实情绪的能力。路易斯等人(Lewis，Stanger，& Sullivan，1989)发现，撒谎说自己没有看过不允许他们看的玩具的3岁儿童，只显示出微妙的痛苦表情，他们有能力隐藏自己的真实情绪，以致成人无法从他们的表情中辨别谁真的没有看过，而谁在撒谎。

随着语言能力的发展，婴幼儿调节恐惧或其他消极情绪的能力逐渐增强。两岁的孩子可以进行言语交流，他们会同父母和其他照顾者谈论自己的感受，因此成人能更好地帮助他们应对消极情绪，例如，将儿童的注意力从不愉快环境中转移开，或者帮助孩子理解他们的恐惧、挫折和失望等消极经验。成人支持性的干预措施有利于婴幼儿学会有效调节自己的情绪，使他们以后也能自己通过转移注意力或用美好的想象来应对消极的情绪体验，也能够用更好的方式重新解释消极事件。总之，随着年龄的增长及心智的不断成熟，婴幼儿对情绪的有效调节能力逐渐增强，冲动性逐渐减少，稳定性逐渐提高，使他们能够更积极地应对挑战，和谐地与他人交往。

表5-3 婴幼儿情绪的发展[①]

年龄	情绪表达/调节	情绪理解
0—6个月	所有基本情绪出现；积极情绪的表达受到鼓励并更为经常地出现；通过吸吮和回避方式调节消极情绪	可以对快乐、愤怒、伤心等面部表情加以区分

① 劳拉·E·贝克著，吴颖等译：《儿童发展》，江苏教育出版社，2002年版。

续 表

年龄	情绪表达/调节	情绪理解
7—12个月	愤怒、恐惧和悲伤等消极的基本情绪更经常地出现;通过滚动、撕咬或远离令人不安的刺激物等方式对情绪进行自我调节	能更好地再认他人的基本情绪;社会性参照能力出现
1—3岁	出现自我意识情绪;通过转移注意力或控制刺激物的方式调节情绪	开始谈论情绪和掩饰情绪;社会性参照进一步发展;同情反应出现
3—6岁	出现了调节情绪的认知策略,并不断细化;对情感的掩饰以及对一些简单表达规则的遵守开始出现	开始从他人躯体动作中识别他人的情绪;对情绪产生的原因和结果的理解能力增强;移情能力更为常见

(三) 婴儿的情绪调节策略

到了18—24个月,婴儿开始谈论情绪,这些关于自己和他人情绪原因和结果的对话,大大促进了婴儿的情绪理解和情绪自我调节。与父母谈论情绪,有助于婴儿形成自我调节的认知策略。父母常用的一种方法是,让孩子把注意力集中在积极事件上(比如,在打预防针前,让孩子看墙上鲜艳的挂画),或者用其他方法帮助孩子理解惊吓、沮丧或失望等体验(Thompson,1994,1998)。

六、婴儿早期道德感的萌芽

所谓道德感是关于人的言论、行为、思想或意图是否符合人的道德需要而产生的情感体验。道德情感在道德品质中的重要地位虽然已经受到了心理学家的重视,但到目前为止,相关的研究资料还不多。不过,道德感是婴幼儿形成的较高级的情感体验,是儿童品德心理发展的基础。

(一) 早期移情能力的发生发展

如前所述,1岁的宝宝看到别的孩子哭,也会跟着哭,这是最早的移情反应,是高级道德情感产生的基础。所谓移情,就是指儿童在察觉他人情绪反应时所体验到的与他人共有的情绪,是理解和共享其他人感情的能力。

1岁或更小的孩子就已经具有区分别人情绪的能力,对周围人们高兴、愤怒和其他情绪都有不同的反应。在1岁半以后,儿童开始产生理想化了的客体表象、事件表象和行为表象。同时,儿童还获得了在特定情境里有关正确和错误行为的标准。这些都是儿童正在发展中的道德感的基础。

随着年龄的增长,移情能力也表现出个体差异。这与父母平时对孩子的教养方式有关。父母注重教导孩子观察自己的行为对别人情感的影响,并指导儿童听取他人观点,都有助于儿童移情能力的发展。

（二）其他道德感的萌芽

2—3 岁的儿童已经产生了简单的道德感。儿童在做某件事时,总伴随着成人这样或那样的评价以及肯定的或否定的情绪表现。如果事情跟儿童的标准相符,儿童就会微笑;反之,如果事情违反了标准,儿童就有可能产生焦虑或不安。这种焦虑和不安的产生,就是由于婴幼儿正在发展的推理因果关系的能力。例如,一个 21 个月大的孩子看到另一个孩子正在哭,就立即想到这个孩子一定是饿了或者受伤了。当儿童面对一个破损的玩具或少了纽扣的衬衫时,他们可能会推断,这些缺陷不是该物体原来就有的,而是因为某样东西或某个人引起的。这些现象说明,两周岁的孩子已经能够关心那些违反他们标准的事情,而且能假定它们是由某种外部力量造成的了。儿童不仅注意客体的缺陷,而且还可能会对这些缺陷表示担心。他们已形成了内在的标准和观念来判断有关事物的"正确"或"错误"。

与此同时,两周岁左右的婴儿在无法适应别人强加的行为标准时,也可能会表现出不安。婴儿表现出的最初的道德感与他们对父母标准和评价的内化有关。如果父母对儿童违反标准的行为,例如,侵犯他人、弄脏衣服等,给予过惩罚,那么,由此产生的情感体验就会迁移到他们以后的自我评价中。

总之,两岁的儿童已经开始把自己或他人的行为或事件评价为好的或坏的了,当发生的某事件与他们的标准不相符合时,他们常常会显得苦恼。来自不同文化背景的年幼儿童都具有这种能力,这可能是两岁左右儿童认知发展的结果。在成人的教育下,两三岁的儿童已经出现了最初的爱与憎。这时的儿童虽然还不理解为什么某件事不能做、某件事应该做,但是成人的评价与情绪表现已经使他产生了关于相应事件的情感。不过,此时的道德感体验还不是儿童自觉、主动的体验,因此,只能说,这一年龄阶段的儿童道德感开始萌芽了。

第三节 早期亲密关系的建立与发展

儿童出生后,第一个交往最频繁的对象就是母亲或其他照顾者。不少心理学家都认为,儿童早期与照顾者之间形成的情感关系的质量,会影响儿童日后的发展。在这种关系基础上,婴儿逐渐开始了与同伴的互动。以下就从这种特殊的人际关系开始展开讨论。

一、依恋的概述

（一）什么是依恋

依恋是婴儿寻求并企图保持与另一个人亲密的身体接触的倾向。尽管婴儿一出生就能向别人传达他们的感受,但是当他们和照顾者之间建立起情感的依恋关系之后,他们的社会生活就会发生巨大的变化。依恋主要表现为啼哭、笑、吸吮、喊叫、咿呀学语、抓握、身体接近、偎依和跟随等行为。

依恋是婴儿与照料者之间一种积极的、充满深情的感情联结。它对于激发父母和其他照顾者对孩子更精心地照料,对形成婴儿最初对他人的信任、克服不信任的个性品质都有着非常重要的影响。

(二) 亲子间的依恋是相互的

心理学家鲍尔比强调,父母与婴儿的关系是一种相互的联系:婴儿对父母产生了依恋,父母同样对婴儿也会产生依恋。而且,父母形成的这种亲密的情感联系,早在他们的宝宝出生之前便已经出现了。所以我们经常能看到准爸爸、准妈妈们一脸幸福地谈论自己尚未出生的宝宝,为宝宝制订出生后一连串的完美人生计划,每每感觉到胎儿的蹬、踢或从听诊器中听到胎儿心跳时,他们的喜悦就溢于言表。当然,真正的情感依恋是在父母和婴儿最初几个月的交往互动中逐渐形成的。

(三) 亲子互动的同步化与依恋的建立

在出生后的头几个月中,婴儿和照顾者建立起的同步化互动模式对依恋的形成有重要作用。例如,如果照料者对婴儿细心照顾,在婴儿觉醒和注意力集中时提供有趣的刺激物,而在婴儿过度兴奋或感到困倦、变得烦躁不安时,能立即撤走刺激,给婴儿自由独处的时间和空间,那么,亲子间健康、积极的依恋关系就可能得到健康发展。这便是同步化的互动模式,有人将其比喻成一种"舞蹈"。

斯腾(Stern,1977)认为,婴儿与其照顾者的协同性交往在一天中会重复出现。这对于情感依恋尤为重要。婴儿在和一个及时反馈的照顾者的互动中,能知道这是怎样一个人,他会如何调节自己的注意力。当然,照顾者对婴儿的信号的理解也更准确,知道该如何调节自己的行为来吸引和维持婴儿的注意。婴儿和照顾者在日常生活的不断实践中,逐渐成为更协调的"舞伴",同时双方对这种关系也更为满意,并最终形成强烈的相互依恋。

专栏 5-3   **刚出生后,是建立依恋的敏感期吗?**[1]

早在 20 世纪 70 年代初就有研究者认为,出生后的第一个小时是建立亲子依恋关系极其特殊的敏感期。在这段时间里,母亲与新生儿应有皮肤贴皮肤的身体接触,这样才能形成母亲对孩子的最佳的情感。

---

[1] Lise Eliot. Ph. D. 著,薛绚译:《小脑袋里的秘密》,汕头大学出版社,2003 年版。

最初的研究曾经提出一些有力的证据，证明早期的接触可以增进母亲的各种育儿技巧和孩子的认知能力。但到了20世纪80年代之后，随着学界对所谓敏感期概念的质疑，这些先前的证据几乎都经不起进一步的检验。研究者认为，亲子之间并没有出生后瞬间的相吸作用，父母与孩子之间的依恋关系是在孩子出生后第一年或几年里逐渐建立起来的。

尽管我们还无法证明，及早的母子接触是建立亲子依恋关系的必要条件，但是这样做无疑是有益无害的。所有相关研究都认为，初期的接触确实有益于培养亲情和育儿技能。如今许多母亲也认为要尽量增加与新生儿皮肤接触的机会，并赞同推行母婴同室。这些观念和政策上的转变无疑能使婴儿在生命的头几个小时就开始受益。

二、依恋的发展

依恋不是突然出现的。虽然父母们可能在婴儿还未出世时，就已经形成了对婴儿的依恋，但是，婴儿对父母的依恋则是一个逐渐形成的过程。根据鲍尔比（Bowlby，1969）的理论，依恋行为经历了四个发展阶段。

第一阶段（0—3个月）：前依恋期（对人无差别反应的阶段）。这个时期婴儿对人的反应几乎都是一样的，哪怕是对一个精致的面具也会微笑。他们喜欢所有的人，最喜欢注视人的脸，见到人的面孔或听到人的声音就会微笑，以后还会咿呀"说话"。

第二阶段（3—6个月）：对人有选择反应的阶段。这时，婴儿对母亲和他所熟悉的人的反应与对陌生人的反应有了区别。婴儿在熟悉的人面前表现出更多的微笑、啼哭和咿咿呀呀。对陌生人的反应则明显减少，但依然有这些反应。

第三阶段（6个月—3岁）：积极寻求与专门的照顾者接近的阶段。婴儿从六七个月起，对依恋对象的存在表示深切的关心。当依恋对象离开时，就会啼哭，不让其离开；当依恋对象回来时，会显得十分高兴。只要依恋对象在婴儿身边，他们就能安心地玩、探索周围的环境，仿佛依恋对象是自己的安全基地。同时，对陌生人的态度变化也很大，大多数婴儿会产生怯生。

第四个阶段（18个月—两岁后）：交互关系形成阶段。到两岁左右，随着语言与表征能力的发展，婴儿能更好地理解父母的行为，理解他们离开或出现的原因，他们已经能洞悉父母的情感与动机、预测父母的行为。在这个阶段，婴儿已拥有对依恋对象的持续反应系统。

沙佛等（Schaffer & Emerson，1964）以一群苏格兰婴儿为研究对象，进行了近两年的追踪研究。他们的研究发现，婴儿与照顾者依恋关系的发展经过下列几个阶段：

第一阶段：无社会性阶段（asocial stage）（0—6周）。这个阶段，婴儿是"非社会性"的，许多社会性的和非社会性的刺激都可引发孩子的快乐反应。在这个阶段的末期，婴儿开始表现出对社会性刺激的偏爱。

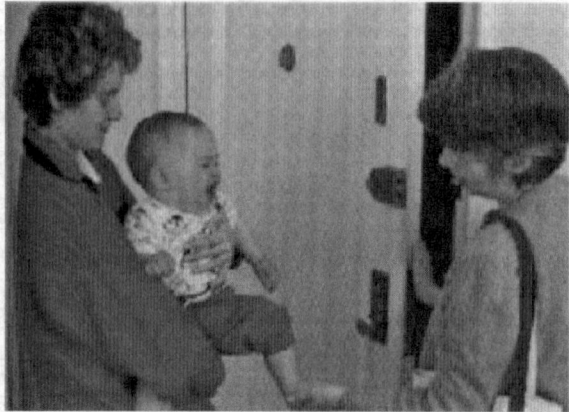

图 5 - 2　母亲的离开让这个 1 周岁的婴儿非常焦虑[①]

第二阶段：未分化的依恋阶段（stage of indiscriminate attachment）（6 周—6、7 个月）。在此阶段，婴儿开始非常喜欢有人为伴，他们对着人微笑的次数多于对仿真玩具（如会说话的玩偶）微笑的次数，而且任何人都能引发他们的笑（Ellsworth, Muir, & Hains, 1993）。虽然 3—6 个月大的婴儿已经能把最灿烂的微笑只留给自己最亲密的依恋对象（妈妈），而且也已经开始更容易被熟悉的照顾者安抚，但是他们还是显得对任何人都很感兴趣，很享受他人对自己的注意，无论这个注意来自谁（包括陌生人）。

第三阶段：分化的依恋阶段（stage of specific attachment）（7—9 个月）。在这个阶段，婴儿已经与某个特定对象（一般是母亲）建立了稳定的一对一的依恋关系，在与母亲分离时，婴儿开始表现出抗拒行为。这时期婴儿已经能爬了，他们常常缠着母亲，在母亲回来时热情地欢迎。这时婴儿才首次建立了真正的依恋。

第四阶段：多重依恋阶段（stage of multiple attachment）。多数婴儿在形成最初的依恋关系后，便和其他照料者也建立起次级依恋关系。到 18 个月时，很少有婴儿只对一个人产生依恋，有的婴儿会同时有 5 个甚至更多的依恋对象。此时可以放心地让婴儿进入托幼机构了，原因就在于多重依恋阶段的婴儿已经能够对多人形成依恋关系，包括父母、照顾者和托幼机构的老师、保育员等，他们不再只黏着某个特定对象了，虽然这个对象对孩子来说仍然是他们生命中最重要的人。

虽然依恋发生的时间有很大的个体差异，还有文化差异，但依恋发展的模式基本是一致的。

三、依恋的理论

依恋是如何产生的？是天生固有的还是后天获得的？对这个问题的回答至今还存在争议。

[①] Alison Clarke-Stewart & Joanne Barbara Koch: *Children Development Through Adolescence*, John Wiley & Sons, 1983.

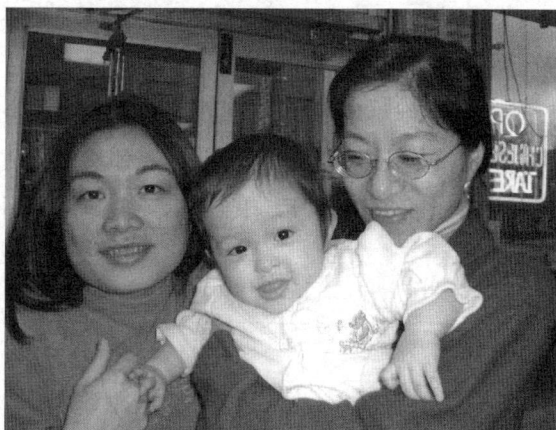

图5-3　18个月后，孩子开始能与多个照顾者建立
依恋关系

下面介绍四种重要的依恋理论，即习性学理论、精神分析理论、社会学习理论和认知理论，这些理论分别从各自角度对依恋进行了解释。

（一）习性学理论——我可爱，故爱我

以英国精神病学家鲍尔比(John Bowlby，1969，1980)为代表的习性学理论认为，依恋是一套本能反应的结果。这些本能反应对种系的保护和个体的生存有着极为重要的意义。正是婴儿的微笑、抓握、哭闹、跟随等行为表现，引出了母亲或者其他照料者对孩子的兴趣和爱护行为，同时也通过这种交往加强了婴儿与成人之间的联系与接触。

动物习性学家关于依恋的观点，最初是受到动物实验的启发而提出的。劳伦兹(Lorenz，1937)在初生的小鹅身上发现了跟随反应，即初生的小鹅通常会跟随任何一个它最先看到的移动着的物体，并紧跟其后，无论对方是鹅妈妈还是鸭子甚至是人类(见图5-4)。他将这种现象称为"印刻"(imprinting)。劳伦兹认为：印刻是自发的——小鹅不用教导就会跟随；印刻只在小鹅孵出

图5-4　小鹅跟随着劳伦兹，就像是跟随自己的妈妈一样[1]

---

[1] 劳拉·E·贝克著，吴颖等译：《儿童发展》，江苏教育出版社，2002年版。

后一段短暂的关键期内产生；印刻是不能改变的，小鹅一旦开始跟随某一特定的物体，它将永远依恋于那特定的物体。

劳伦兹认为，印刻是一种具有适应性的反应，幼鸟如果停留在母亲身旁，它们就能得到食物和保护，就更可能生存下去。离开母亲到处乱走的幼鸟，很可能会饿死或被掠夺者捕食，而无法将它们的基因传给下一代。所以经过许多世代后，印刻的反应就成了一种预设的、能使幼鸟依恋于母亲的天性而保留下来。

图 5-5 很多物种的婴儿都有"丘比特娃娃效应"，这使得他们看起来更可爱，从而引起照料者的关爱[①]

人类的婴儿虽然没有表现出小鸟所表现出的"印刻"现象，但婴儿除了拥有一些能获得爱和关注的反射行为（如哭、笑）外，劳伦兹指出，婴儿（包括其他一些哺乳动物的幼仔）的脸部特征具有所谓的"丘比特娃娃效应"（宽阔的前额、红红的脸蛋、娇嫩和胖乎乎的身体）（见图 5-5）。这些特征使他们看起来特别可爱，更有利于婴儿从他人那里获得积极的注意，从而促进其社会依恋的形成。

动物习性论者除了强调婴儿早期的社会性信号——哭、笑、跟随行为等在依恋形成中的作用，他们还把依恋看成是由照顾者和婴儿双方共同协调发展起来的双向互动。在正常的环境下，就像婴儿本能地发出某些信号那样，成人也会本能地对这些信号作出积极的、充满感情的反应。总之，习性学论者认为，人类在进化过程中获得了在婴儿和照顾者之间相互喜欢并建立亲密依恋的本能，这让婴儿（以致整个种族）得以生存。

---

① 劳拉·E·贝克著，吴颖等译：《儿童发展》，江苏教育出版社 2002 年版。

但是这并不意味着依恋能自动产生。习性论者认为,当父母能够越来越准确地理解和回应婴儿发出的信号时,婴儿也慢慢了解了他的父母是什么样的人,他能够如何控制他们的行为,在这个过程中,安全的依恋关系逐渐形成。如果婴儿无法从反应迟钝的照顾者那里获得积极反馈的话,婴儿本能地发出信号的能力就会减弱。鲍尔比虽然相信,人类在生理上对亲密依恋的模式有所预设,但他同时强调,安全情感联系的建立需要婴儿和照料者双方共同去学习如何对对方的行为作出适当反应。

(二)精神分析理论——你喂我,所以我爱你

精神分析理论强调婴儿在与能够满足其生理需要的对象保持接触时投入具有性特征的能量"里比多"的重要性。按照精神分析理论,出生后的头两年,口唇部位是满足本能需要的源泉。由于母亲为婴儿提供食物,于是母亲便成为与满足需要相联结的对象,也自然成了依恋的对象。

精神分析理论的代表人物弗洛伊德十分强调喂食方式、大小便训练方式和时间对依恋发展的影响。但是至今尚未有足够的证据表明,养育方式的不同会造成不同的依恋类型和依恋强度。

而在艾里克森看来,从出生到两岁,是建立基本的信任感、克服不信任感的重要阶段。母亲在照料婴儿时,婴儿的生理需要得到了满足,体验到了身体的康宁,产生了安全感,就会把母亲的爱和其人格品质加以内化,并把自己的感情投射给母亲,这就在最初阶段建立了信任感和对母亲的依恋。这样的孩子将来在社会上可能成为易于信赖和满足的人。

(三)社会学习理论——有利益,才有爱

社会学习理论与精神分析理论一样,都十分重视喂食在依恋形成中的作用。按照社会学习理论的观点,由于养育者总是与满足婴儿的食物需要联系在一起,减少了饥饿这个基本的内驱力,从而使养育者与需要的满足相联系而具有了二级强化物的特征。于是,婴儿只要有生理的需要就会指向母亲,对母亲的依恋就这样形成了。在社会学习理论看来,依恋是一组通过学习获得的行为。但动物心理学家哈洛(Harry F. Harlow,1958)并不同意对依恋行为的这种解释。

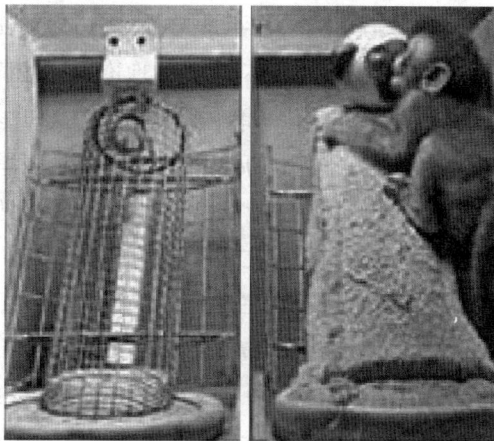

图 5-6 哈洛的罗猴实验[1]

哈洛设计了这个别具一格的罗猴实验。哈洛先前在研究灵长类动物学习问题时,偶然发现一些小猴与母猴隔离后,虽然身体上并无疾病,但行为上却出现了一系列异常的现象。同时他还

① Laura E. Berk: *Infants, Children, and Adolescents*, Pearson Education Inc. ,2005.

发现,这些被隔离的猴子对放在笼内的一些粗布织物变得十分依恋。之后在走访孤儿院的时候,哈洛同样发现那里的孤儿都很可怜地蜷缩在角落里。

为了解释这一现象,哈洛设计了下列实验。他制作了两种假母猴以代替真母猴。一个是由金属丝构成的圆筒,称为"金属母猴";另一个是在圆筒外面盖上一层柔软毛巾的"布母猴"。这两个假母猴都装有可供幼猴吸吮的奶瓶。笼子的设计可让幼猴在两个"母猴"间自由选择。实验的结果表明,无论布母猴是否供应食物,幼猴除了吃奶时间外,大部分时间都是与布母猴在一起度过的。哈洛把一只大的发条玩具熊放进笼内,更有趣的现象发生了。由布母猴抚养的幼猴立即逃到布母猴那里,紧紧抓住它,过一段时间,它还会大着胆子去探索这个不速之客。而由金属母猴抚养的幼猴一看到这个"怪物",不是逃向"母猴",而是猛力地想把那怪物推开,或者靠着笼子摩擦身体。为了测定幼猴与两种代理母猴的依恋程度,哈洛把幼猴与代理母猴分离一段时间,然后再放回原处。结果,由布母猴抚养的幼猴回到原处时似乎感到了一种安慰,又紧紧地抱着布母猴,表现出对布母猴持续性的依恋,而由金属母猴抚养的幼猴并无类似的表现,也并未因见到"母亲"而安静下来。

在这个实验中,两种代理母猴提供的其他抚养条件都相同,唯一不同的是布母猴被披上了一层柔软的布。于是哈洛推断,身体接触的舒适感比食物对依恋的形成起着更重要的作用。

现在,社会学习理论已经不再只是强调喂食的重要性。他们认为,照料者与婴儿接触时为婴儿提供了触觉的、视觉的、听觉的刺激,这些刺激逐渐成为婴儿最重要的、最可信赖的刺激,于是照料者便成了依恋的对象。

(四) 认知理论——我爱你,因为我熟悉你

跟前述三种理论不同,认知理论并不强调满足需要的动机在依恋形成中的作用。认知理论推测,婴儿在产生依恋前必须具有某些认知能力。首先,婴儿必须学会区分环境中不同的人。若缺乏这种认知能力,将周围的人都看成是同样的,那么,婴儿既不能发展对某个人的依恋,也不会在见到陌生人时感到害怕。其次,婴儿必须具备客体永久性。当他所依恋的对象不在眼前时,他知道这个对象仍然存在,并期望他重新出现。分离焦虑的产生特别依赖于这种能力。

尽管这四种理论在许多方面存在差异,但是它们各有所长。显然,对于人类的依恋行为,早期的喂养行为并不像精神分析学家所认为的那样重要,但该理论强调了母婴互动对理解婴儿依恋形成的重要意义。社会学习理论家正是受到这样的启发,指出照料者对婴儿情感发展具有非常重要的作用。习性学家也对此表示赞同,但还认为在依恋形成过程中婴儿也是积极的参与者,他们本能的行为有利于互动过程中产生依恋。而认知理论者的贡献在于,他们指出了依恋形成与婴儿的认知发展水平之间的关系。因此,不能绝对地认定哪个理论是正确的,哪个理论是错误的,每一种理论都从不同侧面帮助理解婴儿是如何同最亲密的照料者建立起依恋关系的。

四、依恋类型及其测量

婴儿与照料者建立的依恋关系在质量上存在差异。有的婴儿和照料者在一起时显得相当放

松和有安全感，好像对环境很有控制感，而有的婴儿则显得很焦虑，对将要发生的事件好像没有把握。为什么依恋存在个体差异？早期依恋的质量又会对孩子今后的发展有何影响？要回答这些问题，研究者们必须首先对依恋的类型进行测量。

（一）对于婴儿依恋类型的测量——陌生人情景测试法

艾斯沃斯等人（Ainsworth et al.，1978）发展了评价婴儿和母亲依恋关系的一种方法：陌生人情境（strange situation）（见图 5－7）。这种陌生人情境是一种标准化了的方法，能够检验婴儿与母亲建立的依恋类型，因而被广泛应用于许多国家 12—24 个月婴儿的相关研究中。整个情境包括以下片段：母亲和婴儿在房间里，婴儿自由玩耍或探索 3 分钟；陌生人进来，站在那儿 1 分钟，和母亲说话 1 分钟，蹲到地板上和婴儿玩 1 分钟；母亲离开，陌生人和婴儿玩，然后找机会离开，共 3 分钟；母亲返回，陌生人趁机离开，母亲安慰婴儿，然后坐在旁边 3 分钟；母亲离开，婴儿独自待 3 分钟；陌生人进来，试着安慰婴儿，然后找机会离开，共 3 分钟；母亲返回，陌生人悄悄离开，母亲安慰孩子，坐下（片段结束，共 20 分钟）。这些情境模拟了几种自然情景：有玩具时母亲与婴儿的互动（观察婴儿是否将照料者当作探索的安全基地）；暂时和母亲分离，陌生人进入（这往往让婴儿感到不安）；与母亲重聚（关注不安的婴儿是否会从照料者那里获得安慰，重新开始玩耍）。通过对婴儿在这些场景中的反应，可以将他们的依恋类型分为以下四种：

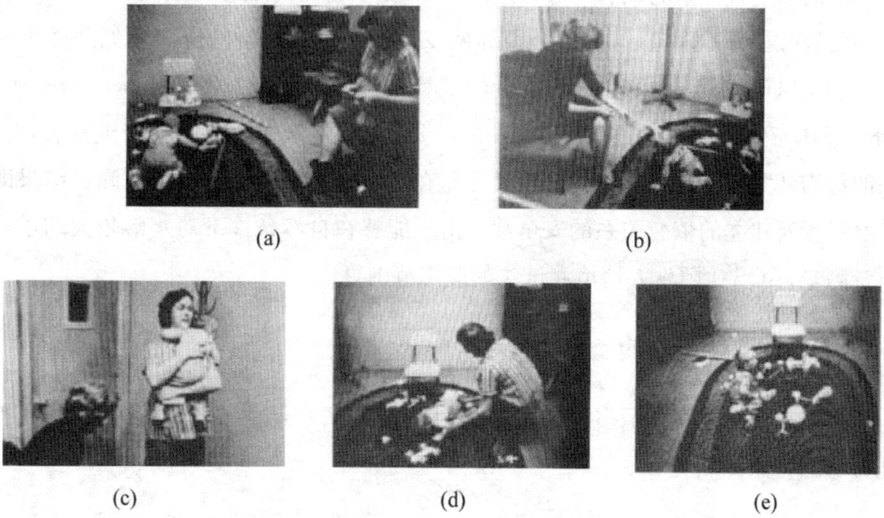

图 5－7　陌生人情境[①]

（1）安全型依恋。这类婴儿与母亲在一起时会独自探索，母亲离开会引起他们明显的不安。当母亲返回时，他们对母亲有温暖的回应。如果母亲在场，他们对陌生人很随和大方。如果感到

① Alison Clarke-Stewart & Joanne Barbara Koch: *Children Development Through Adolescence*, John Wiley & Sons, 1983.

很压抑,那么这类婴儿常常会寻求身体接触来缓解压力。

(2)抗拒型依恋。这类婴儿在母亲要离开之前总显得很警惕,有点大惊小怪。如果母亲要离开,他们就会表现出极度的反抗。但是与母亲在一起时,又无法把母亲作为安全的探索基地。这类婴儿见到母亲回来,就寻求与母亲的接触,但同时又反抗母亲的主动接触,似乎在责怪母亲的离开。这类婴儿对陌生人保持相当的戒备,甚至当他们的母亲在场时也不例外。

(3)回避型依恋。对这类婴儿来说母亲在不在无所谓。母亲离开时他们并无特别紧张或忧虑的表现,母亲回来时他们往往也不予理会,有时也会短暂地欢迎母亲的到来。这类婴儿接受陌生人的安慰就像接受母亲的安慰一样。实际上,这类婴儿并未形成对人的依恋,所以也有人称之为"无依恋的儿童"。

(4)组织混乱/方向混乱型依恋。婴儿在陌生人情境中表现出混乱和无目标,没有一个清晰的行为模式,对分离后的重逢经常有一些不一致的、古怪的行为反应。在美国有5%—10%的婴儿在陌生人环境中表现出极度的压抑,这种类型可能是最不安全的。这个类型混合了抗拒型和回避型依恋的模式,因而这类婴儿似乎对于要接近还是要回避照顾者显得犹豫不决(Main & Solomon,1990)。当母亲回来时,这些婴儿看起来不知所措。

(二)对于儿童依恋类型的测量——依恋 Q 分类法

以上介绍的陌生人情景测试法一般只适用于 1—2 岁婴儿的依恋类型测试,而对两岁以上儿童依恋类型的划分却并不理想,这主要是因为两岁以上儿童对短暂的分离和见到陌生人已经习以为常了。于是出现了另一种测量依恋质量的工具——依恋 Q 分类(attachment Q-sort,AQS)。依恋 Q 分类适用于 1—5 岁的儿童,测试中一般需要父母或一名受训人员担当观察者,对 90 种与依恋有关的行为从"很符合"到"很不符合"对儿童在家庭中的表现加以评分。测量结果即可表明儿童与其照料者所建立的依恋关系的安全性。由于能够在自然条件下对年龄较大的学前儿童进行依恋质量测量,AQS 比陌生人情境测试法的应用范围更广。

五、形成安全依恋关系的条件

影响依恋安全性的因素可谓多种多样,这里主要介绍两个最重要的影响因素,即抚养者的特点与婴儿自身的特点。

(一)抚养者的特点

安全的依恋关系来自婴儿的安全感,因此要让婴儿与照顾者建立安全的依恋关系,照顾者就要给婴儿提供安全感,即母亲的抚养行为要有敏感性。所谓敏感性,就是照顾者对婴儿的需求作出及时的、一致的和适当的反应,并温柔地、小心地拥抱和抚摸他们。不安全型依恋的婴儿,他们的母亲较少给予他们身体接触,"例行公事"似地抱孩子,态度消极而冷漠。

照顾者抚养行为的敏感性表现在母婴交流的同步互动中。同步化被描述为敏感协调的"情绪之舞",抚养者对婴儿作出适宜的、有节奏的、适当的反应,和婴儿保持相互配合的情绪互动。例如,一位敏感的母亲在看到小宝宝兴奋地摇摆时,热情地说"宝贝";当小宝宝牙牙学语看着妈妈时,这位母亲又会微笑并和她讲话;当小宝宝惊乱和哭泣时,母亲会轻轻地抚摸并用话语安慰,这时母亲并未去主导孩子的注意。

母亲和婴儿早期敏感的"脸对脸"游戏能帮助婴儿控制情绪,敏感的母亲在这时会表现出与婴儿同步化的反应。但是,亲子间适当的互动比"紧密"的互动关系能更好地预测依恋的安全性。可能温柔敏感的抚养者会使用放松的、灵活的交流方式。在这种交流中,抚养者能宽容地接受并调整错误的情绪互动,使之恢复到同步的状态。

与安全型依恋的婴儿相比,回避型依恋的婴儿接受的是过分的刺激和打扰式的抚养。例如,当他们转脸或睡觉时,他们的母亲可能还会兴奋地跟孩子讲话。为了回避母亲,他们表现出逃避的反应。抵抗型依恋的儿童通常接受不一致的抚养,他们的母亲对他们发出的信息不予回应。但是当婴儿开始探索时,这些母亲又会干预婴儿,让婴儿的注意力转移到自己这里。因此,婴儿在母亲缺少参与的情况下表现出明显的依赖和生气。

当抚养行为出现问题时,婴儿的依恋行为就会受到破坏。对儿童的虐待和忽视就与不安全依恋有关。在受虐待的婴儿中,组织混乱/方向混乱型依恋的占比尤其高。遭受痛苦事件,例如,失去所爱的人,母亲和父亲的沮丧也可能激发这种不确定的行为模式。观察表明,这些婴儿的母亲会表现出矛盾的、不愉快的行为。例如,看起来很不愉快,经常嘲笑或者取笑甚至吓唬婴儿,或者呆板地抱着婴儿。婴儿的无组织行为似乎反映了他们对有时安慰他们有时又会引起他们恐惧的父母的矛盾反应。

(二)婴儿的特征

依恋是建立在母婴之间的关系,婴儿个性会影响这种关系的建立。早产、患有出生并发症或其他疾病的新生儿都会使抚养工作变得更加繁重,特别是在充满压力、贫穷的家庭里,这些困难不利于安全型依恋关系的建立。但是当父母有时间和耐心满足婴儿的特殊需要,并对婴儿有积极的态度时,这些新生儿也能与父母建立健康的依恋关系。

婴儿的气质也是影响依恋关系的重要因素。一些研究者发现,具有易怒和抑制气质的婴儿,可能对短暂分离表现出强烈的焦虑,无论他们父母的抚养行为是怎样的。情绪反应消极的困难型婴儿更可能发展出不安全型依恋。

但是研究也表明,抚养者能超越婴儿的先天特征对依恋安全性的影响。他们会根据婴儿的气质调节自己的抚养行为,以达到最佳"适配性",因此即便是困难型的婴儿也能发展出最安全的依恋关系。由此可见,很多婴儿都能与抚养者发展安全的依恋关系,只要抚养者调节他们的行为以适合婴儿的特点和需求。但是当一个父母这样做的能力受到限制时,那么生病、残疾和困难型气质的婴儿就会面临依恋问题。

（三）多重依恋——父亲的特殊角色

除了母亲以外，婴儿在18个月以后还能与其他熟悉的人建立依恋关系，如父亲、兄弟姐妹、祖父母以及托幼机构的保育员或是专门的抚养者。鲍尔比认为，婴儿倾向于向一个特定的人寻求安慰，尤其当他们沮丧时。当一个焦虑、不高兴的1岁孩子要在母亲和父亲之间选择一个安慰者和安全感的来源时，婴儿通常会选择母亲，这种偏爱在第二年后减少。依恋对象的丰富使婴儿的情感生活和社会生活丰富起来。

和母亲的敏感抚养一样，父亲抚养的敏感性也预示了婴儿安全型依恋关系的建立——他们与婴儿相处的时间越多，这个作用越强烈。抚养1—5岁婴儿的全职父亲们表示，当与婴儿分离时，他们具有的焦虑感和母亲一样，他们和母亲一样关心这些日常分离对婴儿产生的影响。

父亲和母亲在抚养婴儿的过程中，对待婴儿的方式是不同的。母亲花更多的时间照顾婴儿的身体，表达对婴儿的感情，而父亲则会花更多的时间与婴儿玩游戏——这是一个他们与婴儿建立安全型依恋的重要情境。母亲更多地向婴儿提供玩具，和婴儿交谈并参与传统的游戏；而父亲倾向于参与更有刺激性的、大幅度的身体弹跳和举起游戏。父亲为孩子提供了大量的刺激，在和儿子的互动中更是如此。

然而，这种"母亲作为抚养者，父亲作为玩伴"的模式在现代社会的一些家庭中正在悄悄地发生变化，这与女性社会地位、职业生涯的变化有关。研究发现，在职母亲比专职母亲更多地参与婴儿的刺激游戏，而他们的丈夫也会更多地参与抚养。当父亲是主要抚养者时，他们依然保持刺激的游戏风格。这些更多参与抚养工作的父亲没有传统的性别观念，而且具有同情心和积极友好的个性品质。他们年幼的时候，他们的父亲可能也参与了对他们的抚养，他们将父子关系看作丰富的、有意义的经历。

父亲抚养婴儿的行为受很多因素影响：当怀孕是有准备的、有计划的，而不是突然的、意外的，当父母都认为男人也能抚养婴儿时，父亲对抚养婴儿投入得最多；温暖、悦人的婚姻关系也会支持父母对抚养孩子的敏感性和参与性，这对父亲可能更重要。父爱在儿童发展中起着重要作用（见专栏5-4）。

专栏5-4　父亲的温暖在儿童发展中的作用

研究表明：父亲的温暖对儿童长期的社会性发展有极大的影响。在对多个社会和种族的研究中，研究者将父亲养育行为中的"爱和温暖"编码为拥抱、安慰、游戏、用语言表达爱，以及表扬儿童等行为。研究发现，父亲持续的关爱对儿童以后认知、情绪和社会能力发展有重要影响，这种影响有时比母亲还重要。父亲的温暖还将保护儿童避免遭遇一系列问题，包括儿童时期的情绪和行为问题、青少年药物滥用和青少年犯罪。

在父亲不能花很多时间照顾孩子的家庭里,他们会通过游戏来表达对孩子的关怀。研究(Berk,2005)表明,父亲的游戏敏感性(即接受儿童的游戏邀请,改变自己的游戏行为来适应儿童的能力,对儿童的情绪表达作出适当的反应)预示了孩子在儿童中期和青少年期安全型依恋的内部工作模式。通过游戏刺激,父亲似乎传递给年幼儿童一种在探索周围环境时和与父亲的关系中的自信,这种自信能提供他们从容应对今后挑战的能力。

是什么因素促进了父亲对孩子的关爱? 跨文化研究表明,在父亲陪婴儿所花的时间与他们对孩子表达抚养和关爱的行为之间存在一致性的关系。此外,夫妻关系的紧密程度也与父亲对抚养行为的参与有关。例如,在非洲的一个叫阿卡的狩猎部落里,父亲与孩子在身体接触方面所花的时间比我们所知道的世界上任何国家或地区的父亲都要多。观察表明,阿卡部落的父亲一天中大部分时间都陪在孩子的周围。他们抱着、拥着孩子,和孩子一起玩的时间至少比其他狩猎社会的父亲多 5 倍(Berk,2005)。为什么阿卡父亲如此投入? 人类文化学家认为,原因是,在阿卡部落,夫妻关系通常是和谐的、亲密的。一天当中,夫妻大都一起打猎、准备食物、参加社会活动和休闲活动。阿卡夫妻在一起的时间越长,父亲对孩子的爱就越深。

图 5-8 新的一代父亲不再认为照料孩子完全是妇女的工作。他们非常了解孩子在感情方面的需求,并能积极、敏感、亲切、主动地满足这些需求。同时父亲在照料孩子的过程中往往还充当着特殊玩伴的作用①

---

① David R. Shaffer：*Social and Personality Development*，Wadsworth，2005.

六、依恋与日后发展

无论是精神分析学派还是社会生态学观点都认为,婴儿从安全型的依恋关系中所获得的温暖、信任和安全感为其日后心理健康发展奠定了基础,而非安全型依恋的孩子将来的发展可能会面临危机。以下,我们就讨论早期依恋与日后发展的关系。

研究表明,那些和依恋对象建立起安全的依恋关系的婴儿,很可能会有更好的发展。在 12—18 个月内与母亲建立了安全型依恋的婴儿,在两岁时会表现出更好的问题解决能力。他们喜欢参与更复杂、更具创新性的象征性游戏,拥有更多的积极情感和较少的消极情感,在同龄人中更受欢迎。而那些依恋关系为组织混乱/方向混乱型的婴儿,在学前期和学龄期可能表现出更多的敌意和攻击行为,并可能被同龄人排斥。

(一) 早期亲子关系与日后发展的追踪研究

许多对安全型和非安全型依恋儿童的长期研究都得到了类似的结论。埃维瑞特·沃特等人(Park & Waters,1989)曾作过一项追踪研究。研究者首先测量了这些孩子在 15 个月时的依恋品质,然后,在他们 3 岁半时,观察他们在托儿所里的表现。结果发现,15 个月时和母亲建立起安全型依恋关系的婴儿到 3 岁半时已成了班级中的领导者,他们常常是游戏的发起者,对同伴的需求和情绪十分敏感,受到同伴的欢迎。观察者发现这些孩子好奇心强,喜欢学习,自主性也较高。与之相反的是,那些 15 个月时依恋关系为非安全型的婴儿,3 岁半时在情感和社会性方面都比较退缩,不怎么愿与同伴一起玩。这类孩子好奇心也不是很强,对学习也不感兴趣,对自己所追求的目标没有很强的动力。对这些被试在 11—12 岁以及 15—16 岁时再次进行追踪研究同样发现,与非安全型依恋的儿童相比,安全型依恋的儿童具有更强的社会技能、更好的同伴关系,更有可能获得亲密的朋友。与母亲建立非安全型依恋关系的孩子,在青少年期同伴关系较差,朋友也相对较少,还可能有更多的偏差行为和其他心理问题。

可见,依恋质量会对儿童的日后发展带来深远的影响,其中一部分原因在于与他人依恋关系模式具有一定的稳定性。

(二) 依恋的质量影响日后发展的理论假设

为什么早期的依恋类型会如此稳定,并对儿童日后的发展产生如此深远的影响呢? 对此,社会习性学家鲍尔比等(Bowlby,1969,1988;Bretherton,1985,1990)提出了一种有趣的解释。他们认为,婴儿在同照顾者的不断交往中形成了一种内部工作模式(internal working model),即对他人和自我的一种认知表征,用以解释事件和形成对人际关系的期望。积极、敏感、有回应的照顾会使婴儿认为他人是可以依靠的(积极的他人工作模式),而不敏感、忽视甚至虐待的照顾方式将导致婴儿的不安全感和信任的缺乏(消极的他人工作模型)。虽然这些提法类似于艾里克森早期提出的"基本的信任"的概念,但社会习性学家们对此有进一步的拓展,他们提出,婴儿还会发展出一种针对自我的工作模型,这种工作模型在很大程度上是基于他们在需要的时候能否吸引他人关注和寻求他人安慰的能力。所以,如果照顾者能够及时、恰当地回应婴儿寻求关注的需要,婴儿就会相信"我是可爱的"(积极的自我工作模型),而如果照顾者经常忽视或误解婴儿发出的信号,那么婴儿就会认为"我是讨人厌的"(消极的自我工作模型)。这两种模型相互结合,影响婴儿的依恋质量,也影响婴儿对未来人际关系的期望。表5-4 具体描述了各种内部工作模式组合情况下产生的四种亲密关系类型(Bartholomew & Horowitz,1991)。

表5-4　积极或消极的自我和他人工作模式相结合产生了四种亲密关系类型

		自我工作模式	
		积极	消极
他人工作模式	积极	安全型 (安全型依恋)	过度型 (抗拒型依恋)
	消极	消极型 (回避型依恋)	恐惧型 (组织混乱/方向混乱型依恋)

从表中我们可以看出,建构起积极的自我和他人工作模式的婴儿,形成了安全型的依恋。他们对将要面对的挑战充满自信,更可能与未来的伴侣或朋友建立起安全和相互信任的关系。相反,积极的自我工作模式和消极的他人工作模式的结合,可能使婴儿形成回避型的依恋,对重要的情感关系感到默然。而消极的自我工作模式和积极的他人工作模式相组合,可能形成抗拒型依恋,并对建立安全的情感联系过于执着。最后,消极的自我和他人工作模式相结合,就会产生所谓的组织混乱/方向混乱型依恋,这类个体往往害怕自己在亲密关系中受到精神上或身体上的伤害。

后来的研究也发现,具有积极的自我工作模式和积极的他人工作模式的儿童比其他工作模式的儿童表现得更为自信,在青少年阶段成绩更好,社会技能也发展得更好,对同伴的表征更为积极,有着更亲密和更具支持性的友谊。

(三) 依恋缺失的婴儿

有的婴儿在出生后1—2年里与成人的接触非常有限,似乎没能与任何人形成依恋。这些社会性剥夺的儿童有些是由于遭受家中抚养者的忽视和虐待,而更多的依恋缺失则发生在孤儿院等社会福利机构中。

社会性剥夺和受虐的婴儿很可能表现出退缩和冷漠,也可能在以后的发展中表现出智力缺陷、问题行为和依恋行为的紊乱。对这一现象,鲍尔比等人的解释是:被忽视的儿童以及在条件恶劣的福利机构中长大的儿童之所以发育不正常,是因为他们缺乏一个可以依恋的、温暖关爱的母亲。而另一种被称为"社会刺激假说"的观点则认为,社会性剥夺的婴儿发育异常,是因为他们很少接触那些能够对他们的社会性信号作出及时反应的人。这些婴儿发出的信号很少得到任务繁重、注意分散的照顾者的回应,于是,这些婴儿便形成了一种消极的自我工作模式和/或消极的他人工作模式。久而久之,他们会产生习得性无助,不再努力获得他人的回应。这正是社会性剥夺的婴儿常常表现出被动、退缩和冷漠的原因。

幸运的是,如果让出生头两年遭受过社会和情感剥夺的婴儿生活在刺激丰富的家庭环境中并给予关爱的话,那么这类儿童仍然有很强的康复能力,可以克服许多早期发展的不足。但是,对于那些长期遭受不幸或遭受不幸程度较深的孩子,特殊的干预计划是必不可少的。

专栏5-5 社会互动匮乏与接错线的猴脑[1]

生理心理学家认为,气质是底层边缘系统的产物,源于杏仁核的激动程度。我们每个人逐渐形成的人格,主要是受高层边缘系统——发育缓慢的前叶控制的。婴儿边缘系统发展方向最重要的引导者当然就是父母亲。婴儿与父母互动的每个时刻,不论是进餐、逗笑戏耍或是受斥责,都会引发边缘系统里特定突触的伸展。父母作出一种情绪反应与社会互动的原型,孩子就会模仿父母的行为方式。在这一过程中,特定的神经通路被激活,经常联结的边缘系统线路被保留下来并可能终生不变。所以个体会发现自己的行为举止、反应模式非常像自己的父母亲。无论是好是坏,亲子共处的无数时刻会造就一种边缘系统"遗产",并可能以此代代相传。

父母亲可能会改变孩子边缘系统发展线路,这可以从猴子的实验中找出最明确的证据。婴儿期的幼猴和人类婴儿一样,是完全依赖母亲的,这种依赖不只限于母亲的保护与哺喂。如果幼猴一出生就离开母亲,在接触不到其他猴子的环境中成长,与人类接触也有限,那么它们就会表现出严重的情绪失调。正常的幼猴爱游戏、好奇心强,而这些幼猴只会缩在一角,摇摆自己的身体,脸上带着哀伤或茫然的表情。这些不能与母亲共处的幼猴为弥补这种缺憾,会抱住自己的身体,或吸吮自己,或去撞墙,甚至弄伤自己。独处的幼猴进入正常幼猴群之后,情绪失调表现得更明显,它们根本没有正常社会互动的能力。它们除了偶尔做出不适宜的攻击行为外,平时几乎完全是退缩的。这些幼猴长大后几乎都不会觅偶交配,母猴即便以人工授精的方式怀孕了,产下小猴后它们也不懂得做母亲之道,对小猴或漠视不睬,或虐待,甚而导致小猴丧命。进一步的研究显示,这种永久的扭曲竟是在非常短的时间里造成的。幼猴如果出生后先与母猴共处3个月的时间,然后陷入孤立生长的环境,其行为异常的情形就不那么严重。如果幼猴出

---

[1] Lise Eliot 著,薛绚译:《小脑袋里的秘密》,汕头大学出版社,2003年版。

生后的头 6 个月与母猴共处,然后孤立生活 6 个月,那就几乎看不出情绪发展受损害的长期迹象。可见,猴子的情绪发展的关键期在出生的头 6 个月,这也正是高层边缘系统构造快速发展的阶段。人类的社会行为培养的关键期也许要延续到孩子 3 岁左右,而 1 岁以前的社会性剥夺所造成的伤害最大,这也是一些发展心理学家将 0—3 岁作为婴儿期的原因。

七、日托机构与婴幼儿早期的社会性发展

在我们这个社会中,大多数家庭都是双职工家庭,即使母亲不工作,专职在家抚养孩子,或者家中可以有专人抚养孩子,很多年轻的父母也会在孩子 2—3 岁以后,考虑送孩子进入幼儿园的"小小班"接受教育。当然,也有人担心婴幼儿进入托幼机构、与父母长时间的分离会影响孩子与父母建立安全的依恋关系。事实上,没有足够的证据表明,父母在外工作或送婴儿入托会有这样的负面影响。更关键的是,要看婴儿在家时父母是否能够积极、敏感、负责地照顾孩子。当然,花些时间和精力去认真挑选一家高质量的托幼机构是非常必要的。当儿童受到很好的托养时,他们形成非安全型依恋的可能性将会大大降低。研究表明,早期进入质量优良的托儿所,有利于幼儿 3 岁前的智力、社会性和情绪的发展(Howes,1997)。研究者(Burchinal et al.,2000;Howes,1997)认为,高质量的托幼机构有如表 5 - 5 所示的这些特点。

表 5 - 5　高质量婴幼儿托养机构的特征[1]

物质条件	室内环境卫生,光照充足,通风良好;户外活动场所宽敞,有栅栏,没有危险;有适合孩子年龄特点的游戏设备(滑梯、秋千、沙堆等)
儿童与养护者比例	平均上限:3 个婴儿/养护者或 6 个幼儿/养护者
养护者特征/标准	养护者应该接受过儿童发展和急救训练,温和,情感外显,对儿童的需求能及时作出回应;看护人员尽量固定,以便与婴儿建立友好关系(甚至依恋关系)
玩具/游戏	玩具和游戏适合孩子的年龄,即使在户外活动时,孩子都要有人监视
家园联系	欢迎父母的到来,并能与之交换意见
许可证	符合国家标准,拥有办学资质

总之,理想的高质量的托幼机构能够提高婴幼儿社会性和认知能力的发展,也会使孩子的父母在与托幼机构中的工作人员的交流中获益,从而使他们对孩子的照料更负责、更积极和敏感,形成一种良性循环,而低质量的日托机构则与很多消极结果相关(NICHD Early Child Care

---

[1] Brede Kamp & Copple,1997;National Association for the Education of Young Children,1998.

Research Network，2000，2001a，2003b）。

八、从对父母的依恋发展到与同伴的社会交往

在1—2岁时,同龄婴儿之间的相互作用就出现了,多以奔跑、蹦跳、追逐或敲击玩具中的相互模仿形式出现。这些相互模仿、轮流游戏等互动促进了婴儿对自己和他人的理解,有利于语言交流能力的发展。大约两岁时,儿童会使用语言交流来影响同伴的行为。互动的游戏和积极的情绪在儿童与熟悉同伴的相互作用中出现得尤其频繁,这说明他们建立了真正的同伴关系。

自我的发展和对他人、社会的理解以及社会互动能力的增强,使学步儿童开始出现一些可能会导致他人烦恼的行为,例如,与同伴争夺玩具的行为等。同伴社会性互动在两岁前就出现了,并深受早期抚养者与婴儿之间关系的影响:从与敏感的成人的互动中,婴儿学会了如何在早期的同伴交往中发出和理解情绪信号,有温暖的亲子关系的婴儿更愿意参与广泛的同伴交往,也可能表现出像学前儿童那样的带有社交技能的行为。可以说,在托儿所中的学步儿童与稳定的照顾者之间形成安全的依恋关系,预测了孩子们高级的同伴和游戏行为。

（一）最初的交往

婴儿与具有社会交往技巧的同伴如父母互动时,比与社会交往技能差的同伴互动时要表现得好。例如,1岁大的婴儿与具有社交技巧的同伴玩玩具的时间比与社会技巧和他们一样不成熟的玩伴玩的时间多。在同一个房间内,1岁大的婴儿对其他婴幼儿的直接反应一分钟不到一次,持续性的社会互动也很少(Wilson et al.，1987),尽管如此,每个婴儿也都能引发与另一位婴儿的

图5-9 最初的交往[1]

---

[1] Diane E. Papalia，Sally Weadkos Olds & Rnth Duskin Feldman：*Human Development*（9th ed），The McGraw-Hill Companies，2004.

社会互动。婴儿的碰触动作在 3—4 个月大时首次出现；6 个月大时，婴儿偶尔会对同伴微笑、说话、给玩具和做表情。这些社交活动在出生半年后更为常见，其他复杂的活动，如给同伴出示玩具或者模仿同伴操弄玩具的简单动作等，也是如此。

在两岁时，婴儿会注意其他婴儿的活动，有时他们也会试图调控同伴的行为，例如，做出某种动作或发出某种声音以让别的婴儿发笑。不过这个年龄的婴儿是相当自我为中心的，他们可能只是将同伴看成一种自己可以操纵的、有趣且有反应的"玩具"。

不过，在 18 个月大时，几乎所有的儿童都开始能与同龄同伴进行协调的互动（coordinated interactions）了，这种互动本质上是社会性的。他们喜欢互相模仿，当他们将模仿行动变成社会性游戏时，会注视同伴并对着同伴微笑（Eckeman & Stein，1990；Howes et al.，1992）。24 个月大时，幼儿开始扮演互补的角色，如捉迷藏游戏中的躲藏者与追捕者，他们偶尔也会调整自己的行动（即合作）以达到共同的目标。例如，由一个小孩操纵把手，以便第二个小孩能从容器中取出有趣的玩具。

在 18—24 个月大时——大约在他们能从镜子中认出自己并能区分照片中的自己与其他婴儿之后，儿童与同伴的互动行动开始较具目的性、合作性和互补性。这与婴儿自我意识的发展有关。自我的发展使婴幼儿认识到，自己或他人是能使事情发生的主体，所以，他们学会了在游戏中调节、控制自己的行为，并与他人合作以达到特定目标。研究者（Howes et al.，1992）发现，会玩互补性的游戏和能通过合作完成目标的婴幼儿，在自我/他人区分测验上的得分比其余同龄同伴高。研究者认为，婴幼儿的互动技巧受其社会认知发展水平影响。

两岁以后，婴幼儿变得更为友善，其社交对象也更为广阔。相关研究指出，2—3 岁的婴幼儿已经开始能与同伴互动一段时间了，虽然他们仍比年长的儿童更常停留在成人身边，更经常地寻求与成人身体上的亲近（Hartup，1989）。

（二）最初的友谊

2—3 岁时，婴幼儿开始与同伴建立友谊，他们对朋友和对仅仅是认识的人，反应会有很大的不同（Hartup，1989；Howes，1988），与朋友间的社会游戏比与仅是认识的人之间的游戏更积极——有更多的情感表达和相互赞许（Howes，1988）。的确，朋友间常会为对方做些好事，很多亲社会行为也首次出现在这个阶段的这些早期友谊中。3 岁的婴幼儿可能会愿意放弃自己宝贵的游戏时间，去做一件乏味的工作，只要他们认为这样做对朋友有利就好；3 岁的孩子对朋友的沮丧所表达的同情比对只是认识的人更多，他们也更愿意试着去安慰朋友的消极情绪（Costin & Jones，1992）；两三岁的婴幼儿在面对陌生情境中的新异刺激时，如有朋友相伴，他们就会表现出比与只是认识的人相伴时更有建设性的反应，也许是因为朋友的在场降低了他们对不确定性情境的恐惧（Ladd，1990）。所以学前阶段的友谊已具有互相照顾和情感支持的特征，但儿童要在很多年后才能说出好的友谊应具有这些特质。

第四节 早期自我意识的发生与发展

在婴幼儿阶段,新的表述力量使得儿童开始能够自我反省,语言能力的发展使他们能够说出自己主观的个人经历。儿童获得了谈论自己内部心理活动的词汇,进而加深了对心理状态的理解。在此基础上,婴幼儿开始逐渐关注对自己的个性特点的认识与评价,这就是自我意识的萌芽。

一、自我意识的发生

新生儿是否真的能将自己与周围环境区分开来,对此学者们仍有争议。有些心理学家认为新生儿没有自我意识,因为他们认为婴儿的所有需求都会从一直照顾他的照顾者那里得到立即的满足,婴儿根本不用知道他们自己是谁。所以,有人将新生儿比喻成"在蛋壳里的小鸡,无法从环境中分化出自我"(Shaffer, 2005)。但另外一些发展心理学家们并不认同这个观点,他们相信,新生儿也有区分自我和环境的能力。有证据表明(Dondi, Sinion, & Caltran, 1999),当新生儿听到别的婴儿哭泣的录音时会感到悲伤,而听到自己哭泣的录音时则没有反应,这暗示刚出生的个体已经有了对自我和他人的分化了。

这种争议还在继续。但无论如何,即使新生儿还无法将自己和周围环境区分开来,在头一两个月与环境的互动中,他们也很快就发现自己身体的局限性,此后不久便可从由其控制的外物中分化出身体自我。所以,要是半岁以前的婴儿能说话的话,他们一定会这样回答"我是谁"这个问题:我是能看的,能嚼的,我是能伸手的,我能玩东西,还能搞出别的东西。

一旦婴儿知道自己独立于其他物体而存在,那么他就会考虑自己是谁。因此,自我再认是自我意识发生过程中的第一步。测试婴儿的自我意识是否出现的一个简单方法就是视觉再认测试,研究者使用了一种叫作"镜像测验"(mirror test)的方法,巧妙地测量婴儿的自我认识。在一项"镜像测验"研究中,研究者(Lewis & Brooks-Gunn, 1979)选取了 6 个年龄组——9、12、15、18、21、24 个月的婴儿,每组 16 人。他们先让妈妈们把婴儿抱到一面镜子前,观察婴儿的行为 90 秒钟。然后,在假装帮婴儿擦脸时,偷偷把红点画在婴儿的鼻子上,随后,再把婴儿抱到镜子面前观察 90 秒钟,结果见表 5-6。

表 5-6 婴儿看见镜中的自己后微笑、触摸自己鼻子的百分比[①]

婴儿的行为	月龄	9	12	15	18	21	24
微笑	没涂红点时	86	94	88	56	63	60
	涂了红点时	99	74	88	75	82	60

---

① 彼得·史密斯、海伦·考伊、马克·布莱兹著,寇彧等译:《理解孩子的成长》,人民邮电出版社,2006 年版。

续　表

婴儿的行为	月龄	9	12	15	18	21	24
摸鼻子	没涂红点时	0	0	0	6	7	7
	涂了红点时	0	0	19	25	70	73

所有年龄段的大部分婴儿都会对着自己微笑。许多婴儿会指镜子，或摸镜子。而在没有涂红点时，几乎没有婴儿会去摸自己的鼻子，或是触碰自己的衣服或身体。婴儿在涂了红点以后表现出来的行为与他们的年龄有关。如果婴儿有一个关于自己脸的图式，并且能够意识到镜子中的那个人是自己，他们就应该很快发现鼻子上的红点并且试图擦掉它。研究发现，9—12个月大的婴儿没有自我意识，他们通常什么也不做，或者试图擦掉镜子中那个人的红点。而自我意识的迹象出现于15—17个月大的宝宝们，大多数18—24个月大的宝宝们会擦自己的鼻子，并且明显地意识到自己的脸上有一个奇怪的标记。他们非常清楚地知道镜子当中的那个孩子是谁。研究者认为，婴儿自我意识发生经历了以下几个阶段：

（1）戏物阶段。9—10个月的婴儿对镜子很感兴趣，但对镜中自我映像并不感兴趣。

（2）伙伴阶段。1岁以后的婴儿对镜中的自我映像感兴趣，把镜像当作自己的伙伴，亲吻、微笑，还会到镜子后面去试图寻找这个伙伴。

（3）相倚性阶段。大概在1岁半左右的时候，婴儿会特别注意镜子里的映像与镜子外的东西的对应关系，对镜中映像的动作与自己动作的伴随现象更是显得好奇。此时，有部分婴儿甚至已经能够据此判断镜中映像就是自己。

（4）自我意识阶段。1.5—2岁，在有无自我意识问题上出现了质的飞跃，绝大部分婴儿都能认出镜中的映像就是自己。

我国学者刘金花（1993）重复了"镜像测验"，并得到基本一致的结果。

二、自我分类的产生

自我意识的发展和对自己在社会交往中的知觉，为许多新的社会和情感能力的发展铺平了道路。此外，婴幼儿自我意识出现后，他们开始对人与人的差异更敏感，并开始用某些类别来对自己进行分类，这就是所谓的类别自我。最早纳入婴幼儿自我概念的是年龄、性别和评价维度（Spencer & Markstrom-Adams，1990）。

学步儿童对这些社会分类的理解很有限，但是他们会使用这些知识来组织自己的行为。例如，儿童分类自己性别的能力与他们传统的性别反应增多有关。18个月时，他们更多地依据自己的性别特征来选择玩具和游戏方式。当他们表现出这种行为时，父母会更积极地作出反应来鼓励他们。

三、自我控制的出现

自我意识的产生为自我控制的发展提供了基础，自我控制是控制自己反社会行为或冲动行为的能力。自我控制是道德发展的基础。要控制自己的行为,儿童必须把自己看作能指导自己行为的独立的、自主的个体。他们必须具有表现能力和记忆能力来回忆抚养者的指示,并把它应用到自己的行为中。自我控制行为,如把自己的注意力从一个吸引人的刺激转移到一个不太吸引人的刺激的能力,受到中枢皮层前额叶发展的支持。所以,自我控制能力的发展也与这一脑区的发育成熟有关。

随着这些能力的发展,自控的第一个征兆——服从,出现在12—18个月。学步儿童能明确地意识到抚养者的愿望和期望,并能服从简单的要求和命令。虽然他们也可以通过反抗成人的指示坚持自主性,但是经常能体验到来自父母的温暖和鼓励的儿童,更倾向于自愿服从。这说明儿童开始接受成人的指示。

大约18个月时,自控出现并开始稳定地发展。自控方面存在较大个体差异,这种差异可能非常稳定,会保持到儿童中期甚至青春期。持续注意和语言能力发展较好的儿童,自控能力更好。一些学步儿童已经会使用口头技能(如唱歌和与他人对话)来控制自己不做那些被禁止的行为了。

此外,拥有一个敏感、支持的母亲的婴幼儿往往表现出更多的自我控制。这可能是因为,这种教养方式鼓励了婴幼儿有耐心、不冲动的行为。总之,学步儿童对自己行为的控制依赖父母持续的、细心的照看和提示。随着自控水平的提高,父母也提高了他们对孩子遵守规则的要求。

本章总结

婴儿在出生后不久就有一些情绪表现,这些原始情绪反应与生理需要的满足有关。在2—7个月之间出现的其他基本情绪包括愤怒、悲伤、快乐、惊讶和恐惧。幼儿在快到两岁时开始表现出一些复杂的情绪,如自我意识情绪。

气质是指一个人所特有的、主要由生物因素决定的、相对稳定的心理活动的动力特征。婴儿的气质类型大致可分为三类,即容易型气质、困难型气质、缓慢适应型气质。虽然气质受遗传影响,具有一定稳定性,但气质可以发生改变,影响其是否改变的一个因素就是儿童气质类型与父母养育样式的匹配度。

依恋是婴儿寻求并企图保持与另一个人亲密的身体联系的一种倾向。依恋是婴儿与照料者之间一种积极的、充满深情的感情联结。心理学家将依恋类型分为四种:安全型依恋、抗拒型依恋、回避型依恋及混乱型依恋。婴儿从安全型依恋关系中所获得的温暖、信任和安全为其日后心理健康发展奠定了基础,非安全型依恋的个体可能会面临发展问题。

请你思考

1. 儿童是从什么时候开始获得情绪表达规则的? 这种能力对个体的社会化进程有何意义?

2. 气质具有稳定性吗？母亲在养育实践中如何有针对性地对待具有不同气质的婴儿？

3. 现代社会如何看待父亲在家庭中的角色？

4. 如何帮助婴儿学习有效的情绪控制策略？

第三篇

3—6 岁幼儿的发展

在儿童早期,我们看到孩子发生了非常大的变化。外貌上,婴儿时那种圆圆胖胖的样子将会消失。行为与动作上,开始会系鞋带,开始会骑自行车,能越来越熟练地进行各种活动。思维与语言上,运用语言表达思想感情的能力提高了。社会活动范围拓宽了,已开始为接受学校教育、与同龄伙伴和成人共同生活做准备了。

从婴儿期向儿童早期的转变过程有两大显著特征:(1)随着时间的推移,他们之间的差异和独特性越来越明显;(2)随着心理的发展,生物因素和环境因素对幼儿发展的支配力逐渐削弱。生物和环境的力量逐渐地受制于儿童正在形成中的自我。随着对自我的感觉和能力变得越来越强,儿童的行为开始变得与自我相关,而不是仅仅与生物和环境的因素相关。儿童开始作为决定自己行为的积极参与者而行动。儿童各方面的发展——生理的、认知的、情绪的和社会性的发展——继续交织在一起,使儿童成为一个有独特特点的人。

第六章

幼儿的生理发展

　　一转眼,珍妮的孩子天天到了入幼儿园的年龄。她虽然只比我们的小土豆大两岁,但似乎在各方面都有着很大不同。比如,她不再像从前那么容易生病了,活泼好动的她不会再像小土豆一样跌跌撞撞地奔向某地,而是已经可以沿着直线走路或奔跑了。此外,天天已经能够做一些力所能及的事了,比如自己系鞋带,还会帮助妈妈拣菜呢! 这些可喜的进步每一天都在发生着。

　　如果你只是偶尔留意儿童的发展,你是否会对儿童身体发展速度之快发出感叹? 蹒跚学步、需要依赖他人的胖胖幼儿变成了手脚灵活、动作协调、精力充沛的学龄前儿童;知觉—运动发展促进了幼儿的认知、情感和社会能力的发展;幼儿体内免疫系统的成熟和充分的医疗保健增强了幼儿的生理健康。这一章将介绍儿童在童年早期的变化——身体和动作的变化,并讨论与个体在这个时期的生理成长和发展息息相关的因素。

第一节　幼儿身体的发展

　　人的身体生长在婴儿期快,在儿童期慢,而到了青春期又会快起来。在儿童早期,儿童身高每年大约增加 7 厘米,体重增加 2.5—3 千克,男孩比女孩要略微高一些、重一些。

　　儿童的体形在儿童早期发生了急剧的变化。"婴儿肥"在这一时期会逐渐消失,脊椎骨拉直,身体躯干变大以适应内部器官的生长。体形逐渐变得细长,一个又胖又重的小孩逐渐变成了一个身材苗条而且腿长的小孩,身体比例接近成人,看上去不会显得头重脚轻了。随之而来的是平衡性提高了,这支持了新的动作技能的协调发展。男孩和女孩在身体比例上相似,不过,男孩肌肉发达一些,女孩比男孩稍微矮小一些,体重也略微轻一些。这些细小的差异会一直保持到青春发育期,到那时他们会迅速赶上,然后男孩在身高方面会再次超过女孩。

　　个体的发育速度和身材差异在儿童早期比在婴儿期时表现得更加明显,这可能与遗传以及环境因素(如营养、疾病或情绪等)有关,在本章的后部分内容将加以讨论。

一、骨骼发展

　　骨骼的发育从孕期的第 6 周开始一直持续整个儿童期和青春期。在儿童早期,骨骼发育正在成熟,软骨比以前更快地骨化,骨骼也逐渐坚硬起来。2—6岁,在骨头的两端大约形成45个新的骨骺,并在整个儿童期不断增长。随着生长的不断进行,骨骺变得越来越小,并最终消失,既而骨头就再也不生长了。因此,通过对手及腕部的骨头照X光,就可以使医生判断儿童的骨龄或者是骨成熟的进程。在儿童早期和中期判断骨龄有助于诊断骨骼发展是否协调。使用这种技术,研究者(Tanner, 1990)发现,女孩比男孩的骨骼成熟水平更早。在刚出生时,男婴的骨骼成熟水平比女孩晚4—6周。而到了12岁时,这种性别间的成熟差距已经扩大到两年。

随着儿童的发展成熟,脚踝和脚以及手腕和手将发育更多的骨骼,并且连接得更加紧密。值得注意的是,身体各部位的骨骼并不是都以同样的速度生长和骨化的:头盖骨和手部骨骼会首先成熟,而腿骨的生长将会一直持续到十五六岁。

牙齿也可以作为标示儿童生理发展的另一个指数。儿童早期是乳牙和恒牙交错的时期。在3—4岁时,儿童所有最初的牙齿即乳牙都已出齐,已经能够咀嚼其要吃的任何东西。儿童早期结束时,儿童开始换牙。换牙的时间与很多因素有关,最重要的因素是遗传基因。我国儿童一般是在6岁左右开始换牙,一些因素如环境因素,尤其是长期的营养不良,也会延后开始换牙的时间。乳牙的疾病会影响恒牙的健康,乳牙衰退是恒牙衰退的前兆。因此,坚持刷牙、少吃甜食、使用牙套都可以阻止蛀牙发展。

二、身体发展的不同步性

儿童身体外部构造的大小变化和各种内部器官的发展都遵循相同的方式——在婴儿期发育很快,在儿童早期和中期发育相对减慢,在青春期又再一次快起来。其中,身体各个部位的发育也有快有慢,它们都有自己唯一的、独特的发育曲线。可见,生理发育是一个不同步的过程,如图6-1所示:神经系统的发育在婴儿期极迅速,脑、脊髓和头颅的发育速度比其他任何身体结构都要快,到了儿童早期时就逐渐放慢了。相比之下,生殖系统在4岁前仅有轻微的生长,在青春期前几乎停顿,到青春期时曲线才陡然上升。而淋巴系统(有助于增强免疫力,提高营养的吸收率)在婴儿期和儿童期发育速度非常快,甚至超过成人水平,在青春期时到达顶点,之后就迅速下降。

值得注意的是,任何量度(如身体发育速度)只有在与常模进行比较时才真正具有意义。对一个儿童进行评估,应该以测评与该儿童生活背景和条件相近的各组儿童所取得的相似量度为基础。

身体发展是遗传与环境之间进行持续复杂的相互作用的产物。影响儿童早期成长和健康的因素,除了遗传的重要影响之外,环境因素也扮演了重要的角色,情感、睡眠、营养、疾病和受伤对儿童的身体发展也有影响。

三、影响幼儿身体发展的因素

(一)遗传和激素

很明显,遗传对儿童期的身体发展具有重要的影响。身高就是一种遗传特质。有些父母看

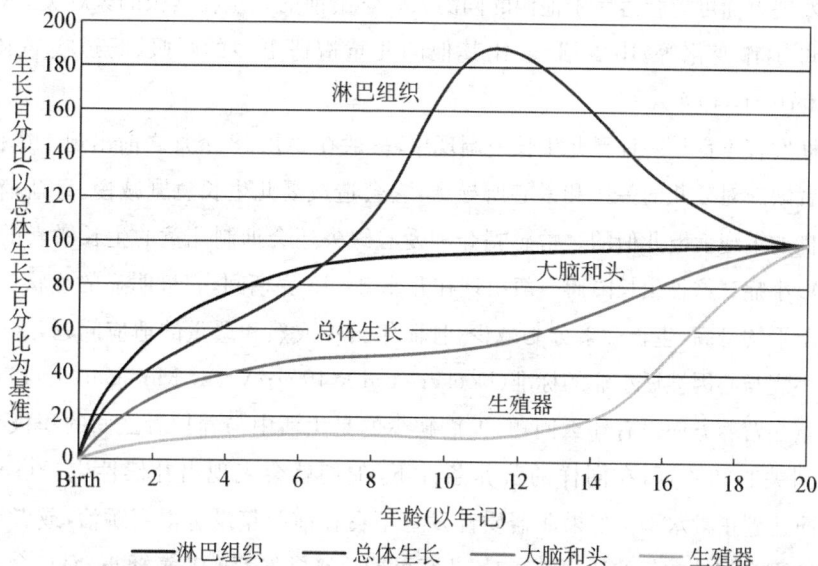

图6-1　与总体生长曲线相对照的三种不同的身体器官系统和组织的生长发育情况①

到孩子长得特别矮小常会惊恐不安,担心某种不正常的情况正在影响孩子的正常发育。其实,在这种情况下,孩子个子矮小不过反映了家族中有个子矮小的倾向罢了。但是,在另一些情况下,发育迟缓可能是由疾病或脑垂体分泌生长激素减少造成的。生长激素对正常的发展非常关键,缺乏生长激素的儿童在其他方面的指标正常,成年以后一般也都五官端正,但是他们的身高可能仅有130厘米(Tanner, 1990)。如果这些人较早接受生长激素治疗,那么他们就可以比没有接受治疗的人拥有更正常的身高和体重。

"孩子在睡觉中长个",这是有道理的。生长激素在睡眠时分泌最多,对促进儿童的生长发育起着至关重要的作用。缺少足够睡眠的儿童往往无法分泌足够的生长激素,身体成长因此被抑制。

除了脑垂体分泌的生长激素外,甲状腺(位于颈部)分泌的甲状腺素也同时影响着婴儿期和儿童期的儿童发育。4个月的胎儿就已形成甲状腺并开始分泌甲状腺素了。这种激素对脑和神经系统的正常发育十分关键。先天性甲状腺缺乏的婴儿必须立即进行治疗,否则他们将很快出现智力缺陷。在儿童期出现甲状腺缺陷的儿童,其中枢神经系统将不会再受到影响,因为此时脑生长加速期已经结束了,但是他们的生长速度将会低于正常水平。不过,只要及时治疗,这些儿童将会赶上正常水平(Tanner, 1990)。

(二) 情感

在儿童期,良好的情绪对身体的发展有很深远的影响。那些承受太多压力、获得太少关爱的

---

① 劳拉·E·贝克著,吴颖等译:《儿童发展》,江苏教育出版社,2002年版。

儿童在身体发展方面可能会落后于他们的同龄人。学龄前的儿童在紧张的家庭关系（如离婚、经济困难或父母工作变化等）中生活，会比其他的儿童遭遇更多的呼吸、肠道疾病和意外伤害（Cohen & Herbert, 1996）。

非器质性发育不良是一种婴儿生长失调现象，一般在婴儿18个月之前出现。这种生长障碍是由于养护者缺乏对婴儿的关注和爱心所导致，它会造成婴儿生长急剧减慢，日渐消瘦，看上去就像营养不良的消瘦症婴儿似的。情感剥夺和爱心缺失还会抑制儿童的生长激素的产生，从而引起心因性矮小症。这种生长障碍一般出现在儿童2—15岁期间，它最明显的症状就是：儿童的身高远远低于平均身高，生长激素分泌减少，骨骼年龄不成熟和严重的适应问题，这些症状是区分普通的矮小症与心因性矮小症的标准（Doeker et al. , 1999；Voss, Mulligan, & Betts, 1998）。患此病的儿童在营养方面没有什么问题，他们缺少的是生活中与养护者之间的积极交往。一旦这些儿童得到关心和照顾，在同样的营养条件下，他们就会表现出补偿性生长（compensatory growth），从而达到正常水平。如果非器质性发育不良在前两年没有得到矫治，或者导致心因性矮小症的情感剥夺持续数年的话，受影响的儿童可能比正常发育的儿童矮小，而且会表现出长期的情感问题和智力缺陷（Drotar, 1992；Lozoff, 1989）。

非器质性发育不良和心因性矮小症说明关爱和敏感细致的照顾也是身体健康生长的必要因素。父母或养护者对儿童的关爱和敏感照顾将会使整个家庭大受裨益。

专栏6-1　　**50个婴儿的实验**①

爱是人类伟大的情感，也是人类生活的珍贵养料。在一个家庭中，孩子如果没有得到任何一个家长或长辈人物的爱意，他们就会像植物缺少水一样失去生气。父母或养育者完全不给予孩子关爱，除了会在情感上，有时还会在生理上毁掉孩子。在西方，人们很早就发现，如果一个婴儿得不到任何喜爱、触摸和抚慰，那么他常常会死于一种奇怪的疾病，这种疾病最初被称为消瘦症。

这种疾病的真正原因在公元13世纪被揭开了。当时，弗里德里克二世用50个婴儿做了一项试验。他想知道，如果没有机会听到人说话，这些孩子会说什么样的语言。他安排专门的养母给孩子们洗澡和喂奶，但禁止她们爱抚、搂抱和对婴儿说话。结果，试验失败了，50个婴儿全部奇怪地夭折了。这是一个悲惨和令人伤心的试验，它提供了感情需求的证据，向人们启示了爱的重要。后来，大量的研究也同样表明，出生后第一年内的母子亲密关系对婴儿来说具有至关重要的作用。

---

① 墨森等著，缪小春等译：《儿童发展和个性》，上海教育出版社，1990年版。

愛是一种营养,对婴儿、儿童甚或成年人都是不可或缺的。一个不被爱的孩子无疑是自然界中最悲惨的生命。

(三) 营养

在 3 岁以前,孩子愿意吃很多种类的食物。随着进入儿童早期,儿童会变得挑食。儿童的食欲之所以降低,是因为他们的生长速度变慢了。而且,儿童对新食物的谨慎是一种适应性的表现,当成人不在的时候,这可以保护他们不受伤害。对儿童不吃的食物所丢失的营养,可以通过吃其他食物来弥补。此外,重复地给儿童看某种食物,就算是没有任何外在压力也会增加儿童对这种食物的接受程度。儿童还喜欢模仿那些他们喜欢和尊重的人对食物的选择,既包括对大人的模仿,也包括对同龄人的模仿。例如,母亲喜欢喝牛奶或者软饮料,那么其 5 岁的女儿极有可能也会有同样的偏好。虽然这一时期儿童吃得少,但是他们需要高营养的食物来维持身体发展,牛奶和牛奶制品、肉及肉的替代品(如鸡蛋、豆制品等)、蔬菜、水果、面包及谷类食品都应该出现在儿童的食谱中。

营养不良的儿童生长非常缓慢。如果营养不良持续时间不长,也不特别严重,那么这些儿童一旦获得充足的营养,一般会通过快速生长追赶上正常生长水平。这种补偿性生长是儿童身体发展的一个基本原则(Tanner,1990)。但是,如果营养不良持续时间过长,特别是在 5 岁前营养不良,大脑的生长可能会受到严重影响,身材也会特别矮小(Barrett & Frank,1987;Tanner,1990)。

蛋白质和热量的缺乏会导致消瘦症和夸休可尔症(恶性营养不良),这两种疾病通常发生在 3 岁以前,在第三章已作了描述。除了蛋白质和热量外,维生素和矿物质也是儿童身体发展必不可少的营养。比如,铁可以预防贫血,钙的作用是支持骨骼的发育和牙齿的生长,维生素 A 能够帮助维持眼睛、皮肤和多个内部器官的正常功能,维生素 C 有利于铁的吸收和促进伤口愈合。这些营养的缺乏在学龄前的儿童中最为常见。长期缺乏维生素和矿物质的儿童更容易患病,这些疾病可能会阻碍儿童的身体发展并影响智力。例如,长期缺铁会导致缺铁性贫血症,这种病不仅能导致儿童注意力不集中和无精打采,限制儿童的社会交往机会,而且还会减慢儿童的生长速度,影响儿童在动作技能和智力方面的表现。

与营养缺乏相比,营养过剩是营养不良的另外一种形式。营养过剩最直接的影响是儿童变得肥胖并增加了患糖尿病、高血压、心脏病、肝病和肾病的危险。肥胖这个词,在医学上用来描述那些体重超出其身高、年龄和性别应该达到的理想体重 20% 的个体。肥胖儿童可能会发现他们很难在同伴中交到朋友,因为这些同伴可能会嘲笑他们肥胖的身躯。遗传因素确实会影响个体发胖的趋势,但是它并不能决定个体是否会肥胖。有研究表明,胖得最厉害的是那些喜欢吃高脂肪食物却又没有足够的活动来消耗这些热量的孩子(Cowley,2001;Fischer & Birch,1995)。这说明,不良的饮食习惯和活动量少是导致儿童肥胖的两个主要原因。因此,在孩子的食谱中,脂肪和盐应该减少到最低,含糖高的食品也应该避免。但是,严格限制肥胖儿童的饮食对儿童减肥并无益处。这种限制可能会影响大脑、肌肉和骨骼的早期发展,而且孩子可能会因为被限制饮食而感觉受到虐待,一旦有机会就暴饮暴食(Kolata,1986)。到目前为止,对肥胖最为有效的治疗方法是以家庭为基础并且注重改变行为的行为疗法,这种疗法需要肥胖儿童及他们父母的配合。这种疗法提醒我们,儿童的肥胖是一个家庭问题,当家庭成员共同来改变致使肥胖产生的家庭环境时,儿童才最有可能克服肥胖。

儿童在进食时候的情感对儿童的饮食习惯有着很重要的影响。儿童进食时积极的情感能帮助消化,会产生对食物的积极态度。很多父母担心孩子的营养,使进食变得不愉快而有压力。有时候,父母会说:"如果你整理一下房间,就会有冰淇淋吃。"其实这是父母想用食物作为手段来强化儿童的良好行为,但是这种情况下,孩子会给食物赋予一种特殊的意义——奖赏,而不只是一种缓解饥饿的途径。有时候,父母诱导孩子说:"把你的蔬菜吃完,你就能得到一个额外的小蛋糕。"这种用高脂肪的甜点作为奖赏的方法可能会减少儿童对健康食物的喜爱,使他们把在引诱下才吃的那些健康食品看作令人讨厌的食品(Birch,Marlin,& Rotter,1984)。

专栏 6-2　挑食、偏食

挑食、偏食是大多数幼儿的不良饮食习惯,容易造成营养摄入不均衡,可能会影响到孩子的生长发育。

幼儿时期是饮食习惯形成的关键时期,父母的饮食行为和饮食习惯对幼儿有着潜移默化的影响。父母表示出对某种食物的厌恶和喜爱,孩子也会进行模仿,所以父母也要尽量改正不良的饮食习惯,在孩子面前不要表示出对某种食物的挑剔。

当孩子挑食时,或者在吃某种新食物时,要向孩子讲出这种食物的好处,并采用讲故事等幼儿易于接受的方式,鼓励幼儿品尝这种食品。不能强迫、威胁或哄骗孩子。让孩子带着舒畅的情绪进餐是很重要的。对孩子不喜欢的食物可以让其尝试着少吃一点,慢慢适应,这样才会有效,否则很可能适得其反,造成孩子的逆反心理,对这种食物更加厌恶。

孩子对零食的偏爱,多是由于对零食漂亮的包装及小玩具感兴趣。父母或养育者可以在准备食物时,也多多注意食物的色、香、味,把一些水果和蔬菜做成各种可爱的造型,以引发他们对这些食物的兴趣。同时,在饭前或吃饭时不要给孩子吃零食或含糖饮料,培养定时吃饭的习惯。在适当的时候可以允许孩子选择自己喜欢吃的食物。合理指导和安排孩子吃某种食物的数量,当孩子吃某种食物的要求没有得到满足时,不要因为担心孩子饿着而答应其要求。应该耐心地引导,同时在下一餐之前不再提供任何食物。

(四)疾病

对于营养充足的儿童来说,一些常见的儿童疾病,如风疹、水痘甚至肺炎等,对他们的身体发展影响不大。这些疾病可能会暂时阻碍儿童的生长,不过当身体恢复以后,儿童一般会出现补偿性生长现象,以弥补他生病时所落下的差距(Tinsley,1992)。但是,如果儿童中度或严重营养不良的话,疾病对儿童生长的阻碍作用将可能是永久性的,因为疾病和营养不良是相互作用的。营养不良会削弱儿童的免疫系统功能,增加儿童患病的可能性和严重性,而疾病又反过来影响儿童的食欲,阻碍身体对营养物质的吸收,从而加重营养不良(Pillitt et al.,1994)。二者的恶性循环对身体发展和认知发展的影响将是非常严重的。腹泻是疾病和营养不良恶性循环的典型例子。大多数经常腹泻的儿童会出现发育迟缓现象,体重和身高都要低于他们的同龄人,认知发展水平也低于同龄人。对这些患病儿童,可以给他们提供葡萄糖、盐分和水,因为这些成分可以补充孩子体内失去的液体和养分。

(五)受伤

儿童早期是意外伤害发生的主要年龄阶段。很多意外伤害,如跌落、噎塞、误食、烫伤、夹伤、溺水、利器伤害、交通意外等,都在儿童早期很常见,是导致儿童受伤甚至夭折的主要原因。婴儿期是意外死亡最高发的年龄段,其次是儿童早期。在我国,因意外伤害造成的早期儿童死亡占儿童死亡总数的 31.3%(王声勇,池桂波,2000)。

我们习惯于把儿童时期的伤害称为"意外",这样就会促使我们把伤害归因于"偶然性",但是这种偶然性并不是不可避免的。儿童受伤发生于复杂的社会生态系统中,个人、家庭、社会都是影响儿童受伤的因素。

在儿童早期,儿童的动作能力逐渐发展,但又未发育完善,他无安全意识和生活经验,但对外界环境又充满好奇,而当意外发生时则缺乏保护自己的能力,这些都是导致儿童意外伤害发生的主要原因。儿童行为的安全性存在着个体差异。男孩比女孩对有风险的行为具有更高的积极性和热情,因而较女孩更容易受到伤害(Laing & Logan,1999)。儿童的某些气质类型,如易怒、粗心和消极情绪等,也可能导致他们受到伤害。例如,这类儿童在汽车里会不愿坐在固定座位上,过马路的时候会拒绝拉住成人的手,不遵守成人的指导语和纪律。

家庭环境也与儿童早期的伤害有关。父母如果有过多的事要做,就无暇顾及子女,当然也就不能确保他们的安全。居住条件差,如噪音、拥挤、碰撞以及没有安全的玩耍地点,也会导致儿童受伤。有研究表明,农村儿童由于就医不方便,遭受意外伤害后入院时间和确诊时间均比城市儿童晚,故农村儿童病情危重者居多(钟燕,祝益民,2006)。

外部社会环境也会影响儿童受伤,贫穷、人口出生率高、城市环境过度拥挤、道路交通堵塞和安全措施薄弱是主要的原因。教导儿童遵守交通规则是避免交通事故的最佳选择。游乐场所是孩子容易受伤的地方,应该使用安全性能高的设施。社会和传媒对儿童关于安全事宜的信息指导也能在一定程度上降低危险性。

第二节　幼儿动作的发展

在儿童早期,其动作技能有了很大提高。观察这一时期的孩子,你会发现在他们身上出现了新的动作技能,且每一个动作都依赖于身体的成熟并且建立在早先的动作技能基础之上。动力系统理论认为,儿童动作技能发展是儿童的生理能力、目标和个体经验之间复杂的相互作用的产物(Thelen,1995)。随着身体成熟、中枢神经系统发展以及活动范围广泛,儿童开始不断地校正自己的动作,以适应新环境的挑战,并且试图达到更新的目标,增强自己的认知能力。儿童在发展新的动作能力的同时,也发展了自己的信心。

动作发展的过程也同样遵循头尾原则,头、颈、上端的动作先于腿和下端的发展。同时,动作发展也遵循远近原则,躯干和肩膀的动作发展先于手和手指的动作发展。

动作发展通常分为两类:大动作的发展和小动作的发展。大动作,指的是牵动大肌肉和大部分身体的动作,如奔跑、骑脚踏车、单足跳;而小动作主要涉及手的使用或者双手动作的灵活程度,如描圆圈、扣纽扣、系鞋带。无论是大动作还是小动作,都将随儿童年龄的增长而发展(见表6-1)。

表6-1　儿童早期的大动作和小动作技能的变化[1]

年龄	大动作技能	小动作技能
2—3岁	走路节奏均匀;后退、侧行;跑;跳跃,单足跳;投掷或抓取时身体生硬;用脚去推玩具;拣起物体而不摔倒	穿或脱简单的衣服;穿鞋、袜子;拉拉链;熟练使用汤匙;转门把;拧开瓶盖;模仿画直线
3—4岁	能够走直线;投掷时上身弯曲;骑脚踏车;单腿站数秒	扣纽扣;倒牛奶;自己吃饭;使用剪刀;涂画;画垂直线和圆圈
4—5岁	下楼梯换脚;跑步平稳协调;单足跳;投掷时身体转动,双手接球	使用筷子;沿着线用剪刀剪下东西;粗略地画人、图案;简单地折纸

---

[1] Laura E. Berk; *Infants, Children, and Adolescents*, Pearson Education Inc., 2005.

续 表

年龄	大动作技能	小动作技能
5—6 岁	跑步速度加快,喜欢蹦蹦跳跳;投掷和抓取动作熟练;换脚跳;学习骑自行车、溜冰、游泳	系鞋带;熟练地串珠子;握笔;临摹一些图案和字母;出现用手偏好

一、大动作的发展

随着儿童的体形的不断成长,他们身体的重心开始向下转移,逐渐转向躯干。所以,儿童的平衡能力发展很快,这促进了大动作的发展。两岁时,儿童的步伐已经很有节奏了,他们可以安全地走路,可以后退、侧行和奔跑。随着儿童的脚步变得稳当,他们开始用手臂尝试各种不同的动作技能——扔球、捡球、骑脚踏车、转圈圈等。5—6 岁的儿童可以换脚跳、跳绳,开始溜冰和游泳。

儿童扔球和接球的技能为儿童早期的大动作发展提供了很好的例证(见图 6-2)。2—3 岁的儿童在扔球时,身体是面对着目标,用胳膊向前扔,接球也不顺利。这是因为两岁儿童的手臂和手指还很生硬,他们把手臂和手当作一个整体去扔球或接球。到 3 岁时,儿童可以弯曲肘部去拍面前的球,但是如果球来得太快,他们还是不能适应,球也会弹离身体。渐渐地,儿童会借助肩膀、躯体和腿的力量来扔球和接球。到 4 岁时,儿童在扔球时会转动身体。到 5 岁时,儿童会把身体向前移,在扔球的同时迈步。球速会越来越快,球也会飞得越来越远。接球时,年龄较大的学龄前儿童能够预测它的位置并向前、向后或者向左右移动。很快,他们就可以用手或手指接住球了,并且会用手臂和手来缓冲球的力量。这个例子说明,儿童的动作技能的发展除了更有力量外,他们还具有更精确、更有效的运动技巧。

2岁　　　　　　　　3岁　　　　　　　　5—6岁

图 6-2　大动作的发展[①]

---

① 苏建文等著:《发展心理学》,心理出版社(中国台北),2001 年版。

二、小动作的发展

如同大动作的发展一样,儿童早期小动作的发展也很快。儿童的手眼协调和对小肌肉的控制能力在这一时期迅速提高。儿童能够把积木堆成房子等建筑物,用剪刀剪纸粘贴起来,开始涂涂画画,能够自己穿衣吃饭,等等,这些都是儿童在小动作方面的进步。

专栏6-3　幼儿使用筷子问题[①]

对幼儿而言,学会使用筷子是必须要发展的动作技能,也是对幼儿发展精细动作的一大挑战。有研究者对3—7岁儿童与成人筷子使用动作模式进行比较研究。结果发现,在儿童与成人中均存在八种使用筷子的模式,各种动作模式在手指的分工、配合和完成任务的稳定性、适应性等方面表现出不同的特点,具有不同的效率水平。随着年龄的增长,效率较高的模式使用率增加,而效率较低的模式使用率降低。

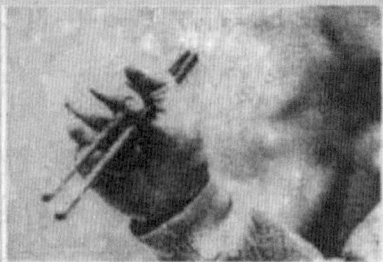

图6-3　儿童使用率最高的模式　　图6-4　成人使用率最高的模式

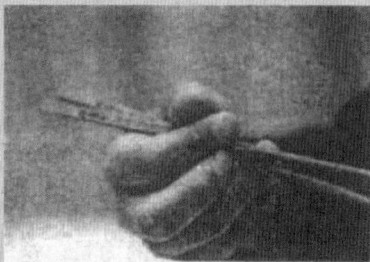

随着年龄的发展,儿童在生活中使用筷子的机会增多,大量的学习和练习有助于儿童逐渐构建高效的筷子使用模式。因此,在教育儿童正确使用筷子时,家长首先就要要求儿童使用高效率的姿势进行练习。其次,在生活中,要鼓励儿童多练习,并为其创造练习的机会,比如,使用儿童型号的筷子,避免使用勺子等。最后,儿童已经习得的一些动作技能会在练习使用筷子时产生迁移,对不正确的动作姿势要对其进行纠正,如握笔姿势和握勺的姿势等。

苏霍姆林斯基曾说过:"儿童的智慧在他的手指尖上。"在幼儿阶段,手部动作的发展已经相

[①] 林磊、董奇、孙燕青、Claes von Hofsten:《3—7岁儿童与成人筷子使用动作模式的比较》,《心理学报》,2001年第3期,第231—237页。

当成熟了。两岁的儿童可以自己穿上或者脱下很简单的衣服。到3岁时,儿童可以扣纽扣,临摹简单的图形,但是还有些困难。穿衣服时也经常会把衣服穿反,把左脚的鞋子穿到右脚上。4—5岁时,儿童不需要帮助就能穿衣脱衣。同时,学前儿童可以很好地使用汤匙,开始学习使用筷子,可以自己吃饭。5岁时,儿童就可以轻松地完成上面的所有任务,甚至可以开始使用剪刀,或者是用笔写出一些数字或简单的字。而到6岁时,儿童就可以成功地掌握穿鞋的技能了。正确地穿鞋需要儿童保持长时间的注意力,还需要儿童对复杂且灵巧的手的动作的记忆。系鞋带的动作表现出了儿童认知发展和动作发展的结合。画和写的能力也是此表现的很好例子,将会在下面的专栏中谈到。

儿童在掌握这些技能的时候会得到很大的满足感,他们会为自己的独立而自豪。随着对技能的熟练掌握,他们的自信心会逐渐提高,而且也可以使成人更轻松。但是成人要有耐心,要注意幼儿在动作练习中的情绪。孩子练习这些技能的时候,由于小肌肉和手眼协调能力还没有完全发展好,可能会把事情弄糟。如果成人不够耐心,责骂孩子,反而会弄巧成拙,使孩子产生挫败感,抑制他们的积极性。

专栏6-4   多才多艺的孩子[①]

书写能力的发展

3—4岁的儿童一般要经过一年的时间才能正确地写字。这一过程通常分为三个阶段:

(1) 涂写。书画同源,2岁左右儿童的写字和涂鸦是分不清楚的。一开始,大多数儿童往往会乱涂记号、乱画线条,以此代表"字"来表达心中的事物。

(2) 模仿和临摹。在早期书写中,儿童毫无文字意识,但是,当他们逐渐发现周围的印刷字时,就会开始模仿写这种文字了。对文字的注意和感知,有助于儿童提高对线条和顺序的认知程度。由于手眼协调程度的影响,到5岁时,大多数儿童仍不能以正确的笔顺、姿势稳定地书写简单的汉字,运笔能力差。

(3) 流畅书写。6岁以上的儿童基本上能够控制笔,以正确的笔顺、姿势准确地书写简单的汉字。大多数儿童可以准确地写出自己的名字。不过,受空间知觉影响,写出来的字会过分紧密或过分松散。

促进儿童书写能力的发展应该体现在生活的每一个环节和具体的活动情境中,而不是在特定的时间内进行专门的写字练习。应该给儿童提供接触和探索文字环境的机

---

① Laura E. Berk: *Infants, Children, and Adolescents*, Pearson Education Inc. ,2005.

会,以及用以书写的工具和材料,让儿童了解文字的功能,准确地运用文字。

舞蹈技能的发展

舞蹈是用身体和节奏来表达思想感情。"孩子是天生的艺术家。"儿童舞蹈种类丰富多彩,舞蹈动作也多种多样。儿童喜欢手舞足蹈,动作棱角突出,动作短促,节奏快。他们在表达自己的意愿时,往往喜欢借助于自然的形体动作。儿童大量在无意识状态下习得的动作都可以提炼到舞蹈中去变成活泼有趣的动作,如眨眼、噘嘴、晃脑袋、耸肩、扭屁股等。4—5 岁的儿童控制能力差,在练习中需要进行基本的控制训练,先从上肢动作开始,再练习脚的动作,然后手脚配合动作。在教儿童新动作时,一定要讲清楚动作的要求、规格和要领,一定要把动作做到位再教下一个动作,否则,就很难纠正。同时,必须明确的是,动作表达的是儿童对音乐的感受,因此只有让儿童充分熟悉音乐,感知音乐所表达的意境,儿童才可能将自己的情感融入到舞蹈的表演中去。

三、动作发展的个体差异

以上主要讨论了儿童通常在什么年龄能够掌握何种动作技能,但是由于遗传和环境等因素的影响,动作发展上也存在着很大的个体差异。显然,一个高大、强壮的儿童比一个矮小、瘦弱的同龄儿童要早一些发展动作技能。

性别差异在儿童早期的动作发展上很明显。男孩在强调力量的动作技能上要超过女孩。例如,男孩比女孩跳得更远,跑得更快,扔球也更远;而女孩在小动作以及要求身体协调性和脚部的运动技能上的发展占优势,如单足跳和跳绳。这可能是因为女孩在整体的身体发展要早于男孩,所以动作的平衡性和准确性较好;而男孩的肌肉发展较好,因此在力量方面具有优势。

但是,在儿童早期,生理因素对动作发展的影响远不及成人的鼓励、期望和榜样作用的影响大。在这一时期,成人对男孩和女孩的活动类型通常会寄予不同的期望。例如,父亲会经常和儿子玩追捕游戏却不经常和女儿玩。男孩玩球类游戏会受到成人的赞同和鼓励,而女孩玩呼啦圈、画画、跳绳和扔石子等游戏会受到鼓励。这表明,在社会态度的影响下,男孩被要求成为积极的、体能强的人,而女孩被要求成为安静的、精于小动作的人,但这些只是因为性别差异。因为男孩只有在用利手扔球的时候,扔得会比女孩远,而不用利手的时候,这个差距就会减小(Willianms,Haywood, & Painter, 1996)。这就说明,练习才是男孩球扔得远的重要原因。

四、促进儿童早期的动作发展

动作是人类最基本也是最重要的发展领域,尤其是对婴儿期和儿童早期的个体来说,动作发展极为重要。皮亚杰就以"感知运动阶段"作为儿童认知发展的最初阶段。从个体生理和心理各方面的早期发展来看,动作作为主体能动性的基本表现形式,在个体早期心理发展中起着重要的建构作用,它使个体能够积极地构建和参与自身的发展(董奇,1997)。动作的发展不仅有助于身体发展,还有助于儿童建立自尊和自信。动作发展使儿童在与环境的互动中获取丰富的经验,感知觉更加精确,同时又促进脑和神经系统的发育,而这些发展又使儿童的动作技能更加熟练。

运动是实现动作发展的基本途径。儿童渴望运动,运动是儿童的基本需要。儿童的动作发展是在日常生活中自然发展的,因而应根据他们的天性给他们提供各种自然安全的环境和器具,让他们去操作各种物体,进行各种运动。游戏和户外活动是最佳的动作技能练习方式,要多让孩子进行户外活动,如跳房子、双足跳、单足跳、踢球、拍球等。幼儿活泼、好动、喜欢模仿,而游戏一般都有具体情节和动作,模仿性强,符合他们的年龄特点,能够满足他们的兴趣和愿望。同时,游戏也离不开运动(动作)。在自然户外环境下,幼儿正式的练习可以使他们获得丰富的感知运动经验,帮助他们掌握复杂的动作技能和运动协调能力。同样,小动作的发展也可以在日常生活中得到锻炼,如倒果汁、穿衣、搭积木、握笔写画、插片、折纸、剪贴等,都能使幼儿的手眼协调能力不断提高。

不过,也有些因素会影响儿童早期动作的发展。首先,父母和教师的态度对儿童动作的发展也有一定的影响。如果父母或教师批评孩子在运动或动作上的表现,那么就可能会打击孩子的自尊心,阻碍孩子动作技能的发展。此外,父母或教师教孩子一些特殊的动作技能,或是强硬地纠正孩子做"正确"的动作,或是对运动持输赢的态度而不是享乐的态度,也可能会挫伤孩子运动的积极性,使其失去对运动的渴望,结果往往事与愿违。其次,社会对儿童动作技能的发展也会产生影响。目前社会上过分强调儿童的符号能力及训练,反而忽视了动作能力的发展。对婴幼儿来说,过分强调抽象符号系统的训练是非常不利的。儿童早期正处于感觉运动阶段,而符号能力训练则削减了儿童获得感性经验的机会,也就阻碍了儿童正常的动作技能的发展。

本章总结

儿童大脑皮层的突触和髓鞘化继续增加。大脑的两个半球各自执行不同的功能,儿童逐渐形成大脑功能偏侧化。

在儿童早期,身体发展比较缓慢,身体发展遵循头尾原则和远近原则,即身体上部和中部的发展要早于下部和周围的发展。身体各系统的发展是不同步的,它受生理因素和环境因素的共同影响。

动作技能发展也遵循头尾原则和远近原则。逐渐提高的动作技能有助于儿童认知和社会性的发展。动作技能发展存在个体差异。性别差异最为明显,除了身体发展的差异外,更重要的是成人对儿童的鼓励和榜样作用的影响。

请你思考

1. 儿童早期身体发展是如何进行的?
2. 儿童早期的动作技能是如何发展的? 发展规律是什么?
3. 影响儿童身体发展的因素有哪些? 如何保证儿童身体的健康发展?

第七章

幼儿认知的发展

　　这天,文清一家和珍妮一家相约来到动物园游玩。可爱的动物和美丽的风景不仅让大人们放松心情,也让我们的天天、小土豆和大人们一样玩得尽兴无比。他们最喜欢看海狮表演了,还有机灵的猴子在山林间穿梭跳跃。天天大声叫着:"Monkey! Monkey!"这是她上周在幼儿园学到的新单词。晚上大家围着桌子吃饭的时候,天天更为大家复述小红帽和大灰狼的故事,虽然讲得不连贯而且还结结巴巴的,但还是把大家逗得开心极了。

　　孩子的成长可谓是日新月异,每天都能给爸爸妈妈们带来惊喜!这很大程度上归功于幼儿的认知发展。本章将从思维发展、社会认知发展、记忆发展、智力发展、领域特殊性研究、语言发展这些角度介绍幼儿的认知发展。

第一节　幼儿认知的发展:皮亚杰的观点

　　皮亚杰认为婴儿的认知发展处于感知运动阶段,即他们用感知觉和动作来探索世界,认识事物,但逐渐地对事物的表现变得抽象起来,他们开始用符号在头脑中表现事物。在低一级水平上,他们用表象在头脑中加以呈现,在最高级的水平上,他们用语言来呈现。幼儿的思维在前期感知运动的基础上,进一步发展,进入了前运算阶段。

一、象征机能形成

　　在前概念期,儿童形成了象征机能,即用象征替代真实性的技能,例如,用草莓代替火山,自己来代替妈妈等。象征机能的出现说明儿童有了心理表征能力,开始运用表征符号进行思维。心理表征能力,是指用意义所借的符号来表征意义所指的事物的能力,又称符号能力。在儿童的绘画、用积木搭建的城堡、故事、叙事以及假装游戏中,都可以观察到儿童的心理表征能力的发展。

(一)假装游戏

比较 18 个月和 2—3 岁儿童的假装游戏,有以下三个变化反映出儿童不断增长的象征性

图 7-1 假装游戏

知识。

1. 假装与相联系的现实生活日益分离

两岁之前的儿童只是利用现实物体，例如，假装吃玩具水果，假装用杯子喝水（见图 7-1）。到两岁左右，他们开始使用一些现实程度小的玩具，例如，把积木块当车开，而且越来越频繁。不久，儿童开始利用身体的一部分来表示，例如，把手指当香肠。到 3—5 岁，即使在没有任何现实支持的条件下，儿童对物体和事情的想象依然很好。

2. 以"儿童自己"身份加入游戏的方式会随着年龄发生变化

当假装游戏刚开始出现的时候，它直接指向儿童本人，即儿童假装给自己喂东西。不久以后当儿童喂洋娃娃时，假装行为开始直接指向其他物体。在 3 岁初，物体成为有用的代理，他们会让玩具娃娃自己喂自己，或让玩具父母给玩具宝宝清洗。这一发展表明，当儿童意识到假装游戏中代理者和接受者都能独立于他们而存在时，假装行为就逐渐成为一个以非自我为中心的活动（Corrigan，1987；McCune，1993）。

3. 假装游戏的复杂性不断提高

随着儿童的不断成长，游戏的复杂性开始提高，例如，儿童可以假装直接从一个杯子里喝水，而不包括倒和喝的动作。两岁半的儿童通过协调假装方案，进行角色扮演游戏。4—5 岁时，儿童能有效地建立相互游戏的主题，并在精心策划的游戏中创造并准确扮演多种角色（Goncu，1993）。

游戏能为儿童提供语言交流、想象、选择策略和解决问题的背景，对儿童的认知发展具有积极的促进作用。与其他活动相比，儿童通常会在假装游戏中表现出更高级的认知技能。除了能促进认知发展以外，假装游戏还有益于儿童的社会性和情绪发展。通过假装游戏，儿童与他人会有更多的互动，在理解他人的观点上也会有更大的进步。此外，儿童可以通过游戏来表达他们的情绪，或者解决情绪上的困扰。

（二）绘画

绘画是儿童早期另一种重要的象征性表达方式。随着儿童心理表征能力的提高，纸上的符号开始有了意义。儿童绘画能力的发展一般要经历以下三个阶段。

（1）乱涂。当儿童开始绘画时，他已经会为他的乱涂进行描述。例如，一个 18 个月的孩子拿着蜡笔在纸上涂鸦，纸上出现了一系列的点，问他是什么，他解释说"在下雨"。

（2）开始描述形状。到第二年，儿童的乱画开始变为图画，并且，儿童意识到图画可以描画假装的物体。于是，两岁多的孩子在纸上随意画了一些标记，然后发现，它们是一些石头。3—4 岁时，绘画方面的一个重要里程碑出现了，幼儿可以画一张人的图画了。这时候画的人被称为蝌蚪人（见图 7-2），这是人的一种符号，全世界儿童都一样，具有普遍性。慢慢地，幼儿开始给图上的

图 7-2 3—4 岁儿童绘画中的"蝌蚪人"①

人添加特征,如眼睛、鼻子、耳朵、手指等。

(3)更现实的绘画。随着认知和运动技能的进一步发展,儿童创造出更复杂的图画:更合理的身体比例、更多的细节(见图7-3)。虽然如此,但总的来说,就算是6岁儿童的画也并不特别反映现实。他们的图画包含扭曲的知觉,这使得他们的画看起来富于幻想和创造性。

A   B

图 7-3 同一题材,不同年龄的表现说明幼儿认知和运动技能的发展
对幼儿绘画产生的影响②

A 为该幼儿 3—4 岁时画的鸡,B 则是 6 岁多画的鸡。

皮亚杰对前运算阶段心理表征能力的强调,引起了发展心理学家们对符号的重视。在一项考察学龄前儿童将成比例的模型作为符号来使用的能力的研究(Deloache, 1987, 2000; Schreiber & Deloache)中,先给儿童呈现一个玩具房间(与真实房间成比例的模型),实验人员把一个小史努比藏在玩具房间里的玩具椅子后面(这个小史努比和椅子代表了真实房间里的大史努比和真的椅子)。然后要求儿童在真实的房间里找到史努比(任务1)。最后让他们在玩具房间里找到小史努比(任务2)。如果儿童不能完成任务1却能完成任务2,那就说明儿童不是忘记了藏的地方,而是他们不具备双重表征能力,即不能把这个模型以符号的方式去引导他们的寻找活动。研究结果显示:两岁半儿童在任务1上表现很差,而3岁儿童在任务1和2上表现都很好。这说明,两岁半儿童缺乏双重表征能力,不能同时从两个维度考虑事物,因此,他们很难把比例模型当作符号来用。他们很难意识到玩具房间和小史努比既是真实存在的物体,同时又是真实房间和大史努比的符号表征。虽然3岁儿童已经具有了双重表征能力,但这种能力还是极不稳定的。当实验的

① 劳拉·E·贝克著,吴颖等译:《儿童发展》,江苏教育出版社,2002年版。
② 杭海著:《孩子的方式——一个艺术家的教子手记》,湖南美术出版社,2002年版。

第一步呈现给 3 岁儿童 5 分钟以后,才让儿童去完成任务。结果发现,他们基本上都不能成功地完成任务 1 了,他们似乎不记得玩具房间和小史努比是真实房间和大史努比的表征符号了(Uttal et al.,1995)。这表明,3 岁儿童的双重表征能力还是相当薄弱的。不过,随着年龄的增长,到儿童早期末时,这种能力会逐渐稳定并得到相当大的发展。

儿童是如何掌握模型、绘画或其他符号的双重表征的呢? 成人的教导是非常有效的。例如,在上面的实验中,当成人向儿童指出玩具房间和真实房间之间的相似点时,两岁半的儿童在寻找大史努比的任务中会表现得更好。学龄前儿童的经验也可以帮助他们掌握这种能力。因此,给儿童提供接触各种符号的机会,如照片、图画书、画画、假装游戏和地图游戏等,也可以提高他们的表征能力。

二、幼儿思维的特征

皮亚杰认为前运算阶段是从儿童两岁到 7 岁,又可以分为前概念期(2—4 岁)和直觉思维期(4—7 岁)两个亚阶段,前运算阶段儿童的思维特征表现为以下四点。

(一) 自我中心性

皮亚杰认为,这一时期思维的特点是自我中心,即儿童往往只注意自己的观点,不能接受他人的观点,也不能将自己的观点和他人的观点相区分和协调。因此,儿童认为他人都是以与自己相同的方法去观察、思考和感觉的。皮亚杰关于自我中心论最有说服力的解释是他的三山问题。

图 7 - 4 皮亚杰三山实验[①]

在桌子上摆放一个三座山的模型,用颜色和峰顶来区分。第一座山有个红色十字,第二座山有个小房子,第三座山有个雪顶。在三山实验中,主试布置一个风景美丽的山的模型(见图 7 - 4),先让儿童从四个方向仔细观察,然后交给儿童四张这座山的侧面照片。再让一个布娃娃在山的各处走动,当布娃娃停留在山的某一侧面时,让儿童从四张照片中取出一张布娃娃所面对的山的侧面照片。结果被试取出的照片并不是布娃娃面对的那座山的侧面照片,而是被试自己面对的那座山的照片。这个实验说明,幼儿还无法站在别人的立场上观察世界,分析问题,只能站在自己的立场上去看问题。皮亚杰认为自我中心的特点使他们不能适应、反思和修改推理并对自然或社会世界作出反馈。

皮亚杰认为前运算阶段儿童的思维是自我中心的,然而,这个结论与我们在现实生活中观察

① Laura E. Berk: *Infants, Children, and Adolescents*, Pearson Education Inc., 2005.

到的事例并不完全一致。3岁儿童在放置玩具茶杯、玩具桌子、玩具娃娃时,往往是把茶杯放在相对于娃娃正确的方向,而且对娃娃的情绪产生移情。在幼儿与他人交谈中我们也可以常常看到非自我中心的表现。例如,学龄前儿童会根据他们的听众来调整他们的讲话。

有许多研究表明,皮亚杰低估了学龄前儿童认识和理解他人观点的能力。一些研究者批评皮亚杰的三山实验对学龄前儿童来说难度太大,让儿童选择图片的任务即使对10岁儿童来说也比较困难。如果给儿童一些不太复杂的视觉景象和与日常生活相联系的任务时,可以看到儿童具有对他人的所见所闻作出正确推断的能力,就如下面这个错误信念(false belief)实验所揭示的,错误信念是指他人或自己的一些与现实不一致的信念。

在这项关于错误信念的研究(Hala & Chandler,1996)中,让3岁儿童把饼干从盒子里拿出来,藏到另外的某个地方,制造一个骗局,从而让另一个人上当,然后问他们这个人会到哪里去找饼干。那些和实验者一起布置骗局的儿童认为,这个人会到饼干盒里去找,而那些只是观看实验者布置骗局的儿童则倾向于认为这个人会到藏饼干的地方去找。这个研究表明,当儿童参与活动时,能够正确判断他人的观点,但是当未参与活动时,他们则会表现出自我中心倾向。

皮亚杰认为,由于自我中心的影响,学龄前儿童无法对表象和真实作出区分。我们经常可以看到,虽然在面对熟悉的环境和简单的问题时,儿童会表现出很好的理解和推理能力,但是他们又很容易被事物的外在表象所欺骗。当他们遇上相同的两个物体:一个是真实的,一个是虚假的表象,他们能够区分真假吗?

在一个研究儿童区分表象和真实的能力的实验(DeVies,1969)中,先给3—6岁儿童看一只猫,在儿童抚摸过这只猫后,挡住猫的头部,给猫戴上一个非常逼真的狗脸面具,再给儿童看,然后问"它是什么动物"。虽然在变形过程中,儿童看到了猫的身子和尾巴,但是几乎所有3岁儿童都认为这是一只狗,而6岁儿童就知道这是一只看上去很像狗的猫。

有研究者认为,导致学龄前儿童不能区分表象和真实的原因是儿童还未掌握双重表征,他们很难同时建构一个物体的心理表征及这个物体与其他类似物体的心理表征(Flavell,1989)。不过,另外一些研究者认为,学龄前儿童表现差并不是因为皮亚杰所说的儿童不能区分表象和真实,而是因为实验的语言问答存在问题。当解决表象—现实问题时,不是利用语言而是利用从大量物体中选择具有特殊特征的"真的"物体时,3岁的儿童就可以表现得较好(Sapp,Lee,& Muir,2000)。这些研究旨在揭示实验者或成人的提问语言很容易使我们低估儿童对表象和真实的理解。

假装游戏非常有助于发展儿童的双重表征能力,在儿童学习区分表象和真实的过程中起着很重要的作用。即使儿童还不能正确地回答表象—真实的问题,但是他们已经能够区分假装游戏和现实生活了。

(二)泛灵论

前运算阶段的幼儿认为周围物体都是有生命的、有意义的。这是自我中心思维的表现。自我中心使得儿童的思维带有强烈的主观色彩:小草被踩了会疼的。月亮怎么老跟着我? 幼儿由己推人,由人推物,世间万物都具有了生命。儿童身上这种泛灵思想的消失需要经历一个过程。在直觉思维阶段,从认为所有物体都有生命(4—5岁)转变到认为只有移动着的物体才具有生命。然后,它们认为只有处于自发运动状态的物体才有生命。最后,到11岁或12岁,儿童开始认为只有植物和动物才有生命。

幼儿不仅认为万物有灵,也认为万物有情,即把周围事物都看成是有感情的。幼儿主观地把自己的想象附加于客观事物上:脚踩地板嘎吱嘎吱响,认为地板在发怒;书被撕破了,书该多伤心啊! 不过,泛灵思维和"万物有情"思维会随着儿童认知的发展、自我中心思维的逐渐消退,逐渐被科学的生命观和生物观替代。

皮亚杰认为,学龄前儿童容易对很多问题做出泛灵性的回答,以至于在思考时经常犯逻辑错误,此观点是正确的。然而,皮亚杰过度评价了泛灵论的作用。例如,大多数4岁儿童能够认识到动植物的生长,知道它们在受伤后能够愈合,然而无生命物体(例如,桌子缺条腿)却不能。幼儿之所以表现出泛灵倾向,更可能是因为儿童对物体具有不完整的认知,认为那些不熟悉而又会动的物体是有生命的,而不是像皮亚杰所说的儿童具有认为会动的无生命物体具有生命特征(即非生物也活着)这一信念。

由于这个原因,大多数3—4岁的儿童相信故事和动画片中的仙女、精灵和魔法师甚至是动物都会有一种超自然的能量,但是他们却否认魔法可以改变他们的日常生活,例如,将一幅画变成真实的物体。他们认为魔法可以解释他们解释不了的"不可思议"的事情。随着对自然事件认识的提高和科学知识的增长,4—8岁儿童的魔法信念开始减弱。儿童能够推断出面具后面的人是谁,他们也认识到魔术是使用了某种奇特的手段而不是具备特殊的能量。

除了知识和经验以外,学龄前儿童的泛灵论减弱和对自然科学的掌握还受到文化的影响。对以色列四个种族的比较表明,德鲁兹教和穆斯林教的儿童对死亡的理解落后于天主教和犹太教的儿童(Florian & Kravetz, 1985)。因为德鲁兹教强调再生,德鲁兹教徒和穆斯林教徒注重更大的虔诚。宗教教育似乎对儿童对死亡的永久性的掌握有特别大的影响。例如,南方施洗者家庭的儿童,比起北方神教派家庭的儿童,他们更相信死后的生活,很少认可永久性,而北方的儿童则更关注现今世界的和平和正义(Candy-Gibbs, Sharp, & Petrun, 1985)。

(三) 直觉思维

前运算阶段的幼儿对事物的理解在很大程度上直接受知觉到的事物的显著特征所左右,而不是经过逻辑或推理的思维过程。这时期的儿童缺乏守恒。守恒是指即使在物体外观改变的情况下,它特定的自然特征仍保持不变。皮亚杰有很多著名的守恒任务(见图7-5)。他曾做过一个实验:先给4—5岁的被试儿童两个同样大小和形状的杯子,里面装着同样数量的珠子。然后把其中一个杯子里的珠子倒入另一个又细又长的杯子。然后问儿童:"两个杯子里的珠子一样多,还是不一样多?"有一部分儿童说原来的杯子里珠子多,另外一部分儿童说那个又细又长的杯子

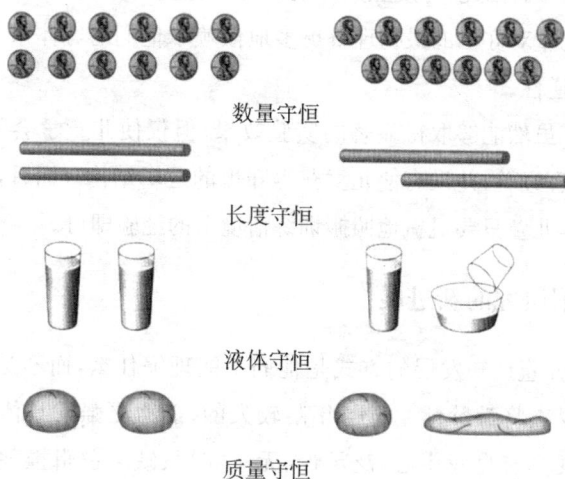

图 7-5　皮亚杰的部分守恒试验[①]

里珠子多。出现这两种回答的原因是,他们都只注意到事物变化的一个维度:杯子的高或宽。这种判断仍然属于直觉知觉活动,还不是真正认识事物本身,这说明幼儿还无法掌握守恒。

皮亚杰认为学龄前儿童无法掌握守恒的原因是因为这一时期的儿童缺乏克服直觉推理的两种认知操作。一种操作是去中心化,即同时关注问题的多个方面的能力。例如,在上面的实验中,儿童在解决守恒问题时不能考虑到杯子的高度或宽度两个方面,只能注意到单一维度上的差异,结果导致他们不能意识到高度的增加和宽度的减少正好相弥补,并以此作出错误的判断。另一种操作是可逆性,即在心理上逆转或否定某一行为的能力。对于学龄前儿童来说,他们缺乏可逆性,不能从心理上反向思考所见到的过程。因此,他们不会认为把又细又长的杯子里的珠子再倒回原来的杯子,仍会和以前的珠子数量是一样的。可逆性对于数学概念和运算的学习具有重要的意义,但是对于学龄前儿童来说却是个非常困难的任务。

但是,后来的研究者发现,只要运用多种训练技术,即使是 4 岁儿童,甚至是智力迟钝的儿童都可以达到守恒(Gelman, 1969; Hendler & Weisberg, 1992)。同一性训练是最有效的一种训练技术。所谓同一性训练,是指让儿童认识到,物体具有一定的稳定性,在守恒任务中,不管物体的外观如何改变,变形前后的物体仍是同一物体。例如,幼儿认为桌子上的一堆珠子和项链上的一串珠子是同一的,因为把项链拆开就变成了一堆珠子,把珠子串起来就变成了项链。这种训练方法是使儿童掌握某些具体的规则或知识,使儿童达到守恒。在液体守恒任务中进行这项训练时,可以告诉儿童"当我们把水从又粗又矮的杯子倒进又细又长的杯子里后,虽然看上去杯子里的水多了,但实际上还是一样多。"研究发现,接受过这种训练的 4 岁儿童,不仅在训练任务中能达到守恒,而且在训练后的 2.5—5 个月内,也能运用学到的同一性知识解决 5 个新的守恒任务中的 3 个

① Laura E. Berk: *Infants, Children, and Adolescents*, Pearson Education Inc., 2005.

及 3 个以上(菲尔德,1981)。因此,与皮亚杰的观点相反,这些研究者认为,许多前运算阶段的儿童能够学会守恒,而且儿童对守恒的最初理解更多地依赖于他们对客体永久性的判断能力,而不是依赖于去中心化和可逆性。

不过,这些守恒训练虽然能够取得显著的实验效果,但仅使儿童学会了某些经验规则,或者说是某些具体的守恒物理经验,并没有使儿童获得守恒的逻辑结构。而且,实验采用的复试项目和其训练项目基本相同,儿童只要机械地照搬训练情境下的经验即可。

三、幼儿思维发展研究的新进展

皮亚杰描述学龄前儿童认知发展的方式是他们不能理解什么,而不是能理解什么。从该阶段的名称即可看出,皮亚杰将学龄前儿童与年龄较大的、能力更强的具体运算阶段的儿童作比较,认为幼儿的认知发展具有自我中心、泛灵论、无法守恒、缺乏逻辑推理和缺乏等级分类等问题。但在过去的 20 年里,皮亚杰关于学龄前儿童认知发展缺陷的观点受到了严重挑战。皮亚杰实验呈现的问题过于复杂,儿童不熟悉问题以及儿童不善于口头表达等原因都可能会使儿童无法表现出真正具备的能力,以至于皮亚杰低估了儿童的能力。

(一) 关于自我中心

皮亚杰认为前运算阶段儿童的思维是自我中心的,然而这个结论与我们在现实生活中观察到的事例并不一致。3 岁儿童在放置玩具茶杯、玩具桌子、玩具娃娃时,往往是把茶杯放在相对于娃娃正确的方向,而且对娃娃的情绪产生移情。在幼儿与他人交谈中我们也可以常常看到非自我中心的表现。例如,学龄前儿童会根据他们的听众来调整他们的讲话。

有许多研究表明,皮亚杰低估了学龄前儿童认识和理解他人观点的能力。一些研究者批评皮亚杰的三山实验对学龄前儿童来说难度太大,让儿童选择图片的任务即使对 10 岁儿童来说也比较困难。如果给儿童一些不太复杂的视觉景象和与日常生活相联系的任务时,可以看到儿童具有对他人的所见所闻作出正确推断的能力,如下面这个实验所揭示的。

在一项关于错误信念(false belief)的研究(Hala & Chandler, 1996)中,让 3 岁儿童把饼干从盒子里拿出来,藏到另外的某个地方,制造一个骗局,从而让另一个人上当。然后问他们这个人会到哪里去找饼干。那些和实验者一起布置骗局的儿童认为,这个人会到饼干盒里去找,而那些只是观看实验者布置骗局的儿童则倾向于认为这个人会到藏饼干的地方去找。这个研究表明,当儿童参与活动时,能够正确判断他人的观点,但是当未参与活动时,他们则会表现出自我中心倾向。

(二) 关于泛灵思维

皮亚杰认为,学龄前儿童容易对很多问题作出泛灵性的回答,以至于在思考时经常犯逻辑错误,此观点是正确的。然而,皮亚杰过度评价了泛灵论的作用。例如,大多数 4 岁儿童能够认识到动植物的生长，知道它们在受伤后能够愈合，然而无生命物体（例如，桌子缺条腿）却不能。幼儿之所以表现出泛灵倾向，更可能是因为儿童对物体具有不完整的认知，认为那些不熟悉而又会动的物体是有生命的，而不是像皮亚杰所说的儿童具有认为会动的无生命物体具有生命特征（即非生物也活着）这一信念。

由于这个原因，大多数三四岁的儿童相信故事和动画片中的仙女、精灵和魔法师甚至是动物都会有一种超自然的能量，但是他们却否认魔法可以改变他们的日常生活，例如，将一幅画变成真实的物体。他们认为魔法可以解释他们解释不了的"不可思议"的事情。随着对自然事件认识的提高和科学知识的增长，4—8岁儿童的魔法信念开始减弱。儿童能够推断出面具后面的人是谁，他们也认识到魔术是使用了某种奇特的手段而不是具备特殊的能量。

除了知识和经验以外，学龄前儿童的泛灵论减弱和对自然科学的掌握还受到文化的影响。对以色列四个种族的比较表明，德鲁兹教和穆斯林教的儿童对死亡的理解落后于天主教和犹太教的儿童（Florian & Kravetz，1985）。因为德鲁兹教强调再生，德鲁兹教徒和穆斯林教徒注重更大的虔诚。宗教教育似乎对儿童对死亡的永久性的掌握有特别大的影响。例如，南方施洗者家庭的儿童，比起北方神教派家庭的儿童，他们更相信死后的生活，很少认可永久性，而北方的儿童则更关注现今世界的和平和正义（Candy-Gibbs，Sharp，& Petrun，1985）。

（三）关于守恒

皮亚杰用他的很多著名的守恒实验证明了前运算阶段的儿童还无法达到守恒。他认为，这是因为此时儿童缺乏去中心化和可逆性这两种认知操作能力。

但是，后来的研究者发现，只要运用多种训练技术，即使是4岁儿童，甚至是智力迟钝的儿童都可以达到守恒（Gelman，1969；Hendler & Weisberg，1992）。同一性训练是最有效的一种训练技术。所谓同一性训练，是指让儿童认识到，物体具有一定的稳定性，在守恒任务中，不管物体的外观如何改变，变形前后的物体仍是同一物体。例如，幼儿认为桌子上的一堆珠子和项链上的一串珠子是同一的，因为把项链拆开就变成了一堆珠子，把珠子串起来就变成了项链。这种训练方法是使儿童掌握某些具体的规则或知识，使儿童达到守恒。在液体守恒任务中进行这项训练时，可以告诉儿童"当我们把水从又粗又矮的杯子倒进又细又长的杯子里后，虽然看上去杯子里的水多了，但实际上还是一样多。"研究发现，接受过这种训练的4岁儿童，不仅在训练任务中能达到守恒，而且在训练后的2.5—5个月内，也能运用学到的同一性知识解决5个新的守恒任务中的3个及3个以上（菲尔德，1981）。因此，与皮亚杰的观点相反，这些研究者认为，许多前运算阶段的儿童能够学会守恒，而且儿童对守恒的最初理解更多地依赖于他们对客体永久性的判断能力，而不是依赖与去中心化和可逆性。

不过，这些守恒训练虽然能够取得显著的实验效果，但仅使儿童学会了某些经验规则，或者说是某些具体的守恒物理经验，并没有使儿童获得守恒的逻辑结构。而且实验采用的复试项目和其训练项目基本相同，儿童只要机械地照搬训练情境下的经验即可。

(四) 关于分类能力

皮亚杰把儿童的分类能力分为三个阶段:第一阶段是在儿童2—5.5岁期间。此阶段,儿童可以按照物体间的关系把他们认为有关系的物体归为一类,例如,把布娃娃和摇篮放在一起。但是,有研究者认为,如果给予选择的自由,儿童倾向于按照物体间的关系进行分类,但未必表示他们不具备根据相似性进行分类的能力(Markman,1981)。对于比较简单的或熟悉的分类问题,例如,将两只不同的猫和一只狗进行分类,3岁儿童几乎全部按照相似性选出同一类。

第二个阶段是在儿童5.5—7岁期间。此阶段,儿童逐渐摆脱具体感知和生活经验的影响,开始考虑到事物的内在联系,可以根据相似性对事物进行分类,但是还不具备对事物进行等级分类的能力。皮亚杰的一个著名的类包含任务是:给孩子呈现16朵花,其中有4朵蓝花和12朵黄花(见图7-6)。当回答"黄花多还是花多"的问题时,学龄前儿童会说"黄花多"。这就表明,他们还没有认识到"黄花"是包含在"花"这一类里的。直到第三阶段(7岁以后)儿童才能在进行等级分类的同时也了解各级分类之间的包含关系。

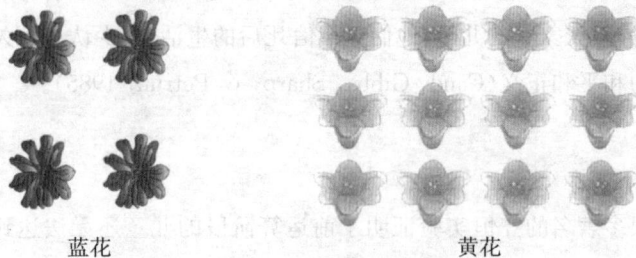

蓝花　　　　　　　　　黄花

图7-6　黄花与花的实验[1]

但是,皮亚杰之后的研究表明,学龄前儿童并非完全缺乏等级分类的能力,也并非完全不了解各级分类间的包含关系,这要看等级分类的复杂程度、抽象程度以及儿童对事物的熟悉程度。例如,问儿童两个问题,"所有的牛奶都含糖,那么是不是所有的饮料都含糖?""香蕉是一种水果,那么香蕉是不是一种食物?"学龄前儿童对前一个问题的回答就没有后一个问题的表现好。另外,此时儿童的等级分类能力还处于直观的知觉特征支配下,不能在抽象水平上理解各级分类间的包含关系。

第二节　幼儿社会认知的发展:维果斯基的观点

皮亚杰将儿童认知发展最重要的来源归结为个体本身,认为个体是积极的探索者。而维果

---

① Laura E. Berk:*Infants*,*Children*,*Adolescents*,Pearson Education Inc. ,2005.

斯基的社会文化理论则认为,认知发展发生于社会文化环境中,社会文化深刻地影响着认知发展的形式。维果斯基的社会文化理论使我们从另一个角度来了解皮亚杰的观点。

一、儿童的自言自语

观察学龄前儿童的日常活动,你会发现他们经常对自己说话。皮亚杰把这种现象称为儿童的自我中心语言,即不具备社会交往功能的独白。他指出,这是儿童认知不成熟的表现,并且随着认知发展和社会经验的发展,自我中心语言逐渐减少并被社会化言语所代替。皮亚杰认为语言发展对认知发展的作用很小,相反的,认知的发展(自我中心的减少)促进了语言发展。

维果斯基对于皮亚杰关于幼儿的语言是自我中心的和无社会性的观点提出了强烈的异议。他认为,语言发展在认知发展中起着关键的作用。儿童的自言自语除了单纯的表达功能之外,还担负着自我指导的功能。维果斯基指出,儿童的自言自语更容易在某种特定的情境中出现。当儿童试图解决问题或想要达到重要目的时更容易出现自言自语。而且,在儿童解决问题遇到障碍时,他们的自言自语会迅速增加。此外,当儿童有较多的社会交往机会时,也会出现较多的自言自语。儿童在4岁左右开始出现自言自语,随着儿童不断长大,当他们发现任务越来越容易时,他们的自我指导语言(自言自语)也减少了,并且被内化成无声的内部语言,即当思考与行动时与自己进行的隐蔽的语言对话。到7—9岁时,大多数儿童的自言自语只是简单的唇部运动了。

近20年来,大多数研究都支持维果斯基的观点,通常称儿童的自我指导的语言为自言自语而不是自我中心语言。儿童为何会自言自语呢?维果斯基对这问题的回答突出了儿童早期社会认知能力的社会起源。

二、早期社会认知能力的发生与发展

维果斯基认为,所有较高级的认知过程的发展,都源于个体与社会的相互作用。维果斯基同意皮亚杰所说的儿童是积极的探索者,会主动积极地去学习和发现的观点。然而,与皮亚杰不同的是,维果斯基认为,儿童的许多重要的学习和发现并不是仅仅来自个体的探索,而是产生于成人和儿童的合作。这种社会性的合作在最近发展区内进行并促进认知的发展。

当我们讨论成人与儿童在最近发展区内合作时,必须考虑到社会相互作用的两个重要特征。第一个重要特征是内部主观性(inter subjectivity),指两位参与同一项任务而有着不同理解的参与者达成一种共同的理解过程。当参与者按照对方的观点调整自己的观点时,内部主观性就建立起一种共同的交流背景。当成人以儿童能理解的方式向儿童解释自己的理解时就是试图去促进内部主观性;而当儿童理解了成人的这种解释后,也就更趋向于内部主观性,从而达到一个更成熟的水平。我们可以听到儿童对成人这样说道:"我认为是这样。你认为呢?"这就是儿童与成人共享和调整观点、达成内部主观性的表现。

社会相互作用的第二个重要特点是支架(scaffold)。所谓支架,是指有能力的参与者在一个教育阶段内调整支持力量以适应儿童当前的能力表现水平,这会逐渐提高儿童对问题的理解。

在处理任务时,当儿童在当前能力水平上不知如何进行下去时,成人可以采用直接指导,将任务分解成可处理的单元,给儿童提供建议和操作的基本原理。当儿童的能力水平提高时,有效的支架指导就逐渐地、有意识地撤去支持,将问题解决的任务留给儿童。然后,儿童就会把在成人支架指导中的对话语言作为他们自言自语的一部分,并用这个语言来指导自己独立地解决问题。拥有有效支架的儿童会更多地自言自语,在尝试独立解决困难任务时会取得更多的成功。成人在认知发展方面的支持,一小步一小步地教他们,给他们提供策略,这些都可以促进儿童成熟地思考。成人在情感方面支持、鼓励儿童,将任务留给儿童自己完成,则有助于儿童努力去解决问题。成人可以有意识地创造学习条件或提出学习任务,例如,在学校教育中,可以利用支架进行良好的教学互动。但是,在游戏或日常活动中,成人对儿童能力的支持常常不是有意的指导,但是成人也给予了儿童必要的帮助和鼓励。在这种情况下,支架就不适用了。全面地考虑儿童与成人合作的不同形式,罗戈夫(1998)建议用"引导性参与"这个术语来描述成人对儿童能力的支持。这是一个比支架范围更广的概念,指成人与儿童间的互动,在儿童参加和观察成人从事相关文化活动的过程中,儿童的认知和思维方式得到发展。它注重成人和儿童的共同努力,而不要求详细说明交流过程中的精确特征。需要注意的是,引导性参与必须考虑到情境和文化的差异。

三、维果斯基和幼儿教育

维果斯基的社会文化理论对儿童教育具有重要的意义,使我们看到社会背景和合作在教育和学习中的重要性。维果斯基和皮亚杰的课堂具有明显的共同点:给儿童提供积极参与的机会和接受儿童的个体差异。不过在维果斯基的课堂中,不仅仅重视儿童的独立发现,而且更强调儿童的支持发现。维果斯基更关注教师的引导性参与。在课堂上教师设计教学活动,采用解释、证明和语言提示来指导和帮助儿童的学习,根据儿童能力水平的进展,逐渐把更多的学习交给儿童自己,尽力使儿童提高最近发展区的水平。儿童除了在教师引导性参与下得到支持发现以外,同样也可以在与同伴合作下得到支持发现。教师可以根据儿童的能力水平不一致来安排合作学习,使儿童通过在合作组中的互相教学、互相帮助来获得能力水平的提高。在儿童合作学习中,教师并不只是简单的指导者,同时还应是积极的参与者。

维果斯基认为,儿童早期的假装游戏是培养儿童认知发展的理想的社会背景。通过假装游戏,儿童发展了认知技能并且学习到其所处文化中的重要活动,而且在游戏活动中表现出其所处社会的文化内涵。他指出,最初的假装游戏是在成人的帮助下完成的,不过随着儿童年龄的增长,成人逐渐放弃了为儿童创设和指导假装游戏,儿童开始自己创造出想象情境,学会按照内部思维和社会规则进行游戏。例如,一个儿童假装自己是爸爸,而一个玩具是孩子,游戏规则是孩子要遵守父母的行为规范。

第三节 幼儿信息加工能力的发展

信息加工理论关心的是儿童各种认知过程是如何发展变化的,这和皮亚杰的认知发展理论正好相反。皮亚杰理论强调的是单一的、全面的理论指导,而信息加工理论把认知功能看作是由学习不同知识的不同过程所组成,这有助于我们对儿童认知发展的理解。下面将从信息加工的观点出发来讨论幼儿记忆的发展。

一、注意

注意是使心力有选择地、可转移地、可分配地集中于对象的能力,是信息加工的开始。年幼儿童的注意通常是由刺激物引起的。比如,一个月的婴儿喜欢注视人的脸,是人脸引起了其注意,而不是婴儿自己选择注意人脸。幼儿注意保持的时间也很短,经常在不同的活动间转换。但随着年龄的增长,儿童会逐渐延长注意保持的时间,对所注意的信息也有了选择性。以下就从注意广度和注意选择性两个角度分析幼儿注意的发展。

(一) 注意广度的变化

注意广度是指将注意力保持在特定刺激或活动上的能力。幼儿的注意广度很小,他们不能长时间地把注意力集中于某一项活动上。即使是儿童自己感兴趣的活动,例如,看电视,2—3 岁的儿童也会经常四处张望,到处走动,不能很好地把注意力集中到正在进行的活动中。这是因为,他们的注意容易受到干扰,而且很难抑制与任务无关的思维活动(Dempster, 1993; Harnishfeger, 1995)。儿童的注意广度会随着年龄的增长而增长,但在整个幼儿期,由于儿童大脑中调节注意的区域——网状结构,尚未完全髓鞘化,因此,幼儿注意保持的能力是较弱的。

(二) 选择性注意

注意的一个重要特征就是选择性,是指筛选种种刺激,从而把注意力集中在特定的刺激上,而不顾其他的刺激。这种能力在儿童期有着稳定的增长。儿童不太会控制自己的注意,容易为无关刺激的特征所吸引而导致分心,在注意有关信息和无关信息的过程中缺乏灵活性。随着年龄的增长,儿童学会了注意刺激中信息量最大的方面而忽略无信息量的方面,学会集中注意力于父母的目光与声音,以探测父母的情绪,也逐渐学会了到哪里去寻找与他们正在解决的问题或希望达到的目标最相关的信息。儿童正在试图解决的问题使儿童在内心中形成一种任务设定,这种任务设定反过来使他们对注意或解释事物的某个方面特别敏感。

在儿童早期,儿童在注意的计划性方面也开始有所发展。他们可以提前想出行动的顺序并根据预定目标集中注意力。只要任务是熟悉的、不太复杂的,学龄前儿童就可以制定计划并按计划行事。例如,4岁的儿童就会在玩耍的地方有计划地寻找某个丢失的东西,他们会将之定位于他们最后看到东西的地方和发现丢失的地方。不过,如果给学龄前儿童复杂的任务,他们就几乎难以决定行动的顺序;或者,即使有了计划,他们也经常执行不了重要的步骤。

专栏7-1 注意力缺失/多动症(ADHD)[①]

注意力缺失/多动症(ADHD)儿童表现出三个主要症状:(1)不专注,他们常常不听别人说话,不能集中注意和完成任务;(2)多动,他们坐立不安,不停地扭动身体,到处走动;(3)冲动,他们通常不经过思考就行动,想到任何事情都会脱口而出。

注意力缺失/多动症的儿童早期容易表现出冲动、身体动个不停、在强烈好奇心的驱使下不怕危险、易怒等行为模式,常需要家人时刻不离身地关注照顾;因为无法专心,有些儿童也有语言发展落后的情况,使得父母与儿童常处于紧张的状态。孩子往往被误认为故意不听话,父母则被指责为管教不当。到了学龄期,因注意力缺失,儿童的学习表现不佳,常无法独立完成作业,进而出现书写困难、阅读困难、活动量大、易冲动的情形,使得孩子不由自主地无法遵守上课的规矩;无法等待、挫折容忍度低、易与人冲突,也容易造成团体生活中人际互动的困扰,让老师认为不易管教。

进入青春期后,症状会有明显的改善。但孩子长期在这种负面反馈的环境下成长,伴随较低的自我价值感、缺乏自信、人际关系不佳,因此,仍有约四成的孩子持续被多动症的症状困扰,对孩子及其周围的人造成许多不便。虽然多动症不是什么重大疾病,但对个人的学习、人格成长、人际互动等都有深远的影响。长大成人后,出现忧郁症、焦虑症、行为异常障碍症的比例也都较一般人高。

对患有多动症的学龄前儿童来说,由于其年龄明显偏低,除了接受基本的训练和治疗外,还需要适合其年龄的教材和练习方式。多动症学龄前儿童的训练有以下特点:(1)练习时间短(20—30分钟);(2)寓教于乐(练习内容融入游戏中,使用游戏材料);(3)分小组练习(如两人一组);(4)加强对父母的指导,特别针对如何教育和带领游戏方面;(5)强调和孩子建立关系或凸显这种关系的必要性(例如,延长彼此互动和游戏的时间)。训练应该是可视的,重点可以选择画图、走迷宫、简单的配对练习、分辨形状和颜色练习、拼图、找出彼此相关或不相关的图画、分辨视觉刺激并予以分类、排序等。

---

① 劳特、施洛特克著,杨文丽、叶静月译:《儿童注意力训练手册》,四川大学出版社,2006年版,第360页。

二、记忆策略的发展

记忆策略包括存储信息时对信息的复述、组织、精细加工以及提取信息时的系统检索(再认、重组和回忆)等,以下就这几个部分作详细讨论。

(一) 复述

复述(rehearsal)是指一遍又一遍地重复材料。作为一个简单策略,学龄前儿童就已经出现了复述,当被要求记住一系列相似的玩具时,他们就会较少玩玩具而是较多地说、看和操作这些玩具。但是,他们并不只是说这个玩具,还会说些其他的话,因此,其复述行为要到6岁时才会对记忆产生作用。对学龄前儿童来说,他们极少像年龄大的儿童或成人那样复述材料,所以幼儿在短时记忆中保持的语言材料较少。

(二) 组织

组织(organization)是指把材料序列化、模式化、范畴化的过程,它会使记忆效果显著提高。与复述一样,可以在学龄前儿童的表现中找到组织这一记忆策略。在恰当的情境下,学龄前儿童会使用特定的组织来帮助记忆。但是学龄前儿童并不能使用语义组织来帮助记忆,即他们不能将材料按照意义分类来帮助记忆。不过,通过训练,学龄前儿童也可以掌握这种语义组织方法,但是他们不能把这种方法用来提高记忆效果。

(三) 再认、回忆和重组

给4岁儿童展示一套(10张)图片或者玩具,然后把它们和儿童不熟悉的东西混合起来,让儿童指出原来的一组。通过该实验,可以发现学龄前儿童的再认(recognition),即描述这个刺激物和他们以前看到过的刺激物是否相同或者相似的能力。

若是给孩子一个难度更高的任务:不让他看到这些物品,要求他说出刚才看到的物体的名称。幼儿就很难完成了。这个任务就要求回忆(recall),即对消失的刺激产生一个心理表征。

如果给孩子读一段故事,然后合上书本,让孩子复述。你将会发现这对孩子来说是非常困难的任务。这需要记忆重组(reconstructive memory),即对所要记住的复杂的、有意义的材料信息进行处理并在回忆中再现。

再认、回忆和重组是记忆提取的三种方式。再认在婴儿期就已经出现了,回忆是在两岁左右开始出现的,重组在儿童早期几乎不出现。在儿童早期,记忆的一个最明显的特征就是,回忆要远远落后于再认。二者的差距随着年龄的增长而逐渐缩小。为什么幼儿的回忆比再认差呢?这是因为再认依靠感知的发展,而回忆依靠表象的发展。感知在婴儿出生后就已经开始发展了,而表象在1岁半至两岁才开始形成。另一个原因是,回忆比再认要求更多、更主动的复述策略,还要求为了恢复正确的线索而必须在记忆仓库中进行更多的搜索。

(四) 脚本记忆

脚本(script)是指对熟悉环境中重复发生事件的特定顺序和因果关系的概要性表征,这是为了保持特定经历而采用的一种图式。幼儿的脚本开始是作为行为的主要顺序出现的。例如,3岁的儿童可能会说:"进去,拿吃的;吃完饭,付钱,回家。"他们用脚本组织信息来描述在快餐店吃饭的情况,从中我们也可以看到,儿童最初的脚本只包括几个行为。随着儿童年龄的增长,脚本会逐渐变得精细。在这个发展过程中,成人可以通过提问和提示来帮助儿童组织脚本。

脚本一旦形成,就可以帮助儿童组织、解释重复的事件和预测以后类似情况下儿童会表现出何种行为。当听故事和讲故事时,儿童使用脚本来帮助回忆。他们以熟悉事件序列为基础回忆的故事要多于以不熟悉事件序列为基础回忆的故事。他们在假装游戏中运用脚本,比如,假装哄宝宝睡觉、出去旅行或者去上学。脚本也有助于儿童最初出现的计划制定,因为他们可以组织行为的序列以达到理想的目标。

儿童把熟悉事件组织成脚本也有不利的一面,会妨碍儿童记忆那些新奇的、非常规的信息。在一项研究中,主试向两岁儿童询问野营中发生的重大事件,令人感到奇怪的是,他们的回答只是吃东西、睡觉等常规事件(Fivush, 1997;Nelson, 1996)。研究者解释说,对两岁儿童来说,任何事情都是新奇的,不过他们最关注的是能使他们理解的熟悉事件。随着年龄的增长,到三四岁时,儿童开始能记住那些非同寻常的事情,并开始能描述事情的细节。这种对特殊事件的记忆使儿童脱离了脚本式的熟悉事件,对儿童十分有益。

(五) 自传式记忆

自传式记忆(autobiographical memory)是指儿童对发生在自己身上的事情的记忆。一些在儿童生活中发生的非常规的、特别有意义的事件容易成为自传式记忆的内容,例如,第一次生病住院,第一次坐飞机或者搬进新家。3—6岁期间,儿童的自传式记忆才开始逐渐变得清晰、详细。这是由于在3岁以前儿童还不能采取策略去回忆以前的事件。另外,随着儿童的语言和交流技能有所提高,3—6岁时他们对于特殊事件的描述能力变得更有组织、更详细并包含有更多的评价。

维果斯基指出,儿童在与成人或更高能力水平的同伴的社会交往中出现了更高水平的认知过程。在自传式记忆中,我们也可以看到这一点。儿童在谈论过去的时候,对事件的回忆一开始不是连续的过程,而是在成人引导下逐渐叙述更多的信息。成人通常采用两种方式来激发和提高幼儿对自传式记忆的描述。第一种方式是精细提问。父母向孩子问各种各样的问题,在孩子描述的过程中给孩子增加信息,把自己对事件的评价告诉孩子。父母经常在与孩子的对话中,问"谁"、"什么"、"何时"、"何地"、"如何"、"为什么"、"我觉得……你觉得呢"等问题,以扩展儿童的描述。第二种方式是重复型提问。父母在与孩子的对话中几乎不提供信息,只是重复地问相同的简短问题,例如,"你记得……吗?""我们在那里做了什么?"研究表明,与精细提问型母亲的孩子相比,重复型提问型母亲的孩子在 18 个月或 32 个月之后,往往只能回忆较少的信息,并且其记忆更缺乏组织性(Reese，Haden，& Fivush，1993)。

第四节 幼儿智力的发展

智力在幼儿期继续发展。智力究竟如何随着年龄的增长而发展? 又如何度量幼儿智力发展的水平? 要了解幼儿智力发展的水平,就有必要了解评价幼儿智力的工具(即智力测验)及影响幼儿智力发展的因素。

一、幼儿的智力测验

儿童的智力测验通常测量全面智力和一系列的独立因素。比纳(A. Binet)和西蒙(T. Simon)创立了第一个智力测验,其目的就是预测儿童的学业成就。现在,韦克斯勒儿童智力量表和斯坦福—比纳智力量表修订版通常用来测试高智商儿童和存在学习问题的儿童。

(一)韦克斯勒儿童智力量表

韦克斯勒儿童智力量表修订版(WPPSI-R)适合于 3—8 岁的儿童,它测量两种广泛存在的智力因素:语言和成绩。每一个因素都包括 6 个子测试,总共得出 12 个分数。该量表的测量项目是非言语性的,儿童不需要和测试者谈话。通过这种方法,不说英语的儿童或者语言功能失调的儿童也可以用它来测量智力。

(二)斯坦福—比纳智力量表

斯坦福—比纳智力量表(S-B量表)适合于两岁至成人。1986 年版本的测量包括四种智力因素:字词推理、定量推理、空间推理和短时记忆,每一个因素包括 15 个子测试,可以对儿童的智力进行详尽的分析。该量表具有较少的文化偏差,因为在特殊信息方面要求较少。

(三)智商的稳定性

智力的绝对分数会随着人的年龄增长而增长。贝利以贝利婴儿智力量表、斯坦福—比纳量表、韦克斯勒成人量表对同一组被试经过长达 36 年的追踪研究,发现 13 岁以前智力分数呈直线上升,以后开始减缓,到 25 岁时达到高峰,26—36 岁为保持水平的高原期,36 岁以后有所下降(见图 7-7)。

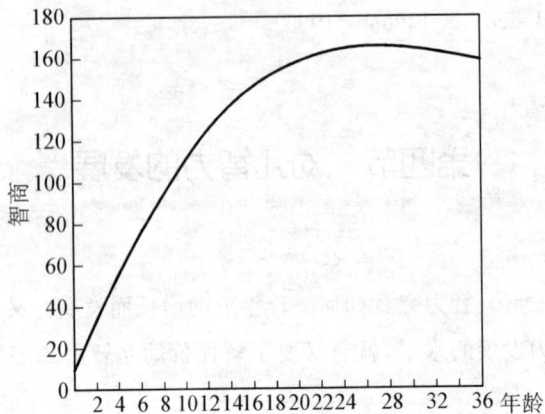

图 7-7　智力成长曲线[1]

　　智力的相对分数(智商、IQ)是否也会随着儿童年龄的变化而有所变化呢？学龄前儿童测得的智商能够预测他们未来的智力和学业成就吗？检查 IQ 稳定性的一种方法是计算儿童在重复的测试中得分的相关性。在一项纵向研究中，2—5 岁时的 IQ 得分相关性只有 0.32，这说明学龄前的 IQ 不能预测学龄期以及以后的测试结果。但是在 6 岁以后，IQ 有相当的稳定性，相关性在 0.7—0.8 之间(Hayslip，1994；Humphreys，1989)。同时，许多研究表明，两次测试的时间间隔越长，相关性越低。这些研究结果表明，在 5、6 岁之前，IQ 很大程度上是对当前智力的测量，而不能预测以后的智力。不过，对于智力有缺陷的儿童来说，学龄前的智力测验得分在预测未来的智力和学业成就上具有相当的有效性。有研究表明，早期 IQ 为 72 或低于 72 的儿童，在以后的学习中确实存在困难。

　　检查 IQ 稳定性的另一种方法是计算 IQ 在个体成长过程中的绝对值变化。纵向研究发现大多数儿童在童年期至青少年期的成长过程中 IQ 有 10 分以上的变化，而 10—15 分的变化会导致个体的智力评定上升或下降一个等级。

二、影响幼儿智力发展的因素

　　双生子研究表明，同卵双生子的 IQ 相关比异卵双生子的 IQ 相关要高得多。对被领养儿童的研究也表明，他们与生父母的 IQ 相关要远远高于与养父母的 IQ 相关。这说明，遗传差异是个体智力差异的一个主要原因。不过，这并不是唯一的原因，环境(包括家庭环境和社会环境)对智力也具有非常重要的影响。这里主要讨论家庭环境对儿童智力发展的影响。

　　家庭环境的质量和特点对儿童的智力表现起着决定性的作用。在儿童早期，儿童的家庭环境质量对儿童智商的预测力最强。有研究发现，IQ 一直下降的儿童一般生活在贫困的环境里，特

[1] 刘金花主编：《儿童发展心理学》，华东师范大学出版社，1997 年版，第 152 页。

别是长期的贫困状态(Duncan & Brooksgunn,1997)。用累积缺陷假设可以来解释这种现象:贫困的环境会阻碍智力的发展,而且这种抑制效应会随时间而累积。结果,个体处于欠缺的智力环境中越久,智力测验的成绩就越差(Klineberg,1963)。很明显,贫困是影响儿童智力发展的一个危险因素。

那么,除了贫困的影响以外,家庭环境中还有哪些因素会影响儿童的智力发展呢? 运用家庭环境观察记录表(幼儿版),可以从八个方面来判断家庭环境对 3—6 岁儿童是否提供了智力刺激(见表 7 - 1)。通常来说,智力发展良好的幼儿,家里有丰富的教育玩具和书籍;他们的父母是温和的、充满爱的;父母可以给他们提供丰富的语言和知识的刺激,并且鼓励他们的社会成熟行为;父母通过合理的方式来解决冲突,而不是使用打骂和体罚。在这种种因素中,父母给予的爱和温暖以及鼓励性的语言和学业行为对于学龄前儿童的智力发展来说是联系最密切的。由于父母重视孩子的认知发展,所以他们就会鼓励孩子获取新知识以及训练孩子的认知技能,而这些正是智力测验所测量的内容。因此,来自具有丰富刺激的家庭环境的儿童,其智力测验分数自然也就会较高。

表 7 - 1　家庭环境观察记录表(幼儿版)[①]

分量表	项 目 举 例
通过玩具、游戏和阅读材料提供刺激	在家中通过玩具学习颜色、大小和形状
语言刺激	父母通过书、游戏和猜谜来教孩子学习有关动物的事情;在观察者来访期间,父母至少和孩子交谈两次
物理环境的组织	所有可见的房间尽可能地干净、不凌乱
骄傲、爱和温暖	在观察者来访期间,父母主动地表扬儿童的品质或行为两次;在观察者来访期间,父母至少爱抚、亲吻或者拥抱儿童一次
学业行为的刺激	鼓励儿童学习颜色
树立榜样和鼓励儿童社会成熟	父母把客人介绍给儿童
各种日常刺激的变化	每隔一周,家庭成员都要带儿童外出一次(野餐、购物等)
避免身体惩罚	在观察者到访期间,父母不能打儿童

---

① Laura E. Berk: *Infants, Children, and Adolescents*, Pearson Education Inc., 2005.

第五节　幼儿想象和创造力的发展

如同智力一样,想象和创造力也是儿童重要的认知能力。那么儿童想象的种类和发展趋势是怎样的? 儿童创造力发展如何? 影响创造力的因素是怎样的? 我们将在本节中详细阐述。

一、幼儿想象的发展

想象几乎贯穿于儿童的各种活动。从 3—4 岁开始,儿童想象已明显有所发展。但儿童生活经验比较少,激励表象不够丰富,又受到思维水平的限制,因而想象内容简单贫乏。

(一) 儿童想象的特点

儿童初期以无意想象为主,主要表现在儿童的想象常常没有自己预定的目的,往往是在外界事物的直接影响下产生的,这在儿童初期尤为突出。其次,儿童想象的主题不稳定,我们常常看到儿童很难长时间保持一个主题的游戏,比如,当看到别人画什么他就画什么,甚至还没完成,又去画另一个了。第三,儿童的想象往往不追求目的,只满足于想象进行的过程。第四,儿童的想象过程容易受兴趣和情绪的影响。此外,儿童对感兴趣的想象主题可以多次进行重复,比如,儿童可以不厌其烦地听一个童话故事好多遍。

儿童在 4—5 岁时,有意想象有了明显的发展。这一时期,儿童在进行想象活动之前,已有了明确的主题。例如,大班儿童在活动前能说出自己将要从事的活动的名称,例如,玩什么游戏,画什么画,并且能够克服一定的困难,将主题坚持下去。有意想象根据想象的新颖性、独特性和创造性程度的不同,其又可分为再造想象和创造想象。再造想象是根据词语的描述或语言的描绘,在头脑中产生有关事物新形象过程的想象。儿童再造想象常常依赖于成人语言的描述,并且随外界情境的改变而变化。创造想象是不依据现成的描述而在头脑中独立地创造出新形象的过程。儿童期是创造想象刚开始发生的时期,其最初的创造想象只是无意的自由联想,儿童的创造想象与原型只是略有不同。

(二) 促进儿童想象发展的策略

儿童的想象是儿童认知发展的重要成分,儿童如果缺乏想象力,就不能很好地掌握知识。因此,我们要培养和提高儿童的想象力。首先要丰富儿童的表象,发展儿童的言语表现力。儿童表象的丰富与贫乏,将直接影响到其想象的质量与内容,因此,教师在教学和活动中尽量做到直观、生动,对于年龄小的孩子,经常展现出一些形象化的材料。此外,还可以组织接触自然、观察生活等。言语与想象的关系也极为密切,维果斯基在《高级心理机能的发展》一书中提出,"我们发现不仅语言出现的本身,而且语言发展的重要时刻,都是儿童想象力发展的重要时刻"。因此要努力发展儿童的言语能力,可以有效提高儿童的想象力,使想象变得更加广阔、深刻。第二,启发儿童在活动中独立思考。所谓活动,包括学前儿童的所有游戏活动和学龄儿童的学习、劳动以及各种课外活动。这些活动为儿童想象提供了广阔的天地。在保护儿童人身安全的前提下,鼓励儿童在活动中尝试、探索,并为这些活动提供必要的物质材料和必要的指导。第三,开展适当的训练,提高儿童的想象力。除通过讲故事、朗诵、绘画和听音乐等活动培养儿童的想象力外,还可以采用多种训练形式,包括对静物的动态想象,对抽象词的具体想象以及对物体的拟人想象等。

二、幼儿创造力的发展

儿童期被认为是创造力的萌芽时期,研究者对学前儿童的绘画、音乐、经故事以及发散思维测验等方面的调查结果发现,随着幼儿年龄的增长,幻想中创造性思维成分随之增多,精细性也不断提高。那么,儿童创造力发展具体的特征是怎样的?影响幼儿创造力发展的因素有哪些?如何培养儿童的创造力?我们将在这一小节加以详细论述。

(一)创造力的概述

有关创造力的定义有很多,较为一致的看法是将创造力定义为"根据一定的目的,运用一切已知信息,产生出某种新颖、独特、有社会或个人价值的产品的能力"(董琦,1993)。关于儿童创造力的研究和定义也是多种多样的。梅斯基和纽曼将儿童创造力定义为:创造力是一种能力,它能使一个人以一种别人听取和欣赏他们讲话的方式来表达自己的意见;创造力是一种素质,它能使人发现别人以前未能理解的定义。因此,儿童的创造力表现为他们以一种新的思维方式表达自己的观点或发现新问题等。

幼儿期被认为是创造力的萌芽时期。研究者对学前儿童的绘画、音乐、讲故事以及发散思维测验等各方面的调查结果进行分析,发现幼儿随着年龄的增长,幻想中创造性思维成分随之增多,精细性也不断提高。安德鲁斯(Andrews)等用图片、墨迹图等来测验了儿童的创造性思维。从独创性、深刻性方面的得分结果发现,4 岁儿童的得分最高,5 岁后逐渐下降。托兰斯(Torrance)及其同事对 15 000 名学前和小学儿童进行测验,发现 3—5 岁是儿童创造性倾向较高时期,5 岁以后呈下降趋势。我国心理学家潘洁对 3—6 岁儿童进行发散思维的测验,结果发现,6 岁儿童在语义、符号、图形及操作方面的 15 项测验中有 13 项平均值都低于 4、5 岁的幼儿。

(二)儿童创造力的发展的特征

1. 好奇心是创造力发展的起点

好奇心使儿童在行为和语言上都有许多特殊表现。在行为上,儿童表现出一种破坏行为,新的玩具买回来,在儿童手中,不一会就被肢解。父母和教师可能都比较难以容忍这样的破坏性行为,但是,对儿童来说,他们是由好奇心所驱使。在语言上,则表现为不断地问"为什么",非要问个水落石出不可。好奇心的旺盛使儿童在同化过程中又不断地顺应。儿童在这种同化与顺应的不平衡发展过程中,带着更大的好奇心,去探索周围的世界,从而开始了漫长的创造之路。

2. 创造性想象是创造力发展的特点

儿童的创造性想象的发展,同其他心理领域的发展一样,也是随着年龄的增长而逐渐发展。一般来说,3 岁儿童主要是再造想象,4 岁则向创造性想象转化,5 岁时更多地运用创造性想象。比如,用铅笔盒进行游戏。3 岁的儿童,会以此替代头脑中已经形成的火车形象,而 4 岁的儿童,则可能打开铅笔盒,在上面再插一根小棍,以此来替代驾驶员操纵火车。而 5 岁的儿童,边用铅笔盒当火车开,边自己去操纵火车。

3. 探究活动是创造力发展的主要手段

儿童的探索活动越多样,变化越丰富,探究活动越灵活新奇,探究活动的成果也越大。在学前儿童的探究活动中,最重要的形式之一就是所谓的儿童小实验。这是学前儿童真正的独立活动,在整个学前期得到发展。小实验的特点是获得某个对象的新信息或创建新成果(用游戏材料搭建新的建筑物、画图、讲故事等)。小实验活动形式多样,除了用周围的事物和现象进行实际实验外,学前儿童的思想实验也开始发展,用自己的知识和智力活动,开辟了一条独立的创造性的获取新知识的途径。在探究活动中,儿童本能的好奇心、创造性想象都能得到充分的体现和发展。

4. 积极情绪是创造力发展的密切因素

所谓积极情绪,就是愉快、喜悦等情绪,学前儿童对每一个小小的发现,都会感到兴奋(即使在成人看来是微不足道的发现)。对自己构成的每一个新图画、新建筑等感到满意的学前儿童都会觉得创造性活动具有很大的吸引力。因此,积极情绪是学前儿童创造力发展的密切因素,鲜明的情绪是形成儿童强烈的创造需要的基础,这种需要不仅指向创造的成果,而且指向实现创造的过程本身。同时,儿童创造过程中情绪的充实性,使学前儿童的各种新活动动机得到强化,以至于根本改变儿童的动机、情绪范围,最终促进个性启发性结构的形成。

5. 创造力过程充满矛盾性

学前儿童在创造力发展过程中充满着矛盾性。这个矛盾主要来自成人的教育方式与儿童的创造个性之间的矛盾。学前儿童是在成人的指导下长大的。成人教给儿童的行动和智力及言语活动的方式。这些方式往往是严格的、固定的、标准化的。使儿童所要遵守的是准确而充分地掌握固定的知识技能和行动方式。然而,这种准确的掌握实际上并没有发生,因为儿童在掌握过程中总是通过自己对世界的理解来折射新知识、新技能,总是经过自己独特的经验来过滤它们。

(三) 影响幼儿创造力的因素

影响学前儿童的创造力发展的因素有家庭、社会文化和个性。

1. 父母的影响

在对家庭因素的研究中发现,父母的养育态度、父母的期待、父母的自身性格特征都是对学前儿童的创造力发展施加影响的重要因素。以宽容、民主之心,对自己的孩子给予信任和尊重,这样的养育方式有利于学前儿童创造力的发展。格兹尔斯(Getzels,1962)等对高智商的儿童和高创造性的儿童的父母的教育行为进行了比较(见表7-2)。

表7-2　高智商儿童和高创造儿童的父母行为的教育行为

内容	高智商父母的行为	高创造儿童父母行为
创造行为	更多的批评	更多的激励
阅读兴趣	重数量、偏学术	数量不拘,范围不限
价值观	重视整洁,礼貌,好学上进	重视兴趣,价值,坦率

（1）父母的期待。父母的期待,往往是促进学前儿童的创造力发展的因素。布鲁姆在对杰出的数学家和作曲家的研究中发现,他们的父母从一开始就对孩子给予较高的期望,并将这种期望化为行动。虽然父母的期待有推进作用,然而,如果期望值过高,就会给孩子带来思想上的压力,有时反而阻碍儿童的创造力发展。

（2）父母自身的性格特征。父母自身的性格特征对学前儿童的创造力发展也起着影响作用。在对那些具有较高创造力的儿童的父母进行性格分析时,发现有以下几个特征:兴趣爱好广泛;袒露感情,富于表达性而很少有驾驭性;具有童心,不仅接受孩子的稚拙,自己有时也表现出稚气天真;有独立性、民主性,不采取强硬手段来加强自己的地位。

2. 儿童的个性

一个具有较高水准的创造力儿童,不仅仅是因为他具有敏捷、充满想象的创造性思维,还与他身上所具有的各种品质有密切关系。对创造型儿童的个性研究表明,以下这些特性是创造型儿童的主要个性特征:坚持性,不管碰到任何艰难困苦,都能以不屈不挠的精神坚持到底,遭到阻碍时仍会坚定不移,坚持到底;进取性,旺盛的求知欲,是创造型儿童的典型人格特征;好奇心强,表现出对探究活动的浓厚兴趣;独立性,自强自立,善于独立行事,不依赖他人,但这种独立性有时常常表现为对家长和教师的话不服从,过于偏激时,会显得不合群,甚至破坏纪律;创新性,用于探索,过于冒险,好发奇想,常常有与别的儿童不同的表达方式和行为表现;专注性,无论做什么,都会抱着很大的热情,能长久地集中注意力。

第六节　幼儿认知发展领域特殊性研究

学前儿童对自己和他人的心理状态认识的水平如何? 他们又是如何看待生物现象的? 他们的数能力发展状况怎样? 等等。这些不同领域的问题构成了对学前儿童认知发展领域特殊性的研究。

一、儿童早期的心理理论

心理理论是指儿童对自己和他人的心理状态(如信念、愿望、意图、感知、知识、情绪、需要等)的认识,并由此对相应行为作出因果性的预测和解释。观察儿童的谈话,你会发现似乎儿童的思想和外部现实之间存在着因果关系。儿童逐渐获得一种理论,即对世界的知觉是个人信念和愿望的源泉,信念和愿望导致行为。

(一) 对思想与信念的认识

两岁以后,儿童就可以用"喜欢"、"假装"或"想"这样的词正确地指出自己内心的状态,并将自己与别人进行对比,比如,"我不喜欢辣椒,爸爸喜欢辣椒。"不过,他们对心理活动和行为之间的区别只是一个初步的了解,他们认为行为总是和他们的愿望是一致的。到3岁时,儿童开始能够将"想"与行为区分开来,开始意识到思维是发生在他们头脑中的,即使没有看到过、谈论过或者触摸过,人们也可以想事情。但是,他们只是认为在有刺激出现或需要解决问题时成人才会思考。从4岁起,儿童开始意识到他人具有思想和信念,并且意识到这些思想和信念可能会不同于自己的思想和信念,也可能会与现实不匹配。这是儿童具有心理理论的一个表现。另一个表现是:他们开始意识到信念和愿望共同决定行为。

(二) 对错误信念的认识

目前,大多数研究者认为,获得对错误信念的理解是儿童拥有心理理论的主要标志。儿童获得错误信念理解的前提是能了解他人对同一事物的信念可能与自己的不一致。皮亚杰认为,儿童在6岁以前是不能理解心理状态和过程的。但是,现在许多研究表明,儿童在4岁时就能达到对错误信念的理解,这种理解到6岁时会变得更加接近成人的成熟水平。在学龄前的这段时间内,心理理论是儿童与社会交往的有效工具。

现在我们来看看两类经典的错误信念理解任务。第一类是意外位置任务,即"男孩和巧克力"任务(Wimmer & Perner, 1983)。主试用玩具娃娃向儿童演示一个故事,故事中,男孩把巧克力放到壁橱的一处,然后他出去玩耍,在他回来之前,妈妈把巧克力的位置换到了壁橱的另一处。问儿童以下问题:当男孩回来以后会去哪儿找巧克力(信念问题)? 男孩最初将巧克力放在了哪儿(记忆控制问题)? 巧克力现在在哪儿(现实控制问题)? 结果,对于第一个问题,3岁儿童往往认为男孩会去巧克力现在所处的位置寻找,而4岁儿童则能指出男孩会去原来的位置寻找。

第二类是意外内容任务(Perner, Leekam, & Wimmer, 1987)(见图7-8)。先给儿童看一只创可贴的空盒子和一只装满创可贴的非创可贴盒子。然后,问儿童:"这个小玩偶把手弄破出血了,他需要创可贴,他会到那个盒子里找创可贴呢?"3岁的幼儿会认为,小玩偶会到非创可贴盒子里找,而多数4岁孩子能正确回答这个问题。

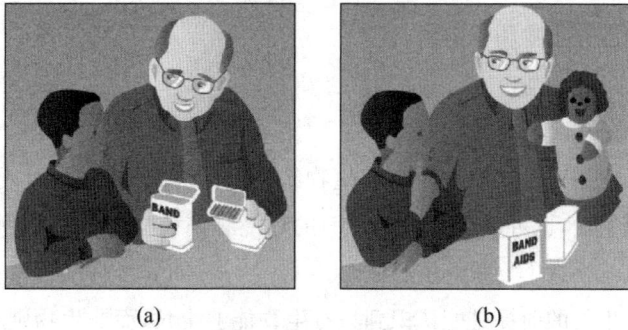

(a)   (b)

图 7-8　意外内容任务 [1]

（三）影响儿童心理理论发展的因素

在儿童心理理论的发展中,语言、认知技能和假装游戏等因素产生了一些影响。对心理状态的理解要求具有反映思维的能力,而语言就可以做到这一点。儿童自发地或者在经过训练后使用表示心理状态的复杂句子,就更有可能通过错误信念的任务。和语言一样,某些认知技能帮助儿童反映出他们的经验和心理状态,如抑制不当反应的能力、思维灵活性、掌握错误信念的计划能力。假装游戏可以为儿童心理理论的发展提供丰富的背景。在表演角色时,儿童经常创造出现实世界中他们不能确定的情景并推理它们的含义。这些经验可能会提高儿童对于信念影响行为的认识。

二、儿童的朴素生物学

近 20 年来,儿童对生物现象的认知受到了发展心理学家的普遍关注。关于儿童是否具有朴素生物学的问题,是学者们争论的焦点。皮亚杰时代,认为婴儿和幼儿并不拥有朴素生物学,他们是在用心理原因解释生物现象(例如,想长大就长大)。但是,新的研究却提出了相反的看法:儿童拥有朴素生物学,以下对一些研究加以介绍。

（一）儿童对生物和非生物的区分

生物是"活的",非生物是"死的",幼儿能区分吗？目前的研究表明,他们能区分。当研究者(Backschieder et al. , 1993)要求 18—24 个月的儿童对不同的拥有者和被拥有者的关系作出反应时,他们的表现说明这个年龄段的儿童能够对不同类型的拥有者进行区分。当涉及动物拥有者问题,例如,男孩的小狗在哪里时,儿童的完成情况良好;但当问到小狗的男孩在哪里时,他们显得很困惑。二是来自对儿童在生物认识方面的研究(Backschieder et al. , 1993)。例如,主试告诉儿童,一些动物、植物和非生物被损坏了,然后问:哪些东西可以自己愈合？哪些东西不能自己愈

---

[1] Laura E. Berk：*Infants, Children, and Adolescents*, Pearson Education Inc. , 2005.

合。结果发现,4岁儿童就能认识到动物和植物受到损害后,可以自己愈合,但非生物只能等人来修。这说明幼儿能够区分生物和非生物。

(二) 儿童对生长的认识

儿童对生长的认识相对于其他生物和非生物特征的区分来说,显得直观和容易得多。他可以从自己身上体验到生长,也可以从家里或外面的环境看到植物或一些动物随着时间推移而发生的变化。生长是儿童朴素生物学的核心概念。

儿童能正确认识生长的前提是能认识到只有生物能够生长,而非生物则不能生长;生长是物体由小变大的过程;生长是单向不可逆的过程;生长是自然过程。

研究表明,3—6岁的幼儿对生长现象有所认识。罗森格伦(Rosengren,1991)等人研究了儿童对动物、植物和人造物在生长特征上的区别。他们给儿童看与标准刺激相似的大、中、小三种图片,让儿童选择最能代表经历一定时间后标准刺激的图片。结果发现,儿童认为动物和植物是会随着时间的推移而变大的,但人造物是不会有变化的。可见,儿童对生长已有所了解。

(三) 儿童对繁殖的认识

儿童对繁殖问题的认识可能是这样开始的:看到小树长出来,会问:"小树是怎么长出来的?"这样的问题成人是很容易给出相对正确的答案的,孩子也很容易理解。但是当他问:"我是怎么出来的?"这样的问题成人一般觉得很难给他一个科学的答案,于是常常编造一些答案,敷衍了事。专栏7-2很好地描述了儿童对出生的困惑及父母对孩子关于出生问题的解答。

儿童朴素生物学除了以上内容外,还涉及了幼儿对死亡、疾病、遗传等的认识。

三、数概念的发展

儿童基本数能力的发展是一个值得重视的问题,因为人从小到大,无论在生活还是在工作中都少不了这种能力。对儿童数能力的早期研究源自于皮亚杰及其合作者。他们认为,前运算阶段的儿童对数的理解存在混乱和缺陷。最显著的实例是儿童在数的守恒试验中失败。但新近的研究表明,虽然儿童对数的认识是不完善的,但他们在数领域拥有的知识和技能,比原来想象的多。以下从两个方面描述儿童数能力的发展。

(一) 计数能力的发展

数概念的发展在儿童早期主要表现为计数。2—3岁是儿童数概念开始萌芽的阶段,他们开始口头数数,大多数儿童都已经可以口头数10以内的数,但这基本上还是机械的记忆行为,比如,一口气说出"1、2、3、4、5、6",并且时常出现漏数或重复数。不过,计数的方法很快就变得更加精确。3—4岁是儿童从动作感知数量向把抽象数字和具体物体数量建立联系的过渡阶段。儿童在计数时遵循以下原则(Gelman,1978)。

1. 对应原则

这是指对于要计算的每一个项目,计数者必须逐次给予一个并且只能给予一个区别性的数名称。学前儿童对较少的项目进行计数时,能遵循一一对应原则,但当项目数量较多时,常常不能遵循这一原则。但有可靠的证据表明,甚至是2—3岁的儿童,也可能对一一对应原则有部分的内隐掌握。例如,格尔曼(1982)发现,儿童能够注意到并改正对原则的违背,而且也能察觉到别人故意违背这一原则。

2. 稳定次序原则

这是指当点数一组项目时,总是以同样的次序复述数值名。例如,点数三个项目时,不能有时数成"1、2、3",有时数成"3、1、2"。格尔曼发现,儿童通常遵循这个原则。

3. 基数原则

某个计数系列最后说出的数值名称给出该项目的基数值。格尔曼发现,当计数系列数目少时,儿童常常能遵守基数原则。

4. 抽象原则

5岁以后,儿童的计数遵循抽象原则,即无论是实物还是想象的事物都可以对其计数。

5. 次序无关原则

这是指无论从哪一个物体开始计数,总数都不会变。这说明他们出现了数量守恒的概念。格尔曼的研究表明,5岁儿童已有相当明显的关于次序无关原则的知识。甚至3岁儿童也能内隐地理解这一原则。在一个试验中(Gelman et al.,1982),要求儿童计数一小组物体,有时从最左边的项目开始数,有时从右边第二个项目开始数,等等。结果表明,无论次序如何,儿童一般能够成功计数。

(二) 集合比较能力的发展

3岁开始,儿童具备了给物体分类的能力,这为他们抽象出同类物体的数量特征提供了基础,是数概念发展的准备。3岁半以后,随着对应能力的发展,儿童开始能手口协调地在关于物体的一个短序列间建立其一对一的计数,并能对两排物体点数后比较其多少,但是他们对数序的认识还处于萌芽状态。也就是说,他们很难对抽象的数字比较其多少(例如,3多还是4多)。由于基数概念的发展,4岁儿童出现了集合的概念。随着序数概念的发展,儿童就可以运用数数来比较集合的大小。

5岁时期的儿童在点数的时候可以脱离实物,甚至可以按群点数,例如,5个5个地数。这说明儿童已经懂得了数的组成,例如,5是由5个1组成的。5岁的儿童不需要实物就可以解决分糖之类的问题,对分不均匀的情况也不再感到陌生。不过,对于学龄前儿童来说,用数去比较两个数量相同的集合要比用数数去比较两个数量不相同的集合来得容易(Sophian, Harley, & Martin, 1995)。

（三）初步数学运算能力的发展

在成人的示范下，3岁儿童可以进行加减运算，但是，这种加减运算必须是与生活紧密联系的

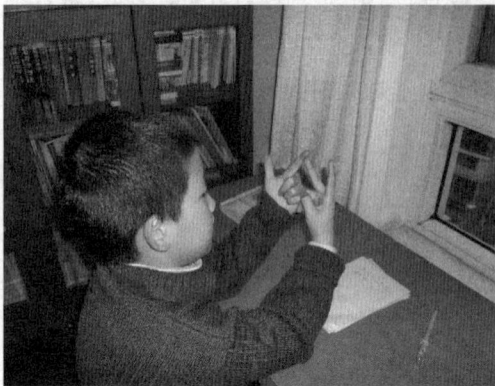

图7-9 5岁以后，幼儿已经有了比较成熟的数概念，他们可以借助手指来进行简单的计算了

问题。而且，儿童必须在实物运算的情况下才能进行，即通过点数实物得出结果。例如，4块巧克力拿走1块后，儿童必须要将剩下的巧克力点数一遍，才能得出答案。这属于动作水平上的加减运算，它为儿童以后的表象运算奠定了基础。在成人的帮助下，儿童可以进行倒数，这说明他们已经具备了初步的逻辑数学能力，但是这时的倒数还极不稳定，也不能独立进行。到4岁时，儿童能够使用数数来解决简单的加法题（见图7-9）。不过，他们的计数与题中数字呈现的顺序有关。例如，当给出"2＋4"时，他们就从"2"数起。

5岁以后，儿童开始从表象运算向抽象的数字运算过渡，形成了相对稳定的数概念，具有了初步的加减运算能力。在这一阶段，儿童已经具备了10以内的抽象数字运算的能力。他们在加法上开始尝试各种策略，最后他们发现了最小化策略，并在以后相似的情况下运用。但是减法对于儿童来说还是比较困难的。

此外，根据维果斯基的社会文化理论，认知发展是在特定文化背景下发生的，这种文化背景会影响个体思维和问题解决的方式。在专栏7-3中我们将看到这一点。

专栏7-2　亚洲儿童对多位数加减法的理解[①]

美国的儿童发现需要借位的多位数加法和减法问题非常困难。许多美国儿童试图通过背诵，而不是掌握程序的关键来解决这个问题。他们似乎对多位数有一个混淆的、单数字概念。例如，他们趋向于认为5386中的3只是3而不是300，结果当他们加或减时，他们就会犯计算错误。

与此相反，中国、日本和韩国的儿童在多位数计算中则非常准确，对多位数的理解可以解释他们的优异表现。几乎所有的学生都能正确地分辨出十位和百位，而不是像美国学生那样，认为处于十位的"1"只是简单的"1"。

① 劳拉·E·贝克著，吴颖等译：《儿童发展》，江苏教育出版社，2002年版，第429—430页。

　　研究人员(Geary et al.，1993；Jensen & Whang，1994)指出文化和语言因素决定了亚洲儿童比美国儿童突出的技能优势。第一，在亚洲国家使用十进制系统，即以个、十、百、千来量度所有的数字，这可以帮助儿童以与当地价值一致的方法进行思考；第二，关于两位数的英语单词(如 twelve 和 thirteen)是不规则的，也没有传递十位和个位的含义，而亚洲语言中的数字单词结构却表达得很清楚(如 12、13)，且数字单词也更短、更容易发音。由于同时可以在工作记忆中保留更多的数字，这也方便了口头数数策略。同时，还提高了儿童从长时记忆中恢复数字的速度。

　　亚洲的教育实践也促进了对多位数字问题的快速掌握。例如，教师用能清楚描述借位操作的短语来解释，他们用"升位"来代替进位，用"降位"来代替借位。课本也能很好地帮助儿童对位置进行区分，百位、十位和个位分别用不同的颜色，而且描述他们相对大小的图画经常与加法或减法相联系(Fuson，1992)。

　　最后，在亚洲国家，多位计算问题很早就引入学习中，而美国的儿童却花了更多的时间在无需借位的问题上，这些都增加了他们将单位概念不能正确地应用到多位数字问题中的机会。

　　总之，对于美国和亚洲儿童，在第一次面对相同的认知任务时的表现是大不相同的。这些发现强调说明了各国成人使用的、能使儿童更容易掌握数学概念的不同方法。

第七节　幼儿语言的发展

　　从 1 岁左右说出第一批有意义的词开始，儿童进入了语言的发展期，他们获得语音、词汇和语句的速度是惊人的。3 岁左右的儿童已经掌握了母语的基本语音，4 岁左右的儿童基本可以用母语简单表达自己的想法，到学前末期基本可以掌握本民族的口头语言。幼儿期语言的发展主要是口头语言的发展，表现在语音、词汇、语法和语用技能等方面。

一、语音的发展

　　随着儿童年龄增长，发音器官趋向成熟，语音的准确性也越来越高。研究表明，4 岁是语音准确性进步最快的年龄。以中国普通话发音为例，到 4 岁时，城市儿童声母发音准确率为 97%，而 3 岁时为 66%；4 岁时韵母发音准确率为 100%，而 3 岁时为 66%。[1] 由以上数据也可以看出，儿童

────────────

[1] 朱智贤编:《中国儿童青少年心理发展与教育》,中国卓越出版社,1990 年版。

对韵母发音的准确性更高,而对声母的发音准确性稍低,这主要由于一些后舌音、齿音、翘舌音的发音机会较少,得不到锻炼所致。

二、词义的发展

词义的理解是儿童正确使用语言和理解语言的基础,是语言发展中极为重要的方面。儿童早期是儿童词汇量和词义发展最迅速的时期。

儿童在 1 岁左右说出第一批有意义的词汇,1 岁半时获得少量词汇,但在两岁后词汇量急剧增长(见表 7-3)。

表 7-3　词汇量情况比较表

年龄(岁)	德国		美国		中国	
	词量	年增长率	词量	年增长率	词量	年增长率
3—4	1 600	52%	1 540	71.4%	1 730	73%
4—5	2 200	37.5%	2 070	34%	2 583	49.3%
5—6	2 500—3 000	15.9%	2 562	23%	3 562	37.9%

纳尔逊(Nelson)根据调查将儿童早期单词的性质分为六类,按出现频率的高低依次为:普通名词、特指名词、动词、形容词、个人和社交的词、功能词。

名词是儿童语言发展中出现最早也是最多的词。在掌握名词过程中,对名词词义的扩张和缩小情况在儿童早期普遍存在。扩张是由于儿童在词义的掌握中主要依赖于知觉,即以物体的外部特征和活动为依据。例如,年龄较小的儿童会把能走动的四足动物都称呼为"狗"。缩小是由于儿童对某类事物的基本属性尚未达到抽象的概括水平,从而对事物作出过于严格的区分,把非典型特征的事物排除在外。例如,"白菜、青菜是蔬菜,茄子不是蔬菜"。

4 岁半是儿童使用形容词的数量开始较快增长的年龄。儿童对形容词的掌握从简单的特征和形式向复杂的特征和形式发展。例如,幼儿先掌握"胖、瘦"再掌握"年老、年轻"。同时,儿童虽然掌握了成对的形容词,如"大、小"、"好、坏",但是在选择使用时,儿童往往倾向于选择积极词义的那个词,如"大"、"好"。

对于时间词的理解,3—6 岁的儿童首先掌握今天、昨天和明天,然后向更小的阶段如上午、下午、晚上和几点发展,甚至向更大的阶段如今年、去年和明年发展,到 6 岁时儿童通常已经能全部掌握。

学龄前儿童对生词的理解有很多方式。首先,儿童能够借助于将生词和他们已经知道的词进行对比,把生词放到自己以前的词汇库中去理解。其次,儿童通过观察词语在句中是如何使用的来精确地推断词语的意思。再次,儿童还常常通过推断他人的意图和观点来拓展他们的词汇量和理解词义。例如,当成人第一次向孩子介绍某个物体(如鸟)然后指向其中一部分(如喙)时,3 岁儿童就能意识到"喙"是鸟的其中某一部分,而不是整只鸟。再如,成人会直接教给儿童词语的含义,如"肥皂是用碱液做的",这样儿童就理解了"碱液"的含义,是"做肥皂用的东西"。

在儿童早期,儿童开始能理解和表达对词义的关系对比了,如大和小、高和矮、宽和窄、前和后、这里和那里等。大和小是最先出现的空间形容词,在儿童两岁时,就可以用大和小进行知觉推断。例如,对两个放在一起的苹果推断哪个大哪个小。3岁时,儿童就可以用大和小进行功能性推断。例如,一套衣服对布娃娃来说太大,可是对自己来说又太小。

三、句子和语法的发展

语法涉及我们将词语与有意义的短语和句子联合起来的方式。在儿童早期,儿童就能够区别和表达意义的细微差别,这增加了意义表达的精确性。3岁儿童使用的句子基本上都是完整的简单句,并且开始使用较复杂的修饰语,如"我家住在很远很远的地方"。3岁半左右是儿童使用复杂修饰语句子的数量增长最快的时期,从这时起,儿童使用复杂修饰语的能力逐渐增长。4—5岁时,儿童使用复合句的数量增长最快,包括并列复句、连贯复句、补充复句、因果复句等。其中,并列复句出现得最多,如"我没看电影,我看电视了"。因果复句出现得也比较多,如"佳佳很可爱,小朋友们都喜欢她"。但是,在使用复合句时,学龄前儿童很少使用连词。到五六岁时,少数儿童才会使用"因为"、"如果"等关系连词和"如果……就……"等成对连词。

学龄前儿童喜欢和成人交谈,喜欢听成人讲故事和念儿歌,并能记住它们的内容。对于与直接感知的事物有关的内容以及与并未直接感知的事物有关的内容,这时的儿童都能够理解。虽然儿童逐渐理解了各种有意义的关系,并且能够正确地表达出来,可是这一时期的儿童经常还是会对复杂的句子产生一些误解。4—5岁以前的儿童一般不能够正确理解被动句的含义,他们会按照词语出现的次序来作出自己的解释,这种理解策略叫做词序策略。例如,对"小明打了小丽",儿童能正确理解,但是对"小丽被小明打了",儿童就会理解为"小丽打了小明"。不过,幼儿并不是完全缺乏理解被动句的能力,如果儿童发现解释不合常理时,他们就会改变并作出正确的解释。这种理解策略叫做可能性策略,即只按事件的可能性而不按句子的语法来理解句子。例如,对"糖被小丽吃了",儿童就能够正确理解其意义。如果成人在与儿童交谈中,较多地使用被动句或者鼓励儿童使用被动句说话,那么儿童就能较早而且较好地理解被动句。

四、语用技能和沟通能力的发展

除了词义和语法,儿童必须学会在社会环境中有效地、以适合的方式与他人交谈,例如,发表看法,谈论同一个话题,清晰地表述信息,等等。学龄前儿童在掌握语言的用法方面取得了很大的进步。

在儿童早期,语用技能和沟通能力得到了很大的发展。3岁儿童已经大致能够按照同伴的话题提供信息。随着年龄增长,学龄前儿童已经是熟练的交谈者了。在面对面的交流中,他们轮流说话,对同伴的看法作出恰当的回应,并在一段时间内保持同一个话题。

如果让3岁儿童描述一群很相似物体中的某个物体时,大部分儿童只能给出含糊的描述。当进一步要求解释清楚时,他们会用"指"的动作来代替语言以表达信息。到 4 岁时,儿童已经会调整他们的语言来适合不同年龄、性别和社会地位的听众。例如,当听众是一个不熟悉的人时,儿童会给出更详细的信息;当听众是成人时,儿童会使用较长的和复杂的句子;而当听众是一个更小的孩子时,儿童会使用简化的和具有吸引力的语言。但是,这种能力在很大程度上依赖于情境。儿童打电话就是一个典型的例证。当 4 岁儿童打电话时,在清晰的交流上就会存在困难,因为这是一个不熟悉的具有挑战性的情境,他们缺乏面对面交流的信息支持。例如,看不到同伴的回应和作为交流话题的实物。不过随着年龄的增长,即使看不到同伴的反应,儿童也能够逐渐地与他人清晰地交流。同时,儿童的语言与社会期望是一致的。例如,当扮演在社会上占支配地位的角色或男人时,如教师、医生或父亲,他们就使用更多的命令;当扮演非支配地位的角色或女性时,如学生、病人或母亲,他们就使用更多的礼貌用语和间接询问(Anderson,1992)。

在与他人交谈中,学龄前儿童开始意识到信息的充分性。也就是说,当同伴对于一个具体的事物信息提供了欠缺的描述时,儿童能够意识到,并要求同伴清楚地阐释含糊的信息。随着年龄的增长,儿童发问的次数不断增加,同时被问者给予回答的有效性也不断增加。不过,作为听众,他们不具备从记忆中检索以前的信息并和当前信息作比较的能力。因此,他们还不能辨别出当前信息和以前信息的不一致。

儿童与成人的交谈有助于促进儿童语用技能的发展。在儿童看图画书时,成人和儿童进行交流能够提高学龄前儿童的语言技能,而这种技能又能促进儿童的读写能力。当家里不止有一个孩子时,母亲就会较少同孩子交谈、很少向孩子提问和提供意见,而是更多的命令,那么会导致儿童的词汇量增长缓慢。但是,词汇仅仅是语言发展的一个方面。事实上,父母、儿童和兄弟姐妹三方之间的交流对儿童的语言发展具有一定的促进作用。当兄弟姐妹与父母谈话时,会引起学龄前儿童的密切关注,促使他们努力加入进去。当他们加入以后,每一个谈话者会轮流到更多次的谈话,儿童有更多的机会去理解他人的说话意图,并表现出恰当的回应。这种独特的交流环境为儿童提供了一系列丰富的语言刺激,这些刺激有助于儿童学会社会性地使用语言。

五、促进幼儿语言的发展

儿童早期是语言发展的重要时期。儿童的语言是在社会环境中与他人的交流过程中发展的,因而幼儿语言的发展需要环境的支持。增加儿童与成人之间以及与同伴之间的交往,是发展幼儿语言和提高沟通技能的有效方法(见图 7-10)。给儿童提供丰富的信息,包括家庭中和社会上的信息,并在儿童学习这些信息时与儿童交谈,能够丰富儿童的语言。

在成人与儿童的交谈中,成人作为听众要给予儿童恰当的回应,那么儿童作为说话者,就会期望变成更有能力的说话者。因此,成人通过注意听、详细解释儿童说的话,能够刺激儿童说得更多更好,促进语言的发展。当成人作为说话者时,不断地紧接着幼儿的话,填充他的句子,修改语义或语法错误的句子,可以促进幼儿的语言发展。实际上,几乎所有成人都会按照幼儿的语言行为来调整对幼儿说的话。可是,大部分的父母对于孩子的发展情况都不太清楚,因此成人经过

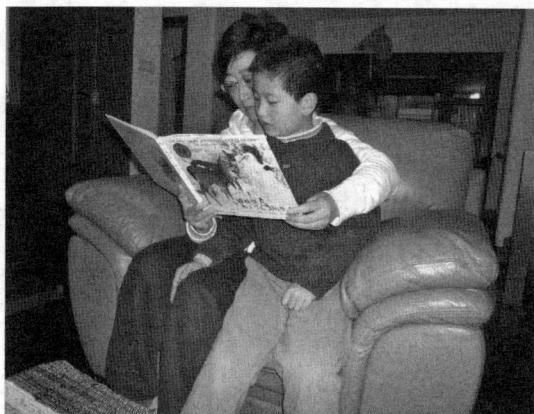

图 7 - 10　讲故事是一种促进语言技能发展的有效途径

调整之后说出的话对儿童语言的发展并没有起到有效的促进作用。成人往往倾向于与儿童交谈时使用模糊的、内隐的交谈技术，包括扩张和改动两种策略，这种技术经常用于成人对儿童的语法错误给予轻微的、间接的反馈。扩张是指详细阐述儿童的语言，提高描述的复杂性；改动是指把错误的语法纠正为合适的形式。这两种策略经常结合在一起使用。例如，孩子说："我有红鞋子。"父母可能会回应："是的，你有一双红色的鞋子。"在这种技术下，儿童经常模仿成人的改动，但是他们很少模仿成人对他们语言中正确部分的重复。父母的改动和扩张对儿童使用合乎语法的形式没有起到作用，这可能是由于扩张和改动提供了语法选择，更多的是鼓励儿童去体验，而不是消除儿童的错误。

　　成人该如何有效地培养学前儿童的语言技能呢？敏感、关心孩子的成人会利用明确、外显的交谈技术来促进儿童语言技能的发展。当儿童错误使用词语或者含糊地交流时，成人应给儿童提供有帮助的、外显的反馈，如"我不知道哪个球是你要的，你的意思是大的还是小的，红的还是绿的"。同时，当儿童犯语法错误时，他们不会过分纠正，因为批评有可能会阻碍儿童对新的语言技能的积极体验。

专栏 7 - 3　学前儿童的英语学习

　　许多家长都担心儿童在家中说方言会影响到学习语文的成绩，却又有家长提早送儿童去补习班学习英语。早期学习两种语言是否会妨碍语言发展呢？在学校里什么时候学习第二语言最佳？双语儿童的研究，能够提供宝贵的线索，但是目前的资料不是很多。

　　一般双语儿童同时学习两个语言系统，都先把两个语言当作一个语言看待，所以早期有混合使用的现象。约2—3岁期间，儿童就能够独立地运用两个语言系统，混合的句子随着减少，与一般单语儿童的表现一样了。家中使用两种语言（或方言）的儿童，语法上的早期发展会稍微慢一点儿，不过到了双词期以后，就马上赶上了。如果家中每一个成人固定对儿童说一种方言，学习比较容易。在词义的辨别上，双语儿童则占优势，他们比只会母语的幼儿较早领悟到"同一个意义可以用不同的语词来表达"。这是一个相当深奥的概念，可能有助于儿童的认知发展。因此，在家中不妨与儿童用方言或第二语言交谈，也许能够使儿童在语言上更有创意和弹性。

在学校或补习班提高学外语的情形则不一样。虽然儿童是语言学习的高手，脱离了家庭丰富而自然的语言环境，低年级儿童学习外语比较吃力，待中高年级母语的读写能力已稳定后再开始学习，才会获得理想的长期效果。

本章总结

在前概念期，象征机能出现，典型表现在儿童假装游戏和儿童绘画中。前运算阶段的儿童，思维带有显著的自我中心倾向，反映在他们对事物的看法是"万物有灵"和"万物有情"上。此时儿童的思维还没有达到守恒。对皮亚杰理论的新研究认为，皮亚杰可能低估了儿童的思维能力。

维果斯基认为，儿童的许多重要的学习和发现并不是仅仅来自于个体的探索，而是产生于成人和儿童的合作。这种社会性的合作在最近发展区内进行并促进认知的发展。

遗传差异是个体智力差异的一个主要原因。不过，这并不是唯一的原因。环境，包括家庭环境和社会环境，对智力也具有非常重要的影响。

儿童领域特殊性的研究涉及了关于儿童对心理理论的认识、儿童对生物现象的认识及对数概念的认识。近来的研究表明，儿童在这些方面的认识都有所进展。

词义的理解是儿童正确使用语言和理解语言的基础，是语言发展中极为重要的方面。儿童早期是儿童词汇量和词义发展最迅速的时期。除了词义和语法，儿童必须学会在社会环境中有效地、以适当的方式与他人交谈，例如，发表看法、谈论同一个话题、清晰地表述信息。学龄前儿童在掌握语言的用法方面取得了很大的进步。

请你思考

1. 简述儿童在前运算阶段的特点。
2. 儿童对数的概念是如何产生和发展的？成人需要教给孩子数的概念吗？
3. 信息加工理论对于儿童认知发展的研究有何贡献？
4. 孩子是如何学会使用语言的？

第八章

幼儿社会性的发展

与4岁的女儿天天相处是一件让珍妮感到非常幸福的事情。她那么乖巧、可爱，还非常愿意帮妈妈做事。她居然还给妈妈送了一个漂亮的洋娃娃作为生日礼物！"她是个典型的小女孩"。珍妮经常这样向朋友描述她的天天。最近，天天开始喜欢与邻居家长她三个月的小姐姐一起玩过家家的游戏了。看到女儿，珍妮经常想起自己的童年。

3岁以后，儿童对他人及他人心理世界有了进一步的理解，社会交往能力不断提高，他们会花费大量时间与同伴一起游戏。随着儿童自我意识的发展，他们的道德感得到进一步的发展，他们对性别角色的认识也日渐成熟。

第一节　幼儿情绪情感的发展

在表达、语言和自我概念上的发展，促进了儿童早期的情感发展。在3岁以后，儿童能够更好地理解自己和他人的情感，更好地掌握情感表达机能。自我的发展又促进了自我意识情感，如羞怯、尴尬、罪过、嫉妒和骄傲等的发展。

一、情绪理解能力的发展

3岁以后，儿童有关情绪、情感领域的词汇迅速增加，他们已经能熟练地使用这些词汇来表述自己和他人的行为，解释情绪、情感产生的原因、结果以及行为标志。并且随着年龄的增长，他们对事物的理解变得更加准确和复杂。在4、5岁时，他们可以正确地判断许多基本情绪。虽然早期学前儿童对情绪的解释往往倾向于强调外部因素，但随着年龄的增长，儿童越来越注意到对内部状态的解释。4岁以后，儿童了解到是愿望和信念激发了行为。

（一）情绪识别能力的发展

儿童在3岁之前很难识别和命名图片人物或木偶的表情（Widen & Russell，2003），他们还喜欢滥用"快乐"这个情绪标签，这表明，3岁以前的婴幼儿尚未获得（或还未找到）命名不同情绪的标签词汇。

3—5 岁期间,儿童逐渐掌握了正确命名他人或木偶面部情绪的词汇(Widen & Russell,2003);3 岁大的儿童已经会正确命名快乐的表情了,但是经常会把快乐这个标签泛用到其他积极的情绪上去,比如,他们会用快乐来命名惊讶的表情;3—4 岁间的儿童开始用"伤心"(或"生气")来形容一系列消极情绪;4—5 岁时,"恐惧"(用以表示害怕)越来越常见,并且儿童对其使用更准确(Widen & Russell,2004)。然而,即使是 5 岁大的儿童,也很少用"惊讶"或"厌恶"等标签来形容情绪。一直要到儿童进入小学中期才会使用这类标签,来形容更为复杂的情绪,如自豪、羞愧、内疚等。

然而,脸部线索并不是儿童用来辨认他人情绪的唯一信息。研究者(Thomas Boone & Joseph Cunningham,1998)让 4 岁、5 岁及 8 岁的儿童观看成人跳舞时的场面,成人跳舞的动作富有各种表情,表示快乐、伤心、生气或害怕。结果,虽然 4 岁儿童在区分情绪性动作中有一定困难,但大部分 5 岁的儿童能区分这些情绪性动作,而 8 岁的儿童其纯熟的情绪识别能力已经与成人无异,能够正确地识别舞蹈者各种富有表情的动作所蕴含的情绪。

(二) 情绪推理能力的发展

学前儿童在与成人的交流中学到了很多情绪理解能力,他们还会把这些知识转移到其他情境中去加以灵活应用,尤其是在假装游戏中。假装游戏对学前儿童情绪理解能力的发展有一定的促进作用,尤其是在与兄弟姐妹的游戏中。有兄弟姐妹之间的亲密关系加上频繁的表演各种情绪,使得假装游戏成为学前儿童早期学习情绪理解的良好途径。

能认同孩子的情感反应并明确地教孩子多种情绪的父母,其孩子可以更好地进行情绪推理。父母通过"谈判"不仅帮助儿童模仿成熟的交往技巧,也让他们参与了对情绪推理的过程,即推断情绪产生的原因和结果的过程。此外,研究发现,与母亲有更好的依恋关系的3—5 岁儿童能更好地理解情绪和情感,这可能是由于安全依恋型的母子之间有关情感的对话出现得更频繁。

父母与儿童经常地交流情感体验,将有助于儿童更好地理解自己和别人的感受(见图 8-1)。通常的方法是,父母可建议儿童将视线从紧张性的刺激处转移开,而把注意力集中在其他愉快的事件上(例如,让孩子转移视线看墙上的一幅色彩鲜艳的海报),或是帮助儿童理解恐惧、挫折和失望的经历(Thompson,1998)。研究者(Dunn et al.,1991)发现,如果 3 岁的幼儿经常与家人讨论情绪经验,3 年后,他们就能更好地解释别人的情绪。当然,识别别人的感觉并了解这种感觉出现原因的能力,也与社会交往能力的发展有关。研究(Cassidy et al.,1992)表明,在情绪识别和理解能力测验中,得分较高的儿童与同伴之间有更积极的互动关系。

与同伴的互动也促进了幼儿情绪理解能力的发展。当玩伴表达了某种情感时,学前期儿童能预测玩伴下一步将要做什么。4 岁的儿童知道,一个生气的孩子下一步可能会打人,而一个高兴的孩子更可能会与人分享。他们还能意识到,思考和感情是互相联系的。一个想起了先前悲伤经历的人,可能会感到悲伤。而且他们能够提出缓解他人消极情感的有效方法,例如,用拥抱

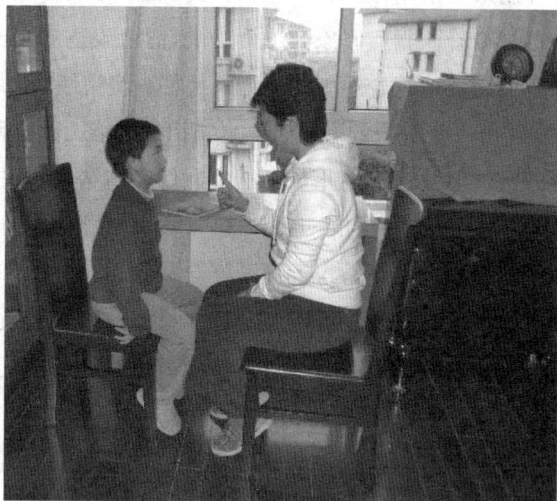

图 8 - 1 以情感为主题与孩子的交流有助于孩子情
感能力的发展

来减少悲伤。总之,学前儿童解释、预测和改变他人情感的能力已经越来越强了。

但是,在这一阶段,当主观情感和客观线索有冲突时,学前儿童可能仍然无法理解。在一项研究中(Fabes et al.,1991),研究者在一张图片上画有一个高兴的小男孩和一辆坏了的自行车,问 4—5 岁的幼儿图片中发生了什么事情。结果表明,4—5 岁的幼儿只关注情感表达:"他很高兴,因为他喜欢骑他的车子。"显然,他们只注意到了图片中一条最明显的线索而忽略了其他线索;大一点的儿童能整合两条线索,回答说:"他很高兴,因为爸爸答应给他修车子"。

(三)对情绪表达规则的理解与掌握

情绪不仅具有其生理基础,其日后的发展也受到各种社会经验的影响。因此,每一个社会都发展出了一系列为本社会接受的情绪表达规则。在表达情绪时,社会成员要符合一系列的社会规则,其中有些规则是明显的,有些则是潜在的。根据这些规则,人们可预测别人的行为,促进成员之间的交流。即使是学前儿童,在大多数情景中,也都被要求遵循这样的情绪表达规则,甚至用不同的情绪来代替自己的真实感受。这里主要介绍四类情绪表达规则:(1)最小化规则,即与真正的感受相比,情绪的表达在强度上减弱;(2)最大化规则,主要指积极情绪的表达在强度上增强;(3)面具规则,即用中立的表情来表达不置可否的情绪;(4)替代规则,指个体被期望用一种很不同的(通常是相反的)情绪代替另一种情绪。

儿童可以在不懂得为何遵守情绪表达规则的情况下,就按照社会认同的方式行事。但是,只有到了 6 岁后,儿童才体会到感情和行为可以不对应,才能真正理解并接受为了遵守社会习俗而隐瞒自己的真实情绪。这些情绪表达规则是儿童必须学会的,只有这样,儿童才能与他人进行友好相处。

对儿童来说，要学会抑制某些情绪，这是一项重要的技能。儿童必须学会遵守特定文化中情绪表达的规则，但这同时也意味着欺骗与假象。也就是说，情绪表达规则不仅要求我们抑制某些真实存在的情绪，还要求我们用其他符合规则的情绪来代替真实情绪（至少表面上代替）。

3 岁以前，儿童开始显现出一些有限的隐藏自己真实情绪的能力。学龄前儿童每年都在逐渐学会如何伪装自己的外在情绪，但是 5 岁的儿童仍不精通伪装情绪，也不擅长去说服怀疑自己的人（Polak & Harris，1999）。在一项研究（Lewis et al.，1989）中，研究者让 3 岁左右的孩子跟主试一起坐在桌子旁边（孩子的妈妈也在场），告诉孩子将会得到一个让他惊喜万分的玩具。不过，主试离开时，儿童不能偷看这个玩具，要等主试回来时才可以玩这个玩具。随后，主试离开房间。通过单向玻璃，研究者可以观察并对儿童的行为进行录像。主试返回房间后，问儿童："你偷看玩具了没有？"并向儿童保证即使偷看了也没关系。结果发现，大部分儿童在主试离开房间后都偷看了玩具。他们中部分儿童承认自己偷看了；部分儿童从主试返回房间就笑嘻嘻的，当被问起是否偷看时，他们也是笑嘻嘻的，未回答这个问题；还有部分儿童否认自己偷看，但表情有点紧张。

到了小学阶段，儿童才会逐渐理解情绪的社会规则，并学会在特定的社会情境中该如何表达自己的情绪或者抑制哪些情绪（Jones，Abbey，& Cumberland，1998）。也许是因为家长更强调女孩子要在社会情境中"表现得体"，女孩子比男孩子更有动机，也更擅长处理情绪的社会规则（Davis，1995）。此外，在亲子互动中强调积极情绪而非消极情绪的母亲的孩子，更会掩饰自己的失望或其他消极情绪。相反，如果儿童在家中经常接触到消极情绪，那么无论这些消极情绪是直接对儿童展开的还是间接的，都会使这些儿童无法调节自己的情绪，而表现出较强的消极情绪（Eisenberg et al.，2001）。

然而即使在最好的成长环境中，儿童通常也需要花费一些时间才能真正完全掌握简单的情绪规则。许多 7—9 岁的儿童（尤其是男孩）仍然无法完全隐藏自己的失望情绪。而许多 12—13 岁的儿童在被同龄人嘲弄或其计划受到权威的阻挠时，也无法控制所有的怒气（Underwood，Coie，& Herbsman，1992）。

情绪规范存在巨大的文化差异。在不同的文化环境中，儿童被要求表现出不同的适宜情绪，被期望养成各种情绪表达规范。但是，撇开跨文化的差异不谈，这些情绪方面的文化规则的确帮助成长中的个人很好地"适应"了社会，使个人对社会作出贡献。即使在一些个人主义国家，例如，在美国，儿童虽然有很大的自由度，可以被允许表现出各种各样的情绪，但仍然被鼓励顺从一些情绪表达规范，以得到他人的认可，避免他人的批评（Zeman & Garber，1996）。研究发现，能较好掌握这些情绪表达规则的儿童，更容易被老师及同龄人喜欢和接受（Jones，Abbey，& Cumberland，1998）。

（四）情绪调节能力的发展

与父母谈论情绪，有助于幼儿形成情绪自我调节的认知能力。父母常用的一种方法是，让孩子把注意力集中在积极事件上（在打预防针前，让孩子看墙上色彩鲜艳的挂画），转移对无法控制的紧张刺激的注意,或者用其他方法帮助孩子理解惊吓、沮丧或失望等体验(Thompson,1994)。这些支持性的干预措施就是维果斯基所说的指导意见的一种形式,应当帮助幼儿自己习得有效的情绪调节策略。3—6岁儿童开始采用认知策略,能越来越好地调节消极情绪,例如,把注意力从令人害怕的事件上转移("我怕鬼,把眼睛闭上!"),通过想高兴的事来克服不愉快的想法("妈妈走了,等她回来,我们一起去看电影"),或者换一种方式理解引发悲伤的原因("电影中的演员没死……那只是假的")(Thompson,1994)。

上述情绪调节都是关于怎样抑制自己的情绪以及相关行为,但是适应性调节有时也包括维持和加强情绪而不是抑制它。例如,儿童学会用表现出愤怒来对抗欺负(Thompson,1994)。父母会注意儿童在把别人惹哭或违反规则之后的不安。为什么呢?因为他们希望帮助孩子重新解释自己的不安:(1)对被欺负者产生共情,并表现出关心;(2)对自己的违规感到内疚,以后不再这样做(Dunn,Brown,& Macguire,1995;Kochanska,1991)。

二、道德情感的萌芽

(一)移情能力的发展

移情(empathy)是另一种在儿童早期发展的情感。它是亲社会行为或利他行为的重要推动力,也是儿童道德发展的基础。与蹒跚学步时相比,幼儿更多地用言语来交流他们的情感,与他人产生情感共鸣。随着采择他人观点的能力提高,移情反应增加了。霍夫曼(Hoffman,1987)认为,移情能力的发展经历了以下不同水平的发展阶段:

(1)普遍移情(global empathy),出现于出生后第一年。在这个时期,个体不能意识到别人是完全不同于自己的个体,但通过最简单的情绪唤起方式仍能体验到他人正在遭遇的痛苦,并体验到那种痛苦,就像自己也在经历那种痛苦一样。婴幼儿移情作用是一种无意识的对别人情绪状态的体验。例如,一个18个月的孩子看到另一个孩子跌倒了,他也会跟着哭起来,或吸吮手指。

(2)自我中心的移情(egocentric empathy),在两岁左右出现。这个时期,婴幼儿能区分自我与他人,能区分形成自我的表象和他人的表象,这使普遍移情发生变化。此时,儿童已意识到他人的存在,意识到是他人而不是自己遭受了痛苦,但对他人的内部心理状态不清楚,认为和自己的体验是一样的。

(3)理解他人情感而产生的移情(empathy for another's feeling),约在2—3岁产生。这一时期,幼儿开始意识到别人具有与自己不同的情感。此时,儿童在关注受害者不幸的同时也会分析其原因,并能理解他们深层的情绪体验,例如,因其遭遇的不幸而产生的自尊心的损伤等。

(4)理解他人生活状况而产生的移情(empathy for another's life condition),是个体进入童年晚期后才逐渐成熟的。当儿童意识到自己和他人的个性和生活经历对情感体验的影响后,就不仅能从当前情境,而且能从更广阔的生活经历来看待他人所感受到的愉悦和痛苦。

幼儿期移情已经发展,但移情并不总是产生助人行为。一些幼儿对伤心的成人和同龄人的移情会逐步增强到个人的苦恼。为了降低这些感情,孩子们会集中注意自己的焦虑而不是需要帮助的他人,结果便导致了移情并没有变为同情(对他人的悲伤的关心和伤感的感觉)。

移情最终是否导致亲社会行为的发展与个人气质有关。社会化程度高的、坚持己见的并且善于管理情感的孩子更可能去帮助、分享或安慰痛苦的人。相反,那些不善于管理情感的人更少表现亲社会行为。当面对需要帮助的人时,这些孩子以面部的和生理痛苦来回应——皱眉、咬嘴唇、心跳加速、大脑右半球脑电波 EEG 急剧增长(大脑右半球控制着消极情感,这表明大脑被情感影响了)。

与其他情感能力的发展一样,养育行为也同样影响着儿童同情和移情能力的发展。积极的教养方式有利于孩子移情能力的发展。热情的、鼓励的、敏感的、同情的、关心的父母,往往拥有一个更可能关心他人、帮助他人的孩子。父母除了可以向孩子示范同情心、对他人的关心外,还可以教会儿童慈善的重要品质;当孩子表达不恰当的情感时,父母还可以进行干预。而消极的抚养方式很容易阻碍儿童早期移情能力的发展。例如,受到身体虐待的儿童与没受虐待的同龄儿童相比,他们很少对同龄人的不高兴表达关心,而是以害怕、生气和身体攻击来回应。这些儿童的反应模仿了他们父母的行为,他们的父母也总是对他人的痛苦不敏感。

(二) 内疚的发展

内疚(guilt)是儿童社会化的高级情感。霍夫曼(Hoffman, 1984)认为,内疚是个体的行为危害了别人或违反了道德规则而产生良心上的反省,是对行为负有责任的一种负性体验。他的研究认为,内疚常发生于不道德的或自私的行为中。内疚一旦发生,就能形成采取补偿行为的动机力量。内疚包括三种:(1)情感性的内疚(affective guilt),是指对自己由于伤害他人而感到失去自尊,严重者甚至认为自己是个无用之人;(2)认知性的内疚(cognitive guilt),是指对他人情感的体察和认识;(3)动机性的内疚(motivated guilt),涉及一个人感到内疚时,会驱动其取消破坏或进行一些补偿。为伤害他人感到内疚的起码条件是能够达到心理上的分离,即具有一定的角色承担能力。一个儿童有了对他人敏感的知觉,能将自己与他人的心理状态分离开,才有内疚的迹象。例如,一个小女孩与妈妈玩的时候,如果妈妈看上去有点悲伤,孩子即使没有犯错,也会很悲伤地对妈妈说:"对不起,我让你不高兴了吗?"

儿童在做出一些伤害他人的行为(如挤倒对方或摔坏别人的东西)时,可能也会引起最初的内疚感,但这种内疚感非常短暂。到了 2—3 岁,儿童开始意识到他人的内心状态,也就是与他人心理上分离了,此时伤害了他人才有可能产生内疚感。西尔斯等人(Sears, Rau, & Alpert, 1978)最早通过实验了解到幼儿的内疚感。研究者让儿童在有各种玩具的实验室玩,同时告诉他们看住实验室中笼子里的仓鼠,以免仓鼠跑掉。在实验者有意离开的 25 分钟内,观察幼儿是否能看着仓鼠而不玩玩具。这对幼儿来讲是很难的事。几乎所有的幼儿都把眼睛从仓鼠笼子上移开一会儿。结果,在幼儿转过脸的时候,笼子里没有仓鼠了。然后,观察幼儿的反应,包括幼儿表现出的不安与苦恼的迹象。结果显示,4 岁幼儿开始有了内疚感的萌芽。5—6 岁是幼儿内疚感开始发展的时期。

父母的教养行为对儿童内疚感的发展有重要的影响。如果父母能让孩子注意自己犯错后带给别人的痛苦后果,让孩子明白应该同情不幸的人,表现出对他们的关心;应该对自己的错误感到内疚,今后不要再犯同样的错误,这将有利于孩子情感的发展(Dunn, Brown, & Macguire, 1995)。

三、情绪自我控制能力的发展

(一) 情绪的自我管理

情绪的自我管理(emotional self-regulation)包括控制情绪、调节情绪觉醒状态到某个适合的紧张度以期达到目标。适当的情绪控制包括管理自身情绪,管理与情绪有关的机体反应,管理与情绪相关的认知(例如,如何解释引起情绪的情境),以及管理与情绪有关的行为(如面部表情)。

幼儿已经能够使用语言策略来缓解自己的情绪状态(如自言自语);懂得通过限制感觉输入的方法来调节情绪(例如,闭上眼睛挡住强光,捂住耳朵防止刺耳的声音);或者通过改变目标来转换心情(例如,从一组游戏中被排除之后决定无论如何也不要再玩这个游戏)。事实上,3岁的幼儿已经可以表演自己从未真实体验过的情绪,并且开始意识到什么时候他人可能会掩藏自己的真实感情。这些情绪"表演"仅限于如高兴和惊奇等的积极情绪。为了促进积极的社会关系的发展,大多数父母都会教幼儿交流积极的情感,掩藏消极的情感。

此外,气质也会影响儿童情感自控的发展。带有负面情绪气质的儿童,在掩饰感情和从干扰事件中转移注意力方面有很大的困难。从儿童早期开始,这些孩子就经常以发怒来回应别人对他们的打扰;与老师和同龄人的关系不好,很难适应教室常规。如果这类儿童要避免社交困难,必须发展一套有效的情感管理策略。

通过观察父母管理自己的情感,儿童也可以获得管理自己情感的策略。当父母在与孩子的交往中,很少表达积极情感或不易控制自己生气和敌意的情绪时,儿童就会有持续的情感管理困难,这将会严重影响其心理调适。父母应该在对话中告诉儿童面对困难经历应该怎么想、怎么做、怎样控制自己的焦虑或愤怒,教会孩子具体的、可操作的实施情绪控制的策略。

专栏 8 - 1 **教师如何布置促进幼儿社会情感发展的教室环境(一)**

教师为儿童设计的教室环境为其游戏和互动奠定了基础。儿童主导的积极的学习经验促进社会情感的发展,而教师必须计划能为这种儿童主导的学习提供机会的教室环境。(1)教师的计划必须包含美学的知识和空间的组织性以鼓励一种尊重感、责任感和集体感。(2)特定的学习区域限制了游戏的性质,儿童所需要专心的程度以及他们所卷入的社会互动是不一样的,儿童可以根据自己的兴趣来选择学习区域。(3)低的搁物

架可以让儿童看见他们的同伴,并且给他们个体和团体互动提供机会(Hohmann &
Weikart, 2002),能够直观地看到材料,并在创造性表现中促进更多创造性问题解决
(Gandini, 2004)。(4)公共的空间创造了一种团体的氛围,同时,私人空间又承认了个体
的存在。一个精心设计的群体空间可以促进自我调控,鼓励行为和注意力的控制,促进
群体参与和群体承诺,构建事件知识和推动儿童观点采择能力的发展。而当儿童不感
兴趣或不能够集中注意力时,一个隔离的空间是必要的,这可以帮助儿童获得控制感。
(5)儿童需要适当的被挑战。因此,提供的学习游戏材料要致力于正在出现的能力水
平,也要让已经掌握的技能得到训练。游戏材料应该可以刺激思考,但是也能在对成功
的合理预期之下解决任务。

(二) 延迟满足能力

延迟满足(delayed gratification)是情绪能力中被研究者广泛研究的课题之一。美国心理学家
马歇尔等人(Mischel et al., 2002)曾对斯坦福大学幼儿园的孩子们进行过一个著名的糖果实
验——延迟满足实验。研究者将一个4岁的学前儿童带到一个房间,房间的座位上有孩子们吃的
东西,如一盒巧克力。然后,他告诉孩子自己要离开房间一会儿,在回来前,他可以吃掉那盒巧克
力糖;但是,如果他没有打开那盒巧克力糖的话,他可以得到两盒巧克力糖。结果发现,有部分幼
儿立即吃掉了那诱人的巧克力,但有一部分儿童能耐心地等待,甚至还想出各种方法控制自己的
注意力。

20年后的追踪研究发现,那些能耐心等待的儿童中学毕业后,在社会适应能力、自信、处理人
际关系、面对挫折、迎接挑战、不轻言放弃等心理品质方面,远远高于那些不能等待的儿童。他们
通常学业优秀,也能有效地应付环境的压力。成年后,他们社会交往能力强,自控力和自尊水平
都较高。在"延迟满足"得分高的男孩中,成年后吸烟酗酒的比例也相对较低。

第二节 自我的发展

18个月的婴儿已经有了自我认识。在此基础上,儿童开始形成了自我概念,并在与他人的比
较中建立了自尊,发展了自我控制能力。

一、自我概念的建立

自我概念(self-conception)是一个用来描述人们是如何理解自己的术语。这个术语涵盖了自

图 8-2 儿童对玩具等物品的占有感常会引发一些冲
突,但这是孩子自我概念发展的结果

我的方方面面,如外表、个性、能力以及性别、种族等。学前儿童的自我概念是非常具体的,是可观察到的特点,如他们的名字、外表、财物和每天的行为。到 3 岁半时,儿童会用表达典型的情感和态度的词语来描述自己,如"我与朋友一起玩时很高兴"或者"我不喜欢与大人们一起"。这表明,他们对自己独特的心理特点已有了初步的理解。

能说明学前儿童自我概念已经建立的另一个典型表现是,他们坚持自己对物品的占有权。儿童的自我概念越强,他们的占有欲就越强,声称物品是"我的"。早期关于物品的抢夺看起来更像是自我发展的标志,是一种澄清自己和他人界限的努力,而不是自私的标志。

此外,坚定的自我感知也允许儿童在解决关于物品的争吵、玩游戏和其他简单问题中选择合作策略。因此,当父母和老师遇到儿童争抢玩具时,可以首先将儿童的占有欲理解成他们坚持己见的标志而加以肯定("对,这是你的!"),然后再鼓励让步("但是,过一会你可以和其他人轮流玩吗?"),而不是一味地从成人的眼光出发坚持共享。同时,成人应该允许孩子拥有某些为数极少的、只属于他自己的、可以不与人分享的玩具或其他物品,这也是对孩子的一种尊重。

二、自尊的发展

个体自我概念的某些方面可以被评估或测量。我们把自己跟别人进行比较,然后思考自己擅长什么、不擅长什么,心理学家把对自己做的这些评估称为自尊。自尊是个体对自己价值的评价而产生的情感体验,是自我发展的最重要的方面。因为它影响着我们的情感经历、将来行为以及长期的心理调整。

(一) 幼儿自尊的起源和特点

自尊(self-esteem)最初来源于亲子互动中。鲍尔比(Bowlby,1988)所论述的"内部工作模式"理论对此的解释是,有安全感的孩子建立了积极的自我工作模式。因此,相对于没有安全感的孩子们,他们能更快地建立积极的自我评价。在一项研究(Verschuere & Marcoen, 1999)中发现,让4—5岁的孩子操纵一个玩偶,以此来回答一些有关自尊的问题,例如,"他(玩偶)喜欢和小朋友们一起玩吗?""他是好孩子还是坏孩子?"结果表明,与妈妈在一起感到安全感的孩子,不仅仅将玩偶描述得更讨人喜欢(投射了他们对自己的评价),而且也表现出更多的幼儿园老师所赞许的竞争性和社会性特征,这些特征到8岁时依然保持稳定。由此可见,4—5岁的孩子已经具有了早期并且有意义的自尊——与他过去建立的亲密关系以及老师对他们能力的评估有关。

4岁左右的儿童开始出现自尊。这种自尊表现出两大特点:一是在自尊的性质方面,他们总是认为自己的能力很高,低估问题的难度,这是因为儿童在辨别自己的渴望与自身实际能力之间有困难;二是他们对自己的描述和评价非常零乱。这与学前儿童的自我概念中常表现出的组织性缺乏是一致的。这个年龄的儿童仍然关注零散的活动,还不能对自己作一个整体的评价。

(二) 儿童自尊的结构

自尊的水平取决于儿童在许多不同领域对自己能力的评估,以及将这些评估整合成一个总的自我评价(Harter, 1996)。因此,在测量儿童自尊时,不能把自尊看作是一个统一的实体,由一个从高到低的连续数轴上的单个数值来表示;而应让个体根据各种特定的情境对自己分别作出评价,每个领域的评价不会对其他领域的评价产生影响。在一项关于儿童自尊的大型研究中(Susan Harter, 1987, 1999),研究者将儿童的自我评价分为以下五个方面:(1)学业能力,儿童如何看待自己在学业上的能力;(2)运动能力,儿童对自己体育运动能力的感受;(3)社会能力,儿童是否感到自己受同伴的欢迎;(4)外表长相,儿童觉得自己有多好看;(5)行为举止,儿童认为自己的行为被他人接受的程度。

如前所述,4—7岁的孩子拥有一个膨胀的自我,他们倾向于在所有的方面都给自己积极的评价。一些研究者认为,这些过度积极的评价反映了儿童希望被喜欢或者被表扬的倾向,而不表示是一种坚定的自尊感。然而,这种自我表扬并不都是非现实的,因为它与孩子们的测试成绩以及老师对他们的评估密切相关(Marsh, Ellis, & Cravern, 2002)。而且,这些高自尊在必须掌握新技能的时期,对儿童自主性的获得起到了重要作用。

如果儿童的自尊水平不高,他们在经历失败后就会放弃或丧失信心,会推断自己不能掌握挑战性的工作。这时,成人需要通过调整对孩子能力的期望值,协助儿童解决困难,强调儿童的工作和行为中的积极方面或指出付出的努力和取得的进步等方式,来避免儿童的自尊降低。

(三) 影响幼儿自尊水平的因素

1. 教养方式

父母在儿童形成自尊的过程中扮演着重要角色。早期教养方式的敏感性影响着儿童建立一个积极或者消极的自我模式。研究发现,进幼儿园、小学后,那些拥有高自尊的孩子,常是那些拥有温暖而支持型的父母的孩子。父母给他们设立标准来实践,允许他们自己作决定。高自尊与教养方式呈显著正相关(Scott et al.,1991)。当父母对孩子说"你是一个好孩子,我相信你能遵守规则,并且作出正确的决定"时,会更有利于幼儿建立高自尊。而那些冷淡的或者专制的教养方式,如"你的无能让我很不耐烦",则让孩子形成低自尊。

2. 同伴影响

在5—6岁,孩子们就能够用社会比较来评价自己与同学之间的不同,并以此评判他们的行为比同伴更好或更坏。比如,他们跑步比赛后会说:"我比你跑得快。"这种随着年龄增长越来越多、越来越微妙的自我评价,在孩子们的能力和总体自尊方面有重要作用(Alermatt,2002)。

专栏 8-2   入学准备——帮助儿童克服习得性无助感

在儿童尝试学习掌握新任务时总会有失败,但是对失败的反应却因人而异。为什么有的儿童不畏挫折最终成功,而有的儿童一旦失败就选择放弃呢?心理学家对这一现象作出了解释,他们的研究发现这两种儿童对其取得的成就的解释大相径庭(Dweck & Leggett,1988)。

有的儿童属于追求成功者:他们将成功归结于自己的能力,但将其失败归结于外部原因(例如,试卷含混不清,不公平等),或者归结于自己容易克服的不稳定因素(如果努力我会考得好的)。所以,他们失败后并不气馁,坚信努力会使自己成功。虽然他们认为,能力是较为稳定的因素,不会在几天内就有改变,但他们相信失败后的努力能提升自己的能力。所以,追求成功的儿童对掌握新本领有很强的动机,而不在乎此前类似任务的成败。

相反,另一些儿童常将自己的成功归因于不稳定因素,如努力或运气。无法从成功中体验到因为自己能力强而产生的骄傲和自尊。他们常常将自己的失败归结为稳定的内在因素,如能力不足,这又导致他们对日后的成功期望过低而放弃努力。研究者(Ziegert et al.,2001)认为,这类儿童表现出了一种习得性无助的倾向:如果失败,就会将失败归因于稳定因素,即能力不足。这使儿童感到无能为力,从而变得沮丧和不思进取,所以他们不再努力,表现得无助。不幸的是,即使是一些有天赋的儿童也会有这种不良的归因风格,且一旦建立就会很难改变,最终影响他们的成就。

如何帮助习得性无助的儿童呢?不让习得性无助感形成无疑是最佳方案。其中,父母很关键。在幼儿阶段,父母就要表扬孩子获得的成绩。在孩子失败时,父母切勿从能力方面责怪他们,从而导致伤害其自尊。最近的研究发现,表扬的方式也有正确与否之分。那些成功后常常受到个人导向的表扬(例如,"你真聪明!")的儿童,他们面对新任务时更注重成绩目标而非学到了什么。一旦失败就会摧毁这类成绩目标,导致儿童的放弃和无助。

研究者(Dweck et al.,1999)发现,过程导向的表扬,即对儿童形成和发现好的问题解决策略的努力加以赞许,会使儿童倾向于形成学习目标。他们在面临新任务时,会意识到重要的是对任务加以解决,而不是展现自己的聪明才智。这些孩子会认识到,一项新任务最初的失败,不只是要求他们需要寻找新的解决问题的方法,而且为达到学习目标继续努力。这样,孩子就不至于会放弃。

三、自我评价能力的发展

学前儿童的自我评价(self-assessment)尚处于前自我评价阶段,带有明显区别于成人自我评价的特征。首先,儿童由于认知水平的限制,加之对成人权威的尊重和服从,往往把成人对自己的评价直接等同于自己对自己的评价,所以他们的自我评价基本上是成人对他们评价的简单重复。简而言之,这种评价带有依从性和被动性,并不是出于自发的需要。其次,儿童的自我评价都集中在自我的外部行为表现,他们还不会评价自己的内心活动和个性品质。因此,儿童的自我评价具有表面性的特点。同时,与表面性相联系的是,儿童只会对自己的某个具体行为作出评价,尚不能整体地进行自我评价。最后,儿童的自我评价往往受当时情绪的影响,因此很不稳定。同时,由于儿童的自我评价具有依从和被动性,随着外部权威评价的变化,儿童的自我评价会时高时低。随着年龄的增长,儿童自我实践经验的积累,以及与同伴、成人的相互作用增加,儿童自我评价会逐渐深化,变得更为独立、客观、多面。

四、自我效能感的发展

即使是婴儿,也会因自己能操弄一项新的玩具而觉得高兴,这就是最初的自我效能感(self-efficacy)。它是成就感发展的基础。在一项研究中(Stipek, Recchia, & McClintic, 1992),研究者追踪了1—5岁的儿童自我效能感的发展。在第一个实验中,研究者让1—5岁的儿童玩适合其年龄的玩具,每种玩具都有一种明显的成就目标(例如,将钉子钉入软木板,用塑料保龄球将塑料球瓶击倒),然后观察他们对自己成就的反应。在第二个实验里,让2—5岁的儿童进行拼图和叠杯子的工作。这些游戏都被研究者操纵,让一些孩子可以胜任(成功组),另一些孩子则不能成功(失败组)。然后,观察他们对成功和失败的反应。在第三个实验里,让2—3岁的儿童与同伴比赛堆积木,观察他们对输、赢的反应。将所得的结果组合在一起,研究者认为,儿童的自我效能感发展有以下三个阶段:

阶段一:驾驭的喜悦。在22个月大之前,婴儿驾驭新挑战时会有快乐的表现,不过,他们不会要求别人注意他们的成就或是寻求认可。再者,这么小的婴儿还不会因为不能驾驭而受情绪干

图 8-3　自我效能感产生于努力后的成功

扰。他们只会将目标转移，试图去驾驭其他的玩具。能驾驭的结果，使幼小的婴儿马上有怀特（White，1959）等人所说的欢乐或效能感。但是，在 22—24 个月之间，婴儿尚不会依据游戏或活动的客观标准来评价他们的活动结果。

阶段二：评价成就。两岁时，儿童对得到他人对其成就的认可变得越来越有兴趣。在能驾驭一个玩具后，两岁的儿童常会要求母亲注意他们的成就。在为实验者所做的工作上若有明显的成功，2—5 岁的儿童常会微笑，把头和下巴抬得很高；在要求实验者注意他们的成就时，也可能会说"我做的"。相反，失败的儿童常会避开实验者的注视，3 岁半以上的儿童对自己没有成功会表示不悦或生气。因此，两岁的儿童好像已能鉴定他们的结果是成功或是失败，而且知道成功时会得到赞许，失败则会得到责难。不过，在这些研究中，儿童都会从他们的成功中获得许多的欢乐，不论他们是否得到了赞赏都是如此。所以，即使是 2—5 岁的儿童，也是受内在的动机去驾驭挑战，他们也会为自己的成就寻求认可。研究者（Stipek et al.，1992）认为，社会赞许和责难可协助幼儿了解活动客观的评价标准。

阶段三：胜利是无上的喜悦。何时儿童会因为在竞赛中赢了同龄同伴而觉得喜悦呢？在以上的第三个实验中，竞争者在 33 个月大以前，赢了也不会非常高兴，输了也不会很哀伤。成功地完成任务，对 24—32 个月大的儿童而言，的确是最重要的；而对于 33—41 个月大的儿童，他们完成第一个工作（完成任务）比完成第二个工作（赢得比赛）表达出更多的积极情感；到 42—60 个月大时，情况开始有所不同，赢得比赛获得的快乐强于完成工作本身，儿童已有输赢的观念。当胜利者产生时，失败的儿童，其工作速度会慢下来或是停止工作，他们显然了解了游戏的竞争本质，对手既然已胜利了，再也没有什么理由需要他们急着去完成这项工作了。研究者（Stipek et al.，1992）指出，这些儿童已获得了一套内化的成就标准，而且当他们达到这个目标时，会觉得骄傲（不只是喜悦而已）；但在他们无法达到那个标准时，就会觉得羞耻（而不只是失望而已）。虽然如此，儿童在竞争性的任务中输掉时，羞愧反应并不常见。对 5 岁前的儿童来说，胜利似乎是天意，而输了通常也不被认为是明显的失败。

五、自我控制能力的发展

随着年龄的增长和社会化程度的不断加深,儿童必须学会服从规则,抵制诱惑,发怒时会抑制自己伤害他人或损坏财物的行为。他们还必须学会在做事情时不让注意力分散,为了得到延迟满足而放弃富有吸引力的即时诱惑。总之,儿童必须学会自我控制(self-control),才能更好地适应社会。

测量儿童自我控制水平的方法通常有注意力集中与分散测验,图形配对测验、迷津测验和延迟满足测验等。研究表明,一般有自我控制力的儿童相对比较成熟,有责任感,成就动机较高,即使在无人监督的情况下也能遵守规则。自我控制水平可以通过训练得以提高,下面介绍几种比较有效的方法。

(1)自我暗示法。这是一种通过调整儿童认知策略来提高其自我控制水平的训练法。当在自我控制过程中出现干扰因素时,成人可以明确告诉儿童:这是一个干扰你的东西,并且指导儿童转移注意力。研究(Mischel et al.,2002)表明,4岁的儿童也能有效地使用这种自我暗示的方法来调节自己的行为,以达到学会自我控制的效果。

(2)榜样法。观察自我控制水平高的榜样,也能帮助儿童改善自我控制水平。让儿童经常观察那些不为小的刺激所动,通常选择延缓满足的榜样行为,那么幼儿可以学会耐心等待。

(3)积极鼓励法。在一项研究中(Toner et al.,1980),实验者准备让学前儿童做一个糖果游戏,游戏机每隔一分钟就会发给儿童一颗糖,只要儿童不伸手去拿糖,那么累积的糖在实验结束后将全归儿童所有;但只要儿童在实验过程中拿了一颗糖,机器就会自动停止发糖。实验前主试与被试聊天,对其中一半的儿童加以肯定:"我听说你们平时很有耐心,为了得到一样好东西愿意等待。"而对另一半儿童却没有积极鼓励。结果显示,实验前接受到积极鼓励的孩子比没有得到表扬的孩子延缓拿糖的时间长得多。这说明,积极鼓励能提高儿童自我控制的水平。

最后需要说明的是,自我控制并非越强越好。过度自我控制的儿童表现有较强的抑制性,与成人的要求保持很高的一致性,没有主见,不易分心。而自我控制最适宜的儿童可称为弹性儿童。他们的突出特点就是管得住、放得开,能随环境的变化而改变自己的控制程度,有很强的灵活性。

专栏8-3 教师如何布置促进幼儿社会情感发展的教室环境(二)

儿童的心理发展是发生在与同伴和成人的温暖且支持性的关系背景下的。儿童在学校环境内的互动是"他们学到了什么"和"他们对于学习过程的感受"的最重要的决定因素。(Bowman，Donovan，& Burns，2000)以下的一般性原则旨在指导教育者通过与儿童互动来使他们的社会情绪发展最大化和帮助儿童将新技能运用到其他情境中的方法。这些方法对于那些在家庭中得不到社会和情绪支持的儿童尤其重要。

(1) 持续的抚养性的支持。当儿童处于一段"相信自己需要时他就会在那儿"的关系背景中时，他们能最好地成长和学习(Shonkoff & Philips，2000)。幼儿与学前教师和照料者的亲密关系对于他们对学校积极的态度是有帮助的(Ladd，Birch，& Buhs，1999)。温暖安全的关系，特别是师生间温暖安全的关系，能预示出幼儿今后在校的表现、社会能力以及专注力(Pianta，Nimetz，& Bennett，1997；Pianta & Stuhlman，2004)。

(2) 持续而仔细的观察。儿童被系统地观察，以评估他们对具体技能和能力的获得，这些能力包括社会、情感技能和认知语言能力。对行为的仔细观察一直是对儿童的一个最主要的临床干预，同时也是对儿童发展评估的最正式工具之一。

(3) 行为和态度的榜样。观察照料者的优秀行为是儿童从最早期开始学习社会和情感技能的方式。教师通常会记录儿童的行为方式与其父母的行为方式有多接近。

(4) 经验的叙述。学前儿童不仅对自己和他人的想法和感受感兴趣一样感兴趣。教师可以通过叙述所观察到的儿童的表达来帮助提供有关情绪和心理的词语，尤其是那些更为复杂的词，教师甚至可以进一步将一个情绪标签与一个可能的原因联系起来，但要确保学前儿童的因果归因是正确的。

(5) 对儿童掌握取向(mastery orientation)的支持。儿童在学习定向上有着很显著的差异：一些儿童是求精取向(mastery-oriented)的，而另一些是绩效取向(performance-oriented)的(Dweck & Leggett，1988)。那些注重表现来得到他人许可的儿童不太可能尝试具有挑战性的任务，也不太注重自己的好奇心和兴趣所在。相反的，求精取向的儿童会努力提高自己的能力，最好地预测高成就，并且这在儿童学前时期就能被观察到。

(6) 将具体规则归纳为价值。在学前时期，儿童开始发展在具体情境中运用一般道德价值的能力(Thompson，Meyer，& McGinley，2006)。教师可以通过经常性的对规则的进一步陈述，即规则背后的指导原则，来帮助他们加强联系。

(7) 建立班级社区。社区感对于学习环境下的不同幼儿和成人是很好的。

(8) 对儿童行为的指导和训练。当儿童不能很好地表现自己或正在干扰他人时，教师该怎么作出反应？即使成人的本能反应是直接干预来纠正儿童的行为，但把自己的角色定位为指导者来帮助儿童发展他们的社会和情感能力的教师，经常把这些情况当成学习的机会。他们的目标不仅包含了制止和纠正问题行为，也帮助了儿童学习用其他更富有成效的方式来解决问题，化解冲突，或取得关注和帮助。

第三节　性别差异及性别角色的发展

在很多西方国家,男孩一出生就被包裹在蓝色的襁褓中,女孩则被穿上粉色的婴儿装。在男孩稍大一点的时候,他就能得到诸如小汽车等男性化的玩具,而女孩则会得到布娃娃等玩具。母亲还会给女儿带上蝴蝶结,穿上有花边的衣服。父母在和儿子或女儿一起玩耍的时候,也会选择不同的游戏活动,并对男孩和女孩有着不同的期待。这种性别角色的差异对待从孩子一出生就开始并一直持续下去。儿童的性别差异和性别角色的社会化过程就是在这种性别差异对待中形成的。

一、学前儿童的性别差异

对婴儿(两岁前)进行的研究并未发现这个年龄阶段的儿童存在稳定的性别差异,行为的相似性远大于其差异性。不过,还是有一些印证性的研究发现:女婴更容易对人有反应,与成人保持更近的距离,对母亲更亲昵;而男孩在自己无法控制的压力情境中可能更沮丧。此外,女孩似乎比男孩更早说话。

两岁的儿童在选择玩具时有了明显的性别差异。对两岁儿童进行家庭观察,对3岁和4岁儿童在幼儿园中观察,均发现:男孩更喜欢玩交通类玩具、积木,喜欢进行动作幅度较大的活动,如扔球、踢球、打闹游戏等;女孩更喜欢布娃娃、装饰打扮或过家家等游戏。不过,这个年龄的大多数活动还没有显示出性别偏爱。

学前儿童倾向于选择与同性同伴玩。男孩更愿意玩户外的团体游戏,女孩更愿意在室内玩不剧烈的游戏,而且经常是两三个人一起玩。此外,男孩不但经常进行打斗型游戏,还经常做出真正的攻击性行为。女孩则更容易移情,并保持更多更持久的成人定向行为。

专栏8-4　　学前儿童的性别隔离现象[①]

帕顿(Parten)(1933)早就发现,2/3的儿童游戏团体是同性团体,而且同性玩伴往往最受孩子们的欢迎。这种性别隔离现象(见图8-4)引起了研究者广泛的兴趣。许多研究者都发现了类似的现象。约翰逊等(Johnson & Roopnarine, 1983)对以往的文献进行

---

① 约翰逊等编著,华爱华等译:《游戏与儿童的早期发展》,华东师范大学出版社,2006年版。

图 8-4 性别隔离现象

研究后发现,学前儿童早就开始表现出对同性同伴的偏爱,他们更倾向于选择参加同性团体的活动,同性玩伴比异性玩伴更受欢迎;而且,对幼儿来说,与同性玩伴相处也更容易。

这种性别隔离的现象在儿童4岁时就开始有所表现。但是,儿童的这种排斥异性的观念更多地表现在他们的自我报告中(他们所陈述的对同伴的偏爱),而很少表现在实际行为的观察中(Ramsey,1995)。这可能是因为,即使某个儿童在自我报告中表现出性别排异的倾向,但在实际行为中,活动的吸引力使儿童忽略了他们的性别排异意识,而使儿童未表现出性别排异现象。同时,访谈中,儿童还可能会夸大他们的这种观念,来迎合一些他们在生活中所觉察到的社会规范(例如,不喜欢异性或至少承认这一点是非常"酷"的表现等)。女孩可能比男孩较早表现出这种对同性玩伴的偏爱,但这种观念一旦形成,就会在男孩的观念和实际行为中表现得更持续、更僵化(Powlishta et al.,1993;Shell & Eisenberg,1990)。西方学者的研究发现,这种观念更普遍地存在于欧裔、亚裔和非裔美国儿童当中(Fishbein & Imai,1993)。与其他游戏形式相比,建构性游戏活动似乎较少受到这种观念的影响(Hartle,1996;Orberg & Kaplan,1989)。这个研究结果可能也与建构性游戏所具有的高结构性和更多地受到老师的密切监督有关。

在一项针对1—6岁儿童的3年纵向研究中,研究者(LaFrehiere,Strayer,& Gauthier,1984)发现,与男孩相比,女孩更早地表现出对同性同伴的偏爱;但随年龄的增长,男孩同性间的互动增强,而女孩仍维持着原状(见图8-5)。儿童对同性玩伴的偏爱在儿童早期阶段趋向于增强(Diamond,LeFurgy,& Blass,1993;Maccoby,1990;Ramsey,1995)。

儿童倾向于选择同性玩伴,可能是多种因素(能力、性别刻板印象和兴趣合得来等)综合的结果(Hartup,1983)。研究者(Smith & Inder,1993)在新西兰对儿童自由游戏

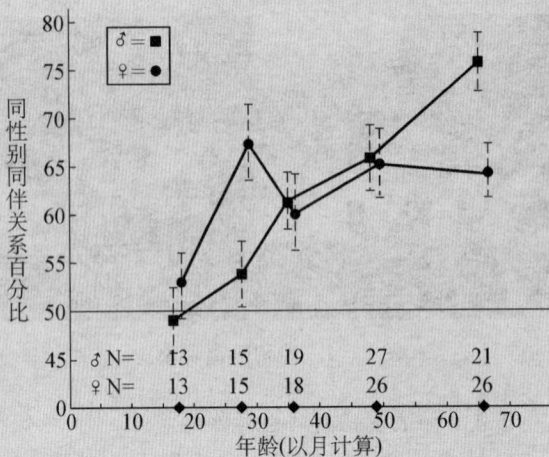

图 8-5 同性别同伴平均关系活动的年龄与性别的函数[1]

的现场研究中发现,性别混合游戏互动的游戏占孩子们游戏时间的 1/3,而同性游戏互动的游戏时间占 2/3;而且,混合性别游戏互动的团体中,参与者的数量也多于同性别团体。研究者认为,这可能是由于儿童会邀请同性玩伴来参与到异性团体的活动中(这可能与某种社会压力的减缓有关)。在性别混合团体的活动中,男孩子们趋向于主宰整个游戏;而且,与同性团体相比,性别混合的团体中会出现更多的冲突和排斥事件。不同年龄的性别排斥现象略有不同:幼儿园环境下的游戏中,身体冲突事件的发生率比较高;而在托儿所环境下,游戏中的排斥和撤出事件的发生率比较高。研究者认为,这些现象正是男孩与女孩不相融的互动风格所造成的。女孩在她们的游戏交往中会采用一种轮换的方式,她们的游戏行为在互动和主题上是彼此相关的,她们更多地考虑别人的想法,能预期彼此的行动,所以女孩子的游戏情节更具连贯性并能持续更长时间。而男孩则显得更热衷于让别人采纳自己的游戏建议,所以他们的游戏更容易支离破碎,不得不一再地重新开始。女孩在社会化过程中担当了教养者的角色,而男孩在社会化过程中担当了统治者的角色(Black,1989)。

二、性别角色认同的发展

性别角色认同则是根据社会对性别角色的要求来确认自己。作为成人,我们每个人都有性别角色认同——作为男性或女性在性格上的自我认识,包括对性别概念的认识、对性别行为模式

① 约翰逊等编著,华爱华等译:《游戏与儿童的早期发展》,华东师范大学出版社,2006 年版。

的刻板印象等。对于儿童而言,直到学前期结束,儿童才获得稳定的性别概念,并形成对性别角色相对成熟的看法,获得性别角色认同。

(一) 性别概念的发展

柯尔伯格(Lawrence Kohlberg,1966)认为,儿童要充分理解男性和女性的内涵,要经历三个阶段:

阶段一:性别认同(gender identity)阶段(2—3 岁)。如果问两岁的孩子,"你是男孩还是女孩?",很多孩子不知道如何回答,还有些孩子就算回答对了,也还是会对这个问题感到疑惑不解。常用的研究性别认同的方法是:给幼儿看一张印有典型男孩形象和女孩形象的图片(见图 8-6)。在一项研究中(Thompson,1975)发现,24 个月大的婴儿中有 76% 可以正确辨认性别图片,30 个月,这个比例上升到 83%,36 个月时为 90%。到 3 岁时,大部分的儿童都能正确地识别自己和别人的性别,这时就可以说他们已经有了性别认同。

图 8-6 典型的男孩和女孩形象[①]

阶段二:性别稳定性(gender stability)阶段(4—5 岁)。[①]大约 4 岁时,儿童进入性别稳定性阶段。性别稳定性是指儿童能认识到自己的性别是稳定不变的。比如,幼儿还不会说自己长大后会做妈妈。

阶段三:性别恒常性(gender constancy)阶段(6—7 岁)。稍微大一些时,儿童就进入性别恒常性阶段。他们对性别有了成熟的认识,尽管知道外貌可以改变,但生物性别是恒定的。这样的结论是从孩子对下列问题的回答中分析出来的,例如,问男孩:"如果你想的话,你能变成女孩吗?""假如这个孩子(图片上是男孩)把头发留得很长,那这个孩子是男孩还是女孩?"大约 7 岁左右,在儿童获得守恒能力后,他们就获得了性别恒常性。

(二) 性别角色刻板印象的发展

在儿童知道自己是男孩或女孩的同时,他们也开始获得性别刻板印象(gender stereotype)。性别角色刻板印象是指人们对于男性或女性最典型特征的看法。在一项研究中,库恩等人(Kuhn et al.,1978)给两岁半至 3 岁半的儿童呈现一个男玩偶和一个女玩偶,然后问每个儿童哪个娃娃会煮饭、缝补、玩洋娃娃、爱讲话、亲吻别人、玩货车、开火车、打架及爬树等有关性别分化的问题。结果(见表 8-1),几乎所有两岁半的儿童都表现出一些性别角色刻板印象。例如,一般都认为,女孩爱讲话,从来不打人,常常需要别人的协助,喜欢帮妈妈煮饭和打扫房间;相反,认为男孩喜

---

① Alison Clarke-Stewart & Joanne Barbara Koch: *Children Development Through Adolescence*, John Wiley & Sons, 1983.

欢玩车、喜欢帮助父亲、喜欢建筑工作、喜欢说"我打你"的话。知道最多性别刻板印象的 2—3 岁的儿童,是那些能正确指出照片中儿童性别的儿童(Fagot,Leinbach,& Boyle,1992)。性别认同,可加速性别刻板印象的形成。

表 8-1　2.5—3.5 岁幼儿对男孩、女孩的看法

对男孩的看法	喜欢帮爸爸干活
	喜欢说"我打你"
	喜欢玩货车等玩具
对女孩的看法	玩洋娃娃
	喜欢帮妈妈干活
	喜欢收拾屋子
	爱说话
	不打人
	常说"我需要帮助"

在接下来的几年内,儿童学到了更多的有关男性与女性活动和行为的知识。大约 8 岁时,他们开始能区分不同性别在心理上的差异,认为女人是比较温柔、情绪化、善良、神秘和有感情的,而男人则是比较有野心、果断、攻击、支配和无情的。

一般来说,3—6 岁的儿童对性别的看法非常刻板,他们会盲从于传统的性别刻板印象。在幼儿晚期,儿童对性别角色的刻板印象的思考开始变得有一定的弹性(Martin,1989),开始认识到,这些刻板印象并不像道德规范一样必须遵守。

三、性别差异形成的原因

为什么男孩和女孩的行为方式有明显差异? 儿童是如何发展他们的性别认同的呢? 不同的心理学家从不同的角度提出了不同的解释,从中我们可以看到不同的因素对性别社会化起的不同作用。下面分别讨论几种代表性观点。

(一) 生理社会理论

莫尼等人(Money & Ehrhardt,1972)提出的生物社会理论强调,出生之前的生理发展以及这种生理因素对儿童性别社会化有决定性的意义。动物实验揭示,对许多动物在出生以前注射雄性激素,可以使雌性动物出生后表现出较高的活动水平和更活跃的游戏活动,并会抑制它们的母性关爱特征。性激素也可以影响人类的游戏风格,导致男孩的粗糙、吵闹的活动以及女孩的平静、温柔的活动。女孩表现出对共同的安静活动(包括合作游戏)的偏爱,所以越来越多地寻找其他女孩一起玩,并喜欢结伴;而男孩更喜欢与大群的男孩一起玩,他们有共同的兴趣,如奔跑、攀

爬、打架、竞技性游戏等。在 4 岁时,儿童与异性同伴和同性同伴一起玩的时间比例为 3 : 6。到了 6 岁,这个比例会升高到 11 : 1。

他们还考察了一些在出生前因为母亲习惯性流产而被给予高水平雄性激素的女孩的行为(对胎儿给予高水平雄性激素是治疗母亲习惯性流产的一种措施)。[②]结果发现,与正常女孩相比,这些女孩以及她们的母亲都说她们非常顽皮,她们不喜欢跟别的女孩子一起玩,也不喜欢穿女性化的衣服。研究者认为,这可能与激素异常有关。然而,尽管生物学因素能在一定程度上解释性别差异,但他们无法解释性别角色认同的过程,也不能解释不同社会中的性别角色的变化。

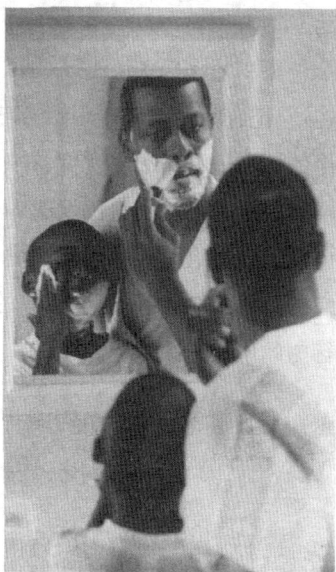

图 8 - 7 对同性父母的模仿,也许每个女孩在小时候都偷偷穿过妈妈的高跟鞋,每个男孩都会想自己什么时候能像爸爸一样长出胡子来[①]

(二)社会学习理论

社会学习理论认为,儿童的性别角色认同的最初途径是对成人,尤其是父母和教师行为的模仿(Bandura,1969)。儿童通过观察和直接或间接的强化,形成最初的对性别类型玩具和活动的偏爱。在学前儿童对两种性别的"榜样"都给予关注并对性别角色刻板印象有越来越清晰的认识后,"观察学习"在其间促进了儿童性别角色的形成。持有这种观点的研究者,对家庭中亲子互动、幼儿园中的同伴互动进行了大量的观察研究。他们发现,父母会鼓励女儿跳舞、打扮、玩布娃娃、过家家,不鼓励他们跳远和爬高;而对男孩,父母通常鼓励他们玩积木、卡车,不鼓励他们玩布娃娃,也不鼓励他们寻求帮助。同伴也会强化孩子们符合性别的行为,抑制他们不符合性别角色的行为(Leaper,2000)。除了受到相应的强化外,儿童还会通过选择性观察和模仿同性榜样的行为,完成性别社会化。比如,男孩更可能选择模仿影视中男主人公的行为——包括他们的游戏行为和攻击行为及行为方式,而女孩则会选择模仿幼儿园的老师、电影或童话中的公主。

(三)认知发展理论和性别图式理论

关于性别角色的认知发展理论,源于科尔伯格(Kohlberg,1969)。他认为,儿童性别的社会化必须建立在性别角色认同(获得了性别稳定性和恒常性)的基础上。他们研究了 2—5 岁的幼儿在性别恒常性、性别认同的稳定性水平(性别认知水平)和他们在游戏活动中表现出的对符合自己性别的玩具的选择行为的关系,结果发现,认知水平越高,儿童适宜的性别类型化行为就

---

① Alison Clarke-Stewart & Joanne Barbara Koch：*Children Development Through Adolescence*，John Wiley & Sons，1983.

越多。

在 20 世纪 80 年代,性别图式(gender schema)理论被提出来了。性别图式就是一种认知结构,它把有关什么值得观察、审美、适宜模仿等性别知识组织在一起。性别图式帮助儿童依据同伴的性别来对其形成评价,并对他们的行为作出假设。性别图式理论强调环境压力和儿童的认知共同塑造了性别角色发展。在早期,儿童从他人那里获得了性别刻板印象和行为。与此同时,他们将经验组织到性别图式里,或者是男性类别或者是女性类别,他们可以用这些经验来解释他们的世界。在此基础上,儿童的自我性别概念逐渐变得性别类型化,并将此作为处理信息和指导行为的增加的图式。

社会学习理论

父母　老师　同伴 } 强化与性别相适应的行为 ➡ 儿童的行为 ⬄ 儿童观察和模仿他人受到的强化,这里的他人一般都是与自己同性别的。

认知发展理论

儿童一般认知能力的发展 ➡ 性别认同的知识 ➡ 儿童观察和模仿榜样的行为,因为榜样跟自己性别相同。
➡ 儿童从事某些活动,因为他们知道这些活动与自己的性别相适应。

图 8-8 社会学习理论、认知发展理论关于性别角色认同发展的观点的总结和比较[①]

关于性别角色认同形成的理论,最有说服力的解释是整合各家理论,综合考虑生物社会性因素、社会学习过程、认知发展和性别图式在性别角色认同中的作用。麦考比(Maccoby,2000)认为,考虑同性同伴群体的作用,不仅对整合性别差异的认知因素和社会因素非常关键,对整合影响性别差异的生物学因素也非常重要。她还指出,两性之间存在着产生活动偏好和适应行为的预先引导过程,正是这个过程导致了最初的同性同伴群体。其有着相应的进化的基础,所以男孩的群体规模较大,也更富有竞争性和冒险性;而女孩的群体规模较小,更富有合作性,以信息共享为基础。所以,综合考虑各种因素,才能全面理解个别因素在性别角色形成中的作用。

① 彼得·史密斯、海伦·考伊、马克·布莱兹著,寇彧等译:《理解孩子的成长》,人民邮电出版社,2006 年版,第 121 页。

第四节 同伴关系的发展

当儿童的自我意识渐增后,能更好地理解他人的想法和感受,他们与同伴交往的技巧也就迅速提高了。所谓同伴,是指年龄或心理水平相近的个体。同伴能为儿童提供通过其他途径得不到的经验。因为同龄人在交往中处于平等的地位,他们必须进行对话、保持合作并确定游戏目标。儿童与同伴的互动中还建立了友谊——以依恋和共同兴趣为标志的特殊关系。让我们来看看在学前同龄人的相互作用是如何变化的。关于同伴关系对幼儿的发展我们将在本书第十一章详细阐述。

一、游戏中同伴交往行为的发展

在学前期,幼儿变得更为友善,其社交对象也更为广阔。观察发现,2—3岁的儿童比年长的儿童更常停留在成人身边,并寻求身体上的亲近;而4—5岁的儿童,则会更多地希望得到同伴而非成人的注意或赞赏,他们的行为更趋同伴导向。3—5岁的学前儿童,其无所事事的非游戏状态或旁观者状态越来越少,他们会逐渐地介入到与同伴的互动中,扮演与同伴互补的角色,并对如何扮演这些角色进行协商以达成共识。

图8-9 儿童的友谊多在游戏中建立

在一个幼儿游戏研究中,巴顿(Parten, 1932)在自由游戏时观察了2—4岁半的儿童,希望能确认同伴交往复杂程度的发展变化过程。她的观察发现,学前儿童的游戏活动可以分成四种,其社会性由低到高的次序如下:

（1）单独游戏（solitary play）：儿童独自玩着，通常是与玩具一起玩，而忽略其他儿童正在做些什么。

（2）平行游戏（parallel play）：儿童彼此相距不远，玩着相似的玩具或使用相似的材料，但却很少互动，也很少试着去影响其他游戏者的行为。

（3）联合游戏（associative play）：儿童借着交换玩具、材料、跟随彼此的引导而有互动。但是，他们不会扮演互补的角色或通过合作去完成共同的目标。

（4）合作游戏（cooperative play）：最复杂的游戏形式，儿童会相互合作达到共同的目标。他们能将工作作必要的分配以在协作中完成任务，他们能扮演互补的角色，例如，装扮游戏中的妈妈和婴儿，而且他们也能遵守简单游戏的规则。总之，游戏在学前期会变得越来越具有社会性。

其他研究者对巴顿的结论提出挑战，指出单独游戏在整个学前阶段一直很普遍，不应该被认为是不成熟的（Hanup，1983）。如果单独游戏的本质是功能性的，那么将球来回滚着或绕着房间跑这种认知过于简化和重复的动作，可能被视为"不成熟"的。不过，大部分学前阶段的单独游戏，例如，儿童独自堆积木高塔、画图或完成拼图等，在本质上更复杂且具有建设性。研究发现，在大部分游戏时间里都在从事这种建设性的单独游戏的学前儿童，一般都是活泼快乐的孩子，他们与同伴互动时很少有困难。

所以，在考虑幼儿游戏的"成熟度"时，应该同时考虑其认知水平和社会性水平。胡威等人（Howes & Matheson，1992）以幼儿社会活动的认知水平为基础，提出幼儿游戏发展复杂性不同的六个类别：①平行游戏（parallel play）：1周岁开始，两个儿童各自进行相似的活动而互不理会对方。②有意识的平行游戏（parallel aware play）：儿童进行平行游戏，他们的目光会有接触。③简单的社会游戏（simple social play）：儿童在进行相同的活动时会一边说话、微笑，共享玩具或做其他的互动。④互补与相互的游戏（complementary and reciprocal play）：在社会游戏如躲猫猫中，儿童会有以动作为基础的互补角色。⑤合作的社会假装游戏（cooperative social pretend play）：儿童玩互补的"假装"的角色（如妈妈和婴儿），但对角色的意义或游戏如何进行却没有计划和沟通。⑥复杂的社会装扮游戏（complex social pretend play）：儿童主动计划他们的假装游戏，他们为角色命名，并清楚地指定角色，制定游戏的脚本，必要时也会停下来修改脚本（元交际能力的萌芽）。

为了确定这六种游戏是否依一定的顺序发展，胡威进行了一个对1—5岁的孩子长达三年之久的纵向研究，观察期间还评价了每个儿童的同伴交往能力。胡威等人发现，游戏水平的发展确实是依据一定的次序发展。大部分婴儿在满周岁不久就有简单的社会游戏；19—24个月大时就有互补和相互的角色；2.5—3岁时，大部分的儿童开始从事合作的社会假装游戏；3.5—4岁时，将近一半的儿童有复杂的社会假装游戏。儿童游戏的复杂程度和儿童的同伴能力之间存在明显的关系：参与较复杂的游戏的儿童，具有明显的亲社会倾向，其攻击性和退缩性也是较低的。所以，儿童游戏（特别是假装游戏）的复杂程度是其未来同伴关系及同伴地位可靠的预测指标。

二、同伴接受性研究

儿童的同伴接受性是指儿童受其他儿童接受和欢迎的程度。在儿童社会性发展领域,同伴接受性多使用同伴关系测量的方法来评价。儿童的同伴接受性受很多因素影响。以下介绍同伴关系的测量方法,并讨论影响同伴关系发展的因素。

(一) 同伴关系的测量

同伴关系的评价,一般从以下几方面入手:直接观察儿童的行为;询问其他人、老师或家长;或询问孩子(社会提名法)。

观察一个班的孩子,可以记录他们在一起的交往。如果定期观察,就能画出这个班的社会结构图。在一项研究中(Clark et al. 1969),研究者对幼儿园的两个班级进行了观察,每个孩子观察10秒钟,看他和谁玩,然后再观察另一个孩子。这项观察持续了5周多。从这些数据中,作者为每个班建立了一个"社会关系图"(见图8-10)。

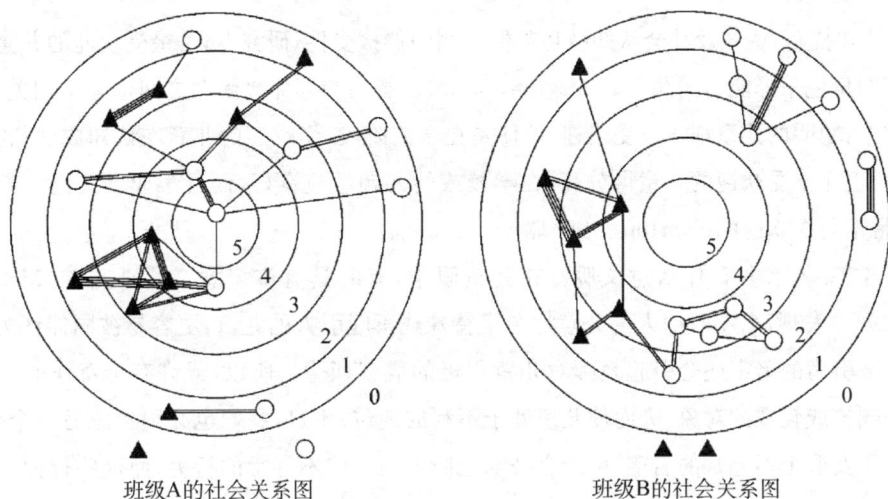

班级A的社会关系图　　　　　　班级B的社会关系图

图8-10　两个学前儿童班级的社会关系图[①]

圆圈代表女孩,三角代表男孩。

每个符号代表一个孩子,连接两个孩子的线的数量代表他们在一起玩的百分数。同心的圆表示孩子玩伴的数量;如果多的话,代表那个孩子的符号就处于中心;如果少或没有,这个孩子就在边缘。例如,A班有一个非常受欢迎的女孩联系了班里的两个子群体;同时有一个男孩和一个女孩没有明显的伙伴。B班有几个子群体,他们几乎完全是性别隔离的;有两个男孩没有明显的伙伴。如果班级规模不大,这种方法就是很简洁地阐述社会结构的方法。

---

① 彼得·史密斯,海伦·考伊,马克·布莱兹著,寇彧等译:《理解孩子的成长》,人民邮电出版社,2006年版。

询问老师,也是测量孩子社会关系的一种方法。与观察法相似,我们也可以根据询问得来的数据绘制社会关系图。

现场提名法是请每个孩子指出三个最好的朋友和三个他最不喜欢的同伴。这种方法适用于3—5岁的儿童。用这种方法测量所得到的结果与老师对同伴关系的评价呈正相关,且与对儿童群体互动的观察结果相似(Howes,1988)。

(二)同伴接受性的影响因素

影响儿童的同伴接受性的因素很多,主要有以下一些因素:

(1)父母的教养行为:亲切、敏感的、采用说理的方法控制儿童的威信型父母,比用权威来引导、控制儿童行为的父母,更容易教养出有安全依恋关系的、受成人和同伴欢迎的儿童;相反的,高控制策略和缺少情感反应的父母常常教养出一个不受同伴喜欢、不合作、具攻击性或破坏性的儿童。

(2)出生次序:非老大的儿童必须学习与年长的、有更多生活经验的手足协商,因此比排行老大的儿童更受欢迎。

(3)认知技巧:认知及社会认知技巧都能预测同伴接受性,研究发现,最受欢迎的儿童是那些具有较好的角色采择能力的儿童(Pellegrini,1985)。智力与同伴接受性之间也有正相关:在许多同伴团体中,聪明的儿童都比较受欢迎,即使是在学前阶段,受欢迎的儿童在认知成熟指标上,如心理年龄,也比不受欢迎的儿童得分高;在学校或幼儿园适应良好,而且学业自我概念积极的儿童,也经常是受人欢迎的(Hartup,1983)。

(4)名字:名字会有什么意义呢? 在儿童眼中,有时具有许多意义。研究者(McDavid & Harari,1966)发现,名字吸引人的儿童比名字特殊或不吸引人的儿童,更容易被同伴认为是受欢迎的。有吸引力的名字还会引起教师对儿童积极的成就期望。所以,或许有个奇怪的名字会使儿童成为嘲笑或轻视的对象,进而使儿童处于不利的地位;不过,我们也必须考虑另一个可能性,即父母给子女取个不寻常的名字,可能会鼓励他们表现一些不寻常的行为,而这些行为是造成儿童与同伴之间问题的原因。

(5)生理特征:虽然"人不可貌相",但我们还是有许多人不自觉地受到别人外貌的影响。即使是6个月大的婴儿,也能轻易地区分吸引人的和不吸引人的面孔来。12个月大的婴儿已开始偏爱和那些有吸引力的陌生人互动,而不爱与那些没有吸引力的陌生人互动(Langlois et al.,1991)。在学前阶段,老师和同伴在描述具有外表吸引力的儿童时所用的字眼,比用来描述不具吸引力的儿童的更好(即较友善、较聪明)。从小学开始,具有吸引力的儿童就比不具有吸引力的儿童更受人欢迎(Langlois,1986)。观察发现,虽然具有吸引力和没有吸引力的3岁儿童在结构性的游戏环境中所表现的社会行为特征并没有很大的差异,但是在5岁时,没有吸引力的儿童在游戏时比有吸引力的儿童表现得更好动、更吵闹,也更多地攻击同伴(Langlois,1986)。所以,不具吸引力的儿童确实发展出与其他儿童不同的社会互动模式。

　　为什么会这样呢？有些学者认为，父母、老师及其他儿童常会以一种微妙的方式告诉那些有吸引力的儿童，他们是聪明的、快乐的，在学校会有好的表现，会与同伴维持良好的关系，这些期望影响了孩子们的行为。而没有吸引力的儿童，可能会面临自尊的失落，进而变得充满怨恨、目中无人和攻击。

　　体型特征是另一种会影响儿童自我概念及同伴关系的生理特征。有一项研究（Staffieri，1967）曾在6—10岁儿童面前出示瘦长型、肥胖型及健壮型等体格的全身画像，当儿童说出自己所喜爱的体格后，再给儿童每人一份形容词检核表清单，要他们选出适合每种体格的形容词来；最后，让每个儿童列出五名他认为是自己的好朋友的同学，以及三名他不太喜欢的同学。结果发现，儿童不仅偏爱健壮型的体格特征，也给予这种体格特征的人积极的形容词，如勇敢、强壮、乖巧和乐于助人，而给瘦长型及肥胖型的人物以消极的形容词。在儿童之间，体格与社会地位显著相关：健壮型体格的儿童是最受欢迎的，而肥胖型体格的儿童最不受欢迎，年龄越大，这种倾向越明显。

　　（6）行为特征：虽然有吸引力的名字、有吸引力的外貌及认知、学业、身体特征等都与同伴接受性有重要的相关，但即使是很聪明及最具吸引力的儿童，只要同伴认为其行为是不合宜或反社会的，也会变得很不受欢迎。受欢迎、被拒绝及被忽略的儿童通常在对待同伴的方式上是不同的，各有不同的行为模式，这些都会影响他们在同伴团体中社会地位的建立及稳定。

　　研究发现，受欢迎的儿童是比较冷静、活泼外向、友善的，他们能够成功地引起并维持互动，也能和平地解决纷争。这些孩子是亲切、合作和有同情心的人，他们有许多亲社会行为，却很少表现破坏和攻击行为（Hart et al.，1992）。

　　相反的，被忽略的儿童可能是害羞和退缩的。他们不太爱说话，没有要进入同伴团体的愿望，也很少引起他人的注意（Coie et al.，1990）。这些儿童社会技巧并不一定很差，他们的社会关系也不是孤单或苦恼的。他们的退缩行为显然是由其社会焦虑以及对自己不擅交际的想法所引发而来的，而不是由主动的自我放逐或遭同伴团体排斥所造成的。

　　被拒绝的儿童，可能有许多会伤害或激怒同伴的特质。同伴拒绝最一致的预测因素是攻击，特别是无缘无故的和企图支配、控制其他儿童及其资源的攻击（Coie et al.，1991）。被拒绝的儿童也可能是具有破坏性的自大者，是那些不爱合作且爱批评同伴团体活动的人，他们的社会问题解决技巧很差，亲社会行为也很少（Coie et al.，1990）。

专栏 8-5　　**教师如何在教学课堂上帮助幼儿发展同伴关系**

　　教师可以在课堂上使用主动性策略和应激策略支持儿童发展同伴关系。其中，"主动性策略"包括环境和课程设计，行为准则、期望以及课堂的情感氛围。在使用"主动性策略"时,教师应该注意:教师必须欢迎和包容不同种族、家庭、语言、文化的幼儿。活动中心鼓励适当的、有责任心的并对儿童社会发展有长远促进作用的选择。建立课堂社区并制定明确的规则,为儿童提供一个安全基地。④学校可以提供一些社会技能课程,帮助儿童减少反社会行为并发展其亲社会行为。⑤最重要的是,教师要与每个儿童建立一个积极的关系。

儿童在同伴交往中遇到困难时,需要发挥"应急策略"。通常,儿童间的争议和分歧为教师提供了谈论情感、鼓励儿童自己解决问题的机会。给每个儿童一个让别人听到自己和理解他人的想法和需求的机会,找到互相认可的解决方案,并把这些解决方案在课堂社区中付诸行动,并鼓励儿童把所学新技能发散到其他情境中。儿童的纠纷经常出现在广受欢迎的材料区之中。这种情况出现时,通过帮助儿童解释"他想下一个玩拼图"或者"有人离开了他就可以玩沙盘了",就可以容易地解决。甚至可以在受欢迎的区域内张贴一个活动列表,这样每个孩子都有用这个材料的机会。除了支持所需要的课堂气氛,学会等待和接受任务同样是学校成功的重要因素。

三、人际冲突与社会性问题解决

儿童之间,即使是最好的朋友,也会发生冲突。学前儿童似乎已经能够建设性地控制大多数争吵了。尽管朋友之间的争吵比其他人之间更多,但是朋友之间也更可能会相互磨合和妥协。

虽然同伴冲突看似消极,但事实上对儿童的发展有非常重要的意义。社会性冲突为儿童学习社会性问题解决提供了宝贵的机会,儿童可以从中学习到如何防止冲突以及如何解决冲突的策略并加以操练。

社会性问题解决对同伴关系有深远的影响。与同龄人相处得好的儿童,能准确地解释社会交往线索,确立强化关系的目标,并且有一整套有效解决社会性问题的策略。例如,他们有礼貌地请求一起玩游戏,并且当别人不明白时会礼貌地请求解释。相反,与同伴交往困难的儿童,其社会交往方式经常有失偏颇。他们可能不征询就闯入一个游戏小组,使用身体暴力威胁,或者害怕地在游戏的同伴周围逗留。

儿童的社会性问题解决能力在学前后期以及小学初期获得了极大发展。当出现不同意见时,在没有大人的干预下,年幼儿童经常抓、打或坚持让他人服从;而5—7岁孩子倾向于依靠友好的说服和妥协,当最初的策略不管用时还会思考多种策略来解决问题。有时候,他们会建议建立新的活动目标。他们认识到,解决当前问题的方法有助于推进未来与同伴积极关系的维持。无疑,对社会性问题解决技巧差的孩子进行干预,应从多个方面促进其发展。除了改善同伴关系,有效的社会性问题解决策略还为儿童提供了主宰、控制生活压力的感觉,有助于减少来自生活条件较差的家庭和问题家庭的孩子的适应困难。

四、幼儿的友谊

随着儿童之间的交往,最初的友谊作为情感和社会性发展的重要内容形成了。友谊意味着亲密的关系,包括同伴关系、分享、理解想法和感情,以及在需要的时候关心和安慰彼此。成熟的友谊经得住时间和突发事件的考验。学前阶段是友谊关系萌发的重要时期。

其实,学前儿童对友谊的看法还远远不成熟。他们认为朋友就是"喜欢你的人","你有许多时间都是和他一起玩耍的人"。他们以愉快地一起游戏和分享玩具来定义朋友。学前儿童的友谊不持久,不能经受住彼此信任的考验。例如,某一天玩得很好时,一个小朋友会说:"他是我最好的朋友"。但是争吵后,这个孩子会说:"他不是我的朋友。"

另一方面,小朋友之间的交互作用是无可替代的。学前儿童对那些他们认为是朋友的同伴所发出的欢迎、赞扬和顺从,会给予双倍的强化,而他们也从朋友那里得到更多。朋友之间比非朋友之间有更多积极的情感表达——说话、笑、更频繁地看对方。而且,早期的友谊为儿童提供了社会支持。当儿童与朋友在幼儿园的同一班级时,他们能更愉快地适应学校。这可能是因为朋友的陪伴为发展新的关系提供了安全基础,加强了儿童在新班级中的舒适感觉。友好的、亲社会的儿童更容易交到好朋友,而情感管理技能差、好争辩的、具有侵略性或者回避型的儿童建立的友谊则质量较差。这些社会交往的结果会影响儿童对学校的喜爱程度,影响儿童参与班级活动的积极性,甚至会影响儿童的学业成绩。显然,建立友谊的能力对儿童的社会性发展以及学业生活具有重大的作用,拥有良好的建立、维持友谊的能力,将会使儿童更好地将自己整合并融入集体之中。

专栏 8-6　　**什么样的幼儿最易发展友谊,什么样的幼儿最不易发展友谊?**

友谊在儿童成长中起至关重要的作用,但是儿童在发展友谊的能力上是有差异的。有些孩子似乎很容易发展友谊。这些孩子善于调节自己的行为和情绪,也更容易辨别同伴的情绪,其合作能力也比较强。他们积极参加班级活动,积极发起游戏并积极地回应其他儿童。

有些儿童很难发展友谊,很大一部分原因是由于他们的气质个性特点。例如,自制力较差的儿童更倾向表达消极情绪。他们在社会互动中很难作出好的选择,当有情感需要时,他们更可能收回对同伴的感情。比较容易恐惧和害羞的儿童,很少去发展同伴关系,也可能从社会情境中退出。他们不能很好地参与同伴活动。对于这些儿童,教师和家长在促进和支持同伴关系互动中将面临很大的挑战。

五、父母对幼儿同伴关系的影响

儿童最初是在家庭内获得同伴交往的技巧，所以父母对儿童的同伴关系有着直接或间接的影响。

(一) 直接影响

入学前，儿童依赖于父母帮助他们建立有益的同伴关系。若父母经常安排非正式的同伴游戏活动，则孩子倾向于拥有较大的同伴网络，并且更有社交技巧。在为儿童提供同伴游戏机会的过程中，父母要告诉儿童如何与同伴交往。在家接待孩子的朋友时，父母要鼓励孩子如何做一个考虑到玩伴需要的好主人。

父母也要通过提供如何对他人采取行动的指导来影响儿童的同伴关系技巧。他们应建议孩子如何控制冲突、阻止戏弄、如何加入到游戏小组，这些都与学前儿童的社会交往和同伴接受联系在一起。

(二) 间接影响

为人父母的过程是一个互动的过程，这个过程无疑会对孩子的交往行为产生微妙的、间接的影响。与父母建立了安全的依恋关系，有利于积极同伴关系的建立。安全的亲子依恋关系给孩子安全感，使孩子在同伴关系中表现出安全感和建设性。此外，富有感情的表达和支持性的亲子沟通模式有利于儿童建立积极友好的、相互信任、彼此合作的同伴关系。

图 8-11　父母喜欢朋友聚会，这种交往行为对孩子的社会能力产生了间接的影响

亲子游戏可以成为促进同伴交往技巧的有效手段。在游戏中，父母与儿童在一个游戏场地交互作用，这与同龄人之间的游戏十分相似。父母与儿童之间的高度参与、积极情感交流及合作，与儿童更积极的同伴关系有关联。父母倾向于选择与自己同性别的儿童一起玩，所以母亲的

游戏更大程度上与女儿的能力有关,而父亲的游戏行为与儿子的能力有更大的关联。

第五节　幼儿社会行为的发展

儿童自出生的那一刻开始,便进入了社会环境与人的世界。在社会环境中,他们不断地与他人接触。与他人互动时所表现的行为,称为社会行为。在儿童发展的过程中,儿童需要学习如何更好地与他人互动,更好地适应社会的生活,被自己所在的社会文化所接纳和赞许。儿童社会行为特征影响着同伴关系的质量。以下着重介绍两大类典型的社会行为,即亲社会行为和反社会行为中的攻击行为。

一、幼儿亲社会行为的发展

亲社会行为是指做出有利于他人的行为。在成长过程中,我们经常被鼓励要帮助别人,和别人合作或分享等。能对他人关怀和表达关怀的意愿,是许多成人希望自己的子女能够拥有的特质。父母在孩子还包着尿布时,就鼓励他们要能分享、合作或助人。以下就来讨论这种有利于社会、也有利于个人的亲社会行为的发展。

(一)亲社会行为的源起

在儿童接受任何道德或社会规范训练之前,他们已经具有了一些与年长的儿童相似的亲社会行为。12 个月大时,婴儿就会以指示物品给别人看的方式来与人"分享"一些有趣的经验,他们有时也会将自己的玩具拿给同伴玩。18 个月大时,许多儿童已经会试着帮妈妈做一些家务,如扫地、吸尘或摆碗筷。婴幼儿的亲社会行为甚至有一定的"理性"。例如,两岁的儿童在玩具缺乏时比在玩具充足时更愿意把玩具给同伴(Hay et al.,1991)。互惠的互动约在 3 岁时出现。研究者(Levtt et al.,1985)发现,29—36 个月大的儿童,如果在没有玩具玩的时候,有同伴给他玩具玩,那么以后他有玩具时也常会与没有玩具可玩的同伴分享玩具;但是,如果同伴拒绝与他一起分享,那么在儿童有机会控制玩具时,也可能会霸占着玩具不肯分享。

儿童还能表达同情并对同伴有怜悯的行为。他们会关心、安慰沮丧的小玩伴,并且尽可能让他的玩伴觉得舒服一些。

儿童是否会安慰哀伤的同伴,可能与他们的认知水平有关。23—25 个月大的已有自我察觉(由点红测验及其他类似测验所测得)的幼儿,常会对忧伤者表示同情,并会试着去安抚忧伤者。相反,婴儿会因他人的忧伤而自己也觉得忧伤(而非关怀),而不是表示同情,有时甚至会有攻击行为。

早期同情行为的个别差异,可能也受到父母的影响。研究者(Maccoby,1980)发现,那些很少表现同情心的儿童,他们的母亲经常限制其活动,倾向于使用体罚或不加说明的禁止来管教其伤害他人的行为；相反，表达同情心的儿童的母亲，对其伤害他人的行为，则常用一种充满情感的说明，协助其了解自己的行动与别人的痛苦之间的关系（例如，你把弟弟弄哭了，打人是不好的，你不可以打人家的眼睛，他很痛）。这种充满情感的说明正是一种同理心训练——母亲的责备除了让儿童伤心外，同时也将他们的注意力引到别人的不舒服上；一旦儿童开始将自己的哀伤与受害者相联结，同情行为的基础就建立了；儿童所要学的，就是如何通过消除别人的哀伤来解除自己的不舒服。

（二）亲社会行为的年龄差异

虽然有许多2—3岁的婴幼儿对忧伤的同伴会表现出一些同情和怜悯，但是他们并不会做出牺牲自己利益的行为，例如，与同伴共享珍贵的饼干。如果成人引导儿童去考虑他人的需求，那么分享及其他的仁慈行动才可能会发生。另外，通过要求或威胁，如"如果你不给我，我就不和你做朋友了"，同伴也会主动地引发分享的行为。但是，整体而言，为了他人的利益而牺牲自己利益的行为，在婴幼儿和学前儿童中并不多见。在幼儿园里进行的观察研究发现，2.5—3岁半的儿童在假装游戏中，比年龄较大的儿童表现出更多的仁慈行动，而4—6岁的儿童在游戏时则较少扮演利他者，但在真实的生活中却有较多助人的行动（Bar-Tal et al.，1982）。

与人分享、助人行为及其他的亲社会行为在学龄初期至前青年期之间才会逐渐增加。研究者（Green & Schneider，1974）对美国的学前儿童及二、四、五、六年级学童为对象，进行了分享的研究。结果发现，前者在与同伴分配资源时表现得比较自私，慷慨则随着年龄的增加而增加。

除了分享之外，其他亲社会行为也有类似情况。研究者（Green & Schneider，1974）研究了5—6岁、7—8岁、9—10岁、13—14岁年龄的男孩的分享行为和助人行为：与没有糖果的同学一起分享糖果；帮忙捡起"不小心"掉到地上的铅笔；志愿做义工参与对穷困儿童有益的活动。从表8-2中可以看到，慷慨在儿童中期时会逐渐增加；助人行为也有类似的变化。但在当义工这一项上则没有表现出年龄差异，每个年龄都有90％以上的男孩愿意牺牲自己的游戏时间来协助贫困的儿童。这可能是因为，儿童尚无能力预测或了解他们助人的行为所必须付出的代价（放弃自由时间）。

表8-2 不同年龄的男孩的利他行为

年龄阶段	利他反应		
	分享的糖果数	儿童捡铅笔的百分比	儿童志愿协助贫困儿童的百分比
5—6	1.36(60％)	48％	96％
7—8	1.84(92％)	76％	92％
9—10	2.77(100％)	100％	100％
13—14	4.24(100％)	69％	96％

年长的儿童比年幼的儿童慷慨且乐于助人。有研究者(Pearl,1985)认为,这可能是因为,年长儿童拥有更成熟的社会信息加工处理能力,他们比年幼儿童更能觉察一些暗示需要仁慈行为的复杂线索。为证实这个假设,研究者先让4—9岁的儿童看一系列简短的影片,每部影片中的主人公都需要某种协助。例如,有部影片中有个男孩想要打开一个糖果罐,反映主人公沮丧的社会线索的明显程度各有不同,从难以捉摸(男孩放弃了,然后看着糖果罐)到线索明显(男孩放弃了,然后说:"哎!真扫兴。"然后沮丧地看着罐子)。看完影片后,就问每个儿童一些问题,看他们是否知道主人公的沮丧,而且也要他们为每一部影片提供一个解决的方法。结果发现,如果主人公沮丧情绪的线索很明显,那么,4岁幼儿和9岁儿童一样能理解主人公的沮丧,并能提供有效的解决方法;但是如果线索难以捉摸,年幼的儿童就比年长的儿童更难以察觉主人公是否需要协助,或是如何提供有效的协助。

年长的儿童除了具有确认别人有需要同情及协助行为的需求外,他们也可能更会觉得自己有责任协助他人,也更有能力协助他人。在另一个研究中(Peterson,1983),研究者以4岁、7岁和11岁的儿童为对象进行的研究验证了这个假设。实验者先训练儿童做某些工作(如打开一个很难打开的锁),以建立他们从事这些活动的能力,然后实验者离开房间,在离开之前,实验者告诉这些样本在他不在时要"留心四周的事物"(实验组),或是安静地等他回来(控制组)。不久,第二个成人进入房间。他有一些事情需要别人帮忙,这些事情或是儿童有能力做的(如开锁),或者是儿童从来没有做过的(例如,在包里的四周绑上绳子)。结果非常明显,年幼的儿童与年长的儿童一样,都比较喜欢协助他人做一些自己有能力做的事,特别是那些被交待要"留意四周事物"的儿童更是如此。但是,在自己没有能力做的事情上,则有明显的年龄差异:12岁的儿童比7岁的儿童更愿意助人,而7岁的儿童又比4岁的儿童更愿意助人。总之,后一个发现的确表明,随着年龄的增长,利他行为会有所增加。这是因为,年长儿童助人行为的责任感增强,也与他们对自己有能力帮助别人的判断有关。

(三)亲社会行为的稳定性

许多亲社会行为在儿童成熟时都会逐渐出现,但亲社会行为在不同情境下具有一致性吗?一个愿与玩伴分享饼干的幼儿,是否也愿意与来他家玩的表弟分享他的脚踏车呢?

对此问题的回答,不同研究给出的答案不尽相同。有一些研究发现,在不同情境下,儿童的亲社会倾向确实有明显的一致性。在某种情境下愿意助人或与人分享的儿童,在相似情境下也更愿意助人或与人分享(Rushton,1980),而且在一些不同的亲社会行为中也存在一些一致性。例如,有怜悯心的4岁儿童比没有怜悯心的同龄同伴更愿与同伴分享或协助同伴(Grusec & Lytton,1988);经常照顾年幼弟妹的儿童,也比没有负担什么照顾责任的儿童更加慷慨、乐于助人及富有同情心(Whiting & Edwards,1988)。在各种不同的亲社会行为之间存在中等程度的相关(Green & Schneider,1974),所以认为儿童在各种不同亲社会行为中表现出一定的一致性。

利他主义也具有一定的稳定性。在一项纵向研究中,研究者(Radke Yarrow & Zahn Waxier,

1983)发现,两岁儿童对哀伤同伴的反应有很大的差异,呈现出三种方式,分别为冲动式,即用冲动的方式安慰哀伤的同伴;激烈式,表示要去打那个让同伴哀伤的人;避开式,即以回避的方式让哀伤的同伴感觉更好。5年以后,在这些孩子7岁大时再接受一次测验,结果发现,有2/3的儿童仍沿用两岁时的反应方式(即冲动式、激烈式和避开式)去对待哀伤的同伴;不过,仍有1/3的儿童表现出不同的反应方式。这说明,早期表达利他的方式是可以被修正的。

(四) 父母的行为对幼儿亲社会行为的影响因素

家庭中的社会化训练,会影响儿童对他人痛苦作出的情绪反应。无论孩子是否作出帮助或利他行为,母亲们都不会袖手旁观,母亲们总是会干预孩子的行为。在母亲对孩子的干预行为中,有的是强化(如赞扬)助人行为,有的是惩罚不帮助的行为,还有的是示范利他行为或道德说教。其效果如何? 研究者(Krevans & Gibbs, 1996)对这个问题进行了研究,结果(见表8-3)表明,强化孩子的助人行为,对不帮助的行为进行道德说教,有利于幼儿表现助人行为,尤其是对年长幼儿更是如此。

表 8-3　不同教养方式与幼儿行为的关系

不同教养方式	孩子自发的帮助行为(事件的百分比)	
	4 岁	7 岁
答谢、感谢、表达个人的感情	33	37
微笑,热情地感谢、拥抱	17	18
赞扬儿童或者赞扬儿童的行为	19	16
没有反馈的行为	8	9
不同教养方式	孩子没有做出帮助行为(事件的百分比)	
	4 岁	7 岁
道德说教	26	30
提出利他要求	22	30
责备、皱眉	18	15
移情训练	6	5
直接的或强迫的行为	6	5
接受孩子不利他的行为	8	5

另外,母亲的移情能力也是影响孩子亲社会行为的重要因素。如果母亲的移情能力强,在观点采择问卷上得分高,并对孩子的需求很敏感,孩子更有可能对他人移情。安全性亲子依恋和移情之间存在较高的正相关。如果母亲经常鼓励孩子去反思自己的行为后果,并考虑自己的行为会对他人造成什么影响的话,孩子就更可能对他人移情,而且也会做出很多亲社会行为。研究者

(Grusec & Goodnow，1994)认为，这个过程是通过儿童内化父母的价值观而形成的，该过程可分为两个阶段：(1)父母经常表达的价值观符合儿童的认知水平，并求一致，儿童能正确理解、接受父母的信息；(2)让儿童发现父母的价值观是合理的并且是适当的，这要通过儿童自身实践来完成，是指自愿接受这些价值观并且自发地做出相应的行为。

总之，与孩子建立积极的安全型的依恋关系，对孩子的亲社会行为给以积极强化、不因为孩子未做出亲社会行为而惩罚孩子，并向孩子示范移情和对他人需要的敏感性等，将有利于孩子亲社会价值观的内化。

二、幼儿攻击行为的发展

从婴儿后期开始，所有儿童都不时地表现出攻击行为，而且随着与兄弟姐妹和同龄人的交往增多，攻击更加频繁地发生了。在学龄早期，两个基本的攻击类型出现了。最普遍的是工具性攻击，当儿童需要一个物体、一种特权或者一个空间时，他们就会通过推搡、喊叫或者攻击阻挡他们的人来获得他想得到的东西。另外一种攻击行为是敌意性攻击，意味着要伤害他人。

（一）攻击行为的发展

一般而言，攻击行为可以按照目的的不同分为两种类型：第一类为工具性攻击，指攻击者为了得到某个东西而引发的攻击，攻击只是手段，借此得到攻击者想要的东西。另一类为敌意攻击，伤害特定对象是攻击的主要目的，如侮辱别人，这类攻击是针对特定的人，企图伤害对方。此外，攻击的方式主要有身体攻击、语言攻击、用物品攻击——破坏别人财产或物品及关系攻击等。

从出生到两岁期间，婴儿之间较少有互动。婴儿注意的焦点经常集中在玩具或物品上。这时，婴儿间虽然也会发生生气或争执，不过引起争执的原因主要是对玩具的兴趣而不是伤害他人的意图，因此真正意义上的攻击并未产生。

两岁末开始，儿童的攻击行为有了转变。一些观察研究共同发现（Rubin et al.，1988；NICHD，Early Child Care Research Network，2001a；Hartup，1974），首先，在学龄前期，没有焦点的发脾气逐渐减少，在4岁后尤其少见。不过儿童表现攻击行为的总次数却逐渐增加，并以4岁为最多。具体地说，在3岁以后，儿童对攻击或挫折所引发的报复性行为增加迅速；2—3岁之间，儿童通常在父母使用权威来阻碍他们或激怒他们之后，产生攻击行为；年纪较大的儿童则通常是在和兄弟姐妹或同伴发生冲突之后表现攻击行为。其次，攻击的形式也随年龄而有所不同。2—3岁儿童的攻击多半属于工具性攻击，且较多以身体攻击的方式出现。年龄较大的儿童仍会为物品而争吵，但是敌意的攻击的比例增加，身体攻击减少，语言攻击取而代之。

（二）攻击行为的性别差异

一般而言，男孩要比女孩有更多的公开性攻击，这是在许多文化里都有的趋势。这种性别差异，部分归因于生物学因素——特别是雄性激素。雄性激素赋予男性较大的身体活动力，这可能增加了他们进行身体攻击的机会。与此同时,性别角色认同也很重要。一旦两岁儿童模糊地认识到性别图式,女孩公开的攻击行为就会比男孩公开的攻击行为明显降低。

但是,在学前和学龄阶段,女孩的攻击行为并不比男孩少,只是她们用不同于男孩的方式来表达敌意,更倾向于使用关系性攻击。因为它干扰了同伴之间的亲密关系,而这种关系对女孩来讲尤其重要。当试图伤害一个同伴时,她们更可能以阻碍那个孩子的社会目标的方式进行。男孩则经常以身体攻击来阻碍男孩"对手"的支配性目的。

(三)攻击行为的稳定性

考虑到整体趋势,攻击性似乎的确是一个具有中等稳定性的特质。不仅爱攻击的学步儿童到4、5岁时仍具有攻击性(Cummings, Iannotti, & Zahn-Waxler, 1989; Rubin et al., 2003),而且在芬兰、冰岛、新西兰和美国所做的追踪研究显示,儿童在3—10岁间表现出的喜怒无常、脾气暴躁和攻击行为的数量能很好地预测他们以后生活中的攻击或其他反社会行为(Hart et al., 1997; Henry et al., 1996; Kokko & Pulkkinen, 2000; Newman et al., 1997)。一项追踪研究(Huesmann et al., 1984)对600个被试追踪了22年,8岁时攻击的儿童常常在30岁时更具有敌意,他们可能殴打配偶和孩子,有过犯罪记录。

当然,这些发现只是反映了整体趋势,并不表明所有高攻击性的儿童都会随时间发展保持高攻击性,或非攻击的儿童会继续保持非攻击性。攻击性在个体水平存在很多差异,一些追踪研究(Broidy et al., 2003; Nagin & Tremblay, 1999; Shaw et al., 2003)报告了四种人生发展轨迹,少部分男孩(女孩更少)遵循长期稳定轨迹(chronic persistence trajectory),他们从儿童期到青少年期都表现出较高的攻击性,并且攻击性水平逐渐提高。这些儿童最有可能在以后变得充满暴力或表现出其他反社会行为。另一些人遵循高攻击—终止轨迹(high-level desister trajectory),起初表现出很高水平的攻击性,随时间而降低。第三种是中度攻击—终止轨迹(moderate-level desister trajectory),起先表现出中度攻击性,从儿童期到青少年期,攻击和反社会行为逐渐减少。一些儿童(女孩多于男孩)表现出无问题轨迹(no-problem trajectory),从儿童期到青少年期都表现出较低水平的攻击和反社会行为。

(四)父母的行为对幼儿攻击行为的影响因素

父母的态度和教养方式在儿童攻击倾向的形成过程中起主要作用,冷漠和拒绝型的父母采用高压型管教(特别是体罚),这些父母可能会培养出充满敌意和攻击性的孩子(Dishion, 1990; Dodge, Pettit, & Bates, 1994; Olweus, 1980; Rubin et al., 2003)。因为冷漠和拒绝型的父母使孩子的情感需求受挫,并且由于自身的冷漠给孩子树立一个对别人缺乏关爱的榜样,当一个孩子知道,惹父母不高兴会遭到痛打、踢打,那么他们在遇到惹自己不高兴的同伴时,也可能会采取相同的反应方式(Hart, Ladd, & Burleson, 1990)。

父母间的冲突也会影响儿童的攻击行为,越来越多的证据显示,当父母打架时,儿童往往感到极度悲伤,家庭内部持续的冲突可能使儿童与兄弟姐妹、同伴形成敌意和攻击的互动模式(Cummings & Davies,1994;Davies & Cummings,1998;Harold et al.,1997)。发生冲突的父母表现出互相攻击,且冲突后互相回避,儿童无法体验到父母和气而满意地解决激烈冲突(Kata & Woodin,2002),父母间的争斗损害了父母给予子女关爱和支持的能力(Frosch & Mangelsdorf,2001;Katz & Woodin,2002)。

学前儿童间的偶然攻击是很正常的。他们通过这些偶然事件来宣告他们对自我的理解,当成人进行干预并教会他们解决社会问题时,这种经历就成为重要的学习经验。当然,对于那些容易冲动、经常表现出攻击行为的儿童,成人应该给予及时的干预和纠正,例如,通过运用 SNAP 训练法可以帮助高攻击性儿童减少攻击行为。所谓 SNAP 训练法,是英语中 Stop Now And Plan 的缩写,意为"立即停止然后计划"的认知策略,主要针对的是那些容易冲动的孩子。每当他们将要出现攻击行为时,训练他们在心中默念"Stop",停止手头的攻击行为,随后再思考应该做什么。这样的训练从认知策略上指导儿童正确的思考方式,克服自己冲动的弱点,可以有效地降低儿童攻击性行为发生的概率。

本章总结

随着儿童认知能力的发展、心理理论和观点采择能力的增强,他们理解自己和他人情感的能力、移情能力也得到进一步发展。自我概念的进一步发展成熟,也导致了自我意识情感的发展。4 岁左右,自我意识情感就与儿童的自我评价联系起来了。

自尊是自我的发展中最重要的领域。拥有高自尊对学前儿童自主性的获得起到了重要作用。

大量的证据表明,生物因素、家庭影响、教师鼓励以及同伴和更广范围的社交环境中的榜样,对儿童早期健康的性别认同起着非常重要的作用。

学前儿童对友谊的概念有了一定的理解,建立友谊的能力将对儿童的社会性发展、未来的学业发展和生活质量影响重大,拥有良好的建立友谊的能力将会使儿童更好地将自己整合并融入到集体之中。

请你思考

1. 过度理由效应在儿童发展与教育领域有何应用?带给你怎样的启示?
2. 幼童之间最初的友谊是如何建立的?这对于个体的社会性发展有何作用?
3. 根据儿童的年龄特点,应该如何正确对待他们之间的"攻击行为"?
4. 性别刻板信念对于儿童的社会发展有何影响?在生活中我们应注意如何培养儿童的性别同一性?

第九章

幼儿的游戏

5岁的天天坐在自己的小房间的地板上,她的旁边有一张小桌子,上面有一个玩具茶杯、盘子和茶壶。她叫着:"嗨,我把饭煮好了,吃饭的时间到了!"和她一样大的豆豆回答道:"等等",说着,抱起一个布娃娃,开始拿起一个小瓶子假装给布娃娃喂奶,"我们的宝宝饿了,我要给他喂饭,你自己先吃吧……"

说起"游戏",人们再熟悉不过了。可以说,没有一项活动能像游戏这样和童年紧密相关。儿童们花大量的时间游戏——在家中,在学校里,在公园里,在商店里,在餐桌旁,在任何时候任何地方游戏都可以发生。尽管从不同文化背景中成长起来的儿童,在游戏的数量和特质上有所不同,但大多数种类的游戏是跨文化的。游戏不仅仅在人类中发生,许多年幼的哺乳动物和鸟类也会游戏,而且游戏的方式和人类儿童非常相似。本章将讨论幼儿游戏行为的一般特征、游戏的发展,以及游戏在幼儿认知、情感与社会性发展和心理健康中的作用。

第一节 幼儿游戏行为的概述

幼儿在醒着的大部分时间里都是在游戏中度过的。他们或是躺在小床上咿咿呀呀地说着、笑着,或者坐在游戏室的地板上搭积木、过家家,或者在操场上追逐嬉戏。

为什么我们会将幼儿的某些活动看作是游戏? 因为,所有的游戏都有一些共同的特征。很多研究者对游戏的特征和界定问题进行了探讨,但事实证明,这个工作并不容易。费根(Fagan,1974)在综述以往研究的基础上,区分了游戏的两种定义:一类是功能性定义,一类是结构性定义。

游戏的功能性定义认为,游戏没有明确的结果和外在的目标。如果行为存在外在目标(例如,为了满足吃的需要,为了寻求安逸或为了制服他人),那么这种行为就不是游戏。因此,游戏被界定为不能直接获益,没有明显目的的行为。

游戏的结构性定义只是试图对发生在游戏中的行为或以游戏方式表现的行为进行描述。游戏中出现的主要行为就是游戏的标志。在哺乳动物中,通常游戏的表现形式就是张大嘴巴(就像在猴子的抓挠中出现的),以及快活的耍闹(就像小狗或小猫的相互追逐)。对儿童来说,类似的行为是张着嘴巴大笑（见图9-1）。从正在游戏的行为标志来看，打斗游戏（儿童之间的摔跤和追逐）并不存在攻击的意图。

然而，并非所有的游戏都有标志。游戏中的行为通常类似于生活中其他情境下的行为，如奔跑、摆弄物体等。根据游戏的结构性定义，如果生活中的行为具有以下特征，就可以把它看作是游戏行为，如"重复的"、"不完整的"、"夸张的"或者是"重组的"。例如，一个孩子从斜坡上跑下来并不一定代表游戏，但如果孩子连续几次跑上跑下（重复），或中途就停下来（不完整），步伐异常大或小（夸张的），或缓慢爬上去

图9-1 儿童的打斗游戏

再迅速跑下来（重组），那么，这时候我们就可以说，这孩子是在玩游戏。

除了以上观点外，还有一种游戏观认为，不同的观察者对游戏或游戏行为的界定有不同的标准。没有哪种标准能单独证明某种行为是否为游戏，但是如果这种行为所符合的标准越多，就越能被看成是游戏行为。克拉斯纳等人（Krasnor & Pepler, 1980）提出了一个有关这些指标的模型（见图9-3）。其中，"灵活性"是游戏的结构性特征，即形式和内容的可变性。"积极情感"是游戏的娱乐性，尤其以笑为标志。"非精确性"指想象的或假想（假装）的因素。"内部动机"指游戏不受外在规则或社会要求的限制，仅仅是为游戏而游戏。

图9-2 游戏的标志："游戏相"[①]

a:黑猩猩"张着嘴巴的面孔"
b:人类幼儿的"游戏面孔"

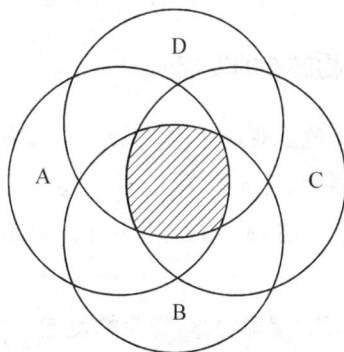

图9-3 一种判断游戏的指标模型，阴影部分被公认为最具游戏行为的特征

A:灵活性 B:积极情感
C:非精确性 D:内部动机

---

① David R. Shaffer: *Social and Personality Development*, Wadsworth, 2005.

史密斯等人（Smith & Vollstedt，1985）对克拉斯纳的模型进行了验证性检验。除了引用以上四个标准外，他们还引入了第五个标准"手段/目的性"，例如，孩子对行为本身的兴趣大于对行为结果的兴趣。他们对幼儿园中儿童的游戏行为进行录像，从中抽取某些片断，然后让70名成人观看并评价。研究者要求其中一部分人评价这些片断是否是游戏行为，让另一些人对他们的判断标准进行评价。分析发现，那些灵活的、有积极情绪的情节通常被认为与游戏有关。而且，情节所具有的这些特征越多，那么在游戏性评价上的得分就越高。手段/目的性也与游戏相关，但是它对前三种标准没有影响。有趣的是，尽管人们在给游戏下定义的时候经常考虑内部动机的作用，但研究却未发现内部动机与游戏行为的判断有关。观察者通常会认为，儿童的非游戏行为（如观察别人或打斗）受内部动机驱使，而一些游戏却受到外部环境的限制，如社会性游戏中他人的要求。

给游戏设定标准，并不意味着要用一句话对游戏下定义，事实上这样做也不现实。从非游戏行为到游戏行为是一个连续体，与其认定某个行为是否为游戏，还不如确定该行为究竟是处于连续体上的哪个位置。目前，定义孩子游戏的标准是娱乐性、灵活性和假装性。

第二节　游戏的发展

研究者发现了多种游戏类型，不同年龄的儿童、从事不同类型的游戏时，游戏行为的特征都不同。以下介绍在学前阶段有代表性的几种游戏：玩物游戏、社会性游戏、身体运动游戏。

一、玩物游戏的发展

广义的玩物游戏，是指所有的儿童与物体互动的游戏形式。儿童玩弄物体的游戏包括儿童摆弄物体的游戏、玩玩具等。为了阐述方便，以下将分别讨论婴幼儿早期摆弄物体的行为和幼儿期的玩具游戏（包括象征性游戏和建构游戏等）。

（一）婴儿"摆弄物体"行为的发展

婴儿最初的行为既不是"游戏"也不是"非游戏"（刘焱，2004）。在最初两年中，婴儿的行为在本质上是探究，实质是"原始的"、"未分化"的游戏。婴儿实际上是从认知的角度探索，并试图掌握他们的周围环境。从这个意义上说，婴儿不是在游戏，而是在工作。在第一年中玩具或其他物件并不具有玩具特性，不具有"象征物"的意义。即使到了第二年，婴儿也仍以感知运动为主，大多数活动仍然是对物体物理性质的探究和掌握，很难说是游戏。

刚出生时，婴儿的小肌肉毫无控制力。新生儿不会抓握玩物，在最初几个月里，物件的操作主要是"嘴巴"的探索；4个月时，婴儿开始表现出对物件的兴趣，其他的操作行为开始发展。随着年龄的增长,婴儿会更多地捡起物件玩弄,还会把物件从一只手转移到另一只手。他们还会一下子捡起一件以上的物体,同时用两只手握持。他们开始探索和玩弄物件,咬和看是探索的第一步。随着年龄的增长,婴儿会越来越少地用嘴去接触物体,他们开始运用视觉引导下的抓握、旋转以检验目标物。随着年龄增长,婴儿会更多地参与机械性、序列性活动和用双手进行的操作(Palmer,1989)。7个月时他们能用拇指与其他四指分开握住有柄的玩物,用拇指和食指捏拿较小的东西。挤捏物件的行为在9—12个月间增长迅速,稍后他们就能换手拿玩物。15个月的学步儿能一个一个地拿起物件,再一个一个地扔掉。18个月的学步儿摆弄物件的目的性越来越强,他们能够拉着玩具、抱着玩具熊、模仿成人看书。到了24个月,学步儿能拿着一些东西敲敲打打、穿珠子、将小物件反复地装入或倒出容器。这时候,物件对于婴儿来说,还不具有社会化的"工具"的意义。这阶段,婴儿已经能做出象征性动作,而且出现了归类动作和序列性动作(象征性关联动作)。总之,在18个月以后单纯的玩物活动会逐渐减少,在第二年的后半年里会表现出更多的象征性游戏。

(二)婴幼儿探索行为的发展

婴儿在6个月以前,在靠近新奇刺激的时候很少会表现出犹豫。但半岁后大多数婴儿在陌生的事物面前都会表现出迟疑或小心。一般而言,婴儿在面对非社会性的刺激时会表现出更多的这种小心谨慎的反应,但会在1岁以后逐渐减少。儿童对于突然出现的物体或事件仍然会表现出该反应。对依恋的研究表明依恋对象的出现往往会降低小心谨慎的水平,而且婴儿经常看着依恋对象以帮助自己去接触不熟悉的事物。

有关2—5个月大的婴儿的研究显示,在这一阶段的早期,嘴的探索行为占优势;而四五个月大时,大多数的婴儿开始把物件移到视野之内以进行视觉观察。八九个月以前,儿童的物件探索行为更多的是练习各种感觉运动,儿童对客体只表现出有限的兴趣。他们的兴趣更多地放在物体的用途上而不是物体本身。在八九个月以后,儿童的注意力将转移到对物体本身的兴趣。

当8个月大的婴儿检查一个香烟盒或一条挂着的领带时,就好像他们在设法理解"它是什么"。在采取行动前,他会比四五个月大的儿童花更长的时间注视这些东西,然后他会采取一系列的与物件有关而不是与自己有关的探索活动。他感受它的表面、边角,翻转并慢慢地呈现,最后的行为类型意义非常重大,是一种新的态度的表现,就好像是他面对新事物时在跟自己说:"这是什么东西?我能看到它、听到它、抓着它、感觉到它、翻转它,但我不认识它,我还能做什么呢?"(Piaget,1952)。

皮亚杰和英海尔德(Piaget & Inhelder,1956)的研究发现,幼儿的探索发展分为三个阶段:

第一阶段(3.5—4.5岁):儿童主要参与被动的、随机的探索,例如,抓住物件或凭触觉检查偶尔发现部分目标物。他们会花大量时间用他们的手指随便玩耍。

在第二阶段(4.5—6岁):探索变得更加主动,但还不具有系统性。

在第三阶段(6—7岁):探索开始有系统性、并能有计划地进行,探索从使用手掌转变为使用指尖,逐步发展为用双手,包含了手的更大的灵活性,更强的系统性——儿童能按照一定的顺序,系统地检查刺激物完整的轮廓或长度。

总之,随着年龄的增长,幼儿的探索行为越来越受他们的目标和计划的影响,并且使他们能够系统地熟悉刺激物的各个方面。

(三) 象征性游戏的发展

玩具游戏通常是在探索行为之后,在儿童能回答暗示性的询问如"这个物件能做什么"后,转到问"我能用这个物件做什么"。这时,象征性游戏就开始了。

象征性游戏的重要特征是"以物代物",即用一物去假装当做或代替另一个不在眼前的东西。鲁宾等(Rubin,1983)的研究表明,假装行为通常发生在12—13个月左右,不过也可能更早。早期的假装行为是"去情境化的"(decontextualized):行为独立于其所发生的环境内容(如就寝时间、吃饭时间)、相关联的结果(如睡觉、进食)、真实的需要(如睡觉、吮吸手指)。

在两周岁时,随着儿童对物体的熟悉,他们开始能依照惯例使用某些物件。这时,他们的表征能力就出现了。婴儿开始出现了假装行为,开始能从模仿活动中获得想象和符号(symbols)。象征性游戏起源于婴儿与成人的人际互动情境,产生于儿童的个体世界主动作用于客体世界的主客体互动中。皮亚杰定义了三种水平的象征性游戏:

第一种涉及了物体象征图示的应用,比如,儿童对玩具娃娃说"哭,哭",然后模仿哭的声音。模仿的内容来自儿童自己的经验,这代表了象征性游戏的出现。

第二种只包含一种象征图式,但儿童可用一个物体来代替另一个物体,模仿别人的行为,甚至把自己想象成一件东西。模仿的内容是从别人那儿观察而来的,比如,儿童模仿爸爸握手的样子。

第三种包含了计划好的象征图式的集合,以及一系列的动作行为。例如,儿童把布娃娃放在小推车里,对它说:"你看那儿,我带你出去玩。"

根据皮亚杰的理论,在学前期,象征性游戏的发展越来越协调,越来越有秩序,而内容是现实的复制,是社会内容的复制(称为"集体象征")。皮亚杰的理论还分析了影响个体象征性游戏的个体因素和社会因素。此外,象征性游戏维度和成分的研究包括了假装行为和物体以及角色的分配和题材。

皮亚杰的研究引起了研究者对象征性游戏研究的广泛兴趣。近年来,在对以往的研究文献进行综述后,高尔温(Gowen,1995)提出,象征性游戏的发展分成9个类型或阶段(见表9-1)。

表9-1 象征性游戏的发展阶段

阶段	说 明	例 子
前假装	儿童参与近似的假装活动,但不具备明显的假装性游戏特征	儿童短暂地将电话靠近耳朵,短暂地将瓶子凑近洋娃娃的嘴

续 表

阶段	说 明	例 子
自我假装	儿童参与自我导向的假装行为,假装行为的特征明显	儿童将杯子举到唇边,吸一吸,发出喝水的声音
他人假装	儿童参与他人导向的行为,假扮出他人的行为	儿童用玩具如奶瓶或杯子喂娃娃;在地板推玩具卡车,发出卡车的声音
替代	儿童以一种创造性或想象的方式使用一个明显毫无意义的物体;或在装扮中以不同平常的使用用途来使用物体	儿童把积木当奶瓶给娃娃喂奶,把橡皮泥放在盘子里当汉堡包
想象的物体或人物	儿童假装存在一个物体、人物、事物或动物	儿童假装从空咖啡壶往杯子里倒咖啡;儿童在房子里跑动,并发出摩托的声音,假装在骑一辆摩托
积极的行动者	儿童拟人化,用一个表征某一生物的玩具(如娃娃、玩具动物),让它成为装扮活动中的积极行动者	儿童让玩具动物在地毯上跳动,好像它在奔跑;把娃娃的手放进她的嘴里,好像它在自己喂自己;用尖尖的声音说话,好像娃娃在说话
序列性,但无故事性	儿童对多个接收者重复一个单一的装扮动作/主题	儿童让母亲喝杯子里的水,接着又让娃娃喝杯子里的水
序列性,又有故事性	在装扮活动中使用一个以上的相关主题	儿童假装搅一搅杯子,喝一口,嘴里说:"很好喝"
计划性	儿童参与有计划性的装扮游戏	在将玩具奶瓶塞进娃娃嘴里之前,孩子说她将给娃娃喂奶

(四)建构游戏的发展

研究者在对非假装形式游戏的发展研究中发现了与假装游戏相似的发展过程。我国学者刘焱(2004)对儿童的积木建构技能的发展进行了讨论:儿童最初只是在摆弄积木而非用积木来建构,大约到3岁左右,出现早期的积木建构活动。随着游戏经验的丰富和认知发展水平的提高,儿童开始发现各种各样的建构模式,领悟到保持建构物平衡和对称的方法,逐渐学会使用拇指小人儿、动物、交通工具等作为辅助材料支持象征性游戏和伙伴合作游戏。到4岁,儿童的建构活动可持续大约两个小时,到5岁以后,儿童的建构活动可持续1个星期。她认为积木游戏的发展经历了以下发展过程:

非建构活动:最初儿童只是摆弄积木,单个的积木有时也有象征功能,例如,积木被用于以物代物的假装游戏。

堆高、平铺和重复:2—3岁开始出现真正的建构,孩子们开始用多块积木造"大楼"。先放一块积木,再放另一块积木,一块一块地搭高,全然不顾"大楼"的稳定性。当"大楼"倒塌后,他们又开始重复他们的搭建工作,乐此不疲。除"堆高"外,平铺也是儿童早期建构的一种方法。他们把积木一块一块、首尾相接地平放在地板上,变成一条马路、一列火车或一个车队。渐渐地,"紧密平铺"的方法被一种"有间隔的平铺"的方法所取代。刘焱认为,儿童试图努力让每块积木之间保持相同距离,这表明他们在空间距离意识上的进步。堆高、平铺和重复是幼儿早期建构活动的突出特征,这种简单的建构在很长时期内吸引着儿童。

架空:用一块积木盖在相互之间有一定距离的两块积木之上,从而把它们连接起来,搭建成"小桥"等。"架空"要求儿童能够目测和比较两块积木之间的距离和第三块积木的长度是否能盖在两块积木之上。这种能力的获得是在幼儿不断地试误过程中实现的。

围合:儿童至少用四块积木形成一个包围圈,形成一个完整的空间。幼儿需要不断地尝试才能真正达到围合的目的。

模式:儿童一旦能够察觉到积木可以作为"建构材料",而且可以按一定的方式排放在一起时,他们就开始探索多种建构的方法或模式,例如,在平铺的"火车"上再放一块长积木,再放一块短积木,"长—短—长—短"构成了一个模式,或在一块红积木后再放两块黄积木,"红—黄—黄"构成了另一个模式。"模式"是对一组事物中的各个元素之间关系的觉察和认知。这时儿童还不能给他们的建构物命名。刘焱认为,此时教师如果用不恰当的方式提问或要求儿童命名他们的作品,可能起到"拔苗助长"的后果。

表征:4—5岁儿童开始有意识地命名他们的建构"作品",表明儿童建构的目的性、计划性的提高。

为游戏而建构:这一时期儿童利用建构物开展象征性游戏的冲动越来越强,建构物变成对现实的建筑物的复制或模拟,变成他们经验的表征。建构物成为儿童游戏的"场景",也开始服务于象征性游戏。此时,积木游戏成为儿童表达自我的一种独特的语言,成为他们创造和想象、重新安排世界的手段。

儿童建构游戏的研究受到发展心理学家的广泛关注。儿童在建构游戏中表现出的、随年龄增长而发生的行为的组织性、层次性的发展,是与语言的产生、发展平行的,它们都反映了儿童神经系统的发展和进化过程(Greenfield,1991)。

二、社会性游戏的发展

社会性游戏,主要是指以人际互动为特征的游戏,包括社会角色游戏、规则游戏、语言游戏和亲子游戏等。儿童社会性游戏的发展是象征与交流能力(尤其是语言能力)发展的结果。随着儿童语言的发展,语言也进入到儿童的游戏中,进而影响了游戏的发展。由于语言的社会化功能和社会文化传递功能,包含语言的游戏就具有一定的文化适应功能(Sutton Smith,1977)。

(一) 早期社会性游戏的发生

早期的社会性游戏大都是在亲子互动中进行的。在这种情景中,母亲和孩子的相互作用可能包括:(1)物体交换:一方提供物体,另一方接受;(2)注意的要求:一方要求得到另一方言语或非言语注意,另一方观察,并给予评论;(3)指认物体:一方指着物体,等另一方命名这一物体;(4)藏猫猫:一方藏起来又突然出现,另一方大笑。随着年龄的增长,婴儿开始对同伴感兴趣,并开始尝试与同伴互动。豪威斯等人(Howes,1987;Hay,1985)在综述以往研究的基础上,提出早期社会性游戏的发展经历三个阶段:

第一阶段(出生—12 个月)为"认同同伴作为社会伙伴"的阶段。这一阶段儿童把个体的社会行为指向同伴,表现出诸如向同伴微笑、模仿发音、做手势、摸对方等行为。该阶段婴儿会偶尔表现出与他人的相互作用,但这个阶段的互动大多数都较短,可能只有一个来回。

第二阶段(13—24 个月)为"互补的和互惠的游戏结构"阶段。这一阶段,儿童有一系列的社会相互作用,包括交换、轮流和互补的活动,如跑和追、藏和找、给予和接收。该阶段孩子开始与他人合作、冲突、模仿、言语交流,通常情况下,游戏伙伴的行为就是他们自己活动的情境,此阶段的社会互动延长了。

第三阶段(25—36 个月)为"意图的交流"阶段。这一阶段,儿童的社会互动开始有了以假装意图为主的互动内容,也可能包括其他形式。这个年龄阶段的儿童开始进行扩展了的游戏。

(二) 幼儿社会性游戏的发展

由于象征功能和语言能力的发展,学前儿童越来越喜欢社会性刺激,喜欢从事社会性游戏,其游戏行为也表现出明显的复杂性。两岁以前婴幼儿已在社会性游戏中表现出了很多社会技能。3 岁以后,随着语言与社会假装能力的发展,幼儿社会性游戏活动的范围扩大了,而且由于语言的加入,使社会性游戏开始带有计划性、协商角色分配以及更为复杂的社会影响的形式。学前儿童的游戏也反映了儿童观点采择技能及对社会习俗、规范的理解能力等的发展。

对幼儿社会性游戏行为的研究成果颇丰。早在 1932 年,帕顿(Parten,1932)在其经典观察研究中指出,孩子们的游戏行为经历了从独自游戏(2—2.5 岁)—平行游戏(2.5—3 岁)—联合游戏(3.5—4.5 岁)—合作游戏(4.5 岁以上)的发展过程,此后相当长一段时间,研究者们都同意这个观点。但是,近期的研究者对帕顿的阶段划分方法的有效性提出了大量疑问。豪威斯等人(Howes & Matheson,1992)提出了一个引起广泛关注的游戏发展模式,认为社会性游戏的发展经历了几个水平不同的发展阶段(见专栏 9-1)。

专栏 9-1 豪威斯等人的社会性游戏发展阶段的划分标准

水平一:平行游戏 儿童间相距约 1 米以内,进行同样的活动,但并没有用眼神交流或语言交流来相互认识。例如,几个孩子坐在一起玩积木,每个人都完全专注于自己的游戏,就好像他们并没有意识到彼此的存在。

水平二:有意识的水平游戏　这是有眼神交流的平行游戏。例如,两个正在玩积木的孩子不时互相看对方一眼或看一下对方搭的积木建筑。虽没有社会性的交流,但他们都意识到了对方的存在和活动。该阶段的儿童常常模仿其他人的游戏,比如,一个孩子可能仿造另一个孩子的积木建筑。

水平三:简单的社会游戏　儿童进行同样类型的活动且有社会性的交流。他们交谈,交换东西,笑或进行其他的社会性交流活动。例如,正玩积木的孩子可能会评论彼此搭的建筑(例如,那个很漂亮)。

水平四:互补和互助游戏　儿童进行包含"基于行动的角色反转"(action-based role reversals)的社会性游戏。例如,其中一个玩积木的孩子把一块积木递给另一个孩子,那个孩子接过这个玩具,又给这个孩子递了另一块积木。躲猫猫、追与逃之类的游戏也归入这一类。

图9-4　"下班了,喝完咖啡,咱们逛街去吧。"合作性的社会假装游戏中,孩子们会扮演互补性的角色[1]

水平五:合作性社会假装游戏　儿童在进行社会戏剧性游戏时扮演互补的角色。角色不一定要有很明确的说明,但必须能通过儿童的表演清晰地区分。例如,儿童可以担任父母的角色,给玩具娃娃洗澡。

水平六:复杂社会假装游戏　儿童在进行社会假装游戏的同时也有关于游戏的相互的交流沟通。交流沟通发生于儿童暂时离开自己所扮演的角色去讨论游戏时(即元交流)。例如,命名和指派角色("我是妈妈,你是爸爸"),提出新的游戏脚本("我们来假装在丛林里迷路了"),修改现有的脚本("我玩厌了厨房游戏,我们去图书馆看书吧"),以及指挥其他儿童("你不是在图书馆买书,是借书")。

[1] Laura E. Berk: *Infants, Children, and Adolescents*, Pearson Education Inc., 2005.

豪威斯等人对社会性游戏的研究表明，随年龄的增长，儿童的游戏变得越来越复杂，越来越需要高水平的社会技能和认知技能（尤其是元认知、元交流能力）的参与。与不同对象进行社会性游戏，幼儿的游戏行为也不同，这些游戏对孩子的发展也有不同的刺激作用。豪威斯等人（Howes & Matheson, 1992）在综述以往研究的基础上，结合自己的研究，提出了一个关于幼儿与母亲、与兄弟姐妹以及与同伴的社会性假装游戏的发展概略（见表9-2）。

表9-2　幼儿与母亲和同伴进行社会性假装游戏的发展阶段[①]

年龄阶段	与母亲玩	与同伴玩
12—15个月	母亲通过评价、建议或示范来构建儿童的行为。当儿童的假装行为与真实世界相违背时，母亲会纠正他的行为	社会性游戏中表现出的孤立的假装行为还不会引发他人的反应，但是儿童会观察和模仿同伴的假装行为
16—20个月	同上，儿童模仿、观察并依从母亲的行为	儿童进行与同伴相似的或同样的假装行为，并试图招募同伴来加入游戏
21—24个月	母亲成为对儿童感兴趣的观众，他为儿童的表现创造情境并提供支持	儿童进行翔实的假装行为的同时，也进行社会交换；假如同伴的假装游戏，同时也试图招募同伴来参加自己的游戏，为共同活动的假装组织素材
25—30个月	儿童可以给出故事情节或脚本，母亲要求增加新的成分，并促进儿童更真实、更仔细地表现	每个参与者都依据共同的脚本进行假装，但他们的动作显示出缺乏内在一致性；同伴们通过评价自己的假装行为以及告诉他人怎样去做来交流脚本信息
31—36个月	母亲表扬和鼓励儿童的独立性，可能与儿童一起玩假装游戏	共同假装互补角色的行为，儿童能区分表演中的语言和有关如何表演的语言；他们分配角色，商议假装游戏的主题和实施计划
37—48个月	同上	儿童采用关系性角色，能够接受身份的转换，并形成或接受合适的表演说明；他们协商脚本和主要的角色，运用沟通监控的方式来建立游戏脚本和澄清角色的表演

（三）身体运动游戏

正如我们在操场上看到的那样，儿童的许多游戏都包括身体运动，而这些身体活动也没什么特定的目标。佩莱格里尼和史密斯（Pellegrimi & Smith, 1998）提出，身体运动游戏可划分为几个发展阶段：

（1）重复动作阶段，如婴儿踢踢腿、挥舞胳膊之类的身体活动。

（2）训练游戏阶段，如跑、跳、爬等，这些活动在学前阶段大量出现。这类全身运动游戏一般是儿童跟其他同伴一起或只是自己做出的。

---

① 彼得·史密斯、海伦·考伊、马克·布莱兹著，寇彧等译：《理解孩子的成长》，人民邮电出版社，2006年版。

（3）打斗游戏阶段，打斗游戏是在训练游戏基础上发展而来的。这类游戏在学龄中期的儿童中也非常普遍。

第三节　游戏与儿童认知发展

认知发展是指个体认知结构和认知能力的形成、发展和变化的过程。游戏对儿童认知发展的作用主要表现为：游戏帮助儿童获得对周围世界的理解；促进儿童一般认知能力的发展；促进儿童解决问题能力的发展；促进儿童语言能力的发展等。

一、游戏帮助儿童获得对周围世界的理解

玩弄物体、对物体进行探索，是最早出现的儿童与环境互动的方式。在对物体的操作过程中，婴幼儿能够获得大量的关于物理世界的信息：（1）物体的物理特征，如大小、形状、软硬、表面质地、轻重、体积、密度和材料构成；（2）物体的构成和组成部分；（3）物体的功能、特性，是否能发声；（4）物体间的关系，既包括实际的，如远近、对应关系，也包括可能的关系，如叠垒、组合。吉布森（Gibson，2000）认为，儿童对物体主动的探索、仔细的观察、有目的的操作，对获得物体的特性有重要的作用。对物体的探索是儿童对物体分类的基础，也是学习事物间因果关系的基础。

处于感知运动阶段的婴幼儿，通过用手操作、玩弄物体的行为，获得了有关物体的物理信息。研究发现，儿童为了获得某一特定的物理信息，会选择性地使用特定的手的操作行为（Lederman & Klatsky，1987）（见表 9-3）。

除了信息收集功能外，游戏行为还与儿童对物理环境和社会环境的理解有关。研究者（Jennings，1975）发现，儿童建构游戏的数量与他们在物理知识测验上的得分呈正相关，社会性游戏可能与儿童对社会环境的理解有关。社会性游戏需要由两个或更多的儿童扮演不同的角色从而演绎出一个故事。这种高水平的假装游戏需要较高水平的表征能力。儿童必须有能力构建剧

表 9-3　物体的信息和玩弄物体的行为之间的关系[①]

关于物体的信息	手的操作行为
与本质有关的特性 　材质 　硬度 　温度 　重量	 横向运动 触压 指触 掂量

[①] Thomas：*Play and Exploration in Children and Animals*，Lawrence Erlbaum Associates，Publishers，2000.

续 表

关于物体的信息	手的操作行为
与结构有关的特性 重量 体积 大致形状 精确形状	掂量 用手围绕,对轮廓的摸索 用手围绕 对轮廓的摸索
与功能有关的特性 移动部分零件 特定功能	移动部分零件测试 功能测试

本和概念的框架,这样才可以使他们根据不同的经验来接受秩序并且建立起可预知的模式。例如,为了演出一个超级市场的故事,儿童必须能重建一个正确的购物顺序:到商店,拿手推车,将食物分类并放进手推车中,付钱,最后买完东西回家。斯米兰斯基(Smilansky, 1968)认为,社会性游戏可以帮助儿童将原先独立的,看上去并无关联的大量的经验结合在一起,例如,将事物分类后再付钱给收银员。研究表明,与控制组的孩子相比,接受过社会剧游戏与主题幻想游戏训练的孩子,在序列与理解能力的测试中的成绩明显提高。

儿童的知识储备和基本概念在儿童早期呈几何级数增加,游戏能极大地促进这一过程。未发展成熟的有关空间、时间、可能性、因果关系的概念,可以在游戏中得到测试和修改。例如,抽象的时间概念在游戏中开始有了意义。当儿童等着轮流玩一个玩具或者在一幕剧中演出一个角色时,一些表达例如,"马上"、"一会儿"、"明天"、"下周"等概念开始有了更多的意义(Athey, 1988)。虽然时间和空间在假装游戏中会有改变,但是秩序和结构却得以保持并且容易被理解。

总之,儿童在玩弄物体、探索物体时,获得了大量关于物体的信息(关于物体的硬度、灵活度、一致性、重量、操纵的方便程度、结构、耐久力等信息)。而在假装游戏中,儿童获得了物体功能、物体间的逻辑关系等相关的知识。社会性游戏在儿童对社会事件、社会环境等的理解方面有明显的促进作用。

二、游戏促进儿童一般认知能力的发展

游戏不仅为儿童提供了获取周围世界知识的机会,更促进了儿童一般认知能力的发展。一般认知能力主要指儿童在认知发展性评价,例如,智力测验中表现出的能力特征和发展水平。

游戏与一般认知能力发展关系的研究,通常采用两种研究思路:一种是相关分析,分析游戏的特征与当时或日后儿童认知发展性评估间的相关;另一种为实验研究,对儿童进行游戏训练,随后进行一般认知能力测验,以探讨特定的游戏训练是否有利于儿童一般认知能力的发展。

(一) 相关分析

很多相关分析表明,儿童在游戏过程中的行为特征与他们在智力测验中的表现有关,而且还可预测他们几年后在智力测验中的得分。

研究者(Messer et al.，1986)在对婴儿玩弄物体活动进行的追踪研究中发现,婴儿的玩物游戏中探索行为与他们日后的智力测量间存在正相关:婴儿在 6 个月时的探索行为的量,能预测他在 12 个月时在贝利量表中的得分,"感知运动技能"也能预测其 30 个月时在麦肯锡量表上的得分;12 个月时对物体操作上表现出的认知成熟度和这一时间婴儿在贝利量表上的得分呈正相关,此阶段的婴儿对新异刺激的探索时间与他在贝利量表上的表现呈正相关;30 个月时,孩子对物体的积极关注和对物品探究的程度与麦肯锡量表得分呈正相关,而与不参与的程度则表现负相关。

研究者还检测了婴儿在玩弄物体的活动中,注意力的特征与对他们进行的发展性评估间的关系。研究发现,老师对婴儿两岁半时探究性活动持续的时间的报告,和这些孩子 6 岁半时韦氏量表的 IQ 成绩存在正相关的;8 个月时游戏的进行速度预示着 10 岁时在潜在的图形检验中更长的反应时和更少的错误率;4—7 岁儿童,在玩物游戏中进行物品探查的数量与他们日后的探索性学习、社会问题解决都呈正相关(Henderson & Wilson, 1991)。

在斯米兰斯基(Smilansky, 1968)游戏分类中,较高水平的游戏行为也与认知测验分数正相关,社会戏剧游戏与学前儿童在智力测验中图画补充的表现和分类能力正相关。

此外,游戏与儿童认知发展的关系还表现在追逐游戏与认知游戏在发展水平的同步性上。追逐游戏包括捉迷藏、追赶、躲藏、抓捕和狩猎等游戏,主要涉及身体技能,但也涉及认知能力,需要依靠速度和敏捷性才能取得胜利,需要使用策略才能抓获对方而不是被对方抓获。对追逐游戏发展的研究表明,儿童追逐游戏的发展与儿童的认知发展阶段相对应(Flavell，Miller, 1993)。

以上这些研究表明,儿童的游戏与后来的认知能力测验、问题解决测验和发散思维能力之间,存在着某种可能的相关。游戏行为与个体的一般认知能力相关,而游戏风格可能与解决问题时的行为表现相关。

(二) 实验研究

另一个检验游戏的认知发展性功能的思路,是盛行于 20 世纪 70—80 年代的实验室游戏训练研究。使用这种方法,研究者(Saltz, Dixon, & Johnson, 1977)发现,经过游戏训练的儿童在智力测验中的得分高于控制组儿童。游戏训练对低收入家庭儿童在标准智力测试中的得分有着积极的影响。

另有研究表明,游戏还能提高认知活动的效率,有利于儿童完成认知作业。例如,下课后进行适当的运动性游戏,儿童在教室里对学习任务的注意力要比以前更高,成绩也更好(Pellegrini & Smith, 1998)。

学前儿童的一个重要的发展任务就是学习将那些最初对自己来说毫无关系和联系的事情,相互联系起来从而形成理解。游戏(尤其是象征性游戏)能让幼儿在一种类似真实的生活情景中以一种灵活的方式整合零散的经验。幼儿在游戏中创造了一个想象的微观现实世界以帮助自己理解和掌握新的经验。所以游戏有利于幼儿对世界的理解，有利于他们一般认知能力的发展。

三、游戏有利于儿童创造性和问题解决能力的发展

游戏能帮助儿童解决问题，游戏的自由自在的特点也有利于儿童在游戏中进行发散思维。儿童独自进行的玩弄物体的游戏，不仅为儿童提供了关于周围物理世界的信息，促进了儿童一般认知能力的发展，也为儿童提供了皮亚杰所说的"数理逻辑"经验，即主体对一系列动作之间关系协调的经验，这种经验有利于解决问题能力和发散性思维能力的发展。

研究（Yarrow et al.，1983）发现，婴儿在6个月时的探索行为与他们在12个月时表现出的问题解决能力呈正相关；在6个月时探索行为的持续性还能预测儿童在12个月时解决问题的坚持性，而30个月时探究活动时所表现的广度则与其解决问题时的投入程度相关。

在另一项研究中（Caruso，1993），研究者发现，婴儿探索的范围宽度与问题解决的成功呈正相关，在探索活动中的行为速度和问题解决时的持续性之间，以及视觉探索和问题解决时策略使用的量之间，都发现了正相关关系。

玩弄物体的游戏行为在培养儿童的发散性思维、促进问题解决方面有独特的促进作用。3—5岁时在玩物游戏中表现出较多的独特性的幼儿，7—10岁时在创造性测验中的得分也较高。这些孩子往往被家长、教师描述为独立、具有好奇心、社交能力强。在建构游戏中，游戏结构的丰富性与问题解决任务中所花费的时间负相关，与发散思维的评估正相关。

社会性假装游戏也与儿童在创造性、发散性思维上的表现密切相关。社会性游戏与发散性思维（例如，说出某一物品尽可能多的用途）正相关，而在学前阶段的想象游戏可以预测儿童中期的创造力：孩子们在学前阶段的想象游戏和他们在三年级时多种用途任务中的创造力之间呈正相关（Shmukle，1982）。

玩弄物体的游戏还与发散性思维有关：游戏经验使儿童在举出物体的非标准用途的作业中表现良好。如果让4—6岁的儿童可以随意使用一些材料，包括餐巾纸、夹子、空白卡片、茶具、火柴盒、螺丝刀、装有螺钉的木板等，让他们"想玩什么就玩什么"，再对孩子们进行发散思维测验，要求被试说出餐巾纸等尽可能多的用途，则他们的成绩会明显好于没有玩过这些玩具的孩子。

四、游戏促进儿童心理理论的发展

心理理论是当代发展领域研究的热点，也是游戏与发展关系中备受关注的问题。如前所述，心理理论是指儿童对自己和他人的心理状态（如信念、愿望、意图、感知、知识、情绪、需要等）的认识，以及据此对相应行为做出因果性的预测和解释的能力。对错误信念的理解是儿童拥有心理理论的主要标志。

近年来研究人员对游戏与心理理论的发展进行了研究。研究（Dunn，1995）发现，那些在33个月时有更多的角色扮演游戏行为的儿童，在44个月时，在错误信念任务中的表现要明显高于在

33个月时很少有角色游戏行为的儿童。玩过角色游戏的儿童，能抑制自己获得的独有信息，错误信念任务的通过率明显高于控制组儿童。可见，社会性游戏对儿童的社会认知发展和心理理论发展有重要作用。

专栏9-2　社会性游戏中的元交流[①]

儿童在参与社会性游戏时会使用两种类型的口头交流：装扮性交流和元交流。当儿童选择了角色并说出适合于其角色的言论时，这种交流就是装扮性交流。在这类交流中，儿童通常会以装扮的名字互相称呼（或者至少试图这样做）。例如，假设两名儿童在扮演一个医院里的情景，一个儿童可能会说："医生，我病得很重，你能让我好起来吗？"装扮交流只发生在儿童建立的游戏构架内。

但有时候，儿童会暂时地走出游戏构架，来对游戏本身作出评估，这种交流就是元交流。

进行这类语言交流时，儿童又恢复了其现实生活中的身份，互相以真实姓名相称。例如，在前面提及的医院游戏中，如果一个儿童在扮演医生时做了一个不恰当的举动或讲了不恰当的话，另一个儿童可能会说："喂，毛毛，医生不会那样做。"这类口头交流可以解决有关角色、规则、物体的假装身份以及故事过程的冲突（即所有在戏剧性游戏过程中发生的冲突）。鲁宾（Rubin，1980）认为这类交流有利于幼儿社会性的发展。元交流可以是隐性的，也可以是显性的。

显性的元交流：A："我们玩老鹰捉小鸡的游戏吧。"B和C："好吧。"

隐性的元交流：A："我是老鹰"，B："那我是母鸡，她做小鸡。"

隐性的元交流也是装扮性交流，因为游戏者以装扮角色的身份说话，但是，由于在同伴文化中都知道老鹰是"老鹰捉小鸡中"的一个角色，所以游戏者B知道游戏者A已经选择了一个角色，并想和他一起玩这个假装游戏。游戏者B的回答也隐含地表明他也愿意参与这个假装游戏。因此，在复杂的游戏活动中装扮交流和元交流的区别有时也是非常模糊的。

利用元交流，游戏者可以组织故事并鼓动其他游戏者，纠正错误，调节角色行为。通过这种交流，儿童获得了解决社会问题的宝贵经验，也从这个过程中学习了许多规则和角色的知识，也更好地理解了别人的想法和立场，有利于社会能力的获得。

---

① 约翰逊等编著，华爱华等译：《游戏与儿童的早期发展》，华东师范大学出版社，2006年版。

五、游戏促进儿童语言的发展

儿童经常用不同的方式和规则的语言进行游戏。儿童通过用一连串重复的、无意义的音节来表现声音，通过系统地用可替代的词语取代相同语法种类来表现句法结构，通过无意义的词语和笑话以歪曲词义来表现语义。这种语言游戏有助于儿童完善新近获得的语言技巧，并且提高他们对语言规则的认识。比如，社会性游戏为儿童语言学习提供了宝贵的经验。在交流游戏的情节中，幼儿要表达自己的想法、计划，并指定每个物体和行为的假装身份。在这个过程中，幼儿学会了表达自我，学会了遵守交谈的规则（如轮流）。

年长的学前儿童也在游戏中获得有价值的语言实践。可以说，最复杂的符合语法规则的和最实用的语言最早在游戏中出现。除了被合成的语言，儿童在游戏中所使用的语言是去情境性的（decontextualized）（Pellegrini & Jones，1994）。去情境性的语言更多的是对形容词、代名词和连接词的使用，而较少地使用独立的非动词手段，较少地依赖于情境。因此，游戏能增强儿童的表征能力，并帮助儿童不依赖于情境理解阅读与写作课程，以及撰写文章的能力。

在整个学前阶段，游戏和语言、交流及此过程中出现的读写能力，都随着儿童的发展而持续发展。因为不同水平的社会戏剧游戏与阅读、写作能力间存在一致性的关系，儿童对故事的理解能力也可在戏剧游戏活动中得到提高。

对孩子进行一段时间的戏剧游戏训练（让成人领着儿童表演神话故事，让成人帮助儿童表演他们自己的戏剧）后，他们在言语测验中的得分会明显提高（Pellegrini & Jones，1994）。

另外，游戏还有助于儿童符号象征功能的发展。当一个两岁的孩子在假装游戏中，用他的小手代替杯子给他的玩具马喝水时，他对"杯子"这个概念的理解可能会更概括和抽象。因而，游戏经验有助于符号表征能力的成熟，从具体到抽象，从不灵活到灵活，词所代表的概念也越来越精确。

游戏促进了幼儿语言的发展，也反映了幼儿语言发展的水平。语言发展迟缓的3—6岁的幼儿在游戏、语言、绘画这三种表征行为方面的发展也都相对落后。因此，研究者认为，可以通过游戏和绘画训练来提高幼儿语言的能力。

总之，游戏通过为儿童提供语言刺激、符号表征功能的经验、交流的机会和经验等途径，促进幼儿概念的形成、词汇理解能力的提高和交流能力的提高。

六、游戏促进儿童身体健康

幼儿的身体运动游戏，使他们处于较高的活动水平中，而较高的活动水平与情感的宣泄有关，也与个体生理健康状态有关。受运动量影响的身体健康状态有：敏捷度、平衡感、身体成分（如脂肪的数量）、心和肺的承受力、灵活性、肌肉力量以及厌氧性能力等。一般而言，儿童活动得越多，运动量越大，就越能够给健康带来好处（例如，保持正常血压，保持苗条的体形等），即使孩子们在游戏中所表现出来的运动量并不一定达到维持身体健康所需的强度。

身体运动游戏还有助于预防肥胖的发生。喜欢奔跑、追逐的孩子习惯于户外运动,活动能力更强,可以平衡由于长时间看电视、打电子游戏等久坐的活动而引起的长期运动量不足,以及预防儿童肥胖的产生。

第四节　游戏与儿童社会性发展

游戏与儿童社会关系的建立、维持与发展有关;游戏促进儿童观点采择能力的发展;在游戏中,儿童有机会学习和表现、检验自己的社会问题解决的技能;游戏还有助于儿童学习以社会允许的方式表达消极情绪,并学习对诸如攻击性行为等反社会行为的控制。总之,游戏能促进儿童社会性发展。

一、游戏与儿童社会关系的建立

游戏是孩子与别人互动的一个较为安全的社会实践场所。同伴接受性较高的儿童在社会游戏中是比较活跃的,他们喜欢参加积极的、合作的、应答的、有凝聚力的互动,在游戏中的对话也比一般儿童多;而被拒绝的儿童通常是盛气凌人的或具有破坏性的(Thomas,2000)。

(一) 游戏行为与同伴接受性

研究表明,儿童喜欢的游戏类型与儿童的社会接受性存在相关(Howes,1988):同伴接受度与儿童参与合作性、互惠、集体游戏的程度以及儿童花在社会戏剧游戏上的时间呈正相关;单独游戏有时与同伴接受性呈负相关,但平行游戏和接受性之间的关系不一致,随着儿童的年龄和性别变化。

语言交流能力强、协商能力强的幼儿其同伴接受性也高。研究者(Kemple, Speranza, & Hazen, 1992)发现,在三人一组的互动中,儿童语言的凝聚力预测了同伴接受的水平:受欢迎的儿童,对同伴的发言更可能接受、确认或回答;如果他们不同意同伴的意见,也会采取更尊重他人想法的方式,例如,给出拒绝的原因或规则,提出另一个想法或妥协。

此外,还有对儿童如何介入一个正在进行的群体游戏的行为进行的研究,其经典的研究范式(Dodge et al. , 1987)是安排两个儿童一起玩一段时间,然后让第三个儿童加入进来。这类研究发现,受欢迎的儿童更可能表达集体导向的或与正在进行的游戏相关的陈述;也更可能有与正在进行的游戏者同步的非语言行为,例如,赞同"游戏主人"(正在进行游戏的两个儿童)的看法。通过详细分析儿童介入假装游戏中的语言,研究表明,同伴接受性与扩展的陈述、解释和要求澄清正相关。在介入情况下,受欢迎儿童的游戏有更多连贯的情节、轮流讲话的策略、开放式的问题和解释。

图 9-5 为了进入游戏，这个男孩采用了合作、积极交流等方式

在另一项研究中（Putallaz & Sheppar，1990），研究者将 6 岁儿童按社会地位高低进行三种配对：高社会地位—高社会地位，高社会地位—低社会地位，以及低社会地位—低社会地位。在三种游戏条件下，两个儿童都只有一个玩具可以玩。结果发现，高社会地位的配对组更可能合作或妥协，低社会地位的配对更可能竞争。

打斗游戏具有积极的社会化作用，它可以帮助儿童建立和确立隶属的社会关系（Thomas，2000）——所以孩子们会选择与他们喜欢的人一起玩打斗游戏。如果打斗游戏出现在一个积极的社会情境中，它可能会加强儿童社会关系的发展。

（二）游戏行为与同伴拒绝、同伴忽略

许多关于社会拒绝的相关研究已表明，消极的互动、支配、处罚、负强化、说令人讨厌或敌对的语言、争辩、不同意，以及排斥同伴、没有凝聚力的语言等都与被拒绝相关。被拒绝的儿童更可能有不适宜的游戏（Thomas，2000）。

经常从事单独的游戏活动，可能与幼儿的同伴拒绝或同伴忽视有关（Rubin et al.，1982），旁观和无所事事的行为也是如此。但是，社会孤立是多样的，研究者已确认了至少三种社会孤立（Thomas，2000）：（1）不成熟的、活跃的模式，有外向型问题特征；（2）焦急的、不活跃模式，有内向型问题特征；（3）单独的、消极的模式，没有精神机能障碍。第一种模式与社会拒绝有最一致的关系，而另两种与社会忽视有关。因为顺从与以后所遭遇的同伴欺负有关（Schwartz，Dodge，& Coie，1993），所以，有后两种表现的儿童在以后的发展中可能会受到欺负。

同样是对儿童介入某一正在进行的游戏中的行为进行分析，结果表明，被拒绝的儿童更可能用破坏性的介入策略，而被忽视的儿童更可能等待、徘徊。介入游戏时，被拒绝的儿童更可能只是陈述自己的感情和态度，说话没有重点、语言混乱，在游戏中经常提要求或表示对别人的拒绝（Dodge et al.，1983）。

不过，打斗游戏中的攻击性水平并不总是与同伴拒绝有关。研究发现，有争议的儿童（指在

同伴关系提名时,既得到较多的积极提名,又得到较多消极提名的孩子)在打斗游戏中可能表现出最高的攻击水平——这些儿童可能从一群攻击性强的同伴处得到了较多的积极提名(Newcomb et al.,1993)。研究者比较了被同伴确认为攻击性高的被拒绝和不被拒绝的男孩,通过各种观察、自我报告、同伴评定和教师评定来确定其行为,结果发现,尽管他们在身体攻击水平上是相等的,但是被拒绝的男孩有较高水平的争辩、破坏、不敏感和不正常的行为。

二、游戏与儿童观点采择能力的发展

如前所述,观点采择就是从别人的观点来考虑问题,包括视觉观点采择(理解他人所见所闻)、认知观点采择(他人所想)和情感观点采择或共情(他人所感)。这些能力在社会性和品德发展、社交能力发展中起着重要作用。如果儿童能真正理解他人的所想和所感,儿童就能更好地解决人际问题。此外,利他行为如慷慨等,是在他们感受他人的痛苦与欢乐时被激发出来的。所以,观点采择能力还与儿童道德推理水平有关。

社会戏剧游戏在儿童的观点采择能力及社交能力的发展中起重要的作用。当参与集体社会戏剧时,孩子们扮演着不同的角色。一个孩子可以在不同的场景中扮演婴儿、父母、祖父母、消防员和超人的角色。为了真实地描绘某种人物的特征,孩子们必须能在心理上将他们置于其他人的位置,并且用他人的观点来体验世界。这种有意识地将他们的自我认同转变到多种多样的假扮身份中的行为,可以促进儿童去自我中心化的过程,从而提高观点采择及许多其他的认知技能(Rubin,Fein,& Vandenberg,1983)。游戏,尤其是社会性游戏,还具有"去自我中心"的潜能。儿童为了介入游戏,必须理解别人的思想、情感、观点,这有助于儿童理解、考虑并协调自己与他人的观点、情感与看法。因此,游戏有助于观点采择能力的发展。

(一)游戏类型与儿童的观点采择能力

一般而言,游戏中表现出的认知水平越高,儿童的观点采择能力越强。研究发现,儿童的社会戏剧游戏水平与他们的情感性角色采择能力呈正相关,戏剧性游戏的数量越多,空间观点采择能力就越强;儿童在6岁时与最好的朋友玩戏剧游戏的数量可以预测7个月后儿童对冲突情绪的理解能力(Maguire & Dunn,1997)。

(二)游戏中的社会互动水平与儿童的观点采择能力

游戏中社会参与水平越高,儿童的观点采择能力也越强。研究发现(Rubin,1976),联合游戏与角色采择能力呈正相关,而无所事事的旁观者活动、平行游戏与角色采择能力呈负相关,单独的戏剧游戏与观点采择能力呈负相关。

儿童在游戏中的参与水平可以通过游戏训练有所提高。研究者(Furman,Rahe,& Hartup,1979)对那些在幼儿园里表现出低水平社会互动的学前儿童,进行了4—6周的游戏训练:让这些儿童与另一个同龄或较小同伴组成两人一组进行游戏。成人不干涉幼儿的行为,只是观察他们的表现。与控制组相比,参加游戏的幼儿社会互动水平增加了,尤其与较小同伴一组的幼儿,参与积极的社会互动、对同伴积极的反馈等反应,明显高于与同龄同伴一组的儿童的表现,在随后进行的观点采择能力训练中,他们的成绩也明显提高。

儿童在团体戏剧性游戏中,参与度越高,越容易发生冲突,他们越有可能会为角色、规则、故事内容以及物体的假装身份发生争执。这些冲突在戏剧性游戏本身的过程中不会发生,而是在打破了游戏框架,儿童临时取消了其假装角色、恢复其真实身份时才会发生。一旦解决了冲突,孩子们就会恢复其假装角色,游戏得以继续进行下去。鲁宾(Rubin, 1980)认为,孩子们在游戏中与同伴互动、发生冲突,都可能增强他们对规则的理解、对义务和限制的了解以及对角色相互关系的思考能力。当孩子们就一些对他们至关重要的问题难以达成一致时,就可能出现认知失衡,由于这种失衡并不是令人愉快的事情,所以有必要解决冲突。通常,当社会冲突引起失衡时,就会导致妥协,因此,妥协是具有适应性意义的。简而言之,通过冲突,儿童逐渐认识到在社会中的生存,在同伴中的受欢迎都需要妥协和其他社会化技能。

(三)游戏行为的复杂程度与儿童的观点采择能力

游戏复杂程度与社会观点采择能力相关。参与游戏复杂程度高的女孩,其人际理解任务中表现出的观点采择能力也较高。在对男孩的研究中,这一结论并未表现出来。这可能是因为,女孩的游戏常常是小群体或两三个人一起进行的,人际的理解是必需的;而男孩的游戏常是有组织、有规则的、充满竞争的集体活动,若对他人的需要太敏感,反而可能会影响他们的游戏成就。

图9-6 女孩经常是两三个人一起玩,交流充分,角色采择能力也相对较强;
男孩之间的互动经常是群体性的、目标成就导向的,他们的交流、互动并不充分,所以男孩角色采择能力的表现不如女孩

在相关研究的基础上,研究者(Borman & Kurdek, 1987)对社会性游戏与儿童社会观点采择技能的关系进行了实验研究。这些研究主要是一系列针对弱势群体中的幼儿进行的社会性游戏训练,训练从连续6天6个片段,到一周3次共持续6到7个月。研究者用许多方法来评估社会观点采择能力,包括知觉角色采择、礼物选择、情绪识别、社会角色对话、理解家族关系、隐藏任务和社会资源网等任务。研究表明,社会戏剧游戏有利于观点采择能力的发展:除了隐藏任务外,

社会性游戏对所有的社会观点采择任务都有显著的影响。

三、游戏与社会问题解决技能的发展

给儿童呈现一系列假设的社会问题解决情境,要求儿童提出解决问题的策略,由此评估他们社会问题解决策略的数量和友好等级,这是经常使用的一种研究儿童社会问题解决技能的方法。研究者(Mize & Cox, 1990)使用这种方法测量儿童的社会问题解决策略,结果发现,儿童提出策略的数量与他们在自由游戏中积极的同伴互动的频率呈正相关;策略的有效性与积极的同伴互动频率、互惠/互补和合作的社会假装游戏呈正相关,而与简单的社会游戏和攻击负相关(Howes & Matheson, 1992)。艾森伯格等(Eisenberg, 1994)用更具有区分性的编码系统分析儿童的策略,将社会问题解决策略分为友好的策略、攻击的策略和武断的策略。结果发现,友好的策略与合作、旁观或单独游戏的数量不相关;女孩武断的策略与合作行为正相关,与旁观者行为负相关;友好的或攻击的问题解决策略与男孩在教室里对诱发消极情绪的情境的反应相关:友好的问题解决策略与言语反应正相关,攻击性的策略与防御和逃跑反应正相关,与言语反应负相关。

儿童的社会性游戏促进了儿童社会问题解决能力的发展,而社会技能也会影响游戏活动的进行。研究者(Parker, 1986)研究了社会技能与游戏发起的有效性的关系。他们设计了一个两英尺高的"会说话"的外星人,后面有一个麦克风和扬声器。告诉四五岁的孩子他们"不久会遇到一个同龄孩子,他很特别,从很远的地方来,很有兴趣见你,并且在这个房间里玩"。实验者在另一房间里观察,让外星人与这个孩子交谈,两种实验条件:外星人很熟练地与幼儿交谈;外星人以不熟练的方式与幼儿交谈。然后,在母亲或儿童报告的基础上,确定儿童是否与外星人打破了陌生状态。结果表明,当"外星人"熟练地和他们谈话时——交流清晰、连贯,信息交流量适中,尝试建立共同的活动,试图探索与对方的相似和不同之处,自我暴露,冲突解决,儿童(尤其是女孩)更可能打破与"外星人"的陌生状态。

四、打斗游戏与儿童攻击行为的控制

儿童之间经常互相追逐打闹,这也许缘于父母和学步儿之间经常进行的游戏。打斗游戏从3岁起一直到青少年期都很普遍。打斗游戏对幼儿的发展具有很多积极的意义。

(一) 打斗游戏与攻击性行为的区别

打斗游戏和真正的攻击行为之间是完全不同的。打斗游戏中常伴有笑容、笑声以表示友善的意图。打斗游戏发生于朋友之间,游戏结束后同伴还会在一起玩,而真正的打斗不是发生于朋友之间,当事人的表情也不一样,结束后双方也不会再呆在一起。另外,打斗游戏一般发生的时间也比较短,旁观者也不多,参与者也不会激烈打斗。

打斗游戏对受排斥的儿童和受欢迎的儿童起的作用是不同的:对受排斥的孩子而言,真正的打斗行为和打斗游戏这两种行为承载着同一个概念,如战胜别人;而打斗游戏对受欢迎的孩子来

说,则能起到辅助性的、增强同伴互动的作用。同时,对孩子们关于打斗游戏和充满敌意的攻击性行为的知识进行分析,研究者还发现,与其他孩子相比,受排斥的孩子更少区分这两个概念,他们在评价社会行为时带有更强烈的敌意和偏见,这样更加容易导致攻击性行为的产生。当这些有攻击性的、受排斥的孩子遇到一种可以被理解成敌意的不明确的社会行为时,他们往往会接受这种行为并认为这是有敌意的,于是他们用攻击来回应。在打斗游戏的场景中,受到排斥的孩子也会错误地理解有善意的打斗游戏,并回应以攻击性的行为。研究者(Weiss, Dodge, Bates, & Pettit, 1992)发现,这些孩子大都是来自具有高度敌对情绪和攻击性的家庭,在这种背景下成长的儿童,自然会对不明确的事件表现出敌视的态度和反应。

(二) 打斗游戏与攻击性行为的控制

研究者(Dodge et al. , 1990)认为,打斗游戏对儿童社会行为的发展有积极的影响:打斗游戏能通过防止攻击性行为进一步的扩大,帮助减少攻击性行为发生的可能性。打斗游戏的经历有助于儿童学会在游戏的情境下适当地表现攻击性行为,在身体接触的环境下能够防止事态向严重暴力行为的方向发展。因为打斗游戏需要大量的自控力来控制攻击性行为,所以它是一种很好的训练控制力的方式。那些没有足够的积极打斗游戏经验的儿童,更有可能把打斗游戏发展为严重暴力行为。实际上儿童所经历过的打斗游戏和真正的攻击行为,可能会提高他们在不明确的情境中的预见能力,并提高他们防止攻击性行为或暴力事件进一步扩大的能力。

第五节　游戏与心理健康

游戏与个体适应能力有关。从情感发展的角度来看,游戏是沟通儿童内部的心理生活与外部现实之间的桥梁,是自我表现与自我概念形成的重要手段与因素。皮亚杰认为,游戏是儿童自我表达的工具,它可以使儿童通过同化作用来改造现实,满足自我在情感方面的需要,是儿童解决认知与情感冲突的重要手段。维果斯基也认为,游戏可以帮助儿童实现现实生活中不能实现的愿望,这种愿望是概括化的情感倾向性,源于儿童与成人及周围环境的互动。游戏也是一种探究,儿童通过这种探究,对还未被同化的经验进行探索,通过想象,儿童创造了一个新的刺激场,来帮助自己处理不愉快的情绪。总之,游戏有利于儿童的心理健康。

一、游戏与心理健康的相关研究

儿童独自进行的摆弄物体的游戏行为,在帮助儿童应对压力、减轻焦虑感方面的作用引起了研究者的广泛关注。另外,儿童独自的玩物游戏对创伤事件的治疗效果也好于社会性游戏。如果允许儿童把在真实生活中对其有压力的材料作为游戏的素材,让儿童有机会操纵、控制这些材料，儿童就可能将真实生活中的压力反映到他们的游戏中，那么，那些生活中的具有威胁性的、不可控的事件所产生的焦虑可能因此有所降低。这个假设，成为许多形式的儿童游戏治疗的基础。但一般认为，能产生此类作用的只限于玩物游戏、假装游戏和想象性游戏（Singer & Singer, 1990）。

辛格（Singer）提出了一个建设性的"认知—情感"理论。理论指出，游戏（尤其是想象性游戏）是一种积极的发展力量，而不仅仅是一种情感不成熟时的应对机制，也不仅仅是一种弥补逻辑缺陷的同化方式。辛格强调，游戏为儿童提供了一种调节刺激输入程度的方法，这些刺激可以是来自外部环境的，也可以是来自大脑内部活动的（例如，在大脑中不停地重放他们所经历的压力事件和相应的情绪体验）。通过游戏，儿童能够优化内部和外部刺激的处理流程，从而体验愉快的情感——不会因为太多的刺激而震惊，也不会因为刺激太少而厌倦。比如，当一个孩子在机场候机而无所事事时，他会通过一个想象游戏的情节来获得内部刺激。

不过，辛格认为，幻想能力存在个体差异。①虽然幻想能力是一种发展性能力特征，对所有的儿童而言，它都会随着年龄的增长而增强，但还是有一些儿童显示出比其他儿童更强的幻想能力，并且这种差异在个体发展的早期就会表现出来。天赋和后天的教育都会对幼儿幻想能力有影响，父母对幼儿幻想能力的早期表现具有重要影响。要多鼓励幼儿进行想象性游戏。辛格认为，游戏对儿童的成长影响巨大，从语言发展到发散性思维，从移情作用到冲动控制等。幼儿能通过游戏寻求最适宜的刺激，确保最适宜的唤醒水平，所以游戏有助于心理健康。

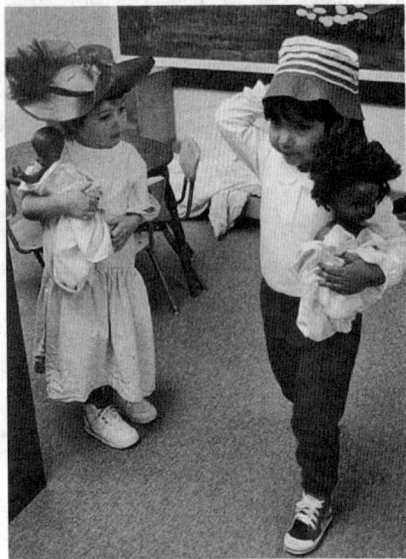

图 9-7　游戏中的角色扮演①

"我要送我的孩子进幼儿园了。她会喜欢那儿的。""可是我的孩子不喜欢。她每次去都会哭。"

游戏有时具有心理治疗的功效。但研究表明，幼儿独自进行的游戏，其效果有时更好。

萨顿-史密斯（Sutton-Smith, 1980）强调游戏中角色假扮的方式对儿童的控制力和自主性的培养。儿童相对成人处于一种弱势，因而有必要让儿童知道，他们有机会推翻那些由于自己的不成熟和个子矮小而让他们感到自卑的生活压力，因而游戏有助于建立自我价值感。游戏和幻想让儿童更具有力量，成为环境的主人。想象一下，儿童对那些成人强加在他们身上的日常事件（如进入幼儿园）会有什么样的感受：儿童别无选择，家长决定怎么做就得怎么做，父母具有完全的控制权。但是，在游戏中，儿童可以转换角色，将洋娃娃或小熊留在假装的幼儿园或托儿所，从而重新捕捉到一些在现实情景中无法控制的经历。

另外，游戏与自我概念的扩展密切相关，这种扩展源于一个独立、有责任心且具影响力的人。通过游戏，儿童

① Laura E. Berk: *Infants, Children, and Adolescents*, Pearson Education Inc., 2005.

形成一个安全阵地,通过这个阵地,可以投射儿童的紧张、焦虑,实现移情。临床心理学家发现,经历灾难后的儿童常常将创伤性事件融进游戏。基于一组被绑架过的儿童和 12 个遭受身体、心理创伤的儿童(如被狗咬伤、性侵犯、目击一场谋杀等)的临床研究,发现创伤后游戏具有如下特性:强迫性重复,无意识地联系到创伤事件,无法缓解焦虑,倒退,对早期创伤线索的易感性等(Terr,1981)。研究还发现,儿童在有了新弟弟或新妹妹后,假装游戏增多(Kramer,1996)。

二、游戏在帮助幼儿应付压力事件中的作用

游戏有降低焦虑的作用(Gilmore,1966)。研究发现,游戏与焦虑的降低之间呈现着复杂的非线性关系。游戏,尤其是玩物游戏,有助于中等水平的焦虑状态的缓解,但对高焦虑或低水平焦虑的缓解作用不显著。研究者(Gilmore,1966)通过系统研究来考察住院治疗的儿童的游戏与焦虑之间的关系。研究发现,住院治疗的儿童比没有住院的儿童更喜欢玩与医院有关的医疗玩具,通过玩医疗玩具,可以帮助住院治疗的儿童降低因住院引起的恐惧与焦虑,使他们更好地理解医院的环境。

在另一项研究中,研究者(Barnett,1984)让被试处于有潜在威胁的情境中,将被试随机分为自由游戏组和控制组两组。结果发现,在被试的情绪唤醒水平中等的情况下,鼓励被试进行独自的玩物游戏,一段时间后,实验组被试的心理唤醒明显降低。

自然条件下进行的研究,也发现了游戏对缓解焦虑的作用。儿童进入幼儿园的第一天,都会产生因亲人分离和陌生情景而导致的"分离焦虑"。研究者在测定了每个儿童第一天的"分离焦虑"水平后,安排儿童进行不同性质的活动:(1)社会性情境(有其他孩子在场)的自由游戏;(2)独自的玩物游戏;(3)结成小组听故事(非游戏,社会性情境);(4)自己一个人听故事(非游戏,独自活动)。活动结束之后,再次测定儿童的焦虑水平。结果发现,自由游戏有助于焦虑水平的缓解,独自游戏的效果好于社会性游戏,但这种游戏对高焦虑组儿童并无明显的焦虑缓解作用。高焦虑组儿童在游戏中表现出更多的幻想行为。研究者认为,游戏尤其是单独游戏和幻想游戏可以帮助儿童降低焦虑与紧张,具有情绪的"修复"功能。

在面临潜在的压力事件时,玩物游戏比社会性游戏有更好的缓解焦虑的作用。此结论只适用于那些接触压力源时心理反应强烈的儿童,并且游戏只能是幼儿独自进行的。在上面提到的研究中,被分配进同伴游戏的高唤醒儿童与听故事的控制组中的儿童一样,心理唤醒程度并未降低。

单独游戏情境下的高焦虑儿童最可能进行幻想游戏。沃森(Watson,1994)发现,他的一个被试在实验室看了一个恐怖电影后并未进行玩物游戏,但他的妈妈报告说,孩子在试验后的两天里都在玩恐怖电影中的情节。沃森认为,当儿童面临令人恐惧或焦虑的情境时,他们需要一个可以使他们"冷静下来"的机会(cooling-off),以对焦虑事件进行信息加工和重组。因为当儿童对他们所面临的焦虑情境失去控制力时,他们就无法应对其他的焦虑事件了。

想象游戏可以改变消极的情绪体验,伴随着肯定情感的想象游戏,有助于降低幼儿的攻击性

图9-8 这个小男孩把对狗的恐惧发泄在玩具猫身上①

行为。当一组10岁儿童的活动受到一个年长儿童的打扰后,他们都很愤怒,然后分别让这些儿童观看攻击性的、快乐的、中性的电视,长度都为3分钟。想象水平高的儿童在看了攻击性电视后紧接着进行自由游戏,攻击性水平随之降低(Biblow, 1973)。事实上,许多游戏材料与游戏都具有帮助幼儿宣泄与释放消极情绪的作用,如面团、黏土、橡皮泥等一类可以让幼儿捏、压的玩具。 ①

埃尔金德(Elkind, 1981)提出,游戏是"匆忙"(hurrying)的一剂解药,儿童通过游戏来缓解压力。这些压力是在今天快节奏社会中社会化的影响下产生的。而今天的儿童,是在压力下快速成长的,父母、学校和媒体迫使儿童比前人更早地执行任务和满足要求。埃尔金德将"匆忙"定义为:儿童所承受的压力使儿童以个性同化的代价来实现社会顺应。换言之,儿童被催促并且是强迫地来学习新事物,而这些时间原本可以更好地用于游戏中,以强化或消化过去的经验。

游戏和学习是分离的但又是紧密结合的。埃尔金德不赞同"游戏是儿童的任务",因为游戏有时被转换到高度结构化的教学实践中。根据埃尔金德的理论,孩子们的个性同化不应该被转向社会适应中。他认为儿童真正的任务不是游戏而是满足置于他们身上的数不尽的社会化要求。为了完成儿童期的这一真正的任务,儿童需要通过游戏和使用玩具来丰富自我的表达。他强调,儿童在小学时期获得学习与游戏之间关系平衡的重要性。因此,在学前阶段,应将重点放置于游戏和玩具上,游戏与玩具给儿童最大的空间来发挥他们的想象力。

总之,游戏有助于儿童认知、情感和社会性的发展,有助于幼儿的心理健康,应该给幼儿足够的游戏自由,促进孩子的健康发展。

本章总结

游戏是儿童最主要的活动之一。目前研究者普遍认为,游戏的标准是娱乐性、灵活性和假装性。

游戏有助于儿童认知能力的发展,为他们提供了认知周围世界的机会,促进儿童对事物之间关系的理解能力,并为儿童提供了一个实验场所以自由和创造性地解决问题。

游戏促进了儿童语言的发展——结构最复杂的句子往往最初是在游戏中说出来的。

① Berk, L. E.: *Child development* (5ᵗʰ ed.), Pearson Education Company, 2000.

　　游戏也促进了儿童社会性的发展,在与其他同伴的互动中,儿童理解了别人的想法,并与同伴建立了最初的人际关系。在游戏中,儿童还学会了与同伴相处、控制自己、影响别人。

　　游戏还与心理健康有关,要给孩子自由游戏的时间和空间,以缓解他们的紧张和焦虑。

请你思考

1. 儿童的游戏具有哪些特点?
2. 游戏是如何促进儿童社会性发展的?
3. 游戏与心理健康有关,如何帮助儿童缓解他们面临压力事件时的紧张与焦虑?

第四篇

幼儿发展的背景

　　本篇讲述对幼儿发展有影响的环境因素：家庭、同伴、影视媒体和学前教育机构。从进化和社会系统的理论来看，家庭是影响幼儿健康成长最重要的因子，其中抚养方式、亲子关系以及家庭结构等都是直接影响幼儿生理、心理健康发展的因素。幼儿进入幼儿园后，家庭以外的社会系统开始对幼儿有直接的影响。同伴关系、师幼关系以及各种电影、电视媒体开始渗透进幼儿的生活中，并将对幼儿心理发展的各个方面产生影响。本篇将就这些问题展开讨论。

第十章

家庭与儿童发展

　　自从有了小土豆，文清全家天天都能收获欢声笑语。小土豆就是这么一个开心果！看，他最喜欢做的一件事就是把爸爸的大拖鞋套在自己脚上，然后满屋子摇摇晃晃地走；每次看到爸爸在卫生间剃胡子，他就第一个去报到！有一次还对着镜子像模像样地把爸爸的剃须泡沫涂在自己脸上呢！总之，整个家因为小土豆而充满欢乐。作为父母，文清和丈夫也千方百计地想为小家伙创造无忧无虑的完美环境。

　　家庭是个社会系统，是一个既能影响儿童成长，同时也被儿童影响着的社会机构。本章将讨论家庭的意义与功能，分析亲子关系、父母教养方式以及家庭结构对儿童可能产生的影响。

第一节　家庭的意义与功能

　　人是社会性的动物。早期人类社会就已经发展出特定的行为规则，来规范各部落成员的行为与角色，惩罚或禁止某些行为。为形成良好的社会秩序，人必须对下一代进行社会化的工作。

　　社会化是儿童获得他所在的社会的价值标准、行为准则和行为技能的过程。社会化有重要的功能：它规范儿童的行为、控制儿童不合宜或反社会的冲动；社会化的过程促进个体的成长，社会化的儿童能利用他们所得到的知识、技术、动机及抱负更好地适应他们生存的环境，完成自我实现；社会化可维持社会秩序，社会化的儿童成长成社会化的成人，他又会将他所学到的经验传授给自己的子女，进而完成文化传递。

　　所有的社会都会发展出各种不同的机制或机构来使年轻的一代社会化，家庭、教堂、教育系统、儿童团体（如少先队等）及大众传播媒体就是社会化机构的实体。而在这许多的社会机构中，对儿童影响最大的就是家庭。社会中的大部分儿童都是在家庭环境中长大。在儿童进入幼儿园、托儿所或开始正式的学校教育之前，儿童与外人接触的机会很少。而早期的生活事件对儿童的社会、情绪和智力发展有非常重要的影响，所以家庭是儿童最重要的社会化场所。

一、家庭的意义

　　家庭是基本的社会体系，也是每个人出生后接触的第一个社会环境。每个人一生中，多数的时间会生活在家庭中,家庭是个体安身立命的基本场所。

本质上,家庭是由两个以上有血缘、婚姻或收养关系的人组成的社会单位,家庭成员生活在一起,有共同的承诺与约定,对家庭有所认同,家庭成员间共享情感与经济生活,同时也可能生养、教育子女,成员之间相互扶持、休戚与共。家庭是目前人类社会组织中最为普遍的单位,是人类最亲密的团体,也是最能满足个人身心需求的环境。

美国社会学家史蒂芬(Stephen, 1963)认为家庭具有三个特性:夫妻与子女居住在一起;承担为人父母的权利与义务;夫妻在经济上有相互扶养的责任。家庭不仅是指人们生活在同一屋檐下,更是指成员要有共同利益与目标,家庭成员之间不但要满足彼此经济、教育与心理的需求,更要有彼此照顾、相互扶持、促进家庭与自我发展等责任。

从心理学的观点来看,儿童诞生于家庭,成长于家庭,家庭是儿童生活中最重要的文化生态环境之一。父母乃是儿童与社会间的媒介,肩负了儿童行为社会化与促进子女健康发展的责任。家庭的气氛、父母的教养方式、亲子关系、手足关系、婚姻关系等家庭因素,对于儿童的认知、社会性、情绪及人格的发展,都有重要影响。

二、家庭的功能

家庭在每一个社会中都受到重视,是因为它具有多样化的功能,可以满足人类不同的需要。在传统社会中由于社会结构简单,家庭的功能很多,包括生育、经济、宗教、教育、情爱以及保护等功能。随着时代的进步,社会分工日趋精细,若干传统的家庭功能如教育、宗教、经济等,已逐渐由社会专职机构所取代。然而就发展心理学或教育学的观点来看,父母教养子女的责任、促进子女健全发展的功能是无可替代的。在研究许多不同文化下儿童的教养方式后,Levine(1984)提出,所有社会中的家庭对儿童的教养都有以下目标:

(1)生存目标。这是指促进儿童的生存及健康,满足子女衣、食、住、行、卫生、保健的需要,使子女能够独立生存于现代社会,完成成家立业和传宗接代的目标。

(2)经济目标。未成年的儿童在经济上依赖父母,以维持生存。而父母的终极目标,是培养子女有独立生活的能力与行为特质,培养儿童具备谋生的技能,做到在经济上独立自主,不依赖他人。

(3)自我实现目标。儿童终将成为社会的一分子,担当社会的责任。因此,父母有责任促进儿童行为的社会化,发展其适应生活的能力,帮助子女树立正确的人生观、价值观、信仰等,使其能在社会生活中获得自我满足与自我实现。

根据Levine的观点,这些教养子女的共同原则是阶梯式的。父母及其他照顾者首先关注的是儿童的生存问题,然后才会强调更高层次的目标。在孩子的身体健康及安全得到保证后,父母才会鼓励、培养那些经济自足所必需的品质。只有在生存及经济生产所必需的能力品质形成后,父母才会鼓励儿童去追求地位、名望和自我实现。

三、家庭是一个系统

贝尔斯基（Belsky，1981）认为，家庭就像人的身体一样，一个整体性的架构中包含了互相关联的各个部分，每个部分都会影响其他部分，并受其他部分的影响，而且每个部分都对整体的运作有贡献。

我们以只有一个婴儿的核心家庭来说明这个家庭系统。根据贝尔斯基的观点，即使这个最简单的男人—女人—婴儿的"系统"也是非常复杂的实体。婴儿与母亲的互动就是一种交互影响的过程，婴儿微笑时，母亲也会以微笑相迎，母亲关心的表情也会使婴儿警觉。当父亲加入时，情况会发生一些改变：母亲—婴儿的配对会突然变成包括丈夫—妻子、母亲—婴儿和父亲—婴儿等关系的家庭系统。将家庭理解为一个系统，任何两位家庭成员间的互动都会因第三位家庭成员的出现而改变。研究表明，母亲在场时，父亲就较少与婴幼儿说话，也较少对婴幼儿表达情感（Hwang，1986）；父亲在场时，母亲也较少与幼儿玩或抱他们（Belsky，1981），对男孩而言，这种情况更明显（Liddell，Henzi，& Drew，1987）。青年初期，母亲与儿子在父亲面前的冲突较少。而母亲的介入会对父亲与儿子的互动产生消极影响（Glerde，1986）。同时，婚姻的质量（即丈夫与妻子的关系）也会影响父母与儿童的互动，而父母与儿童的互动也会影响婚姻的质量（Cox et al.，1989，1992；Minuchin，1985）。总之，家庭里的每个人及每种关系都会通过交互作用的途径影响每个人和每种关系。

如果第二个孩子出生，新的关系——手足与手足、手足与父母的关系出现，家庭系统会变得更复杂。扩展家庭（extended family）的情况也更具复杂性。所谓扩展家庭，是指父母及子女是与其他的亲属（如祖父母或叔叔婶婶、侄儿侄女）住在一起。在很多文化中，尤其是在中国的农村，生活在扩展家庭里是很普遍的现象，许多家境贫穷而必须外出工作的父母，不得不让其孩子与祖父母、叔叔、婶婶或表兄弟姐妹等同住，并从中得到协助。这些同住的人有时也可作为其子女的保姆。以前，家庭学者常会忽略扩展家庭，或是认为这种家庭形态是不利于儿童的教养场所，但这种观点已有所改变。有研究显示，扩展家庭中成员的支持（尤其是祖父母），可协助处境困难的单亲母亲应付她们所面对的压力，从而使她们变成积极敏感的照顾者，并与婴幼儿建立较安全的情感关系（Crockenberg，1987；Wilson，1989）。美国学者的研究表明，住在扩展家庭里的处境困难的非裔美国儿童在学校的表现，比住在核心家庭里的处境困难的同龄同伴更好，心理的适应水平也更高（Wilson，1986）。

家庭是个发展的实体。它不仅是个复杂的系统，而且也是个动态的系统。每个家庭成员都是发展中的人，每一种关系也都在发展中：丈夫和妻子、父母和子女、手足和手足之间的关系都在不断变化发展，这种变化会影响每个家庭成员的成长。

家庭又是个嵌入的实体。所有的家庭都是存在于较大的文化或次文化背景中，而家庭在生态中所占的位置（如家庭的宗教信仰、社会经济地位以及文化、亚文化、社区或自己居住地附近流行的价值观等）会影响家庭的互动和家庭中儿童的发展（Bronfenbrenner，1986，1989）。根据贝尔斯基的观点,对家庭社会化的深入研究,需要各领域学者的共同努力:需要发展心理学家、家庭社会学家、社区心理学家和社会工作者的合作,来研究家庭如何影响儿童及如何受儿童影响,仅将焦点放在父母与儿童的互动上是不够的。

第二节　亲子关系与儿童发展

儿童一出生,就会影响其他家庭成员的行为。期望怀孕及期待婴儿到来的成人,会给婴儿取名字、准备小衣服、改善住房条件、布置婴儿房、更换或调整工作甚至辞职,以及帮助家里年纪较大的儿童(如果有的话)面对即将到来的改变等活动,来迎接这一神圣的事件。当然,对未婚妈妈或那些无法抚养孩子或得不到朋友、亲戚及社区成员鼓励和支持,或暂时还不想要孩子的夫妇来说,未出世的婴儿所带来的冲击则是令人不快的。

婴儿的出生会如何影响母亲、父亲及婚姻关系呢? 父母所经历的改变会影响他们对婴儿的反应吗? 不稳定的婚姻会因为孩子而有所改善吗? 社会生态系统论的观点将有助于我们理解这些问题:婴儿的到来使婚姻关系有所改变,而家庭也成为一个更为复杂的社会系统,这一系统会影响所有家庭成员的行为及情绪。我们首先来分析婴儿的出生对家庭关系的影响。

一、幼儿对家庭的影响

婴儿出生是改变父母行为的重要事件,也可能是影响他们婚姻关系质量的重要因素。成为父母,可能会造成新父母们性别角色特征的改变,即使在能共同分担家务的平权夫妇中,新妈妈也可能会变得更富有"感情",更多从事"女性化"的活动,而新爸爸则会更专注于原本属于他们的供给者的角色(Cowan & Cowan, 1987)。如果父母两人本来都有工作,通常都会由母亲暂时离开工作,留在家里照顾婴儿;不过,新爸爸可能也会变得"女性化",例如,他们在与婴儿互动时会流露出更多的爱心和感情(Feldman & Aschenbrenner, 1983)。

婴儿的出生会如何影响婚姻的关系呢? 许多家庭社会学者认为,"成为父母"是一种婚姻"危机",夫妇要应付更大的经济责任。收入的减少、睡眠习惯的改变及相处时间的减少,这些事件可能会瓦解丈夫与妻子间的关系。贝尔斯基等人(Belsky, Lang, & Rovine, 1985)发现,婴儿出生后,婚姻满意度通常会降低,特别是女性(见图 10-1)。

这可能是因为照顾婴儿的责任常落在母亲的身上。但是,对婚姻的消极评价并不会持续太长时间。因为,这个过程中她们对婴儿愈来愈有感情,很快,她们对婚姻的满意度也会有所上升。

尽管如此,在适应初为人父母的生活上仍有较大的个别差异:有些夫妻在第一个小孩出生后,确实会在亲密行为及夫妻感情上有持续减少,但是也有人指出,初为人母仅有少许的压力而已。什么样的夫妻最能应付这种重要的生活改变呢? 贝尔斯基发现,对年纪较大或结婚数年后

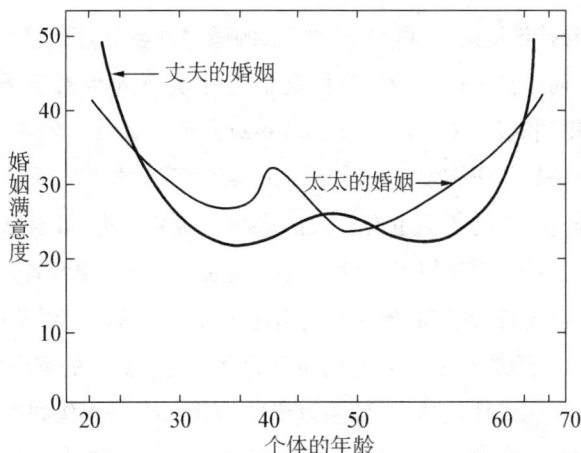

图 10 - 1　婚姻满意度与生命周期的关系[①]

才怀孕的父母来说,孩子的出生对婚姻关系的冲击是较小的。此外,原生家庭的影响也不容忽视,如果夫妻双方的父母都以亲切、接受的方式对待他们,他们就可能更容易适应初为人父母的变化;如果夫妻有一方是在冷漠、拒绝的环境中长大,那么孩子的出生很可能意味着婚姻失调(Belsky & Isabella,1985)。

当然,幼儿的行为也会影响夫妻对父母角色的适应。比起安静、快乐的婴儿,爱哭闹、难喂养及活动水平高的婴儿的父母,其正常的生活受到的干扰更多,他们对婚姻关系的满意度可能也更低(Levitt,Weber,& Clark,1986)。许多特别需要照顾的婴儿(如患有唐氏症或体弱多病的婴儿)的父母间可能也会有问题产生,例如,婚姻关系变得更为恶劣(Bristol,Gallagher,& Schopler,1988)。但也有夫妻指出,他们认为特殊的孩子对他们的婚姻关系没有影响,甚至使他们两个人的关系更为亲近(Floyd & Zmich,1991;Gath,1985)。所以,需要特别照顾的孩子的出生,可能会干扰原已失调的婚姻的平衡性,但是却不会危及基础很稳固的婚姻。

二、父母对儿童的影响

那么,除了孩子的出生对原有家庭系统产生影响之外,父母的行为又对婴儿产生怎样的影响呢? 父母双方对婴儿产生的影响是一样的吗?

(一) 母子关系与儿童的发展

近年来,心理学家的研究发现,温暖而敏感的母亲,经常与婴儿说话,提供给婴儿多样化的刺激,有助于婴儿形成安全的依恋关系,有利于培养他们好奇心,增加他们对外界环境的探索,这些有利于婴幼儿智力的发展及健全心理功能的形成,为未来发展奠定了良好的基础(Shaffer,1989)。

母亲的年龄是影响其对待婴儿敏感度的重要因素。太过年轻的母亲,例如,未满 20 岁的青少

---

① 黄德祥著:《亲职教育》,伟华书局有限公司(中国台北),1997 年版。

年妈妈,对于育儿工作常持消极的态度,对子女需求的敏感度较低,反应性亦较差,因此无法提供子女正常发展的环境。而年龄超过 25 岁、有稳定职业的母亲,不但对于子女敏感度与反应性较高,而且能从育儿工作得到满足(Ragozin et al.,1982)。

西方学者对青少年妈妈的研究发现,她们早期的情感经历、她们与配偶的关系以及她们的社会支持系统等对她们养育子女的行为也有较大的影响。研究发现,被自己的父母拒绝以及缺乏配偶或其他亲密同伴支持的青少年妈妈,更可能成为粗暴、迟钝的照顾者。即使是青少年妈妈有亲密的同伴为她提供社会支持,她们的教养方式仍比年龄较大的母亲更不敏锐,缺少回应(Garcia Coil & Hoffman,1987)。研究还发现,年轻的母亲为婴幼儿所提供的家庭环境,也比年龄稍大的母亲所提供的环境更不具刺激性,这或许可用以说明为什么青少年妈妈所生的小孩在学前期和学龄期较易表现出一些智力功能上的缺陷,这些孩子通常在青年期学业表现也很差(Furstenberg et al.,1989)。

(二) 父子关系与儿童的发展

过去亲子互动的研究,多以母亲为对象,这种现象一方面出于男主外女主内这一性别角色的刻板化影响,另一方面则是由于母亲担负了较多的照顾婴儿的工作。20 世纪 70 年代以来,父亲对子女发展的影响开始受到西方学者的重视。研究发现,父亲与出生 3 个月内的婴儿互动较少,平均每天 2.7 次,每次约 40 秒钟;随着婴儿年龄的增加,父子互动也逐渐频繁(Easterbrook & Goldberg,1984)。父亲与子女相处时,经常扮演孩子"玩伴"的角色,游戏活动包括较多的身体活动与刺激(Lamb,1981)。

图 10 - 2 父亲和母亲与孩子不同的互动方式

父亲与母亲在与孩子的互动中有何不同呢? 研究发现,母亲在与婴幼儿互动时,大部分的时间是提供照顾,例如,提供食物,擦鼻涕,换尿布等。而父亲在大部分时间里是与婴儿游玩(Parke & Tinsley,1987);而且父亲的游戏方式也与母亲不同,父亲会玩一些不寻常、不可预测且有点粗暴的游戏,而母亲则是抱着婴儿,安抚他们,和他们说话,安静地和他们玩(Lamb,1981)。父亲与儿子相处的时间比女儿多,并积极鼓励男孩玩适合其性别的玩具(Barnett & Baruch,1987),这就使他们很早就开始影响男孩的性别角色发展。父亲如能与子女建立起安全的依恋关系,将会对婴儿社会化与情绪的发展起到重要的促进作用。

父亲不只是主动的指导者或代理照顾者,在婴儿未与母亲建立安全依恋关系的情况下,父亲还能通过与婴幼儿积极的互动,减轻孩子的社会化不足及情绪上的困扰。与较少照顾子女的父亲相比,经常照顾子女、对教养子女有积极态度的父亲,更可能促进婴幼儿安全的依恋关系的建立,他们也更倾向于积极地评价自己的孩子,认为自己的孩子是有能力的(Cox et al.,1992)。这些发现可用来说明,为什么与高参与度的父亲间有更好关系的男女儿童,智力发展水平更高,在学校的表现也更优秀。

父亲除了直接与孩子互动,影响子女的发展外,他们与孩子母亲的互动——夫妻关系,也会对儿童的发展产生间接的影响。父母的婚姻关系失和以及父亲对母亲态度恶劣等情况,都会影响母亲照顾婴儿工作的质量和她们对为人母的角色及对自己孩子的满意度,致使父母双方对子女的敏感度与反应性降低,并导致不良的亲子关系。如果婚姻关系和谐,父亲愿意更多地参与育儿工作,父母双方也常常以孩子为话题聊天,母亲有了父亲精神上、感情上的支持力量,则会更加任劳任怨地照顾婴儿,体验育儿的快乐,许多育儿问题也都容易解决(Bashsffi,1983)。

第三节 教养行为与儿童发展

在整个学前阶段,父母都充当了孩子照顾者和玩伴的角色。在孩子两岁以后,孩子的社会化进程开始了,父母开始承担教导者的角色,教导儿童在各种情境下合适的社会行为,向儿童灌输社会礼节、行为规范及自我控制。父母开始需要限制儿童的自主性,同时又要注意保护儿童的好奇心、主动性和个人能力感。 ①

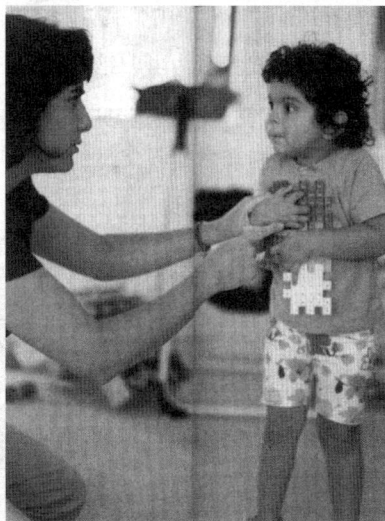

图 10 - 3 两岁后亲子冲突明显增加①

一、父母的教养行为

精神分析学家艾里克森认为在学前和学龄阶段,父母的教养方式中有两个维度是很重要的,那就是温暖和控制。

父母的温暖维度,是指父母所表现出来的反应和情感的量。亲切而有回应的父母在子女有不良行为时会很严厉,但是他们对自己的孩子有更多的微笑、称赞及鼓励。相

---

① Alison Clarke-Stewart & Joanne Barbara Koch:*Children:Development Through Adolescence*,John Wiley & Sons,1983.

反，具有"敌意"（冷漠而无回应）的父母，经常责备、轻视或忽略儿童，他们很少有意识地让儿童知道自己是被重视或被爱的。

父母的控制维度，是指父母试图加诸儿童身上的管理和监督的量。控制型的父母给儿童许多限制性命令，并主动监督子女的行为，以确定他们是否遵守了这些规定，因而限制了儿童自由表达的机会。非控制型的父母则较少约束、命令子女，他们给孩子许多自由，让孩子们去追求自己的兴趣、表达自己的意见和情感，决定自己的行为。

心理学界深受精神分析学派的影响，非常重视早期家庭生活经验对个体发展的影响，自20世纪30年代便开始研究母亲的育儿方式，试图将母亲表现的教养行为分为若干类型，研究这些类型对儿童发展的影响。当然，由于研究者取样的对象与使用方法上的差异，所得到的结果各有不同。

早期的研究主要集中于研究少年犯罪与情绪困扰儿童的家庭。西蒙（Symonds，1949）纵览当时的文献，将母亲的教养行为归纳为"接纳—拒绝"和"支配—顺从"两个维度。鲍德温（Baldwin，1945，1949）在他两年半的纵向研究中，利用观察法评定母亲的教养方式，得到了三个母亲教养行为的维度：关爱、放任和民主。在关爱教养方式中，母亲教养行为的特点是接纳、关怀、爱护、和蔼等特质；在放任的教养方式中，母亲往往对子女过度纵容；而采用民主教养方式的母亲，具有清晰的育儿哲学，采用合理的纪律约束方式，对子女有高度的同理心。

20世纪60年代，有关母亲教养行为的研究开始转变。心理学家认为采用访问母亲或以问卷方式收集母亲教养行为资料的方法值得商榷，因为这种方法难免受母亲偏见或记忆因素的影响，有失客观，因而新的方法应运而生，例如，通过儿童的描述来了解父母的教养行为（Roe & Siegelman，1963），或是深入家庭观察亲子间的互动，以评定母亲的教养行为。鲍姆令特（Baumrind，1967，1971，1973，1977，1979）的研究便是其中较有影响的。鲍姆令特的研究结果发现，母亲的教养行为可归纳为下列三种类型：

（1）专制型（authoritarian parenting）。在日常生活中，专制型的母亲，会以绝对的标准来衡量子女的行为，非常重视父母的权威，强调子女的绝对服从，尊重工作、秩序与传统，不太鼓励意见

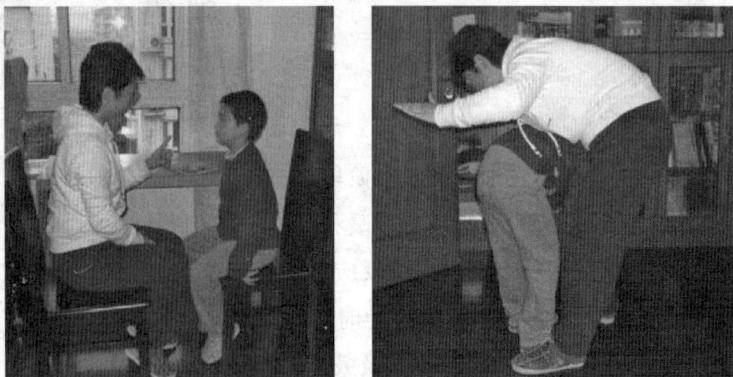

图10-4 民主型和专制型父母不同的教养方式

民主型的父母用说理的方法管理孩子的行为，为孩子设置限制，尊重孩子；而专制型的父母倾向于用惩罚的方法控制孩子。

的表达与亲子间的沟通。

（2）放任型（permissiveness parenting）。这些母亲对子女的控制最少，接纳子女的一切冲动、期望与行为，很少使用惩罚与要求，完全让子女自主。

（3）民主型（authoritative parenting）。这种类型的母亲期待子女表现出成熟的行为，她们会制定合理的行为标准，然后以坚定的立场去贯彻始终，鼓励子女的独立性与个性表现，亲子之间采用开放的沟通方式；她们尊重子女，但必要时仍然会使用父母的权威。

二、父母教养行为对子女的影响

不同的教养方式会在子女身上起到不同的作用和影响。以下是研究人员对此问题的回答。

（一）控制与子女行为

母亲的教养方式会影响子女的行为。专制型的母亲对子女施行高度的控制，放任型的母亲则完全不控制，而民主型则居中。鲍姆令特曾在幼儿园中观察 110 个 3—4 岁的儿童，根据他们的行为分为能干友善、脆弱不成熟和冲动攻击三种行为类型的儿童，然后再到儿童的家中实地观察母亲的教养方式，寻求二者的关系。结果发现，民主型的母亲，往往养育出能干友善型的孩子；而专制型的母亲，则教导出脆弱不成熟的孩子；放任型的母亲所教养出来的孩子，则是自我中心、攻击性强、成就水平低。

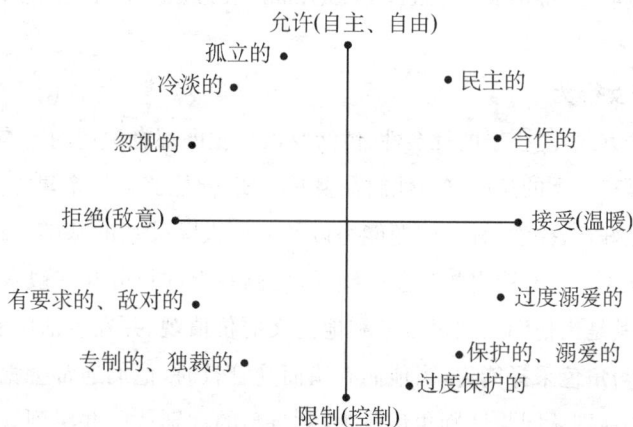

图 10 - 5　把父母分成接受—拒绝（横轴）和限制—允许（纵轴）的教养方式①

父母教养方式对子女的影响具有相当的稳定性。鲍姆令特于 5 年后，当被试已经 8—9 岁时，再度观察他们在学校中表现出的认知与社会交往能力，结果见图 10 - 6。

研究显示，民主型母亲的子女到了小学阶段，仍然在认知与社交能力上有卓越的表现。例

---

① 墨森等著，缪小春等译：《儿童发展和个性》，上海教育出版社，1990 年版。

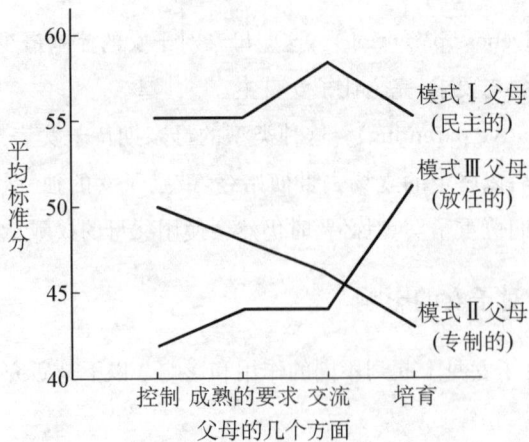

图 10-6 父母教养方式的四个方面的分数[1]

按照儿童的行为模式分组：模式 Ⅰ 的儿童是有社交能力的、成熟的；模式
Ⅱ 的儿童具有中等程度的自信，但有点畏缩；模式 Ⅲ 的儿童是不成熟的。三组
父母的教养方式分别称为民主的、专制的、放任的。

如，在认知方面，思考具独创性，具有高成就动机，喜欢富有挑战性的工作；在社交能力方面，则表现出具有一定的社交技巧，外向，主动参与团体活动，具领袖才能等品质。而放任型母亲的子女则在认知与社会能力方面表现较差。鲍姆令特进一步的追踪研究结果显示，这些被试的行为品质一直持续到青少年期（Baumrind, Ritter, Leiderman, Roberts, & Fraleigh, 1987）。

（二）温暖与子女行为

母亲温暖的教养方式，对孩子的社会性、情绪及认知发展都有深远的影响。在温暖接纳的家庭中成长的孩子多具有以下的品质：(1)他们在婴儿时期，便能够与母亲建立安全的依恋关系，而安全的依恋关系则是好奇、探索、解决问题能力以及良好人际关系的基础；(2)在学龄阶段，他们通常是适应良好的学生——有稳定的学业成绩，智力测验上的得分在一般水平或之上；(3)具有利他与服从倾向，尤其是当他们的父母推崇利他主义的价值观，并在生活中实践这些价值观时；(4)具有高度自尊心与角色采择能力，当他们有错而受管教时，他们通常会觉得父母的行动是合理的；(5)具有明确的性别认同与性别角色行为，对自己的性别认同并感到满意；(6)具有内控特质并以内在的道德价值系统作为行为准则。

与温暖的父母培养出来的孩子相比，那些原本"不想生孩子"、孩子出生后也不想要孩子的父母培养出来的孩子，常常是焦虑、情绪受挫及易怒的，有较多身心健康方面的问题，在学校的成绩也较差（即使智力因素被排除后），不受同伴欢迎，常因严重的行为异常而必须接受精神病的治疗。被忽视的儿童在以后的发展中很难变成快乐、适应良好的成人（MacDonald, 1992）。

---

[1] 墨森等著，缪小春等译：《儿童发展和个性》，上海教育出版社，1990 年版。

图 10 - 7 温暖的教养方式会拉近亲子间的距离

(三) 教养类型与儿童发展关系的研究

鲍姆令特把父母教养方式分为民主型、专制型和放任型三种不同类型。在此基础上,麦考比等(Maccoby & Martin,1983)又将父母的养育行为划分为两个维度:控制维度(control)和情感反应维度(warmth),两个维度相结合产生了 4 种养育类型:对儿童控制较少、情感反应较高的为容许型(permissive),对儿童控制较少、情感反应也低的为忽视型(indifferent),对儿童控制多、情感反应较高的为权威型(authoritative),对儿童控制多、情感反应低的为专制型(authoritarian)。四种类型父母的行为特点以及儿童受其影响而产生的可能的行为见表 10 - 1。

表 10 - 1 教养方式与儿童可能的行为[①]

教养类型	控制—情感反应维度	教养方式的特点	儿童可能的行为
权威型	高控制、高反应	接受和鼓励孩子不断增长的自主性,与孩子积极沟通,弹性的规则	自信,自控,社交能力强,较好的学业成绩,较高的自尊
专制型	高控制、低反应	命令并要求孩子无条件服从,与孩子很少沟通,强硬的规则,不允许孩子有任何独立自主的要求	退缩、恐惧、情绪化、优柔寡断、急躁;女孩到了青春期仍然被动、依赖,男孩则可能趋于反叛、攻击
容许型	低控制、高反应	对孩子极少或根本没有限制,父母无条件地爱孩子,对孩子较多的放任自由、较少的指导,不给孩子任何限制	趋于反叛和攻击,也趋于社交无能,自我放纵,冲动;在某些情况下,孩子可能是积极主动的、活跃的、具有创造性的

---

① Grace,J. C. etc.:*Children Today* (Can. edition),Prentice-Hall Canada Inc.,1998,P. 380.

续 表

教养类型	控制—情感反应维度	教养方式的特点	儿童可能的行为
忽视型	低控制、低反应	不给孩子设置任何限制,对孩子缺乏感情,注意力集中于自己的生活压力,没有精力指导孩子	如果忽视型的父母同时表现出敌意,则孩子趋向于表现出高破坏性冲动以及高过失行为

需要说明的是,表面上相似的教养方式在不同的文化背景中有相当不同的作用。对亚裔美国家庭(如中国人、日本人和韩国人)的研究(Ruth Chao,1994,1996)发现,这些家庭的父母最常用的是高控制的方式,类似于鲍姆令特的专制型,但这些教养行为与儿童的负面行为并不联系。另一个关于文化差异的研究发现,美国传统土著家庭多采用类似于鲍姆令特的放任型的教养方式,但对他们孩子的发展并未产生有害的影响(Johnson & Cremo,1995)。有关中国父母教养方式的研究(张文新,1999),也多认为中国父母多采用以严厉为特点的教养方式。这种教养方式强调严慈相济,对孩子的非期望行为给予严格限制,父母与孩子均意识到父母是因为爱孩子才惩罚孩子的。这种教养方式有利于父母树立权威,有利于儿童内化社会行为规范,解决社会性发展方面的问题。

麦考比看待教养方式的观点虽然与鲍姆令特相似,但她不仅关注父母行为对孩子的作用,而且还关注孩子行为对父母的作用。她认为理想的状态是,无论父母还是孩子都不会一直控制家庭,当孩子长大的时候,父母应该通过与孩子协商来作出决定,专制或宽容并不一定有用,最好是帮助孩子学会思考问题的方式,学会与他人相处时平等交换意见的方式。而这一切最好是在一种充满温情、支持的氛围中进行。父母与孩子之间通过对话与相互作用达成一致的这种理想模式,即共享目标(shared goals),它是家庭气氛高度和谐的产物。

与上述高度和谐的氛围达成共享目标的情况相比,如果父母对孩子是高度控制的,孩子就会学会以不同的方式逃避控制,想方设法离开家;而孩子如果处于失控状态(父母过分宽容),就会变得富于攻击性,或许就轮到父母要逃避家庭环境了——尽量工作得晚一些回家。因此,无论哪一方居于控制地位,对儿童的发展都是不利的,都会削弱儿童的社会化进程。

三、影响父母教养方式的因素

影响父母教养方式的因素很多,大致上可以从父母自身的特点、家庭社会经济地位及孩子自身特点三方面来分析。

(一) 父母自身的因素

在教养子女时,父母所使用的教养态度与教养方式,往往反映出他们过去的经验。童年的亲子关系模式往往会以社会传递的方式,影响新一代年轻父母与他们的孩子之间的亲子关系。小时候父母对他们的教养态度和教养行为也相应成为他们对自己的孩子的教养方式。专制严格的父母往往出自专制严格的家庭;虐待子女的父母,其本身在幼年时代多有受虐待的经历。父母的教养方式会发生代际传递的现象。

在教养子女时,父母自身的人格特质也是影响其教养行为的重要因素。具有权威型性格的父母,多采用严厉权威以及支配型的教养方式;适应不良的父母,则可能歪曲解释子女的正常行为;父母情绪不稳定,动辄发怒,子女则动辄得咎,并容易养成害羞与退缩的行为。

母亲对于怀孕的态度可能会影响日后对于婴儿的照顾行为与敏感度。此外,母亲接纳母亲角色的程度、父母亲为人父母的信心等,都是影响父母教养方式的因素。

(二)家庭社会经济地位

存在于家庭内外的压力因素往往影响父母对待子女的行为与态度,例如,母亲过分热衷于工作,或是工作压力很大,家庭负债、破产,家人疾病、吵架以及离婚等生活事件,都可能形成严重的心理压力,导致父母教养态度的改变,使他们更倾向于采取限制、拒绝或怀有敌意的教养方式。因此,家庭内外的支持系统是疏解压力的管道,父母、亲人、朋友甚至夫妻双方的支持都是很重要的。

美国心理学家的研究(Maccoby,1980)发现,家庭社会经济地位对父母的教养方式的影响较大。低收入家庭所承受的压力较多,价值观念和生活格调与经济条件较好的家庭有所不同,父母的教养方式亦有所差别。一般而言,在低收入家庭中,父母强调服从权威,较多采用限制与专制的管教方式、严格的惩罚与纪律约束。而在经济条件较好的家庭中,父母更强调成就、创造及独立性的培养,在管教子女时也更多地采用诱导式的纪律约束方式、温暖开明的教养方式。处于低社会经济地位的父母与处于较高社会经济地位的父母在教养行为中表现出的差异见表10-2。

表 10-2　不同社会经济地位的父母倾向于使用不同的教养方式[①]

处于较低社会经济地位的父母	处于较高社会经济地位的父母
强调服从,尊重权威,乖巧,整洁及远离麻烦	强调快乐、好奇、独立、创造和野心
限制和专制,常设定一些反复无常的标准,而且使用权威式的纪律来管教孩子遵从	宽容或有威信,他们较喜欢使用诱导式的纪律
较少与孩子讨论、说理,经常使用较为简单的语言	更常与孩子讨论、说理,也较常使用较复杂的语言
对孩子较冷漠,很少表达感情	对孩子较亲切,也较有感情

根据麦可比的观点,在美国的不同文化和种族中这些差异是普遍存在的。不过,也有研究表

---

① 施欣欣等著:《亲职教育 ABC》,中国纺织出版社,1999 年版。

明,这种差异在男孩身上比在女孩身上表现得更为明显,低社会经济地位的父母比中产阶级的父母更倾向于对儿子使用权威式的教养方式,但对女儿权威式的管教不多(Zussman,1991)。

(三) 子女自身的特点

孩子自身的很多特征也会影响父母的教养行为。其中,孩子的先天气质特征是影响父母教养方式的重要因素之一。在亲子互动中,孩子也在影响父母的行为,当父母实施管教时,如果子女能够服从、乐于与父母配合,则彼此容易建立良好的亲子关系;而对于性格倔强、难以驾驭的孩子,母亲较多采用权威而严格的管教方式,亲子间的冲突也容易发生(Bates,1980),有些父母甚至干脆放弃教养的责任。

孩子的身体特征、仪表是影响父母行为的另一因素。母亲与面貌姣好的子女接触较多(Langlois & Sawin,1981),对于肢体残障或智能不足的子女常持有补偿心理,而容易持过度保护的管教态度。

此外,亲子之间由于长期共同生活所发展出来的对于对方的态度,也会影响双方对对方行为的解释或期待,进而影响双方的互动。

子女的年龄不同,父母的教养方式也随之不同。孩子的年龄越幼小,父母越容易扮演管辖监督者的角色。随着孩子年龄的增长,亲子关系亦趋向平等。

第四节　家庭结构与儿童的发展

虽然中国的家庭愈来愈小,但随着独生子女政策的放宽,将有越来越多的儿童可以与一位手足一起成长,因此对于兄弟姐妹在儿童生活中所扮演的角色的探讨是绝对需要的。此外,随着现代社会的快速变迁,离婚率也不断升高。父母离异对孩子的消极影响越来越受到社会各界的关注。本节我们将着重讨论家庭中的这两个因素对儿童发展的影响。

一、手足关系与儿童发展

在家庭生活里,除了父母之外,与我们关系最密切的,莫过于有相同血脉的手足,兄弟姐妹在我们的一生中扮演重要的角色,年长的兄姐是弟妹模仿与学习的对象,是他们心目中的偶像与榜样。手足关系对于儿童的游戏技能、性别角色、道德与价值观的形成,影响深远。手足关系兼具亲子关系与友伴关系的特点,亲子关系中父母对子女的扶助照顾,也常见于手足之间,而手足之间,也常伴有友伴般的平等、互惠的横向关系。手足既会成为生活中的亲密伙伴、情感的支持力量,有时也会成为愤怒与攻击行为的发泄对象。

（一）手足互动的类型

在婴儿期，孩子接触最频繁的对象是母亲，到了幼儿期，与手足的接触渐渐超过与母亲的接触，学龄期之后，兄弟姐妹分享同一个房间，朝夕相处，产生的影响力更大。研究者（Stewart，1983）对手足之间的互动行为进行分析，认为大致将其分为以下几种类型：

1. 符合社会规范的行为

在手足互动过程中，彼此都会表现许多符合规范的利社会行为，例如，教导、模仿、给予、分享、帮助、合作、请求、友善、赞许、微笑、亲近，以及表达情感的动作如拥抱、握手等行为。一般而言，兄姐常扮演教导者的角色，弟妹则多为模仿者的角色，兄姐所表现出的帮助、分享以及给予的行为较多，当手足之中有一方遭到挫折或不愉快时，也会彼此流露关怀与安慰。

图 10 - 8　儿童通过对哥哥姐姐的观察学会了很多社会技巧和游戏活动

兄姐也可以是弟妹的依恋对象。研究者（Stewart，1983）让 10—20 个月大的婴儿面临艾斯沃斯的"陌生人情境"（见第五章）测验中的各种情况。每个婴儿都单独与 4 岁大的手足呆在一间陌生的房间里，不久，陌生人走了进来。婴儿在母亲离开时通常会有伤心的表情，陌生人陪伴他时，他也会有警觉的表现。研究者发现，这些伤心的婴儿很可能会靠近兄姐，尤其在陌生人出现时更是如此。而大部分 4 岁大的儿童也都会提供对年幼的弟弟妹妹某种安抚和照顾。

手足有时也充当老师。Erdy 等人（Erdy et al.，1982）曾要求 8—10 岁的儿童与三组儿童玩扑克牌：与年幼的手足（4.5—7 岁）一起玩、与 8—10 岁的同伴一起玩、与年幼的手足和同伴三个人一起玩。在儿童玩牌时，研究者记录下每位儿童扮演下列角色的频率：老师、学习者、管理者（儿童要求或命令一个动作）、被管理者（儿童是管理的目标）及平等地位的玩伴。结果发现，年长的儿童比年幼的手足更倾向于扮演老师和管理者的角色来控制手足间的互动。与同伴玩时，这些 8—10 岁的儿童是扮演平等地位的玩伴，而很少试着去控制他们的朋友。而当三位儿童一起玩时，负起"管理"责任的，常是年长的手足而不是同伴。所以，年长的手足常试图要引导年幼的弟弟妹妹的行为,尤其是他们单独与年幼的弟弟妹妹玩时更是如此。手足在游戏时经常扮演老师及学习者的角色,这对所有参与者都有助益:年长的手足可从教导年幼的弟妹中学习,而年幼的受教者则从所受之教导中受益。

2. 反社会性的行为

手足关系亦有消极的一面,那就是兄弟姐妹竞争中所表现出的敌意、嫉妒、争吵以及攻击行为。手足间竞争最重要的原因是父母的偏心与兄弟姐妹的成就,尤其是后者往往成为其他手足社会比较的标准,难免构成其心理压力。在弟弟妹妹心目中,兄姐的权力较大、可享受的便利较多,而在兄姐的心目中,父母给弟弟妹妹更多的宠爱和关怀。

3. 手足替代母职的行为

在人口众多的家庭中,尤其是在农村的家庭中,因为母亲家务繁重,或父母外出打工,照顾年幼子女的工作,多由年长的兄姐分担。照顾弟弟妹妹的工作,从喂食、洗澡、管教、温习功课以及带领他们玩耍等都包括在内,心理学家的研究发现,长姊较常扮演替代母职或教师的角色,年幼子女也较容易接受她们的指导;而长兄则常扮演竞争者的角色,对弟妹而言,由于长兄提供较多的刺激,往往可激发弟妹心智的成长(Erdy et al.,1982)。

(二) 出生顺序与手足关系

在不止一个孩子的家庭里,每一个孩子先来后到的顺序,构成在家庭组织中的特殊排行地位,这种排行地位,不但为每个儿童建立起特殊的权力、职责及角色,同时也影响其与父母和手足的关系,以及个人人格的发展。下面分别就排行老大、中间、老幺以及独生子女的性格特征来加以说明。

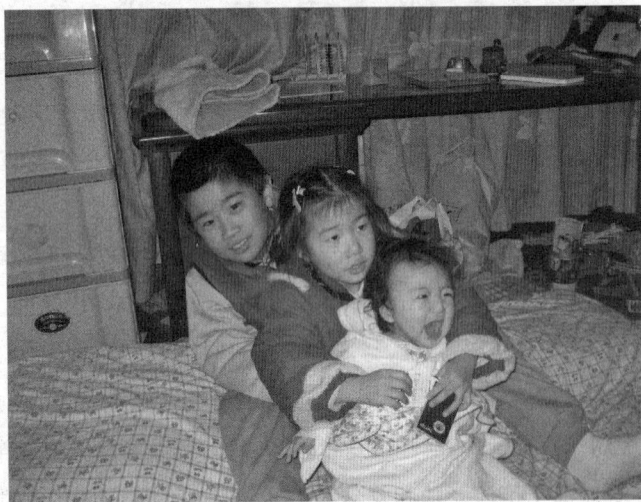

图 10 - 9 孩子们的个性特征因排行不同而不同

1. 排行老大

排行老大的孩子多是在父母殷切的盼望中诞生的,父母对老大的一举一动也特别在意,花更多的时间与精力来照顾老大,陪他玩耍,鼓励他学习,通常老大集父母宠爱与教导于一身,因此在语言、学业成绩以及智力测验得分上均占优势。而在性格上,由于经常是父母注意的焦点,也容易养成支配性与独断性的性格特点,喜欢别人注意他、欣赏他,喜欢处于领导者的地位,自视甚高,自尊心强,由于父母对老大期望较高,也培养了他雄心万丈的气魄。父母常赋予老大管教弟妹的特殊权力,担当较多的家庭责任,做父母代理人,这些责任常促使老大较为早熟,有比较严谨的工作习惯与责任心,正因为如此,老大对弟妹常有矛盾的情怀。

在很多研究中,老大受欢迎的程度不如其他兄弟姐妹,这可能是因为他们常用其较强的权力去支配年幼弟妹,因此,他们也常用这些高压的策略与同伴相处(Berndt & Bulleit, 1985),但这种行为无法促进他们在同伴团体中赢得声望或地位。

2. 排行中间

家中的老二或老三,不像老大那样受到热切的欢迎,况且父母已经有了教养老大的经验,对于排行中间的孩子,父母心情较为轻松,对他们的期望也较切合实际。再者,为了能和能力较强的兄姐和能力较差的弟妹相处,排行中间的孩子经常需要学习调适自己。因此,家庭内发展出来的人际关系技巧,使得家中的老二具有同理心、友善的态度,具有较好的人际能力和友伴关系,能够清楚地认清自己的环境,具有更为实际的目标。

排行中间的孩子一般比老大更受同伴的欢迎,这可能是因为,他们已学会服从年长的、更有权力的手足,学会如何与这些手足协商,因而获得了合作与安抚等人际技巧,这些都可协助他们与同伴友好的互动(Miller & Maruyama, 1976)。

3. 排行老幺

老幺和老大一样,在兄弟姐妹中,同样地享有特殊的地位,因为老幺是家中最小的孩子,深得父母的宠爱,经常被骄纵。因此,容易养成依赖性,喜欢找借口,缺乏解决问题的能力,以及好逸恶劳的习性。与兄姐比较起来,老幺也常会觉得自己的能力不如别人,又常受兄姐的支配与使唤,因此难免容易产生自卑感。

4. 独生子女

独生子女是家中唯一的孩子,由于没有手足与他分享父母的爱,他们通常就是父母生活的中心,因此容易养成自我中心、不愿与人分享和独立自主的性格。由于没有机会从手足那儿学习施与受的经验,因此与朋友相处时可能发生适应的困难,传统上认为独生子女是自私、寂寞、不合群的。但是独生子女的生活环境也有其有利的条件,例如,免除手足竞争与具有充分的亲情,如果父母能够提供适当的学习机会,让独生子女更多地与友伴接触,那么独生子女一样能够学习与人分享、尊重他人,做一个团体中的成员,而且由于他们经常与成人接近,向成人认同,长大之后通常特别具有领导才能和独立自主的精神。

研究发现(Falb & Polit, 1986),独生子女一般都比有手足的儿童更顺从,也更聪明,更可能与同伴建立积极的关系。由于独生子女可独占父母,他们与父母共同度过的时间更长,受到直接的成就训练也更多,所以他们更友善、行为更友好,并更具有建设性的解决问题的能力。再者,这些没有年幼弟妹可逞威风的独生子女,就像非老大的儿童一样,很快就会了解如果他们想要和大部分与他们一样有力的同伴愉快地玩耍,他们就必须要学会协商、分享与随和。所以,没有兄弟姐妹的儿童也可能拥有正常健康的发展。

(三) 手足竞争

手足竞争是兄弟姐妹之间所流露出来的竞争、嫉妒与敌意,可以说是手足关系的一大特色。手足竞争开始的时间很早,通常家中第二个新生婴儿的诞生,便是手足竞争的开始。心理学家邓恩(Dunn, 2002)曾经访问了53位母亲,关于2—5.5岁的儿童对于新弟妹诞生的反应,结果发现,大多数的受访母亲都表示,新弟妹的诞生多少给老大带来情绪上的苦恼,其中有40%的孩子在弟妹尚未出生之前就有明显的不良情绪,有26%的孩子在弟妹出生之后才显现,他们多表现出若干退化行为,例如,尿床,要求用奶瓶喝奶,出现儿语,容易发脾气,不合作,等等,但是大多数儿童能够很快地适应家中的新婴儿的诞生。

手足竞争随弟妹年龄的增长而愈演愈烈,在整个儿童期间都很普遍,手足之间年龄愈接近,彼此的比较、竞争、各不相让的情形就越多,所表现的争执、敌视的攻击行为也就越多;手足的性别亦是影响手足竞争的因素,同性别的手足,不论男女,积极的互动都更多,而异性别手足之间,消极的互动更多。

学龄儿童认为他们与手足的关系不如与父母和友伴之间亲密,冲突较多,但同时,手足的重要性与可靠程度却又比友伴高(Howe et al. , 2001)。

专栏 10-1　　家有二宝,父母如何应对

如何让两宝和平共处,相亲相爱呢?

1. 给予孩子的爱应公平公正

不要说"你是哥哥(姐姐),你要让着弟弟(妹妹)"。这样的话并不会让两宝和平相处。只会让大宝觉得二宝是来争宠的。正确的处理方法应该是让大宝感觉到,爸爸妈妈一直爱着你,并且会永远爱着你。父母对你的爱并不会因为二宝的出现而减少。爸爸妈妈不接纳他的行为,只是因为他做错了事情。当两个孩子发生矛盾时父母一定要公正,不能因为小而偏袒二宝。

2. 不能减少大宝的亲子陪伴时间

大宝敌视二宝,是因为二宝的降临很多时候会影响到大宝原本的生活,不能因为二宝的降临,改变了老大的生活规律。对大宝,要有单独陪伴的时间,比如,每晚讲一个睡前故事等,延续以前的生活习惯,循序渐进地适应新环境。其他家人一定要配合分担照顾二宝的工作。

3. 给大宝分配工作,学会照顾二宝

参与感能更快让大宝适应哥哥、姐姐的角色,让其也承担一部分责任,比如,逗宝宝开心,帮宝宝洗澡等,给宝宝买的衣服、鞋子,全部要大宝先给意见,玩具也是如此,并及时给予表扬和鼓励,让他觉得自己很有成就感。

4. "负面强化"只会加重孩子的打人行为

没有人会喜欢惩罚,讲道理的方式会让家长和孩子冷静之后,更好地面对并解决问题,用负面的方式让孩子顺从,你会发现,只是短期有效,从长远的利益来看,无任何效果,只会让孩子依赖打人再次去吸引父母的注意。当孩子出现不良行为的时候,我们一定要多去想想孩子行为的动机是什么?

5. 父母还应该给大宝适应的时间

二宝出生后,不能期待大宝在很短的时间就能接受弟弟,尤其是处于两三岁自我意识阶段非常强的宝宝,不太顺利地接受有二宝的事实,有时候这个时间可能会很长,需要父母本身有思想准备,随着时间的推移,大宝终会顺利接纳二宝的。至于打人持续多久,当你给孩子足够的爱,你会发现打人的频率就会逐渐减少。

6. 心理自助读物推荐

不需要教条似的教育,只需要给孩子好的示范。讲道理孩子不喜欢听,利用绘本却可以轻松地让孩子学会接纳与付出。推荐《汤姆的小妹妹》和《我当哥哥了》这两本绘本,借陪孩子看这些绘本的时机,就自己家的情况跟大宝展开互动,让他明白妈妈对她的爱不会因为二宝而改变,当哥哥也有当哥哥的乐趣。

二、离婚的冲击

中国社会科学院人口学专家唐灿发布的调研报告[①]中指出:随着现代社会的快速变迁,不但家庭结构改变,离婚率也不断升高。以北京为例,据2003年北京市统计年鉴公布的数据,2002年北京市的离婚总数为38 756对,当年户籍人口为1 136.3万,离婚率达到6.82‰;当年的结婚数为76 136对,由此计算离结率高达50.90%。也就是说,这一年平均每天不到两对夫妻结婚就有一对夫妻离婚,北京市的离婚率已经成为全国最高。不仅如此,调查还表明,北京市的结婚率在持续下降,婚龄在推迟,丁克家族和不婚者的数量在不断攀升。而在美国,有40%至50%的新婚

① http://news. xinhuanet. com/comments/2005-06/17/content_3093282. html.

夫妇最后会以离婚收场(Lin, et al. , 1999)。每年受父母离婚影响的美国儿童都会增加100万人(Teegardin, 1992)。

值得注意的是,离婚并不是单一的事情,对整个家庭而言,是极具压力的事件,夫妻在真正分离之前可能会有婚姻冲突,而分离之后则有许多生活上的变化。家庭还必须克服家庭资源的缩减、适应居住条件的改变、承担新的角色和责任、建立新的互动模式、重新安排日常事务,并面临新关系的引入——即继父母和继手足关系等。

(一) 父母离婚对儿童所造成的影响

父母离婚是一种家庭危机,双方漫长的冲突过程对儿童而言也是一种伤害,进而影响孩子的生活适应与社会性、情绪情感的发展。海斯灵顿等(Hetherington & Kelly, 2003)的研究结果表明,对绝大多数的儿童而言,父母离婚是一种痛苦的经验,最初他们感到愤怒、害怕与沮丧,具有强烈的罪恶感,其中以学前阶段幼儿的情绪反应最为强烈,青少年虽然有愤怒与害怕的情绪反应,但是由于年龄较大,比较能够了解父母离婚的意义,因此较能理性地处理父母离婚所带来的问题。父母离婚是当今社会中离异家庭形成的最主要原因,离异家庭中的儿童生活适应能力较差,无论在个人适应或社会适应方面都比健全家庭中的儿童差,表现出较多的犯罪行为、较差的自我概念,以及较多的依赖性、攻击性、抱怨、苛求及感情缺乏(Hetherington & Kelly, 2003)。另外,父母离婚也会对青少年的成长产生长期不利的影响,有的青少年在父母离婚十年之后仍然心有余悸,对婚姻有所惧怕(Amato & Booth, 2000)。当然,从另一个角度而言父母离婚对孩子的成长也可以说是提供一种生活磨炼的机会,处理得当也可促进儿童的早熟。

1. 父母离婚的立即效应:危机与重整

大部分的家庭在适应离婚时需经过一年或一年以上的危机期,在这段时间内,所有家庭成员的生活都会受到严重的干扰(Hetherington & Kelly, 2003)。离婚双方通常会有情绪上的困扰。离婚的妇女常感到愤怒、忧郁、孤独或是哀伤;离婚的男士也会觉得哀伤,尤其是被禁止或限制去看孩子时。同时收入的减少、住房的困难等都成为实际或潜在的问题。

海斯灵顿发现,有监护权的母亲可能会被抚养孩子的责任及自己对离婚的情绪反应弄得精疲力尽,进而变得更急躁、没有耐心、对儿童的需求不敏感、在教养儿童时采用更强制性和惩罚性的方式。而没有监护权的父亲却有不同的改变,在他去探视孩子时,可能会变得过度宠爱和纵容孩子。

在危机期间,儿童具有强烈的情绪反应,而且还会经历亲子关系的改变。离婚的母亲,由于经历心理创伤、家务与管教孩子的负担过重,行为往往比较极端,缺乏耐心,忽略孩子的心理需求,在管教子女时难免吹毛求疵,趋向专制,孩子也倾向于不服从或不合作,致使亲子关系陷入紧张状态(Hetherington & Kelly, 2003;Lamb, 1999)。

对父母离婚的适应存在性别差异。父母婚姻生活不和睦导致离婚,对男孩的影响更大、更持久。即使在父母离婚前,男孩就比女孩有更多行为问题。研究发现,女孩在父母离婚两年后,其社会性和情绪上所受到的干扰大都能复原。而男孩在相同的时间内虽然也可能有很大的进展，但仍然有许多男孩存在与父母、手足、老师和同伴关系的苦恼问题(Lamb, 1999)。

为什么不安定的婚姻或离婚对男孩的打击更大呢？原因可能是多方面的。一般认为，男孩会觉得自己与父亲的关系更亲近(前面曾提到，父亲与儿子在一起的时间比与女儿在一起的时间更多)，所以当父亲不能随时在他们身旁时，他们会有较严重的挫折感及较深的失落感(Lamb, 1999)。不过，男孩的不适应，可能也是因为研究者将焦点放在较显而易见的外显行为问题上，而忽略了采用巧妙的方法才能测得的内隐问题。有研究表明，即使是在离婚之前(直到其后的五年)，女孩心理的痛苦也比男孩多(Dohny & Neeoe, 1991)。还有研究发现，很多来自离婚家庭的女孩在青春期时就有性行为问题，而且在与男性的交往中一直缺乏自信(Hetherington & Kelly, 2003)。所以离婚会以不同的方式影响男孩和女孩。

男孩适应较差的另一个原因，是多数男孩在父母离婚后都与母亲生活在一起。研究表明，不管男生或女生，与同性别的父母住在一起的儿童和青少年都有较好的适应，学业表现也较好。反之，则成长得较不顺。

2. 离婚的长期反应

虽然许多由父母离婚带来的情绪和行为上的波动在两年内会明显减少，但是这个经历是令人终生难忘的。与生活在和谐的双亲家庭中的儿童相比，父母离婚的儿童在4—6年后仍有较多的心理困扰和学业困难，尤其是小时候父母就离婚的儿童出现的问题更多(Hetherington & Kelly, 2003)。

有研究者(Wolfinger, 2000)对父母已离婚十年的儿童所进行的研究，与早期的追踪研究所得的结果大都一致，但不同的是：与父母在孩子学前阶段离婚相比，父母在孩子学龄阶段或青少年阶段离婚，给孩子造成的即时性痛苦更少，但在十年后的痛苦记忆却更深。其长期反应还表现在，来自父母离婚家庭中的儿童，比来自完整家庭的儿童，更可能会害怕自己的婚姻也将不快乐，他们对自己的婚姻缺乏信心和缺乏乐观的期待。

总之，离婚是个最紊乱和麻烦的生活经验——少有儿童对此事件有好的感觉，即使在父母离婚十年后也是如此。不过，充满冲突的核心家庭，比因离婚而缺乏某位父母给儿童造成的伤害更深。

(二) 对父母离婚儿童的辅导

传统上认为，为了给孩子一个完整的家庭，貌合神离的夫妻应该勉强生活在一起。然而家庭内长期的紧张与冲突，使儿童生活在没有温暖与安全感的环境中，并不能给孩子带来幸福的生活，因此离婚不失为生活的转机。父母离婚应尽量避免将孩子介入冲突之中，要在适当的时机向孩子说明和解释，让孩子在心理上有所准备，也让孩子了解父母离婚之后仍然会关爱他们。最好是父母具有共同的监护权，给予对方探视孩子的权利，离去的亲人如能在离婚后继续给予孩子情感与经济的支持，则孩子受到的伤害有可能会降低到最低的程度，这样也能够帮助孩子较快地适应新的单亲家庭的生活。

学校心理辅导老师,应同时给予父母离婚的儿童以精神上的支持与心理的辅导,帮助他们了解父母离婚的真相,处理失落感,去除愤怒与自我谴责,接受父母离婚的事实,建立对现实生活合理的期望,使父母离婚的生活危机化为生活挑战的机会,使其对孩子产生积极正面的力量。

离婚总会对当事人和孩子造成一些消极的影响。为了帮助他们更好地适应,父母双方需要考虑以下因素:

(1) 足够的经济能力。家庭的经济状况若没有受到离婚事件的影响,则家人的状况就会好一些(Hetherington & Kelly, 2003)。

(2) 有监护权的父母能提供质量优良的教养。在家庭适应离婚的过程中,有监护权的父母扮演着重要的角色。如果他们能以亲切、一致、权威的方式来回应孩子,孩子就可能不会有严重的问题。当然,当一个人因生活的压力而憔悴时,要做一位有效能的父母是不容易的,外在的社会支持,将使有监护权的父母和儿童都受益无穷(Hetherington & Kelly, 2003; Bauserman, 2002)。

(3) 来自无监护权的父母的社会与情感的支持。如果离婚的父母继续争吵,彼此对对方怀有敌意,则双方都会感到沮丧,有监护权的父母的教养方式也会受到不良的影响,儿童会觉得自己的忠诚受到怀疑,产生一些行为问题(Buchanan, Maccoby, & Dornbusch, 1991)。儿童如果与无监护权的父母失去联系,他们也会受到伤害。在美国,有三分之一与父亲或母亲住在一起的儿童,失去了所有与另一方的联系(Hetherington & Kelly, 2003)。与支持母亲教养角色的父亲经常联络,可协助儿童,特别是儿子适应单亲家庭的生活(Hetherington & Kelly, 2003)。允许儿童与双亲维持情感联系,保护他们不受父母之间任何持续冲突的干扰,对各个年龄段儿童的适应都是有利的。

(4) 联合监护权(joint custody)的问题。如果儿童轮流在父亲和母亲的家里居住,他们就能经常与父母双方接触,但这种"接触优势"可能会被新的不稳定(住处的改变,有时则是学校和同伴的改变)所抵消,而这种不稳定会让儿童觉得痛苦和迷茫。只有当两个监护权的父母之间有和谐的关系时,联合监护权才会取得最佳的效果。如果父母之间的关系是充满敌意和冲突的,则有两个住处的儿童常会觉得自己被"夹在中间"——这种知觉与高压力及很差的适应结果相关(Bauserman, 2002)。

(5) 额外的社会支援。社会支持系统丰富的人更能接受并适应离婚,离婚的成人若有知己可以倾诉心事,他们就容易排解忧愁,也更可能成为一个较敏感的父亲或母亲(Hetherington & Kelly, 2003)。而儿童也可从同伴的支持方案中获益,这种方案鼓励同为父母离婚的儿童在一起说出他们的感受,纠正其错误的观念,并学习良好的应对技巧。如果家里有第二个成人(如祖母)能肩负起一些儿童教养及行为监督的责任,则单亲家庭里的孩子就可能适应得更好(Dornbusch et al., 1985)。总之,朋友、同伴、学校教师及核心家庭外的其他社会支援都能协助家庭适应离婚这个事件。

（三）重组家庭中的儿童

离婚后的三五年内，很多人会选择再婚。再婚可能改善有监护权的父母的经济和生活环境，大部分再婚的成人也指出，他们对第二次婚姻很满意；但是这些重组家庭却为儿童带来新的挑战，儿童现在不仅必须适应不熟悉的成人的教养方式，还必须适应与继手足（如果有的话）的互动，而且有监护权和无监护权的父母对他们的注意都可能会减少（Hetherington & Kelly，2003）。

有监护权的父母再婚时儿童会怎样呢？儿童在面对新的家庭角色和关系时，常会有一段冲突和分裂期（Hetherington & Kelly，2003），随后，会出现一项有趣的性别差异：男孩会从继父那里得到比女孩更多的益处，获得更高的自尊，男孩对这种生活安排也比较容易接受，可能不会感到焦虑或生气，而且也有助于克服他们在母亲再婚之前的适应问题（Dunn，2002）。而女儿则不同，不论继父怎么用心，其继女仍拒绝他们。女孩显然认为继父是她与母亲之间关系的主要威胁，她们更可能会怨恨母亲的再婚，并抱怨母亲对自己的需求变得不关心（Hetherington & Kelly，2003）。第二次婚姻会对两种人有积极的影响：有监护权的父母及其儿子。有监护权的父母获得了有人为伴的满足及一些在儿童教养上的协助，男孩在重组家庭中的处境通常比在以母亲为主的离异家庭中的处境好。但对女孩而言有继父母似乎没有明显的好处，至于长期而言她们在重组家庭是否会比在离异家庭里生活得更好或更差，则有待进一步的研究。

本章总结

家庭对个体的成长非常重要，家庭对儿童有三个目标：生存目标、经济目标和自我实现目标。家庭是个复杂的、动态的系统，每个家庭成员都是发展中的人，成员间的关系也会随时间而改变，这种改变将会影响每个家庭成员的成长。

父母的教养行为中，温情（是指父母所表现出来的反应和情感的量）和控制（父母试图加诸儿童身上的管理和监督）是两个重要的评价指标。根据鲍姆令特的研究结果，母亲的教养行为可分为三种类型：专制型、放任型、民主型。三种教养方式对应着三种成熟水平不同的孩子。

离婚对家庭的冲击很大，离婚后，大部分的家庭都需经过一年以上的危机期，在此阶段，所有家庭成员的生活都会受到严重的干扰，而儿童不但具有强烈的情绪反应，而且还会经历亲子关系的改变。

请你思考

1. 现代家庭具有哪些特点？这些新特点对于儿童社会性发展有何影响？

2. 在一个核心家庭中，如何教养两个孩子呢？试从年龄、性别等各方面给予分析。

3. 父母离异对于儿童有怎样的影响？面对这样的家庭危机时父母应如何帮助孩子一起渡过难关？

第十一章

家庭以外的环境与儿童发展

随着小土豆一天天长大,文清和小齐开始为他的入园事宜绞尽脑汁。怎样的幼儿园才是好的幼儿园呢? 小土豆在幼儿园里和小朋友们会相处得愉快吗? 不知道老师会不会喜欢我们的小土豆呢? 据说进入幼儿园的孩子都要哭上一周。毕竟,孩子是第一次离开家走向社会。这一连串的问号逼着这对年轻的父母决定抽空去附近的几家幼儿园实地考察一番。

古语道:"近朱者赤,近墨者黑。"早有孟母三迁的故事提醒人们,环境对儿童发展的重要性。当代科学研究也支持了同样的结论。在本章中,我们就将探讨家庭以外的环境中影响儿童发展的重要因素:同伴关系如何影响儿童的社会性发展? 友谊对幼儿的发展起着怎样的作用? 儿童该远离电视吗? 学前教育机构从哪些方面影响儿童发展?

第一节 同伴关系与儿童发展

关于同伴关系以及同伴交往技能的发展在前面的章节中已有论述。本节主要讨论同伴关系对儿童发展的影响。我们将分别讨论同伴互动如何促进儿童的社会适应能力的发展,同伴对儿

图 11-1 相同的社会地位决定孩子们平等的互动关系

童社会交往技能发展的作用,以及友谊在儿童心理发展中的重要地位等问题。

一、同伴互动的适应性意义

现代对同伴影响的研究深受动物行为学家的影响,学者希望了解儿童互动的适应意义。例如,在资源稀少的情况下,同伴之间的冲突可协助儿童学习以亲社会(如分享)的行为方式来解决他们之间的冲突(Caplan et a1.,1991)。而5岁的儿童之间充满敌意的互动,也能帮助团体中个别成员确立他们在团体中的相对权力及地位,因而减少同伴团体在互动中可能产生的冲突和攻击性行为的数量。在这些研究基础上,动物行为学家认为,同伴互动是一种特殊的社会行为,因而在进化的过程中被"保留"了下来,使后代子孙能发展出良好的社会行为。

在研究同伴关系的意义时,心理学家倾向于使用同伴的操作性定义:同伴是"地位相等"的或至少在目前能以相似的行为方式和水平互动的个体(Lewis & Rosenblum,1975)。这种以"活动为基础"的定义认为,同伴关系是短暂的,是直接与某特定的活动或互动联结在一起的。所以不管是年长或年幼的同伴,只要这些"同伴"和儿童有相似的能力和目标,并能促进他们的互动时,他们都可以是同伴。大部分同伴取向的研究将焦点放在同龄同伴的影响上,但是这种以活动为基础的同伴定义开拓了两个新的研究领域:混龄同伴的互动(mixde-age peer interactions)和混合性别的互动。它们对儿童有重要的发展性意义。

(一) 同龄互动、混龄互动与幼儿的社会适应

儿童与同伴接触的时间和互动频率会随年龄的增加而增加。艾利斯等人(Ellis et al.,1981)观察了436名2—12岁儿童的日常活动,以便了解在一年内,儿童与成人、同龄同伴、异龄同伴互动的频率。研究显示,儿童接触其他儿童的频率从婴儿期至儿童中期呈稳定增加的趋势,而他们与成人同伴的接触则逐渐减少。

在幼儿园和学校生活中,由于儿童所就读的学校都是属于年级制,所以一般认为他们最常与同龄同伴一起游玩。不过,艾利斯等(Ellis et al.,1981)发现事实并非如此。在一年里,儿童与同龄同伴在一起的时间比与不同年龄同伴在一起的时间还要少。

同龄同伴互动为幼儿提供了平等互动的机会。将同龄同伴间的互动与在家里的互动相对照,我们很容易看出它们的差异:儿童与父母及年长手足的互动很少是同等地位的接触,儿童通常是被家中年龄较大的成员放在一个附属的位置上,这些人常要教导儿童、下命令或是监督他们的活动;而与同龄的、具有相似地位的同伴互动时,同伴很少会使用具有批判性或指导性的语言,儿童也因此能有机会自由自在地尝试各种新角色、新观念和新行为,学到有关他们自己及别人的重要的社会性知识,如"我不愿和她轮流玩的话,她就不和我玩了","我推他,他就会打我"或"没有人喜欢说谎话的人"等。许多学者相信同伴接触之所以重要,是因为他们是同等地位的互动,这既让儿童了解或欣赏别人的观点,也促进了在家庭中难以获得的社会能力的发展。

混龄互动对儿童的影响有别于同龄互动。根据哈特普等人(Hartup,Stevens,1999)的看法,

不同年龄儿童间的互动,对儿童社会性与人格的发展有非常重要的意义。虽然在混龄互动中,孩子们之间的地位不平衡——有的儿童(通常是年龄较大者)比其他儿童拥有更多的权力与地位,但是这种不平等却能帮助儿童获得另一种社会能力:年幼同伴的存在可助长年长儿童的怜悯心、同情心和移情能力,使他们有机会照顾别人并表现其他亲社会行为,也有助于他们领导技巧及果断等个性特征的发展;同时,通过学习如何向年长的、更有能力和权力的同伴寻求帮助,如何服从别人的期望和指令,年幼儿童也能从混龄互动中获益;而接受年长玩伴的直接教导,或观察、模仿这些"年长者"的行为,年幼儿童也能获得许多良好的行为模式。

怀定等人(Whiting & Edwards,1988)调查发现,混龄互动与同龄互动有很大的不同,爱心和亲社会行为常在混龄互动中发现,而平等的社会交往行为(如交谈及互动性的游戏)及反社会行为(如攻击)则较常在同龄同伴间发生。在混龄互动中,一般由年长儿童控制互动,他们会调节自己的行为以适应年幼同伴的能力。即使是两岁的孩子,在与18个月大的孩子在一起时,也会表现出具有这种领导和调适的能力。他们会比与同龄同伴在一起时表现出更多的主动性,并表现出更简单的、重复性的游戏活动方式(Brownell,1990)。

当孩子们进入小学后,他们逐渐了解同龄互动和混龄互动各有不同的目标,他们会根据自己所追求的目标主动选择与年长、年幼或同龄同伴在一起(French,1984)。例如,6—9岁儿童,如果他们的目标是"选择一个朋友",那他们就会选择同龄同伴;但是,如果是需要得到同情或指导,那他们就会去选择年长儿童;如果要表现自己的同情心或是去教导别的儿童,那么年幼儿童就会成为他们选择的对象。

虽然混龄互动在许多方面与手足互动一样,对年长儿童和年幼儿童都有益处,但二者还是有所不同:在手足互动中,居于不同的手足地位,是因出生顺序而确定的;在同伴互动中,同伴地位则是有弹性的,与年幼儿童互动时,他为长者,而与年长儿童互动时,他又为幼者。因此,混龄互动可提供儿童在手足互动中所欠缺的经验:处于支配地位的兄姐,可以在与年长的同伴互动时,学习更好地调适自己的行为;压抑的弟弟妹妹,在与更小的幼儿接触时,有机会学习感受、表现他们对别人的怜悯;而独生子女(没有手足的人)则可同时获得这两种社会能力。从这个角度来讲,混龄的同伴互动的确是儿童发展的重要经验。

(二) 同性别互动、混合性别互动与儿童性别角色的社会适应

如前所述,孩子们很早就表现出对同性别玩伴的偏爱,从3岁起儿童就开始花费更多的时间与同性别的儿童玩耍。女孩比男孩更早表现出这种偏爱。女孩在两三岁时就比男孩表现出更大的性别隔离。但到5岁半时,男孩比女孩的性别隔离倾向更强(Moller & Serbin,1996)。

性别隔离对儿童的性别行为方式有一定的促进作用:同性别的同伴会强化儿童的性别类型行为,他们的强化也比异性伙伴的强化更加有效;儿童也能从同性伙伴那里获得更多的积极评价。研究者(Serbin et al.,2001)对不同性别的同伴对儿童性别类型化行为的影响进行了研究。他们安排了三种实验情境:儿童单独选择玩具;同性同伴在场情况下选择玩具;异性同伴在场情

况下选择玩具。研究者将各种不同类型的玩具展示在儿童面前让其自由选择。结果发现，在儿童独处时跨性别选择玩具的发生概率最高，而在同性同伴在场情况下跨性别选择玩具的发生率最低。另有研究（Fagot，1981）也发现了类似结论。研究发现，与女孩参加女性化游戏相比，男孩参加男性化游戏时所受到的来自同伴的积极反应更多。在与同性别同伴的游戏互动中，儿童更容易相互挑战彼此，坚持自己的要求，在出现冲突的时候也更容易调解，表现出更高的和解姿态。而在混合性别的游戏互动中，儿童之间谈话更多，性别类型活动更少。同伴的影响，尤其是同性同伴的影响力不容小看，它能有效地促进儿童的行为顺应自身性别的发展。学龄前期男孩群体对男孩性别行为的影响力尤为显著。在儿童中，尤其是男孩群体中，一个孩子如果未能按照群体的行为标准游戏玩耍的话，那么他很可能会遭到群体（尤其是男孩群体）的排斥。

图 11 - 2　孩子们更喜欢与同性别的同伴互动，但如果活动有足够的吸引力，孩子们也会选择混合性别的互动

　　但是，混合性别的互动对儿童也有帮助：在跨性别的互动中，儿童所表现出的性别差异减弱，这也有助于弱化过早、过度刻板的性别角色分化（Black，1989）。比起与同性别伙伴的互动，当幼儿与异性伙伴互动时，男孩和女孩都表现得更像趋向于性别中性化：当与男孩在一起时，女孩变得更加直接和自信；而当男孩与女孩一起时，男孩则更考虑玩伴的需要；女孩与男孩一起玩时，她们言辞语调会更短促，更加控制，做出更多的表述和信息的陈述，更加喧闹粗暴，更少合作，有更多身体方面的攻击，更不安静，更少微笑，更少请求，更少表现合作的态度。而当男孩参与女孩的游戏时，他们言辞语调较长，作出更少的决断、更少的强制以及更少的身体上的攻击。但是，在跨性别互动中，男孩较少对同伴的请求作出反应，对同伴的禁止也很少让步，他们也很少对同伴社会互动的请求作出积极的反应。

　　总之，不同类型的同伴互动为儿童提供了不同的经历，让儿童学到了不同的社会适应能力。为儿童提供不同类型的同伴互动经验有利于儿童的社会适应。

二、同伴互动与儿童社会交往技能的发展

同伴互动可促进儿童某些社会性和人际能力的发展,而这些社会性及人际能力很难在亲子互动中获得。哈洛等(Alexander & Harlow,1965)对恒河猴的研究,引发了发展心理学家对这个问题的兴趣。

没有与同伴接触机会或与同伴仅有较少接触的幼猴,是否会发展不正常或是适应不良呢?为了回答这个问题,习性学家哈洛等人(Alexander & Harlow,1965;Suomi & Harlo,1978)进行了一系列实验。他们让恒河猴出生后只与母猴在一起,并阻断它们与同伴玩耍的所有机会。研究发现,这些"只有妈妈"的猴子(mother only monkey)无法发展出正常的社会行为模式。在它们有机会与同龄同伴接触时,这些与同伴隔离的幼猴会逃开,有时它们也会试图接近同伴,但却表现出很高(或不合宜)的攻击性行为,而它们的反社会倾向可能会持续到成年期。

同伴互动当然不是正常社会性发展的唯一要素。在后来的研究里,哈洛等人将幼猴与母猴分开来饲养,并让幼猴只能接触到同伴,这些"只有同伴"的猴子(peer only monkeys)彼此紧密相连并形成强烈的相互依恋。它们的社会发展也是不正常的,它们对压力或挫折有较高的敏感性,容易感到受威胁。长大后,它们对同伴团体外的猴子也可能会有更高的攻击性行为。

人类中也有类似于哈洛研究中"只有同伴"的可怕情况。这种情况的经典案例是这样的:6个在德国集中营里生活在一起的婴儿,他们的父母在他们12个月大时就被处死。同住的人对他们有所照顾,但他们更多的是自己照顾自己。3岁时,他们被转移到英国的一个寄宿制托儿所。虽然在新的环境里,他们被照料得不错,但他们对周围的成人很少感兴趣,甚至对别人怀有敌意,他们还破坏玩具和家具。就像哈洛的猴子一样,这些儿童只希望他们6人能彼此在一起,除此之外再没有其他的要求,即使是短暂的分离也会令他们沮丧。如果有任何事情发生,这些儿童一定会征询其他5人的意见,整个团体也会为有问题的儿童烦恼。让这些儿童"轮流"是不可能的,因为他们总是一起行动。他们非常体谅彼此的感觉,他们对其他5人的关心胜过对自己的关心,吃饭时把食物送给别人比自己吃还重要(Freud & Dann,1951)。虽然这些孤儿没有对成人形成强烈的依恋,但他们彼此的相互依恋、相互作用也使他们完成了社会化过程。后来,他们也能和照顾他们的成人建立起良好的关系,并学会新的语言。35年后,这些孤儿就像其他的中年人一样也过着丰富而有意义的生活,没有一个有缺陷,也没有一个有过犯罪行为或者是成为精神病患者。这是一个经典案例,可用来说明社会性发展的弹性以及同伴互动对个体的社会性发展的重要意义。

总之,同伴对儿童的社会性发展有不同的、独特的、不可替代的作用。与同伴的接触,可让儿童练习基本的互动规则,并发展出良好的社会行为。哈洛的实验中"只有同伴的猴子"缺乏安全的母婴关系,所以他们会紧紧依靠着彼此,而不愿去探索,并被动地接受侵入者的攻击(或攻击"入侵者")。但是在他们的同伴团体内,他们也发展出了有效的互动规则,并形成正常的社会性行为模式(Suomi & Harlow,1978)。

儿童与同伴建立、维持和谐的关系对个体的发展非常重要。与有良好同伴关系的儿童相比,

那些在幼儿园及小学阶段被同伴拒绝的儿童,在少年及青年阶段更易辍学或参与犯罪活动,并可能有严重的心理问题(Parker & Asher,1987;Kuper et al.,1990;Morison & Masten,1991)。

总之,同伴是重要的社会化代理人之一,与同伴互动、形成良好的同伴关系是儿童良好发展的开端。

三、同伴在儿童发展中的角色

同伴团体为儿童提供了学习、掌握、演练一些重要社会技能的场所,例如,如何与同龄人交往、如何与领导者或统治者相处以及如何应对敌视、攻击和控制。对年长儿童而言,同伴还可能具有心理治疗的功能:帮助儿童处理个人问题,解除烦恼。孩子们共同存在的问题、冲突和复杂的情感,缓解了他们的压力,消除了他们的忧虑。与父母对孩子的影响相似,同伴对儿童的影响也是经由强化、示范及讨论甚至是强迫顺从等方式实现的。

(一) 同伴的强化、示范及社会比较的过程

1. 同伴具有强化作用

父母、教师及其他权威人物经常运用奖励或惩罚的方式强化儿童的某些行为,消除他们的另一些行为。而现存的研究证据明确地指出,与儿童地位相似的同伴也是非常重要的强化来源。

以同伴对儿童性别类型化行为的强化为例,研究者观察了3—5岁儿童,对同伴玩"适性"游戏(适合于自己性别的游戏)或"非适性"游戏(适合于异性的游戏)的反应。结果发现,儿童通常会强化同伴"适性"的游戏,但对玩伴"非适性"的活动会很快地加以批评或干扰。结果,因玩"适性"游戏而被强化的儿童会继续玩着,而因玩"非适性"游戏被惩罚的儿童,通常在不到一分钟之内就会停止该项活动(Lamb et al.,1980)。3—5岁的幼儿已经形成了相对稳定的性别刻板印象,对适合男孩玩或适合女孩玩的游戏已经产生了相当刻板的观念。他们会惩罚或排斥那些不适于性别的行为:取笑、忽视或拒绝那些玩男孩游戏的女孩或玩女孩游戏的男孩。

儿童的其他社会性行为同样会受到同伴的强化,如攻击性行为。当一个孩子为了得到某个玩具而推倒了另一个孩子,并成功地获得了玩具时,他的攻击性行为就会因此受到强化。而其他同伴可能因观察到他的"成功"而受到了"替代强化",进而使这个团体在以后的互动中,攻击性行为的发生频率提高。

同伴给儿童的强化常常是微妙而无意识的。屈服于同伴欺负行为的儿童,不仅强化了欺负者的攻击性行为,也会使自己再度成为受害者。受害者反击欺负者,会使受害者发觉,攻击是一个有效的活动,其攻击性行为受到强化,使其以后的攻击性行为水平提高(Patterson, et al., 1989)。

总之,同伴是儿童强化的重要来源。儿童的社会行为会引起同伴积极的或消极的反应,进而使儿童的行为得以强化、维持或消除。

2. 同伴具有示范作用

同伴还会作为一个榜样对儿童的社会行为产生影响。一个害怕狗的儿童，在看过同伴与一条他认为很恐怖的狗愉快地玩耍之后，就可能会克服这种恐惧（Bandura et al.，2001）。情绪反应和社会互动也会受到同伴的影响。与那些用大笑和微笑回应别人的同伴在一起时，儿童更可能对幽默报以微笑和大笑。与喜欢社交的同伴接触，对减少儿童的羞怯感，鼓励儿童参加社会活动有积极效果。一组表现为退缩的儿童，在幼儿园里看了这样一部影片，影片里的儿童（原型）正注视着其他儿童做游戏，然后他加入到这个集体活动中去，安静地与其他儿童分享玩具，并且玩得很高兴。后来研究者发现，看过这部影片的儿童变得开朗了，他们能跟其他儿童一起参加许多社会性活动。而控制组的儿童只看了一部中性影片，结果仍然显得畏缩，回避与同伴的社会互动。研究表明，这种干预具有较为持久的影响（Bandura et al.，2001）。研究还表明，通过观察同伴榜样而轻易学得的特质和行为还有亲社会行为、成就行为、道德判断、延迟满足的策略及性别分化的态度和行为等。

同伴榜样的另一个功能是告知儿童在特定情境中该有怎样的表现。例如，学校的新生可能不知道下课期间未经教师允许是否可到喷水池边去玩，但如果他看到有同学这样做了，他很快就会知道这个行为是被允许的。

3. 同伴还是儿童社会比较的对象

儿童将自己的行为和成就与同伴进行比较之后，就可能会更好地了解自己的能力和人格特质。如果一位10岁的儿童在数学测验上的表现常比同班的其他同学好，他可能会认为自己是"聪明"的，或至少"数学是不错"的。一位6岁的儿童如果在赛跑时常落后于同伴，他可能就会认为自己是个跑得很慢的人。由于同伴的年龄都很相似（因而也会被认为在许多其他方面都是相似的），因此同伴团体很容易成为幼儿社会比较的对象。

图11-3 游戏中的同伴也是孩子社会比较的对象

（二）同伴作为教师的角色

犹如合作学习一样，同伴能成为学校课程学习的教师。在美国，曾被同伴指导过的儿童，无论在阅读方面，还是在算数的技能方面都有改善。如果同伴之间采取长期的、一对一的指导，那么他们的收益就会更大（Rubin，1982）。有些教育者认为，小导师在教同伴的过程中的收益和那些被教的同伴一样多，甚至更多。比如，对自我成就动机的提高以及对课程材料的熟练掌握。另外，还包括自我评价的发展、亲社会行为的发展以及对学校（教师和学科）积极态度的发展。这是因为小导师在教同伴的过程中建立了一定的社会地位，并且受到成人的注意，以及其他儿童的尊重。因此，在幼儿园大班或混龄互动中，可尝试这种大带小的方法。

四、友谊对幼儿发展的影响

儿童不仅仅需要有足够的同伴关系，还需要亲密的友谊关系。可惜有关友谊对幼儿发展的长期影响的研究尚不多见。从现有的资料我们可以看出，朋友是儿童重要的社会化代理人之一。

（一）朋友是社会能力的促进者

有一个擅于交际的朋友，可以协助不受欢迎的或不善交往的儿童改善他们在同伴中的地位。在儿童同伴关系的研究中，研究者（Howes，1988）发现，如果一个被拒绝的儿童想要加入到一个正在进行活动的同伴团体中，那么当他有一个朋友已经在这个游戏团体中，或者他的朋友也想要加入到这个游戏团体中时，他们成功地进入游戏的可能性就更大。再者，那些有亲密朋友的被拒绝儿童比那些没有朋友的被拒绝者更具社会互动技巧，以及更成熟的社会游戏行为。研究者认为，有彼此互助的亲密朋友可协助那些不受欢迎的儿童成功地与同伴接触，并帮助他们获得更为合适的社会技能，进而改善这些儿童的社会地位（如同伴接受性）。

（二）朋友为儿童提供安全感和社会支持

朋友能给幼儿提供情绪上的安全感。比如，有朋友在场时，儿童就更可能对新奇环境做出建设性的反应。这种安全感不仅能使儿童在面对新的挑战时更勇敢，而且也会让他感到，任何压力（如适应父母的离婚或父母的拒绝）都是可以承担的。研究者（Ladd，1990；Ladd & Price，1987）发现，与朋友一起进入新环境的儿童（如幼儿园）比没有朋友和他在同一个班级的儿童，更喜欢幼儿园班级，适应性问题也更少。对父母离婚有建设性反应的儿童，常常是那些拥有处境相似的（父母也是离婚的）朋友的儿童。对失去朋友的儿童（因自己搬家或朋友搬家导致的）进行的研究（Howes，1988）发现，失去朋友对学前儿童而言是种破坏性的经验，这可能会破坏其安全感及其与同伴互动的品质（或成熟水平）。

所以，朋友是安全感及社会支持的重要来源。随着儿童年龄的增长，友谊的这种角色愈来愈重要。

图 11-4 友谊为孩子提供了一个安全的成长环境，也提供了一个重要的社会技能训练场

（三）友谊促进角色采择能力及问题解决能力的发展

即使是幼儿，他们也已经意识到，友谊是一种值得保护的、能带来快乐的、积极的人际关系。因此，儿童在与这些有友谊关系的同伴互动时，就更愿意去尝试解决他们之间的任何冲突或问题（Hartup，1989）。当朋友之间发生冲突时，双方都会更努力地去解释他们各自的观点，分析冲突的原因，并试图解决冲突。因为如果冲突无法解决，就可能会失去珍贵的朋友关系。友谊为朋友间冲突的解决提供了动力，这是一般的同伴互动所没有的。因此，朋友间的意见不合会促进儿童角色采择能力的发展。研究表明，即使在幼儿阶段，当朋友间意见不合时，幼儿也可能在争吵加剧前离开现场或接受公平的结果而让步，并在冲突结束后继续一起玩。而与只是相互认识的同伴间发生矛盾时，这种避免冲突升级的应对方法则很少出现（Hartup et al.，1988）。与朋友和平解决冲突的经验对幼儿社会问题解决技能和观点采择能力的发展都有重要的促进意义，而这两种能力是最能预测儿童在同伴中的社会地位的因素之一。

（四）友谊促进亲社会行为的发展

虽然所有年龄的亲密友谊都是一种互惠的关系，但是其亲密性及相互性从儿童中期到青年期才开始逐渐增强。儿童最初建立的亲密关系是与父母的依恋关系。进入幼儿园，儿童开始与其他儿童接触并逐渐建立了最初的友谊，这种友谊随年龄的增长逐渐发展并指向同性同伴。童年期的这种同性同伴间的强烈而亲密的关系，有利于发展儿童在成人时形成稳定的爱的关系中所需的人际敏锐度和相互的承诺（Sullivan，1953）。苏利文指出，许多心智失常的病人，在小时候都没有形成亲密的友谊。他认为，儿童期同性朋友间的亲密关系是相互的照顾及同情心发展的必备基础,而这是一个人在以后要建立及维持亲密的爱的关系时(及亲密的友谊)所必需的。所以,亲近的朋友与友谊对儿童社会性及人格发展的贡献是独特而重要的。

在教学课堂上,教师如何帮助儿童发展同伴关系?

教师可以在课堂上使用"主动性策略"支持儿童发展同伴关系。"主动性策略"包括环境和课程设计,建立合理的行为准则和期望,以及调动课堂的情感氛围。

在使用"主动性策略"时,教师应该注意以下五个方面。

① 教师必须接纳和包容儿童,不管他的种族、语言、文化、家庭以及残疾与否。教师努力创造一个友好的课堂氛围。比如,可以展示儿童的家庭照片或者从他们家庭里面带来的物品。

② 鼓励儿童自主性。儿童在使用材料的过程中互相交谈、分享和合作。比如,当活动中心投放了很多发展儿童创造性的材料(如纸、蜡笔、书和一些装饰性的衣服),教师较少干预,儿童会更愿意跟同伴交流合作。

③ 建立课堂社区,为儿童提供一个安全基地。教师需要制定明确的规则和行为期望。可以鼓励儿童通过角色扮演和生活中的实践机会建立规则。

④ 学校可以开设一些社会技能课程,帮助儿童减少社会问题,发展亲社会行为。课程中组织学生一起讨论和角色扮演。在这些课程中,儿童会认同他人情感,审视别人的观点,并制定积极的解决问题的方法。

⑤ 教师要与每个儿童建立一个积极的关系。研究发现,师生关系对儿童幸福与否十分重要。在一项研究中表明,跟自己幼儿园老师有着良好关系的幼儿跟他所在的一年级教师也有着同样良好的关系。与教师关系亲密的儿童会更多地参与同伴活动,更多地表现出亲社会行为,往复式友谊(投桃报李),在新环境里面更有自信。

儿童在同伴参与时有困难出现,这时候就需要发挥"应急策略"。通常,儿童间的争议和分歧为教师提供了谈论情感、进行协商和鼓励儿童自己解决问题的机会。给每个儿童一个让别人听到自己和理解他人的想法和需求的机会,找到互相认可的解决方案,并把这些解决方案在课堂社区中付诸行动并肯定每个孩子的价值,用社会能力解决问题,并鼓励儿童把所学新技能发散到其他情境中。儿童的纠纷经常出现在广受欢迎的材料区之中。这种情况出现时,通过帮助儿童解释"他想下一个玩拼图"或者"有人离开了他就可以玩沙盘了",就可以容易地解决。甚至可以在受欢迎的区域内张贴一个活动列表,这样每个孩子都有用这个材料的机会。除了支持所需要的课堂气氛,学会等待和接受任务同样重要。

第二节 电视对幼儿发展的影响

电视的出现影响了儿童的生活形态及家庭生活的特色。大多数的家庭在购买电视后，在睡眠及一日三餐的时间上都有了改变。儿童每天看电视的时间几乎是儿童在家时单项活动中最长的。即使家长只将看电视作为一种娱乐，电视也会成为儿童社会性和认知发展有重要影响的社会化动因之一。

儿童在婴儿期就开始看电视。许多父母报告，如果让婴儿坐在电视机前，他们就会变得安宁并对电视感兴趣。6个月的婴儿在声音或影像转播变形时，会显出苦恼的样子，这说明婴儿已注意到由电视发出的刺激变化。在两到两岁半时，儿童开始能连续地注视电视节目，好像已意识到电视里描绘的人或事。到四五岁时，儿童每天看电视的时间延长到两小时左右。电视对幼儿的影响表现在幼儿的语言、绘画以及行为模式等的变化中。大量接触电子媒体显然会对儿童产生各种影响，电视会破坏家庭生活的品质吗？看电视太多的儿童可能会更退缩？会对学校不感兴趣吗？电视暴力对儿童会有怎样的影响？电视可用来降低社会偏见并对儿童合作和分享等亲社会行为产生积极的影响吗？教育性的节目可促进儿童认知发展吗？本节我们将讨论这些问题。

一、电视的消极影响

电视对儿童发展带来的负面影响主要表现在两个方面：媒体暴力的影响和刻板印象的产生。因此，成人在儿童观看电视时应给予正确的指导和解释，帮助儿童选择适合的电视节目。

（一）媒体暴力的影响

早在20世纪中期，电视节目中的暴力镜头对儿童产生的消极影响就引起美国父母、教师及人类发展学者的广泛关注。美国国会议员也因此提出了控制暴力镜头的提案。在美国，有将近80％黄金时段的电视节目至少有一件与身体暴力有关的剧情；在我国少有这方面的统计数据，但在儿童节目中，也有很多幼儿非常喜欢的有暴力倾向的电视片，如《仁者神龟》、《变形金刚》、《圣斗士》以及《狮子王》、《蝙蝠侠》、《蜘蛛人》、《超人》、《奥特曼》、《喜羊羊与灰太狼》、《熊出没》等。看了这些节目之后，孩子们至少会在动作和表情甚至行为方式上模仿这些节目中的主人公。有些成人节目（如《案件聚焦》等）对儿童也可能有消极影响。

虽然一些社会心理学家认为，媒体暴力可以通过提供一些幻想的影视材料使人的潜在的攻击倾向得以宣泄，以减少攻击冲动的发生。但社会学习论者（如班杜拉）则列出了一些理由来说明，媒体暴力会增强收看电视的儿童的攻击或反社会倾向。第一，儿童的情绪很容易受到情境的刺激而引发某种兴奋状态。即使当他们只是看到有人在打架时，情绪也会受到激发。如果此时

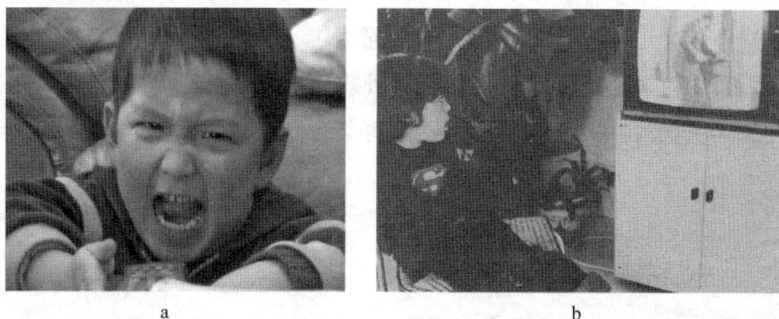

图 11-5 电视的影响

a 看完《奥特曼》之后，小男孩经常舞刀弄棒，并模仿奥特曼的典型表情和动作。
b 这个正在观看有关抢银行的电视节目的男孩，他在想什么呢？

儿童面临一个可能需要攻击反应的情境，则这种被解释为生气的激发将会增强儿童的攻击行为。第二，电视上的攻击人物可能会扮演着攻击楷模的角色，经由观察学习，儿童很容易学会许多他不知道的或没有想要表现的暴力动作，尤其是当电视上的主人公的暴力行为受到社会认可时。即使主人公的行为受到惩罚，儿童也可能会只是出于好奇来尝试这些暴力动作。而且，儿童有限的记忆能力和理解能力，可能使他们难以理解电视节目中先前攻击别人的人与他们后来所受到的惩罚之间的关系——在电视节目中，攻击者并不一定会立即受到惩罚。

对攻击行为的研究，引发了西方学者的广泛兴趣。在一个对幼儿园的儿童进行的现场研究（Friedrich & Stein，1973）中，研究者先观察儿童，以建立每位儿童攻击性水平的基本资料。然后将儿童随机分成两组，让一组儿童每天收看一段时间的暴力性电视节目（如《蝙蝠侠》和《超人》），让另一组幼儿观看非暴力性电视节目（如《罗杰先生的邻居》）。一个月后，再观察这些幼儿两周。结果发现：看暴力性节目的儿童在与其他儿童互动时，比观看非暴力性节目的儿童更具攻击性。观看攻击性节目对攻击性水平在中等以上的儿童有更显著的影响。研究者认为，在自然情境下也会产生这些效应，长时间的接触即使是少量的攻击性镜头，也可能会诱发儿童的攻击行为。而且，这种效果是长期的，即便是电视节目中的攻击者受到了惩罚，其榜样作用仍然很明显。

媒体暴力还会降低儿童对暴力事件的敏感性。经常接触电视暴力除了会促进攻击行为外，它也可能使儿童对暴力情境不敏感——对暴力行为不会觉得悲伤、难过或沮丧，在真实生活中对暴力事件的容忍度和接受度也会提高。在一项研究中（Drabman & Thomas，1974），研究者验证了这个假说。他们让部分儿童看一部有枪战及火拼的影片，其他儿童则没有看任何影片。然后实验者让每个儿童通过一个电视屏幕监视在隔壁房间玩耍的两个儿童，以确保他们的安全。每个儿童都可看到里面两个儿童一起玩耍，然后开始争吵，最后还听到了一声巨大的响声。结果，看过暴力性影片的儿童对两个幼儿争吵的反应比没有看过影片的儿童慢。研究者认为，接触媒体暴力会减弱儿童对以后攻击事件的情绪反应强度，甚至也可能使他们觉得攻击行动是日常生活的一部分，没有必要加以理会。这些情绪不敏感的人对攻击行为的受害者也不会产生情绪上的移情反应或苦恼的体验,所以他们可能很少会去帮助那些因为受到攻击而需要帮助的人。

总之,媒体暴力会对儿童产生深远的影响,儿童可能因此变得对暴力产生"免疫",在暴力场景中变得更不敏感、无动于衷;他们会逐渐接受这种观念,即暴力是解决问题的途径之一;儿童也可能会模仿他们在电视节目中看到的暴力,并认可某个角色,该角色可能是受害者也可能是侵害者。

专栏 11-2　　避免受暴力影响

为保护孩子不受电视暴力的影响,父母要做好以下几个方面的工作。

（1）注意儿童正在观看的节目,以及他们在和谁一起观看;

（2）限制孩子看电视的时间;

（3）考虑把电视机从孩子的卧室中搬出;

（4）与孩子讨论电视中的情节,向孩子指出,虽然节目中的角色并没有真正受伤或被杀,但在实际生活中那样的暴力却会造成伤害或死亡;

（5）拒绝让孩子观看父母已知(如某些枪战片)的暴力节目,在暴力镜头出现时换频道或关掉电视机;

（6）向孩子解释,有暴力情节的电视节目不好在什么地方;

（7）在孩子面前表示对暴力场景的不赞同和厌恶,并向孩子强调这样一种信念:暴力行为并不是解决问题的最好方法;

（8）为了减轻孩子在朋友面前,因谈论到某些他们没有观看过的"流行的"暴力节目时而感受到的隐约压力,父母要与其他孩子的父母保持联系,就孩子看电视的时间长短和看哪种类型的节目达成一致。

父母也可以用以上手段防止儿童在其他方面受到电视的不利影响,如电视节目中的种族歧视、性爱场面等。无论电视节目的内容是什么,儿童看电视的时间都应该受到控制,因为看电视减少了儿童从事其他有益活动的时间,如阅读、与朋友玩耍、发展兴趣和爱好等。

（二）电视是社会刻板印象的来源

商业性的电视节目经常是儿童第一次接触、认识许多社会团体和机构的主要途径。在儿童的生活中,儿童很少有机会接触警察、律师、教师、不同种族的人以及老年人,他们对这些人概括性的印象深受他们所看的电视节目的影响。

可惜的是,儿童在电视中所看到的大都是以非常刻板的方式来描述的各种社会角色。例如,电视上充斥着性别角色的刻板印象,收看较多商业性电视节目的儿童对男女两性的观点比那些较少看电视的儿童更传统、更刻板。例如,电视被引入偏远的加拿大村庄后,男孩与女孩的性别角色刻板印象有了大幅度的增加(Kimball,1986)。而最容易受到电视上性别角色刻板印象影响的是来自中产阶级的家庭且具有中等智力的女孩,这群女孩的性别态度常是非常刻板而传统的(Morgan,1982)。

电视虽然可增强或减少不正确或有潜在危害性的社会刻板印象,但不幸的是,商业性电视节目里对性别、种族的刻板性的描绘比非刻板性的描绘更多,因此人们对电视节目的选择就更有限了。

(三)儿童对广告信息的反应

儿童电视节目中充斥了与儿童产品有关的广告。这些广告大多是讲各种不同的玩具、快餐及一些成人并不想购买的含糖食品的优点,于是儿童不断要求购买在电视广告中所看到的商品。父母一旦拒绝他们的请求,亲子冲突就可能会产生(Atkin,1978)。由于儿童不太了解广告商的广告意图,认为广告是为公共服务的公告,认为它们对观众是有益的,因此会很坚持。9—11 岁时,大部分的儿童明白了广告是用以说服人去购买某种产品;13—14 岁时,他们将会对一般的产品标示和广告拥有正确的概念。

广告除了会造成家人之间的摩擦外,它对儿童的社会能力和同伴关系也会有间接的影响。在一个研究中(Liebert & Sprafkin,1988),让两组 4—5 岁的儿童分别看一个没有广告的电视节目和有两个玩具广告的电视节目,然后实验者问儿童,当他们在沙箱里玩时,是喜欢与朋友一起玩还是喜欢一个人玩广告中的玩具。结果,看过玩具广告的儿童比没有看过玩具广告的儿童更可能选择玩广告中的玩具,而不是与朋友一起玩。实验者进一步问儿童,是喜欢与一个没有玩具的好男孩一起玩,还是喜欢与一个有玩具但不是很友好的男孩玩。结果显示,观看过广告的儿童中,有 70%的儿童表示会选择与有玩具但不是很友好的男孩玩,但是没有看到该广告的儿童中,只有 30%的儿童会作出这样的选择。

(四)电视对亲子互动的影响

社会生态系统论的代表人物布朗芬布伦纳(Bronfenbrenner,1970)认为,儿童是在与家庭成员的互动中,在游戏、谈话、家庭活动及争论中学习、成长的,但电视切断了儿童走进人际互动的通道。第一,电视的出现使得父母与子女从事其他休闲活动(如游戏及全家人出外旅游)的时间减少。第二,电视的出现降低了家庭互动的质量。表面上看,父母和儿童因一起看电视而亲近的时间增多,但是许多人认为这种形式的家庭互动对儿童并没有多大意义,尤其是当父母要求他们安静地坐在那里,直到广告时间才可以说话时更是如此。甚至有些父母将电视当作儿童的电子保姆,让电视"取代"自己的角色。

但也有人持相反的观点,他们认为,电视并未破坏儿童家庭生活的品质,是儿童的家庭生活品质影响了儿童收看电视的习惯。那些喜欢使用惩罚的教养方法、对子女不敏感的父母,他们的子女常常是看电视时间最长的人。孩子们可能是利用电视作为逃避家中不愉快气氛的工具(Tangnev,1988)。

二、电视的积极影响

到目前为止,我们所谈的都是电视可能引起的伤害。但是如果我们能将电视的内容加以调整,使其能传输某些有意义的信息,电视就可能成为有教育意义的工具。

(一)电视媒体与儿童的认知发展

电视台所播出的节目可以用来补充儿童日常的学习经验。例如,来自美国的《芝麻街》《天线宝宝》以及国产的《喜羊羊与灰太狼》《黑猫警长》等节目除了带给儿童欢乐外,也可促进他们认知能力的发展。其内容含有快速的动作、幽默的事件及经过仔细设计的教育内容,可以教孩子简单的语言表达、数字、常识以及许多社会和情绪的知识。

近年来,儿童电视节目的制片人还制作了一些教授儿童棋类技艺、数学、逻辑推理、科学等的儿童节目。虽然这些产品是否已达到其预定的目标还有待观察,但它们都很受欢迎。教育性节目最常受到的批评是:它是一种单向的媒体,学生常是信息的被动接收者而非主动的处理者。批评者担心看太多的电视节目(教育性的电视或其他节目)会破坏儿童的好奇心。他们认为,儿童若将收看电视的时间用在成人指导之下的积极想象活动将会更有帮助。

(二)电视媒体与儿童的社会性发展

与社会交往和亲社会行为有关的电视节目可能对儿童的社会性发展产生积极的影响。美国学者研究了一个叫"罗杰先生的邻居"的电视节目,在这个节目中,罗杰先生经常直接与小观众谈论儿童感兴趣或感觉迷惑的事(如宠物的死亡)。他分担儿童的恐惧,鼓励儿童向各种种族和社会背景的儿童学习,并与他们合作,帮助儿童用积极的态度来看待自己,帮助别人。这个节目对儿童的社会行为有积极的影响,经常收看这个节目的儿童对同学会更有感情、更能体谅他人、更愿意与人合作和协助他人(Hearold,1986)。尤其是当成人鼓励儿童表演或再现这些他们从节目中学到的亲社会行为时,这些节目给人带来的影响会更久(Friedrich & Stein,1985)。虽然接触亲社会电视节目的儿童会变得更有同情心,更能协助他人或与人合作,但其攻击性行为并未因此减少。这可能是因为,收看亲社会电视节目的儿童会变得更友善,同时也有更多的机会与同伴发生冲突或争辩。

总之,从积极的意义上说,电视被当作儿童的社会化代理人是不容置疑的。它为儿童提供了可供模仿的榜样,为儿童提供了社会价值标准和行为准则,为儿童知识的学习提供资源,也为儿童提供了乐趣。我们应该利用电视更有效地发挥它的积极作用,减少它的消极影响。

第三节　学前教育机构对儿童发展的影响

除家庭外,学前教育机构是对儿童产生重要影响的地方。作为学前教育机构的幼儿园是儿童重要的社会化代理人——它影响儿童的社会性与情绪的发展,向儿童传授知识,并且协助他们为上学做好准备。在许多城市,进入幼儿园的儿童每天要在幼儿园吃午饭、睡午觉,在幼儿园度过 6—8 个小时。

一、幼儿园结构性课程对儿童发展的影响

很多人认为,教育机构能促进儿童认知能力的发展。一些在发展中国家的研究表明,进入学前教育机构的儿童,比背景相似、未进入学前教育机构的儿童更早完成皮亚杰的守恒任务,而且在元记忆(metacognitive knowledge)的测验上得分也更高(Rogoff,1990)。似乎儿童所完成的学校教育越多,他们的认知表现越好。米里森(Morrison,1991)发现,已进入小学读一年级的儿童其认知表现,与同龄的还在幼儿园大班的儿童相比,在记忆、语言和阅读技巧上的表现明显更好。

研究者认为,通过对一般知识的教学,以及对处理不同信息时使用的规则、原则、策略和问题解决技巧的训练,以及对集中注意力的训练和对抽象概念的理解能力的训练等,幼儿园结构性课程能促进儿童认知能力的发展(Ceci,1991)。

近年来,美国儿童接受学前教育的时间越来越早,不仅大部分的州都将幼儿园定为义务教育,甚至规定 4 岁儿童也需要接受学校教育(Zigler,1987)。而且已经有许多学前儿童每天有 6—8 小时,在强调学业及入学适应(让孩子们为小学的学习生活做好准备)的看护中心、学前班或托儿所中度过。在我国的一些大中城市(如上海)适龄儿童入园率接近 100%(见表 11 - 1)。

表 11 - 1　上海、伦敦、巴黎、东京 3—5 岁儿童入园率比较[1](单位:%)

	上海	美国	伦敦	巴黎	东京
2005	99.9			100	65.2
2004	99.9	54.0		100	65.4
2003	99.9	55.1	87	100	65.6
2002	99.9	56.3		100	65.2
2001	99.5	52.4	72	100	66.3

[1] 陆璟、李丽桦、马珍珍等:《国际大都市基础教育发展指标比较研究》,http://202.121.15.145/document/zxcg/jk070101.html.

另外,接受幼儿园结构性课程的儿童,比留在家里的儿童更早具有一些社会技巧,特别是当他们的活动受到幼儿园或托儿中心的教师的密切关注时更是如此(Burchinal, Lee, & Ramey, 1989;Lee et al., 1990)。

总之,很多研究者认为,良好的幼儿园课程有利于幼儿的社会性发展,对于家庭贫寒的幼儿则能促进其智力的发展。但是即便如此,一些发展心理学家(Zigler, 1987;Elkind, 1981)还是认为,没有必要让儿童过早地接受正规的教育,儿童应有足够的时间自由玩耍,并在与环境的互动中完成自己的社会化过程。这些学者认为,如果儿童的生活完全是听命于父母的指挥而不断地追求成就,那么儿童就可能会丧失自主的精神和对知识内在的兴趣,他们会因学习而感到精疲力竭。进一步的研究也证实了这样的观点。希森等(Hyson, et al., 1989)对学业取向及非学业取向的4岁幼儿的幼儿园课程进行了研究。结果显示,接受学业取向的幼儿园课程的儿童,在学业技巧(如字母、数字和形状等知识)测验中的得分比接受非学业取向的幼儿园课程的同伴高;但其智力(如智商测验成绩)并没有因结构性的学业课程而有所增进,前者的创造力得分低于后者;当这些儿童完成幼儿园的教育进入小学之后,他们在学业技巧上的优势则逐渐消失;而且在幼儿园毕业进入小学学习时,他们有更高的考试焦虑(test anxiety),对学习和学校的态度也更消极。

墨森等人(Muson, Hirsch-Pasek, & Rescorla, 1989)认为,学前阶段太过强调正规的学业学习是不必要的。正规的学业学习并不是儿童成长的最佳方式。而鼓励自由游戏、讲故事和表演等活动的非学业取向的幼儿园是有益于幼儿发展的,因为它们能促进儿童的社会性发展如沟通技巧及规则的遵守等。这些品质可以帮助儿童更快地适应小学的学习生活(Zigler & Finn Stevenson, 1993)。

图11-6 与幼儿园教师的互动是儿童建立的最早的师生关系

二、幼儿园教师对儿童发展的影响

幼儿进入幼儿园后,他们留在教师身边的时间几乎与留在父母身边的时间一样多(睡眠时间除外)。可以认为,教师是除幼儿家庭成员以外的第一个在他们的生命中扮演重要角色的成人。教师的功能在儿童受教育的过程中会不断改变(Minuchin & Shapiro, 1983)。托儿所、幼儿园的教师在某些方面与家里照料者的角色相似:在尽力协助儿童完成学前教育课程目标的过程中,教师扮演着能使儿童有安全感的玩伴及代理照顾者的角色。有时教师也会承担有权威的评价者的角色。教师对儿童的影响一般可以从以下两个方面考虑。

（一）教师期望的影响

教师对孩子的发展状况会形成不同的印象，这些印象形成了教师对儿童的期望。这会影响儿童对自己的看法和评价，进而影响儿童的发展。在教师期望效应的研究中，罗森塔尔（Rosenthal & Jacobson, 1968）作了一个非常经典的研究。他们让一至六年级的学龄儿童完成了一份智力测验，并让教师相信，这个测验可用来预测这些学生在今后一年里的智力成长情况。测验结束后，每位教师都得到班级内五名高智商学生的名单（教师们相信，这些学生在今后的一年里会有"惊人进展"），但事实上这些名单是从学生的名册上随机抽选的。他们与其他儿童的不同，仅在于教师认为他们更聪明，对他们的期望更高而已。八周后，学生再接受一次测验，罗森塔尔发现在一年级和二年级的儿童中，这些期待会有惊人进展的学生在智力和阅读成就上比其他的学生有更显著的进步。换言之，这些被认为会有更好表现的儿童，确实比其他能力相当的学生取得了更好的成就。这些学生似乎感受到教师对他们的期望，进而实现了这份期望。这就是罗森塔尔所谓的皮格玛丽翁效应或期望效应。

虽然一些研究者发现很难重复罗森塔尔的结果（Cooper，1979），但是很多研究都显示：被教师期望会有较好表现的学生会遵循这些正面的期望，而被认为将会有不好表现的学生在标准测验上的成绩，比那些能力相当但教师对他们无负面期望的同学低（Haris & Rosenthal，1986；Weinstein et al.，1987）。皮格玛丽翁效应其实并无神秘之处：它的产生是因为教师对待不同学生的方式不同（Brophy，1983；Harris & Rosenthal，1986）。一般而言，教师会给高期望的学生更具有挑战性的资料，要求他们有更好的表现。当这些学生能正确回答问题、完成任务时，也会得到教师更多的赞赏（这可能会使他们认为自己有更好的能力）。当教师赋予高期望的学生未能达到教师的要求时，教师会再重复一遍问题，让他们能有机会作出正确的回答。相反，那些被教师赋予较低期望的学生不太有机会接受挑战，或做一些能表现他们能力的事情。当他们做得不好时，更可能受到教师的责难与忽视——这种经历会使他们认为，自己的能力不强，进而影响到他们的成就动机（Brophy，1983；Dweck & Elliott，1983）。在幼儿园中，教师的期望对孩子影响的实证研究较罕见。但即使是幼儿园的孩子，也能了解教师的期望，并会自觉表现得像教师所期望的那样（Weinstein et al.，1987）。

最后重要的一点是：在罗森塔尔的实验里，教师的期望是实验者给的，但是在现实生活中，大部分教师所形成的正面或负面的期望则是基于事实的状况，大都是以儿童目前或过去的发展水平或学业成就为基础的（Brophy，1983）。所以，那些被认为发展水平相对落后或学业成绩不佳的儿童，教师对他们的期望水平也较低，他们表现得似乎也更差；相反，那些被认为会有良好表现的儿童，教师对他们的期望较高，他们也常会有更好的表现。所以，在学校，教师的期望及与这种期望有关的师生互动模式，会强化、维持儿童已有的良好的、一般的、较差的表现（Jussim & Eccles，1993）。所以，教师应该意识到自己的期望（及相关的行为）对学生可能产生的影响。聪明的教师会使用这种方法使班级内每个儿童都能发挥其最大的"潜能"。这些教师可能采用的方法有：设置儿童能达到的教育或发展目标；与儿童沟通这些正面的期望；只要儿童能接近或达到一个小的学业或发展目标,就赞赏其所表现出来的能力。

(二) 教师评价的影响

教师对儿童合宜或不合宜的行为的反应或评价,会影响儿童在同伴中的声望,进而间接地影响儿童的同伴关系。在一个实验研究中(Whit & Kistner, 1992),研究者让幼儿园、一年级和二年级的儿童观看一部有关教室内情景的录像带,录像中的目标儿童在教室内的大部分时间里都有合宜的行为(例如,能集中注意力,积极配合教师的要求等),但是有些时候也会有破坏性的行为(例如,咯咯地笑或玩纸飞机)。而在不同版本的录像带里,教师对这名儿童的反应是不同的,一部分儿童看到教师称赞儿童积极的行为;另一部分儿童则看到教师关注目标儿童不合适的行为,并提供矫正性的反馈(如"别玩纸飞机,回到座位上")或责骂犯错者;还有部分儿童看到的是教师称赞目标儿童合适的行为,但也针对不合适的行为提出矫正性的反馈。而控制组的儿童听到教师对全班都说些中性的话,对目标儿童的行为没有正面或负面的反馈。看完录像后,研究者让被试判断目标儿童的可爱程度,并推测目标儿童是否会有诸如助人的积极行为或推撞其他小孩的消极行为。

研究结果非常有趣,与控制组中的目标儿童相比,因合适的行为而被称赞的目标儿童被认为更可爱、更有可能拥有一些积极的特质,如助人。教师对不合适行为的反应,其效应比较复杂:如果教师的回应是给予矫正性的反馈,或是除了给予矫正性的反馈外,对合适的行为也会加以称赞,那么被试对目标儿童的评价受到教师对目标儿童评价的影响较少;但是,如果目标儿童所接受到的只是教师责骂性的反馈,那么被试会倾向于认为,目标儿童更不可爱,而且更容易"看到"目标儿童表现出的不好的行为,如打人或撞人,并会认为他们会有更多消极的品质,如不友好。所以教师对儿童合适行为的称赞可提高儿童在同伴心目中的地位,而教师对儿童不合适行为的责备则可能会破坏儿童在同伴心目中的形象。教师对年幼儿童在同伴中的声望有重要的影响,因为在幼儿园或小学入学初期被同伴拒绝的儿童,常会延续他们"被拒绝者"的地位,而且在以后的生活中也可能会遭遇各种适应问题。虽然教师必须对有破坏性行为习惯的儿童的行为作出必要的反应,但是教师可以尝试使用行为矫正而非责骂儿童的方式对儿童的消极行为予以矫正,并及时赞扬这些儿童合适的行为。这样,教师就可以给自己和有破坏性行为的儿童一些积极的影响。

(三) 教师风格的影响

在理想的学校教育中,教师通常会给儿童设定清楚的目标去完成任务,强调成功而非失败,强调过程而非结果;教师会坚定地执行规则,但不会责备违规的儿童;教师会使用表扬、鼓励的方式而不是威胁来促使学生发挥其潜能。这些特质与鲍姆令特在分析父母教养方式时所讨论的权威型教养方式是相似的。鲍姆令特认为,父母教养方式的三种分类也可以在教师的行为中看到。专制型的教师会控制学生,以强制的方式来让学生执行命令。民主型的教师虽然也会控制学生,但他们会用说理的方式来说明、解释他们的命令,鼓励师生间的交流,重视学生自主性和创造性的发展,所以学生都很愿意遵守教师所规定的准则。而放任型的教师很少命令学生,也很少甚至不提供任何主动的指导。鲍姆令特相信,民主型的教师有助于增强儿童的好奇心、学业成就感,促进他们的社会性与情绪发展。

虽然有关教师对年幼儿童行为的影响研究不多,但对学龄儿童的研究能给我们很多启示。在一个比较经典的研究中(Lewin, Lippitt, & White, 1993),研究者让 11 岁的男孩在放学后参加一个自己感兴趣的活动小组,如制作戏剧脸谱的小组活动。每个团体都有一个成人来带领,而成人的行为表现被研究者人为地安排成三种类型:专制型的领导者(他们为每位男孩指派工作任务和合作伙伴,采用命令的方式,不说明理由);民主型的领导者(引导男孩选择自己的工作和合作伙伴,允许男孩参与规则的制定);放任型的领导者(让团体完全自由,他们只提供一些引导,甚至不提供引导,大部分的时间都不对孩子们做任何干涉)。结果表明,实验中的男孩子对这些管理模式有不同的反应:专制型的管理模式会导致紧张、不安、敌意的行为以及不满意的团队互动。在专制型教师的领导下,孩子们的行为会不一致,领导者在场时,活动效率(以所制作的戏剧脸谱数)很高,但是领导者离开后,活动就散漫了。民主型的领导最有效率,在这样的团体中,孩子们对别人更友善,也更积极,孩子们更快乐。在民主型教师的领导下,孩子们的行为表现一致,不管领导者是否在场,孩子们都会努力工作,他们所完成的工作质量也比在专制型和放任型教师领导下的孩子所做得好。放任型的领导者更可能导致冷淡的团体气氛,工作效率也很低。

这些发现也适用于幼儿园的教室里,孩子们会比较偏爱民主氛围的教室,有弹性的、非专制的教学管理方式也有助于孩子们的发展和学业成就的提高。不过,教师所使用的教学方法并非对所有的学生都产生相同的影响。教师面对能力强的儿童会采用更快的速度、更高的成就标准,这使得能力强的学生会有更大的进步。相反,能力低或者处于劣势的儿童,则更喜欢亲切的、会鼓励的并采用步调缓慢的教学方式的教师,而不是高要求的、强制的和命令式的教师。

总之,理想的教育教学方法会提高儿童的发展水平和学业成就,而具体的教学方法的实施则是因人而异的。

本章总结

儿童与同伴接触会随着年龄的增长而显著地增加。与同伴互动有利于儿童认知和社会性发展。无法与同伴建立或维持关系的儿童,在以后的生活中会出现一些严重的适应问题。同伴对儿童的影响是通过示范、强化、讨论及强迫顺从等方式实现的。

稳固的友谊常能给幼儿提供安全感和社会支持,促进角色采择能力的发展,有利于关心及同情心的增长,这是未来生活中亲密关系建立的基础。

电视对儿童发展的影响有消极的一面,如媒体暴力的影响;也有积极的一面,如教育性节目促进儿童的认知和社会性发展。

良好的学校教育有利于儿童的社会性和认知能力的发展。教师对孩子发展的期望和评价也会影响儿童的自我评价和他们在同伴中的声望,进而影响他们的全面发展。

请你思考

1. 从心理学的角度看,孩子从小听从的对象从父母到教师再到同伴这一系列转换是否有其必然性?

2. 如何正确指导孩子看电视,以避免电视对其造成的不良影响?

3. 幼儿园期间是高结构化的教学比较重要,还是低结构化的游戏对儿童发展更有利?

参考文献

Adams, R. J. , & Courage, M. L. (1998). Human newborn color vision: Measurement with chromatic stimuli varying in excitation purity. *Journal of Experimental Child Psychology*, 68 (1),22 - 34.

Annett, M. (2002). *Handedness and Brain asymmetry: The Right Shift Theory*. Psychology Press.

Atkin, C. K. (1978). Observation of parent-child interaction in supermarket decision-making. *The Journal of Marketing*, 41 - 45.

Bandura, A. (1973). Aggression: *A Social Learning Analysis*. Prentice-Hall.

Barrett, D. E. , & Frank, D. (1987). *The Effects of Undernutrition on Children's Behavior*. Gordon and Breach Science Publishers.

Bartholomew, K. , & Horowitz, L. M. (1991). Attachment styles among young adults: A test of a four-category model. *Journal of Personality and Social Psychology*, 61,226 - 244

Berk, L. E. , & Spuhl, S. T. (1995). Maternal interaction, private speech, and task performance in preschool children. *Early Childhood Research Quarterly*, 10(2),145 - 169.

Berk, L. E. (2000). *Child Development (5th ed.)*, Pearson Education Company.

Bill Adler Jr (1999). 365 Things to Do with Your Kids, CONTEMPORARY BOOKS 1999.

Birch, L. L. , Marlin, D. W. , & Rotter, J. (1984). Eating as the "means" activity in a contingency: effects on young children's food preference. *Child Development*, 431 - 439.

Boone, R. T. , & Cunningham, J. G. (1998). Children's decoding of emotion in expressive body movement: the development of cue attunement. *Developmental Psychology*, 34(5),1007.

Borman, K. M. , & Kurdek, L. A. (1984). Children's game complexity as a predicter of later perceived self-competence and occupational interests. Paper presented at the meeting of the meeting of the American Sociological Association, San Antonio, TX.

Bornstein, M. H. , & Tamis-LeMonda, C. S. (1989). Maternal responsiveness and cognitive development in children. *New Directions for Child and Adolescent Development*, 1989(43), 49 - 61.

Bower, T. G. , Broughton, J. M. , & Moore, M. K. (1970). The coordination of visual and tactual input in infants. *Perception & Psychophysics*, 8(1),51 - 53.

Braungart, J. M. , Plomin, R. , DeFries, J. C. , & Fulker, D. W. (1992). Genetic influence on tester-rated infant temperament as assessed by Bayley's Infant Behavior Record: Non adoptive and adoptive siblings and twins. *Developmental Psychology*, 28(1),40.

Brooks-Gunn, J. , & Duncan, G. J. (1997). The effects of poverty on children. *The Future of Children*, 55-71.

Brownell, C. A. (1990). Peer social skills in toddlers: Competencies and constraints illustrated by same-age and mixed-age interaction. *Child Development*, 61(3),838-848.

Burchinal, M. , Lee, M. , & Ramey, C. (1989). Type of day-care and preschool intellectual development in disadvantaged children. *Child Development*, 128-137.

Burns, M. S. , Donovan, M. S. , & Bowman, B. T. (2000). *Eager to Learn: Educating Our Preschoolers* (Eds.). National Academies Press.

Buss, A. H. , & Plomin, R. (1984). Theory and measurement of EAS. *Temperament: Early Developing Personality Traits*, 98-130.

Bornste, Stein, M. H. , Lamb, M. E. (1999). *Developmental Psychology: An Advanced Textbook* (4th ed.). Lawrence Erlbaum Associates Publishers.

Bukatko, D. , Daehler, M. W. (1992). *Child Development: A topical approach*. Boston: Hougton Mifflin Company.

Campos, J. J. , Langer, A. , & Krowitz, A. (1970). Cardiac responses on the visual cliff in prelocomotor human infants. *Science*, 170(3954),196-197.

Caruso. J. (1991). Supervisors in early childhood programs: An emerging profile. *Young Children*, 46(6),20-26.

Ceci, S. J. (1991). How much does schooling influence general intelligence and its cognitive components? A reassessment of the evidence. *Developmental Psychology*, 27(5),703.

Chen, X. , Cen, G. , Li, D. , & He, Y. (2005). Social functioning and adjustment in Chinese children: The imprint of historical time. *Child Development*, 76,182-195.

Chen, X. , Wang, L. , & Wang, Z. (2009). Shyness-sensitivity and social, school, and psychological adjustment in rural migrant and urban children in China. *Child Development*, 80, 1499-1513.

Cohen, S. , & Herbert, T. B. (1996). Health psychology: Psychological factors and physical disease from the perspective of human psychoneuroimmunology. *Annual Review of Psychology*, 47(1),113-142.

Conner, D. B. , Knight, D. K. , & Cross, D. R. (1997). Mothers' and fathers' scaffolding of their 2-year-olds during problem-solving and literacy interactions. *British Journal of Developmental Psychology*, 15(3),323-338.

Coren, S., Porac, C., & Duncan, P. (1981). Lateral preference behaviors in preschool children and young adults. *Child Development*, 443-450.

Costin, S. E., & Jones, D. C. (1992). Friendship as a facilitator of emotional responsiveness and prosocial interventions among young children. *Developmental Psychology*, 28(5),941.

COURAGE, M. L., & ADAMS, R. J. (1990). Visual acuity assessment from birth to three years using the acuity card procedure: cross-sectional and longitudinal samples. *Optometry & Vision Science*, 67(9),713-718.

Danuta Bukatko, Marvin W. Daehler (1995). *Child Development*. Boston: Houghton Mifflin Company.

Davies, P. T., & Cummings, E. M. (1994). Marital conflict and child adjustment: an emotional security hypothesis. *Psychological Bulletin*, 116(3),387.

Davies, P. T., & Cummings, E. M. (1998). Exploring children's emotional security as a mediator of the link between marital relations and child adjustment. *Child Development*, 69(1), 124-139.

DeCasper, A. J., & Fifer, W. P. (1980). Of human bonding: Newborns prefer their mothers' voices. *Science*, 208(4448),1174-1176.

DeCasper, A. J., & Spence, M. J. (1986). Prenatal maternal speech influences newborns' perception of speech sounds. *Infant behavior and Development*, 9(2),133-150.

Dodge, K. A. (1980). Social cognition and children's aggressive behavior. *Child Development*, 51, 162-170.

Dodge, K. A. (1983). Behavioral antecedents of peer social status. *Child Development*, 51. 162-170.

Drabman, R. S., & Thomas, M. H. (1974). Does media violence increase children's toleration of real-life aggression? *Developmental Psychology*, 10(3),418.

Dunn, J., Brown, J. R., & Maguire, M. (1995). The development of children's moral sensibility: Individual differences and emotion understanding. *Developmental Psychology*, 31(4),649.

Dunn, J., Brown, J., & Beardsall, L. (1991). Family talk about feeling states and children's later understanding of others' emotions. *Developmental Psychology*, 27(3),448.

Dunn, J., Maguire, M., & Brown, J. (1995). The development of children's moral sensibility: Individual differences and emotion understanding. *Developmental Psychology*, 31,649-659.

Dweck, C. S., & Elliott, E. S. (1983). Achievement motivation. *Handbook of Child Psychology*, 4, 643-691.

Damo, W. (1998). *Handbook of Child Psychology* (5th ed.). New York: Wiley.

Eisenberg, N. , Cumberland, A. , Spinrad, T. L. , Fabes, R. A. , Shepard, S. A. , Reiser, M. , & Guthrie, I. K. (2001). The relations of regulation and emotionality to children's externalizing and internalizing problem behavior. *Child Development*, 1112 – 1134.

Eisenberg. N. , Fabes, R. A. , Nyman, M. , Bernzweig, J. , & Pinuelas, A. (1994). The relations of emotionality and regulation to children's anger-related reaction. *Child Development*, 65, 109 – 128.

Ellsworth, C. P. , Muir, D. W. , & Hains, S. M. (1993). Social competence and person-object differentiation: An analysis of the still-face effect. *Developmental Psychology*, 29(1), 63.

Feinman, S. , Roberts, D. , Hsieh, K. F. , Sawyer, D. , & Swanson, D. (1992). A critical review of social referencing in infancy (pp. 15 – 54). *Springer US*.

Fishbein, H. D. , & Imai, S. (1993). Preschoolers select playmates on the basis of gender and race. *Journal of Applied Developmental Psychology*, 14(3), 303 – 316.

Flannery, K. A. , & Liederman, J. (1995). Is There Really a Syndrome Involving the Co-Occurrence of Neurodevelopmental Disorder, Talent, Non-Right Handedness and Immune Disorder Among Children? *Cortex*, 31(3), 503 – 515.

Flavell, J. H. , Green, F. L. , & Flavell, E, R. (1993). Children's understanding of the stream of consciousness. *Child Development*, 64, 387 – 398.

Flieller, A. (1999). Comparison of the development of formal thought in adolescent cohorts aged 10 to 15 years (1967 – 1996 and 1972 – 1993). *Developmental Psychology*, 35(4), 1048.

Florian, V. , & Kravetz, S. (1985). Children's Concepts of Death A Cross-Cultural Comparison among Muslims, Druze, Christians, and Jews in Israel. *Journal of Cross-Cultural Psychology*, 16(2), 174 – 189.

Fox, N. A. , Rubin, K. H. , Calkins, S. D. , Marshall, T. R. , Coplan, R. J. , Porges, S. W. , ... & Stewart, S. (1995). Frontal activation asymmetry and social competence at four years of age. *Child Development*, 66(6), 1770 – 1784.

Frankel, K. A. , & Bates, J. E. (1990). Mother-Toddler Problem Solving: Antecedents in Attachment, Home Behavior, and Temperament. *Child Development*, 61(3), 810 – 819.

Friedrich, L. K. , & Stein, A. H. (1973). Aggressive and prosocial television programs and the natural behavior of preschool children. *Monographs of the Society for Research in Child Development*, 1 – 64.

Furman, W. , Rahe, D. F. , & Hartup, W. W. (1979). Rehabilitation of socially withdrawn preschool children through mixed-age and same-age socialization. *Child development*, 915 – 922.

Gibbs, S. E. C. , Sharp, K. C. , & Petrun, C. J. (1985). The effects of age, object, and cultural/ religious background on children's concepts of death. *OMEGA-Journal of Death and Dying*, 15

(4),329 – 346.

Gottman, J. M. , Katz, L. F. , & Hooven, C. (1997). *Meta-emotion: How Families Communicate Emotionally*. London: Psychology Press.

Goubet, N. , & Clifton, R. K. (1998). Object and event representation in 6 1/2-month-old infants. *Developmental Psychology*, 34(1),63.

Grace,J. C. etc. (1998). *Children Today(Can. edition)*. Ontario: Prentice-Hall Canada Inc.

Green, F. P. , & Schneider, F. W. (1974). Age differences in the behavior of boys on three measures of altruism. *Child Development*, 248 – 251.

Grolnick, W. S. , Bridges, L. J. , & Connell, J. P. (1996). Emotion Regulation in Two-Year-Olds: Strategies and Emotional Expression in Four Contexts. *Child development*, 67(3),928 – 941.

Hala, S. , & Chandler, M. (1996). The Role of Strategic Planning in Accessing False-Belief Understanding. *Child Development*, 67(6),2948 – 2966.

Halverson, H. M. (1931). An experimental study of prehension in infants by means of systematic cinema records. *Genetic Psychology Monographs*.

Harris, M. J. , & Rosenthal, R. (1986). Four factors in the mediation of teacher expectancy effects. *The Social Psychology of Education: Current Research and Theory*, 91 – 114.

Hart, C. H. , Ladd, G. W. , & Burleson, B. R. (1990). Children's expectations of the outcomes of social strategies: Relations with sociometric status and maternal disciplinary styles. *Child Development*, 61(1),127 – 137.

Hartup, W. W. , & Stevens, N. (1999). Friendships and adaptation across the life span. *Current Directions in Psychological Science*, 8(3),76 – 79.

Haskett, M. E. , Nears, K. , Ward, C. S. , & McPherson, A. V. (2006). Diversity in adjustment of maltreated children: Factors associated with resilient functioning. *Clinical Psychology Review*, 26(6),796 – 812.

Hay, D. (1985). Learning to form relationships in fancy: Parallel attainments with parents and peers. *Development Review*, 5. 122 – 161.

Hearold, S. (1986). A synthesis of 1043 effects of television on social behavior. *Public Communication and Behavior*, 1,65 – 133.

Hendler, M. , & Weisberg, P. (1992). Conservation acquisition, maintenance, and generalization by mentally retarded children using equality-rule training. *Journal of Experimental Child Psychology*, 53(3),258 – 276.

Howes, C. , Unger, O. , & Matheson, C. C. (1992). *The collaborative construction of pretend: Social Pretend Play Functions*. New York: SUNY Press.

Howes, C. (1987). Social competence with peers in young children: Developmental sequences. *Developmnet Review*, 7,252 - 272.

Howes, C. (1988). Peer interaction of young children. *Monographs of the Society for Research in Child Development*, 53 (1, Serial No. 217).

Howes, C., & Matheson, C. C. (1992). Sequences in the development of competent play with peers: Social and social pretend play. *Developmental Psychology*, 28,961 - 974.

Hudspeth, W. J., & Pribram, K. H. (1992). Psychophysiological indices of cerebral maturation. *International Journal of Psychophysiology*, 12(1),19 - 29.

Isaacs, K. R., Anderson, B. J., Alcantara, A. A., Black, J. E., & Greenough, W. T. (1992). Exercise and the brain: angiogenesis in the adult rat cerebellum after vigorous physical activity and motor skill learning. *Journal of Cerebral Blood Flow & Metabolism*, 12(1),110 - 119.

James, E. J., James, F. C., Thomas, D. Y. (1999). *Play and Early Children Development*. London: Longman.

Johnson, J. E., & Roopnarine, J. L. (1983). The preschool classroom and sex differences in children's play. Social and cognitive skills: Sex roles and children's play, 193 - 218.

Jones, D. C., Abbey, B. B., & Cumberland, A. (1998). The development of display rule knowledge: Linkages with family expressiveness and social competence. *Child Development*, 69 (4),1209 - 1222.

Katz, L. F., & Woodin, E. M. (2002). Hostility, hostile detachment, and conflict engagement in marriages: Effects on child and family functioning. Child Development, 636 - 651.

Kemple, K., Speranza, H., & Hazen, N. (1992). Cohesive discourse and peer acceptance: Longitudinal relations in the preschool years. *Merrill-Palmer Quarterly*, 38,364 - 381.

Kermoian, R., & Campos, J. J. (1988). Locomotor experience: A facilitator of spatial cognitive development. *Child Development*, 908 - 917.

Klineberg, O. (1963). Negro-white differences in intelligence test performance: A new look at an old problem. *American Psychologist*, 18(4),198.

Kochanska, G. (1991). Socialization and temperament in the development of guilt and conscience. *Child Development*, 62(6),1379 - 1392.

Kokko, K., & Pulkkinen, L. (2000). Aggression in childhood and long-term unemployment in adulthood: a cycle of maladaptation and some protective factors. *Developmental Psychology*, 36 (4),463.

Kolata, G. (1986). Obese children: a growing problem. *Science*.

Krevans, J., & Gibbs, J. C. (1996). Parents' use of inductive discipline: Relations to children's empathy and prosocial behavior. *Child Development*, 67(6),3263 - 3277.

Kuczynski, L. (1983). Reasoning, prohibitions, and motivations for compliance. *Developmental Psychology*, 19(1),126.

Ladd, G. W. , & Price, J. M. (1987). Predicting children's social and school adjustment following the transition from preschool to kindergarten. *Child Development*, 1168 – 1189.

LaFreniere, P. J. , Strayer, F. F. , & Gauthier, R. (1984). The emergence of same-sex affiliative preferences in children's play groups: A developmental/ethological perspective. *Child Development*, 56,1800 – 1809.

Laing, G. J. , & Logan, S. (1999). Patterns of unintentional injury in childhood and their relation to socio-economic factors. *Public Health*, 113(6),291 – 294.

Larsson, G. , Bohlin, A. B. , & Stenbacka, M. (1986). Prognosis of children admitted to institutional care during infancy. *Child Abuse & Neglect*, 10(3),361 – 368.

Laura E. Berk. (2005). *Infants, Children, and Adolescents*, New Jersey: Pearson Education Inc.

Legerstee, M. , & Varghese, J. (2001). The role of maternal affect mirroring on social expectancies in three-month-old infants. *Child Development*, 1301 – 1313.

Lewis, M. E. , & Rosenblum, L. A. (1975). *Friendship and peer relations*. New Jersey: John Wiley & Sons.

Lewis, M. , & Brooks-Gunn, J. (1979). Toward a theory of social cognition: The development of self. *New directions for child and adolescent development*, 1979(4),1 – 20.

Lewis, M. , Stanger, C. , & Sullivan, M. W. (1989). Deception in 3-year-olds. *Developmental psychology*, 25(3),439.

Liebert, R. M. , & Sprafkin, J. (1988). *The Early Window: Effects of Television on Children and Youth*. Pergamon Press.

Lozoff, B. (1989). Nutrition and behavior. *American Psychologist*, 44(2),231.

Main, M. , Solomon, J. , Greenberg, M. T. , Cicchetti, D. , & Cummings, E. M. (1990). Attachment in the preschool years: Theory, research, and intervention. Attachment in the preschool years: Theory, research and intervention.

Marean, G. C. , Werner, L. A. , & Kuhl, P. K. (1992). Vowel categorization by very young infants. *Developmental Psychology*, 28(3),396.

Martin, N. G. , & Jardine, R. (1986). Eysenck's contributions to behaviour genetics. *Hans Eysenck: Consensus and Controversy*, (13 – 47). London: Routledge.

Meltzoff, A. N. , & Moore, M. K. (1977). Imitation of facial and manual gestures by human neonates. *Science*, 198(4312),75 – 78.

Messinger, D. S. , Fogel, A. , & Dickson, K. L. (2001). All smiles are positive, but some smiles are more positive than others. *Developmental Psychology*, 37(5),642.

Moller, L. C. , & Serbin, L. A. (1996). Antecedents of toddler gender segregation: Cognitive consonance, gender-typed toy preferences and behavioral compatibility. *Sex Roles*, 35(7 - 8), 445 - 460.

Montague, D. P. , & Walker-Andrews, A. S. (2001). Peekaboo: a new look at infants' perception of emotion expressions. *Developmental psychology*, 37(6),826.

Morison, P. , & Masten, A. S. (1991). Peer reputation in middle childhood as a predictor of adaptation in adolescence: A seven-year follow-up. *Child Development*, 62(5),991 - 1007.

Mumme, D. L. , & Fernald, A. (2003). The infant as onlooker: Learning from emotional reactions observed in a television scenario. *Child development*, 74(1),221 - 237.

Nagin, D. , & Tremblay, R. E. (1999). Trajectories of boys' physical aggression, opposition, and hyperactivity on the path to physically violent and nonviolent juvenile delinquency. *Child Development*, 70(5),1181 - 1196.

Newcomb, M. D. , Scheier, L. M. , & Bentler, P. M. (1993). Effects of adolescent drug use on adult mental health: A prospective study of a community sample. *Experimental and Clinical Psychophamacology*, 1,215 - 241.

Nugent, J. , Lester, B. M. , & Brazelton, T. (1989). *The cultural context of infancy*, Vol. 1: *Biology, Culture, and Infant Development*. Ablex Publishing.

Newcombe, N. (1996). *Child Development: Change over time (8th ed.)*. New York: Harper Collies Publishers Inc.

Parker, J. G. , & Asher, S. R. (1987). Peer relations and later personal adjustment: Are low-accepted children at risk? *Psychological Bulletin*, 102(3),357.

Parten, M. B. (1932). Social participation among pre-school children. *The Journal of Abnormal and Social Psychology*, 27(3),243.

Pellegrini, A. D. (1992). Rough-and-tumble play and social problem solving flexibility. *Creativity Research Journal*, 5,13 - 26.

Pellegrini, A. D. , & Smith, P. K. (1998). Physical activity play: The nature and function of a neglected aspect of play. *Child Development*, 69,577 - 598.

Pfeifer M, Goldsmith H H, Davidson R J, et al. Continuity and change in inhibited and uninhibited children. *Child Development*, 2002,73(5):1474 - 1485.

Piaget, J. (1952). *The Origins of Intelligence in Children (2nd ed. , translated by Margaret Cook)*. New York: W. W. Norton & Co.

Pianta, R. C. , & Stuhlman, M. W. (2004). Teacher-child relationships and children's success in the first years of school. *School Psychology Review*, 33,444 - 458.

Pike, A. , & Plomin, R. (1996). Importance of nonshared environmental factors for childhood and adolescent psychopathology. *Journal of the American Academy of Child & Adolescent Psychiatry*, 35(5),560 – 570.

Plomin, R. (1989). Environment and genes: Determinants of behavior (Vol. 44, No. 2, p. 105). American Psychological Association.

Plomin, R. , Loehlin, J. C. , & DeFries, J. C. (1985). Genetic and environmental components of "environmental" influences. *Developmental Psychology*, 21(3),391.

Polak, A. , & Harris, P. L. (1999). Deception by young children following noncompliance. *Developmental Psychology*, 35(2),561.

Radke-Yarrow, M. , Zahn-Waxler, C. , & Chapman, M. (1983). Children's prosocial disposition and behavior. Handbook of child psychology: formerly Carmichael's Manual of child psychology/ Paul H. Mussen, editor.

Reese, E. , Haden, C. A. , & Fivush, R. (1993). Mother-child conversations about the past: Relationships of style and memory over time. *Cognitive development*, 8(4),403 – 430.

Repacholi, B. M. , & Gopnik, A. (1997). Early reasoning about desires: evidence from 14-and 18-month-olds. *Developmental psychology*, 33(1),12.

Riesen, A. H. (1947). The development of visual perception in man and chimpanzee. *Science*.

Riesen, A. H. , Chow, K. L. , Semmes, J. , & Nissen, H. W. (1951). Chimpanzee vision after four conditions of light deprivation. *Amer. Psychologist*, 6,282.

Roberts, J. E. , Burchinal, M. , & Durham, M. (1999). Parents' report of vocabulary and grammatical development of African American preschoolers: Child and environmental associations. *Child Development*, 92 – 106.

Rock, A. M. , Trainor, L. J. , & Addison, T. L. (1999). Distinctive messages in infant-directed lullabies and play songs. *Developmental psychology*, 35(2),527.

Rönnqvist, L. , & Hopkins, B. (1998). Head position preference in the human newborn: a new look. *Child Development*, 69(1),13 – 23.

Rosen, W. D. , Adamson, L. B. , & Bakeman, R. (1992). An experimental investigation of infant social referencing: Mothers' messages and gender differences. *Developmental Psychology*, 28 (6),1172.

Rosengren, K. S. , Gelman, S. A. , Kalish, C. W. , & McCormick, M. (1991). As time goes by: Children's early understanding of growth in animals. *Child Development*, 62(6),1302 – 1320.

Rosenthal, R. , & Jacobson, L. (1968). Pygmalion in the classroom: Teacher expectation and pupils' intellectual development. *Holt, Rinehart & Winston*.

Rothbart, M. K. , Ahadi, S. A. , Hershey, K. L. , & Fisher, P. (2001). Investigations of temperament at three to seven years: The Children's Behavior Questionnaire. *Child*

Development, 72(5),1394 – 1408.

Rowe, D. C. , & Plomin, R. (1981). The importance of nonshared (E_1) environmental influences in behavioral development. *Developmental Psychology*, 17(5),517.

Rubin, K. , Fein, G. , & Vandenberg, B. (1983). Play. *In E. Mavis Heeherington (Ed).* Handbool of child paychology, Vol. 4: Socialization, Personality and Social Development (693 – 774). New York: Wiley.

Rubin, K. H. , & Krasnor, L. R. (1983). Age and gender differences in the development of a representative social problem solving skill. *Journal of Applied Developmental Psychology*, 4. 463 – 475.

Rushton, J. P. (1980). Altruism, socialization, and society. Englewood Cliffs, NJ: Prentice-Hall.

Shaffer, D. R. *Social and Personality Development*. Belmont, CA: Wadsworth.

Scarr, S. , & McCartney, K. (1983). How people make their own environments: A theory of genotype→ environment effects. *Child Development*, 424 – 435.

Schwartz, D. , Dodge, K. A. , & Coie, J. D. (1993). The emergence of chronic peer victimization in boys' play groups. *Child Development*, 64,1755 – 1772.

Serbin, L. A. , Poulin-Dubois, D. , Colburne, K. A. , Sen, M. G. , & Eichstedt, J. A. (2001). Gender stereotyping in infancy: Visual preferences for and knowledge of gender-stereotyped toys in the second year. *International Journal of Behavioral Development*, 25(1),7 – 15.

Smilansky, S. (1968). *The effects of Socio-Dramatic Play on Disadvantaged Preschool Children*. New York: Willey.

Smith, P. K. & Vollstedt, R. On defining play: An empirical study of the relationship between play and various play criteria. *Child Development*. 1985,56,1042 – 1050

Soken, N. H. , & Pick, A. D. (1992). Intermodal perception of happy and angry expressive behaviors by seven-month-old infants. *Child Development*, 787 – 795.

Sophian, C. , Harley, H. , & Manos Martin, C. S. (1995). Relational and representational aspects of early number development. *Cognition and Instruction*, 13(2),253 – 268.

Stipek, D. , Recchia, S. , McClintic, S. , & Lewis, M. (1992). Self-evaluation in young children. *Monographs of the Society for Research in Child Development*, 57(1),1 – 84.

Strassberg, Z. , Dodge, K. A. , Pettit, G. S. , & Bates, J. E. (1994). Spanking in the home and children's subsequent aggression toward kindergarten peers. *Development and Psychopathology*, 6(03),445 – 461.

Santrock, J. W. (1996). *Child Development* (7th ed.), Brown & Benchmark Publishers.

Tanner, J. M. , & Tanner, J. M. (1990). *Foetus into man: Physical Growth from Conception to Maturity*. New York: Harvard University Press.

Thelen, E. (1995). Motor development: A new synthesis. *American Psychologist*, 50(2),79.

Thomas, A., Chess, S., & Birch, H. G. (1970). *The Origin of Personality*. New York: WH Freeman and Company.

Thomas. Play and Exploration in Children and Animals, Lawrence Erlbaum Associates, publishers. 2000,69.

Thompson, R. A., Meyer, S., McGinley, M., Killen, M., & Smetana, J. (2006). *Handbook of Moral Development*. London: Psychology Press.

Tinsley, B. J. (1992). Multiple influences on the acquisition and socialization of children's health attitudes and behavior: An integrative review. *Child Development*, 63(5),1043 - 1069.

Tryon, R. C. (1940). Genetic differences in mazelearning ability in rats. *Yearbook of the National Society for the Study of Education*.

Underwood, M. K., Coie, J. D., & Herbsman, C. R. (1992). Display rules for anger and aggression in school-age children. *Child Development*, 63(2),366 - 380.

Uttal, D., Schreiber, J. C., & DeLoache, J. S. (1995). Waiting to use a symbol: The effects of delay on children's use of models. *Child Development*, 66(6),1875 - 1889.

Voss, L. D., Mulligan, J., & Betts, P. R. (1998). Short stature at school entry D an index of social deprivation? (The Wessex Growth Study). *Development*, 24(2).

Webb, S. J., Monk, C. S., & Nelson, C. A. (2001). Mechanisms of postnatal neurobiological development: implications for human development. *Developmental Neuropsychology*, 19(2), 147 - 171.

Weiss, B., Dodge, K., Bates, J. E., & Pettit, G. S. (1992). Some consequences of early harsh discipline: Child aggression and a maladaptive social information processing style. *Child Development*, 63,1321 - 1335.

Werker, J. F., & Tees, R. C. (1999). Influences on infant speech processing: Toward a new synthesis. *Annual Review of Psychology*, 50(1),509 - 535.

Whitehurst, G. J., & Vasta, R. (1975). Is language acquired through imitation? *Journal of Psycholinguistic Research*, 4(1),37 - 59.

Widen, S. C., & Russell, J. A. (2003). A closer look at preschoolers' freely produced labels for facial expressions. *Developmental Psychology*, 39(1),114.

Widen, S. C., & Russell, J. A. (2004). The relative power of an emotion's facial expression, label, and behavioral consequence to evoke preschoolers' knowledge of its cause. *Cognitive Development*, 19(1),111 - 125.

Wilkinson, A. C. (1984). Children's partial knowledge of the cognitive skill of counting. *Cognitive Psychology*, 16(1),28 - 64.

Williams, J. E. , Bennett, S. M. , & Best, D. L. (1975). Awareness and expression of sex stereotypes in young children. *Developmental Psychology*, 11(5),635.

Williams, K. , & Haywood, K. 8c Painter, M. (1996). Environmen-tal vs. biological influences on gender differences in the overarm throw for force: Dominant and nondominant arm throws. *Women in Sport and Physical Activity Journal*, 5(2),29 - 48.

Wimmer, H. , & Perner, J. (1983). Beliefs about beliefs: Representation and constraining function of wrong beliefs in young children's understanding of deception. *Cognition*, 13(1),103 - 128.

Witherington, D. C. , Campos, J. J. , & Hertenstein, M. J. (2001). *Principles of Emotion and its Development in Infancy*. New York: Wiley.

Zeman, J. , & Garber, J. (1996). Display rules for anger, sadness, and pain: It depends on who is watching. *Child Development*, 67(3),957 - 973.

查普林等著,林方译:《心理学的体系和理论》,商务印书馆,1983 年版。

陈帼眉著:《学前心理学》,人民教育出版社,1989 年版。

陈英和著:《认知发展心理学》,浙江人民出版社,1996 年版。

David R. Shaffer 著,邹泓等译:《发展心理学——儿童与青少年》,中国轻工业出版社,2005 年版。

戴斯等著,杨艳云等译:《认知过程的评估——智力的 PASS 理论》,华东师范大学出版社,1999 年版。

黛安·E·帕普利,萨利·W·奥尔兹著,华东师范大学外国教育研究所《儿童世界》翻译组译:《儿童世界》,人民教育出版社,1981 年版。

弗拉维尔等著,邓赐平等译:《认知发展(第四版)》,华东师范大学出版社,2002 年版。

Lise Eliot 著,薛绚译:《小脑袋里的秘密》,汕头大学出版社,2003 年版。

卡米洛夫·史密斯著,缪小春译:《超越模块性:认知科学的发展观》,华东师范大学出版社,2001 年版。

凯根著,李维译:《发展的自我》,浙江教育出版社,1999 年版。

劳拉·E·贝克著,吴颖等译:《儿童发展》,江苏教育出版社,2002 年版。

劳特、施洛特克著,杨文丽、叶静月译:《儿童注意力训练手册》,四川大学出版社,2006 年版。

李丹著:《儿童亲社会行为的发展》,上海科学普及出版社,2002 年版。

林崇德,朱智贤著:《儿童心理学史》,北京师范大学出版社,1988 年版。

刘金花主编:《儿童发展心理学》,华东师范大学出版社,1997 年版。

孟昭兰著:《婴儿心理学》,北京大学出版社,1997 年版。

墨森等著,缪小春译:《儿童发展和个性》,上海教育出版社,1990 年版。

桑标主编:《当代儿童发展心理学》,上海教育出版社,2003 年版。

施欣欣等著:《亲职教育 ABC》,中国纺织出版社,1999 年版。

宋宁,陈世锦,潘月俊主编:《儿童心理解读》,江苏科学技术出版社,2003 年版。

汪涛编著：《学会快乐》，中国国际广播出版社，2005年版。

王振宇编著：《儿童心理发展理论》，华东师范大学出版社，2000年版。

约翰逊等编著，华爱华等译：《游戏与儿童的早期发展》，华东师范大学出版社，2006年版。

张文新著：《儿童社会性发展》，北京师范大学出版社，1999年版。

周欣著：《儿童数概念的早期发展》，华东师范大学出版社，2004年版。

朱智贤著：《儿童心理学》，人民教育出版社，1979年版。